北大社普通高等教育“十三五”数字化建设规划教材

大学物理学

（第二版）

（下）

主　编　文双春　陈曙光

副主编　彭　军　李美姮

本书资源使用说明

北京大学出版社
PEKING UNIVERSITY PRESS

内 容 简 介

本书是根据教育部颁发的2010年版的理工科类大学物理课程教学基本要求编写的大学物理教材.全书注重知识构建过程,充分利用信息技术,兼顾专业实际应用,致力于学生的全面发展.每章以热点趣味问题开始、以拓展探究问题结束,旨在培养学生发现问题和解决问题的能力.全书分为上、下两册.

上册含力学、振动和波动、光学、热学共四篇.以运动与力、时空对称性与守恒定律为线索展开力学部分;以机械振动和机械波为重点阐述研究振动和波动的一般理论方法;光学部分包括波动光学和几何光学;热学部分主要按现象—规律—机理与本质—实际应用展开,体现物理学研究问题的一般模式,兼顾科学认识的发展历程.

下册包括电磁学和近代物理基础两篇.电磁学以电磁场为研究对象,基于场的研究方法,按静电场、恒定磁场、电磁感应与电磁场有序展开;近代物理基础由狭义相对论、量子物理学基础、激光与固体电子学简介及原子核和粒子物理简介四章构成,依历史发展脉络和实际应用渐次进行介绍.

本书可作为高等学校理工科各专业"大学物理"课程教材,也可供相关专业师生及有关人员参考.

前 言

物理学是研究物质运动最一般规律和物质基本结构的学科.作为自然科学的带头学科,物理学研究你的世界及你周围的世界和宇宙,不仅是其他自然科学学科的基础,而且与每个人的生活息息相关.党的二十大报告首次将教育、科技、人才工作专门作为一个独立章节进行系统阐述和部署,明确指出:"教育、科技、人才是全面建设社会主义现代化国家的基础性、战略性支撑."这让广大教师深受鼓舞,更要勇担"为党育人,为国育才"的重任,迎来一个大有可为的新时代.国内外已有许多非常优秀的大学物理教材,我们再编一部的驱动力主要来自四个方面.

其一,大学物理固然是所有理工科专业的基础课,但所有理工科专业对物理基础的要求都是一样的吗?多年的教学实践使我们深切感受到,大学物理作为基础课,其教学既要"有教无类",即让不同专业的学生掌握共同的、基本的物理知识、物理思维和物理方法,还要"因材施教"、精准发力(尤其在大学物理课时不断压缩的情况下),即让物理学更贴近专业,更贴近学生.唯此,一方面更能凸显物理学的基础性,另一方面更能激发出学生的学习兴趣和动力.近两年,我们施行了"物理与科学""物理与工程""物理与信息""物理与文化"等面向学科门类的大学物理教学改革与实践,以"服务"的姿态主动对接学生的专业需要,满足学生的"有用"需求,取得初步成效.我们亟须一部与此相适应的教材.

其二,在互联网和信息时代,一方面,学生获取知识的途径和方式日趋多元化;另一方面,各种电子形式的优质教学资源唾手可得.大学物理教材和教学如何与时俱进?如何既保持必不可少、非讲不可的部分,又吸纳或开辟教与学的新资源、新领地?近几年,我们也开发了系列电子形式的教学资源,包括慕课、微课、仿真实验、演示动画等.我们希望借助互联网和新媒体平台,将自主开发的电子资源和可获取的共享资源与传统的纸质书有机融合,打造一部信息化、立体化教材,更好地促进大学物理教学.

其三,在创新驱动发展的时代,创新能力是大学生的核心竞争力;与此同时,在建设一流大学的征途中,大学必须把培养一流人才作为其中心任务,而一流人才的显著特征是创新.大学物理课程如何更好地培养学生的创新能力?创新始于提出或发现问题,创新能力得益于解决问题.我们力图编写一部以问题为导向的教材,让学生带着问题开启学习或走进课堂,在学习过程中不时碰到问题(思考题),每一章结束后又带着问题进一步"拓展与探究".我们希望通过这一不断反复的过程,使学生不仅掌握知识,还能应用和创造知识,而后者就是创新.

其四,物理学中蕴含丰富的科学精神、科学思维和科学方法,如何将它们挖掘和呈现出来,更好地实现价值塑造、知识传授和能力培养三者融为一体的目标?我们的主要做法是:将著名物理学家的生平、史实、精神、探究和发现的过程等,一是做成电子文档,通过链接接入教材,二是融入思考题、讨论题和习题之中,让学生在学习、讨论和练习时,既巩固知识、学习方法,又感悟精神、提升境界.

全书分为上、下两册,上册(第1章至第12章)由文双春、王鑫主编,下册(第13章至第21章)

由文双春、陈曙光主编. 另外，参与编写工作的有：肖艳萍(第 1 ～ 3 章)，王鑫(第 4 章、第 11 ～ 12 章)，崇桂书(第 5 ～ 6 章、第 18 章、第 21 章)，陈曙光(第 7 ～ 8 章、第 15 章、第 17 章、第 19 章)，文利群(第 9 ～ 10 章)，彭军(第 13 ～ 14 章)，蔡孟秋(第 16 章)，李美姮(第 20 章).

本书在编写过程中参考了许多国内外优秀教材和其他参考书，沈辉、陈平、苏梓涵、谷任盟提供了版式和装帧设计方案，在此深表感谢.

本书在体系、内容和写法上做了一些新的尝试和探索，限于经验和水平，难免有不足之处，特别在教学资源、问题习题提炼和拓展探究引导等方面的编写还是初步尝试. 所有这些尚有待于在教学实践中不断完善，也恳请读者不吝指正.

编者

目 录

第五篇 电 磁 学

第 13 章 真空中的静电场 …… 2

13.1 电荷 库仑定律 …… 3

13.2 静电场 电场强度 …… 6

13.3 静电场的高斯定理 …… 13

13.4 静电场的环路定理 电势 …… 18

13.5 等势面与电势梯度 …… 23

本章小结 …… 25

拓展与探究 …… 26

习题 13 …… 26

第 14 章 静电场中的导体和电介质 …… 30

14.1 导体的静电平衡 …… 31

14.2 电介质的极化 电极化强度 …… 38

14.3 电位移 有电介质时的高斯定理 …… 42

14.4 电容与电容器 …… 45

14.5 静电场能量 电场能量密度 …… 49

本章小结 …… 51

拓展与探究 …… 52

习题 14 …… 52

第 15 章 恒定电流的磁场 …… 55

15.1 电流密度 电动势 …… 56

15.2 磁场 …… 60

15.3 毕奥-萨伐尔定律 …… 63

15.4 安培环路定理 …… 67

15.5 磁场对载流导线的作用力 …… 72
15.6 带电粒子在磁场中的运动 …… 78
*15.7 电磁场的相对性与统一性 …… 82
*15.8 温差电动势 …… 85
本章小结 …… 86
拓展与探究 …… 87
习题 15 …… 87

第 16 章 磁介质的磁化 …… 93
16.1 磁介质的磁化 磁化强度 …… 94
16.2 有磁介质时的安培环路定理 …… 99
16.3 铁磁质 …… 101
*16.4 磁路定理及其应用 …… 105
本章小结 …… 106
拓展与探究 …… 107
习题 16 …… 107

第 17 章 电磁场 …… 109
17.1 法拉第电磁感应定律 …… 110
17.2 动生电动势 …… 112
17.3 感生电动势 …… 115
17.4 自感与互感 …… 119
17.5 磁场的能量 …… 122
17.6 位移电流 …… 126
17.7 麦克斯韦方程组 …… 130
17.8 电磁波 …… 131
17.9 电磁振荡 电磁波的辐射和传播 …… 135
本章小结 …… 138
拓展与探究 …… 139
习题 17 …… 140

第六篇 近代物理基础

第 18 章 狭义相对论 …… 146
18.1 经典力学的相对性原理与时空观 …… 147
18.2 狭义相对论的基本原理 …… 149

18.3 狭义相对论的时空观 …… 149
18.4 洛伦兹变换 速度变换 …… 154
18.5 相对论动力学 …… 160
*18.6 相对论中动量-能量变换 力的变换 …… 163
*18.7 广义相对论简介 引力波 …… 166
本章小结 …… 170
拓展与探究 …… 170
习题 18 …… 171

第 19 章 量子物理学基础 …… 173
19.1 热辐射 普朗克能量子假说 …… 174
19.2 光的粒子性 …… 177
19.3 氢原子光谱和玻尔理论 …… 183
19.4 粒子的波动性 …… 187
19.5 薛定谔方程 …… 192
19.6 氢原子的量子力学处理 …… 199
19.7 电子自旋 4 个量子数 …… 201
19.8 原子核外电子的壳层结构 …… 203
本章小结 …… 205
拓展与探究 …… 206
习题 19 …… 207

第 20 章 激光与固体电子学简介 …… 209
20.1 激光 …… 210
20.2 激光与非线性光学 …… 214
20.3 固体电子能带 …… 218
20.4 半导体及其应用 …… 221
*20.5 超导电性 …… 224
本章小结 …… 226
拓展与探究 …… 226
习题 20 …… 227

第 21 章 原子核和粒子物理简介 …… 228
21.1 原子核的基本性质 …… 229
21.2 核力和核的结构模型 …… 233
21.3 原子核的放射性衰变 …… 234
21.4 核反应与几种典型的核反应 …… 237

21.5 基本粒子谱系 …… 238
21.6 强子的夸克模型 …… 239
21.7 穆斯堡尔效应 …… 240
本章小结 …… 241
拓展与探究 …… 241
习题 21 …… 242

习题参考答案 …… 243

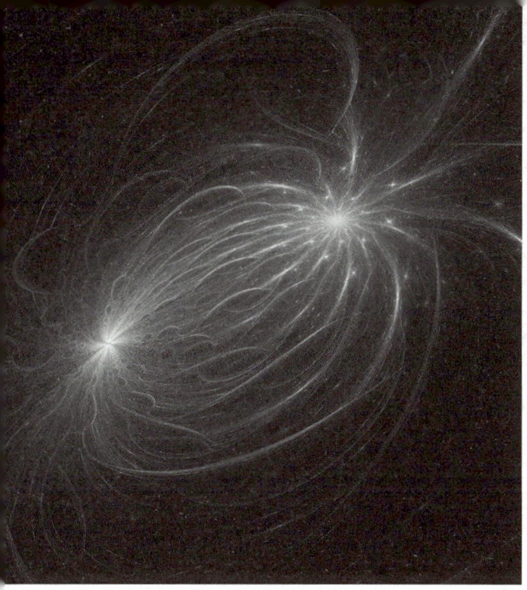

第五篇　电磁学

电磁学是研究电磁现象及其规律的学科.人类关于电磁现象的观察和记录始于公元前6世纪,但直到17世纪,物理学家才开始对其进行一些系统的定性描述,而对电磁现象的定量研究则最早可追溯到1785年库仑对电荷之间相互作用的研究.从此静电学和静磁学开始沿着牛顿力学的模式发展起来.1786年伽伐尼发现了电流,之后伏特、欧姆、法拉第等人发现了电流定律.1820年奥斯特发现了电流的磁效应,开启了电磁学发展的新篇章.1831年法拉第发现了著名的电磁感应现象,并提出场和力线的概念,进一步揭示了电与磁之间的关联.19世纪中叶,麦克斯韦在总结前人工作的基础之上,加上他独具创见的感生电场和位移电流假说,建立了完整的宏观电磁场理论,使人类对宏观电磁现象的认识达到了一个新的高度.

本篇共分5章:真空中的静电场、静电场中的导体和电介质、恒定电流的磁场、磁介质的磁化和电磁场.电磁学的内容主要有"场"和"路"两部分,本书侧重于从场的角度展开研究和构建理论.本篇先从力的角度和能量的角度研究电场与磁场;然后引入通量和环流及相应的定理来描述场的基本特征与规律;最后利用对称性研究场的分布等.这些概念和方法贯穿于整篇,领悟与把握这些特点,对本篇学习大有裨益.

第13章

真空中的静电场

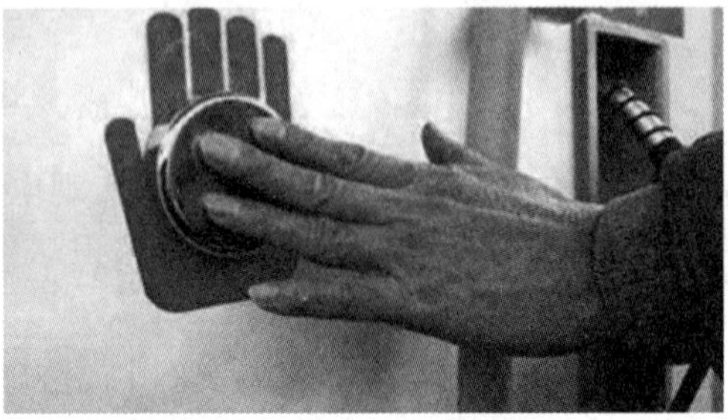

加油者在加油前，最好触摸一下加油机旁这个圆形的金属盘．原因何在呢？

静电不但在生活中很常见，而且广泛应用于电力、机械、轻工、航空航天等领域，如静电复印、静电喷涂、静电植绒、静电火箭发动机等.但它有时候也会给我们带来一些麻烦，因此学习一些有关静电的知识是非常有必要的.

相对于观察者静止的电荷所产生的电场称为静电场.作为学习电磁学的开始，本章以静电场为研究对象，主要阐述真空中静电场的基本性质，并引入描述这些性质的两个重要物理量——电场强度和电势，然后介绍这两个物理量的意义以及它们之间的联系.

一方面，本章在库仑定律的基础上引入电场的概念，从力与能量的角度研究静电场.根据电场对电荷的作用力，引入描述静电场基本性质的物理量——电场强度；通过研究电场力做功说明静电场的能量特点，证明其为保守场，并由此引入电势的概念.

另一方面，从通量和环流的角度研究静电场，得到反映静电场性质的两个基本规律：高斯定理(通量)和环路定理(环流).前者表明静电场是有源场，电荷是电场之源；后者说明静电场是无旋场，也是保守场.

本章目标

1. 理解“场”的物质性，掌握描述和研究静电场的方法.
2. 能够应用点电荷场强公式及场强叠加原理计算场强.
3. 能够应用高斯定理计算对称分布的电场.
4. 能够分析与计算带电体所受的电场力.
5. 能够应用点电荷电势公式及电势叠加原理计算电势.
6. 能够计算电荷与带电体的电势能及电场力的功.

13.1 电荷 库仑定律

13.1.1 电荷及其基本性质

物体能够产生电磁现象，皆归因于物体带电以及电荷的运动. 通过对电荷(包括静止和运动电荷)之间相互作用和效应的研究，人们认识到电荷有以下几个方面的基本性质.

1. 电荷的种类

实验事实表明：自然界只存在两种不同性质的电荷，一种是正电荷，另一种是负电荷. 同种电荷相互排斥，异种电荷相互吸引. 两种电荷的存在，反映了电世界的一种基本对称性. 若把所有电荷的电性做一变换，正电变为负电，负电变为正电，人们观测到的电荷之间的相互作用力保持不变；由带正电的原子核和带负电的电子组成的电世界里所发生的现象，与由带负电的原子核和带正电的电子所组成的电世界里所发生的现象，在实验上不存在任何可观测的差异. 也就是说，对电荷电性的变换是一种对称变换，说电子带负电只不过是人为的约定而已.

2. 电荷量子化

原子中带正电的质子与带负电的电子构成两种基本带电体，它们所带的电量分别为 e 和 $-e$，其绝对值 e 叫作**元电荷**. e 是基本物理常量，在第 26 届国际计量大会上，其值被定义为

$$e = 1.602\ 176\ 634 \times 10^{-19}\ \text{C}.$$

在一般的计算中，可取

$$e = 1.602 \times 10^{-19}\ \text{C},$$

其中 C(库[仑]) 是国际单位制中电量的单位符号.

任何物体(或粒子) 所带的电量只能是元电荷的整数倍，不能连续变化. 电荷电量只能取分立的、不连续的量值的性质，称为**电荷量子化**(charge quantization). 但是在粒子物理研究领域，物理学家突破了对元电荷 e 的认识，在理论上预言有电量为$\pm\frac{1}{3}e$ 或 $\pm\frac{2}{3}e$ 的粒子(夸克) 存在，认为很多基本粒子由若干种夸克或反夸克组成. 1990 年诺贝尔物理学奖授予几位美国物理学家，以表彰他们对夸克理论的杰出贡献，这使得我们对电荷的最小值有了新的认识. 但是，电荷量子化的规律并没有因此而改变.

在探讨宏观带电体时，由于其带电量比元电荷大许多数量级，电荷量子化的特性显现不出来，因此可以认为电荷是连续变化的. 一般物体呈电中性，通过摩擦、静电感应可使物体带电. 加油者在加油前，最好触摸一下加油机旁边的金属盘，就是为了释放自己身上所带的静电.

3. 电荷守恒定律

实验指出，对于任何系统（无论是在宏观还是微观尺度上），如果没有净电荷出入其边界，则该系统的正、负电荷电量的代数和将保持不变. 这一结论称为**电荷守恒定律**（law of conservation of charge）. 例如，在摩擦起电和 γ 射线穿过铅板产生正、负电子对的过程中，都有等量的正、负电荷同时出现；正、负电子对湮灭成 γ 光子时，等量的正、负电荷同时消失. 电荷守恒定律是物理学中的基本定律之一，由富兰克林于 1747 年提出. 到目前为止，无论是在宏观世界中，还是在原子、原子核和基本粒子所代表的微观世界中，科学家们都尚未发现违背电荷守恒定律的现象.

4. 电荷的相对论不变性

实验证明，加速电子、质子时，高速电子、质子的质量有明显变化，但电量却无任何改变，即一个电荷的电量与它的运动状态无关. 也可以说，在不同的参考系中观察，同一带电粒子的电量不变. 电荷的这一特性称为**电荷的相对论不变性**（relativistic invariance of charge）. 与此有关的实验实例非常多，化学反应就是如此. 一般情况下，不同种类分子中电子的运动状态是不同的，通过化学反应可以改变分子中电子的运动状态. 由于物体中包含大量分子，若电荷对电子的运动状态有依赖关系，则化学反应将导致十分可观的电量改变，但这种现象从未被观测到.

值得注意的是，电荷的相对论不变性与电荷守恒是电荷的两个本质上不同的属性. 守恒量是指在选定的参考系下，在某一过程中，某物理量保持不变；不变量是指在不同的参考系中，对同一物理量的测量结果不变，即测量结果与参考系的选择无关. 例如，质量、动量与能量都是守恒量，却不是不变量.

13.1.2　库仑定律

动画视频

库仑定律的发现

当带电体本身的几何线度远小于所研究问题中涉及的空间距离时，带电体的形状、大小及电荷的分布等情况均无关紧要，我们可以把带电体看作集中了全部电量的几何点，即**点电荷**（point charge）. 点电荷与力学中的质点、刚体及热学中的理想气体等概念类似，也是一种理想模型.

研究静止电荷之间相互作用及其规律的理论称为静电学，它以 1785 年法国科学家库仑通过扭秤实验总结出的定律——**库仑定律**（Coulomb's law）为基础. 库仑定律的表述如下：**真空中两个静止的点电荷 q_1 及 q_2 之间的相互作用力的大小与两个点电荷所带电量的乘积 q_1q_2 成正比，与它们之间距离 r 的平方成反比；作用力的方向沿两个点电荷的连线方向，同种电荷相互排斥，异种电荷相互吸引.** 这一定律用矢量公式可表示为

$$\boldsymbol{F}_{21}=k\frac{q_1q_2}{r^2}\hat{\boldsymbol{r}}_{21},\tag{13.1}$$

式中 q_1,q_2 包含正、负号;$\hat{\boldsymbol{r}}_{21}$ 为从 q_1 指向 q_2 的单位矢量;k 为比例系数,由公式中各量所选取的单位而定;$\boldsymbol{F}_{21}$ 表示点电荷 q_1 对点电荷 q_2 的作用力,称为静电力(见图 13.1).由式(13.1)知,两个静止的点电荷之间的相互作用力符合牛顿第三定律.

在国际单位制(SI)中,比例系数 k 的值为

$$k = 8.988\times10^9\ \mathrm{N\cdot m^2/C^2}.$$

常将 k 写成 $\dfrac{1}{4\pi\varepsilon_0}$,于是真空中的库仑定律又可表示成

$$\boldsymbol{F}_{21} = \frac{1}{4\pi\varepsilon_0}\frac{q_1q_2}{r^2}\hat{\boldsymbol{r}}_{21}, \tag{13.2}$$

式中 $\varepsilon_0 = 8.854\times10^{-12}\ \mathrm{C^2/(m^2\cdot N)}$,称为**真空介电常量**(dielectric constant of vacuum),也称为**真空电容率**.

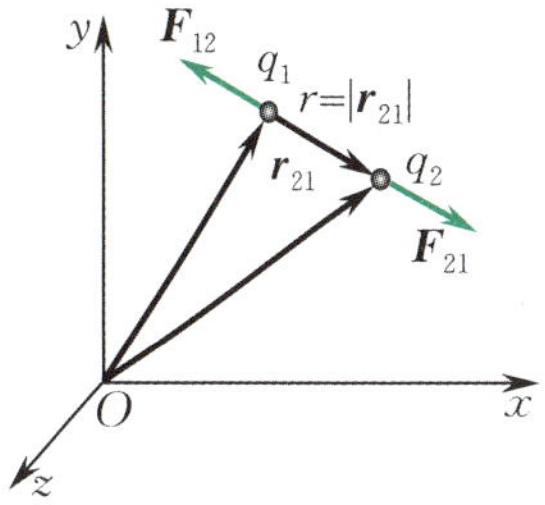

图 13.1 库仑定律

在库仑定律表达式中引入"4π"因子的做法,称为单位制的有理化,其优越性将在今后的学习中逐步体现.

实验证明,点电荷放在空气中时,其相互作用力与其在真空中时的情况相差极小,故可认为式(13.2)对空气中的点电荷亦成立.

库仑定律是一条实验规律,定律中关于静电力的平方反比关系是根据实验提出的理论假设,其正确性永远要经受实验的检验.现代高能电子散射实验和利用人造地球卫星对地球磁场进行的研究证实,在小到10^{-17} m、大到 10^7 m的范围内,库仑定律仍然精确地成立,并且我们有理由相信,库仑定律在更大的范围内同样有效.

令人感兴趣的是,现代量子电动力学理论指出,库仑定律中分母 r 的指数与光子的静质量有关,若光子静质量严格为零,则该指数严格为2.若r的指数为$2+a$,则光子的静质量将可能不严格为零.目前,实验给出的光子静质量上限为10^{-48} kg,这差不多相当于$|a|\leqslant10^{-16}$.

例 13.1 试求氢原子中电子和原子核之间的静电力与它们之间的万有引力之比.

解 电子和质子的电量分别是 $-e$ 和 $+e$,而 $e\approx1.6\times10^{-19}$ C,于是氢原子中电子与原子核(质子)之间静电力的大小为 $F_\mathrm{e}=k\dfrac{e^2}{r^2}$.电子的质量为 $m_\mathrm{e}\approx9.1\times10^{-31}$ kg,质子的质量为 $m_\mathrm{p}\approx1.7\times10^{-27}$ kg,它们之间的万有引力大小为 $F_\mathrm{g}=G\dfrac{m_\mathrm{e}m_\mathrm{p}}{r^2}$.静电力与万有引力之比为

$$\frac{F_\mathrm{e}}{F_\mathrm{g}}=\frac{k}{G}\cdot\frac{e^2}{m_\mathrm{e}m_\mathrm{p}}=\frac{(9.0\times10^9)\times(1.6\times10^{-19})^2}{(6.7\times10^{-11})\times(9.1\times10^{-31})\times(1.7\times10^{-27})}\approx2.2\times10^{39}.$$

可见,在此问题中,万有引力与静电力相比十分微小,可忽略不计.

13.1.3 静电力叠加原理

库仑定律只讨论两个静止的点电荷之间的作用力.当考虑两个以上的静止点电荷之间的作用时,必须补充另一个实验事实:两个点电荷之间

的作用力,不会因第三个点电荷的存在而改变. 因此,两个以上的点电荷对某一点电荷的静电力,等于这些点电荷单独存在时对该点电荷的静电力的矢量和. 这一结论称为**静电力叠加原理**(superposition principle of electric force).

对于由 n 个静止的点电荷 $q_1, q_2, \cdots, q_n$ 组成的点电荷系,若以 $\boldsymbol{F}_1$, $\boldsymbol{F}_2, \cdots, \boldsymbol{F}_n$ 分别表示它们单独存在时施于另一静止的点电荷 q_0 的静电力,则由静电力叠加原理可知,q_0 受到的总静电力为

$$\boldsymbol{F}=\sum_{i=1}^{n}\boldsymbol{F}_i=\sum_{i=1}^{n}\frac{1}{4\pi\varepsilon_0}\frac{q_iq_0}{r_i^2}\hat{\boldsymbol{r}}_i. \tag{13.3}$$

这就是静电力叠加原理的数学表达式. 式(13.3)中 r_i 为第 i 个点电荷 q_i 与 q_0 之间的距离,$\hat{\boldsymbol{r}}_i$ 是由 q_i 指向 q_0 的单位矢量.

应注意的是,静电力叠加原理不是逻辑推理的结果,而是在实验基础上总结出来的基本事实. 有了库仑定律与静电力叠加原理,我们原则上可解决静电学中所有静电力的计算问题.

根据静电力叠加原理,若由电荷 q_1 与 q_2 组成的电荷系统对其他电荷没有静电力作用,即系统对外不显电性,则我们称该电荷系统处于电中性状态. 例 13.1 中曾指出,氢原子中质子与电子之间的静电力比万有引力大 10^{39} 倍,但由于原子中正、负电荷电量的代数和为零,一般物体在宏观尺度上表现为电中性,因此,在宇宙天体之间万有引力起着主宰作用. 另一方面,进一步的物理学研究也表明,原子结构、分子结构、固体和液体的结构,乃至化学作用等问题的微观本质都和电磁力(主要是静电力)有关,在这些问题中,万有引力的作用十分微小.

思考

点电荷是否一定是很小的带电体? 较大的带电体能否视为点电荷? 什么条件下带电体才能被视为点电荷?

13.2 静电场 电场强度

13.2.1 电场

关于电荷之间相互作用力的施加过程,早期历史上曾出现两种观点. 一种观点认为,这种作用既不需要借助媒介,又不需要传递时间,由一个电荷超越空间直接施予另一电荷,即所谓的"超距作用";另一种观点认为,这种作用是通过一种充满空间的弹性介质——"以太"来传递的,即所谓的"近距作用". 近代物理学的发展证明,超距作用的观点是错误的,电磁相互作用的传递速度虽然很大(真空中为光速),但并非不需要时间,而近距作用观点中所假定的"以太"也是不存在的.

19 世纪 30 年代，法拉第提出了另一种观点，他认为在电荷周围存在着一种特殊的物质，称为**电场**(electric field). 电荷间的相互作用是通过电场来实现的，其作用可表示为

$$\boxed{\text{电荷}} \Leftrightarrow \boxed{\text{电场}} \Leftrightarrow \boxed{\text{电荷}}.$$

电场对电荷的作用力称为**电场力**. 与观察者相对静止的电荷产生的电场称为**静电场**(electrostatic field). 静电场对电荷的作用力就是上节提到的静电力，只不过在引入电场的概念后，我们对静电力的定义更为严谨. 在本书今后的讨论中，通常不加区分，将静电力也称为电场力.

电场的属性可以通过它与其他带电体的作用表现出来. 把电荷 q_0 放在电场中，电场对 q_0 有力的作用，这是电场“力的属性”. 电荷 q_0 在电场力作用下从静止开始运动，电场力对电荷 q_0 做了功，这表明电场具有做功的本领，这是电场“能量的属性”. 根据相对论的质能关系，任何质量都与一定的能量相对应，任何能量也与一定的质量相对应. 能量和物质是不可分割的，电场具有能量，是其物质性的一种表现. 总之，电场和实物一样，具有质量、动量和能量等物质的基本属性，但它又不同于实物. 空间某处不能同时被两个实物占据，却可以同时被几个电场占用，即电场具有叠加性和与波动类似的性质. 也就是说，两个电场在某处相遇时，像波动一样只是相互叠加或相互穿越而过，而不像实物粒子那样发生碰撞或散射等相互作用.

近代物理学的理论和实验完全证实了场的观点的正确性. 设想这样一幅物理图景，空间中有两个电荷 q_1 与 q_2，相隔一定距离，当电荷 q_2 在电场力作用下开始运动时，电荷 q_2 的动量、能量将发生变化，按守恒原理，必有其他物质参与并在相互作用过程中交换这些力学量，而能即时参与交换的只有静电场，不可能是相隔一定距离的电荷 q_1. 因此，在带电系统中，只有把带电体与电场都包括在内，守恒原理才得以成立.

在电磁学中，我们的研究对象主要是场. 要注意如何对它进行描述，如何根据实验现象揭示场的基本性质及探索场变化的基本规律.

13.2.2 电场强度

我们可用试探电荷(又称检验电荷) 在电场中任一点所受的电场力来研究电场的性质. 试探电荷应该满足以下要求：首先它的线度要足够小，以至于我们可以将它看作点电荷并用它来检验电场中任一确定点的性质；其次，试探电荷的电量 q_0 要足够小，以保证将它引入电场后，不致影响原来产生电场的带电体的电荷分布.

将试探电荷放在电场中不同的位置，它所受电场力的大小和方向不相同，这说明电场具有强弱和方向的属性. 实验指出，在电场中一给定点处，若把试探电荷的电量增大 $1,2,\cdots,n$ 倍(但仍须满足试探电荷条件)，则可发现试探电荷所受电场力的大小 F 也增大 $1,2,\cdots,n$ 倍，而力的方向不变；若试探电荷的电量不变，电性发生改变，则其所受电场力 $\boldsymbol{F}$

的大小不变,方向反向. 可见,在电场中某一点,q_0 不同,$\boldsymbol{F}$ 不同,但试探电荷所受的电场力 $\boldsymbol{F}$ 与其电量 q_0 的比值 $\dfrac{\boldsymbol{F}}{q_0}$ 却是一个大小和方向都与 q_0 无关的矢量. 这一矢量反映了电场在该点的某种性质,我们把它定义为**电场强度**(electric field intensity),简称**场强**,用 $\boldsymbol{E}$ 表示,有

$$\boldsymbol{E}=\frac{\boldsymbol{F}}{q_0}, \tag{13.4}$$

即电场中任一点的场强等于单位正点电荷在该点所受的电场力. 因此,电场是矢量场. 一般情况下,电场中各点 $\boldsymbol{E}$ 的方向、大小都不同,$\boldsymbol{E}$ 是位置的函数. 在国际单位制中,场强的单位是牛[顿]每库[仑](N/C)或伏[特]每米(V/m).

13.2.3 场强叠加原理

设空间中有由 n 个电荷组成的电荷系,$\boldsymbol{F}_i$ 表示电荷 q_i 单独存在时所产生的电场 $\boldsymbol{E}_i$ 作用在试探电荷 q_0 上的电场力. 由静电力叠加原理可知,试探电荷所受的总电场力为

$$\boldsymbol{F}=\sum_{i=1}^{n}\boldsymbol{F}_i=\sum_{i=1}^{n}\boldsymbol{E}_i q_0. \tag{13.5}$$

将式(13.5)除以 q_0,得到 q_0 所在位置的场强为

$$\boldsymbol{E}=\frac{\boldsymbol{F}}{q_0}=\sum_{i=1}^{n}\boldsymbol{E}_i. \tag{13.6}$$

式(13.6)表明,电荷系产生的电场在空间某点处的场强,等于各电荷单独存在时产生的电场在该点处的场强的矢量和. 这一结论称为**场强叠加原理**(superposition principle of electric field intensity).

13.2.4 场强的计算

1. 静止点电荷的电场

根据场强定义和库仑定律,在点电荷 q 所产生的电场中,距 q 为 r 的场点 P 处的场强为

$$\boldsymbol{E}=\frac{1}{4\pi\varepsilon_0}\frac{q}{r^2}\hat{\boldsymbol{r}}, \tag{13.7}$$

式中 $\hat{\boldsymbol{r}}$ 为从点电荷 q 指向场点 P 的单位矢量,如图 13.2 所示. 若 $q>0$,则 $\boldsymbol{E}$ 与 $\hat{\boldsymbol{r}}$ 同向;若 $q<0$,则 $\boldsymbol{E}$ 与 $\hat{\boldsymbol{r}}$ 反向. 此式还说明:静止点电荷的电场具有球对称性,即与点电荷等距离的各场点处,场强大小相等,方向沿点电荷所在位置与场点的连线.

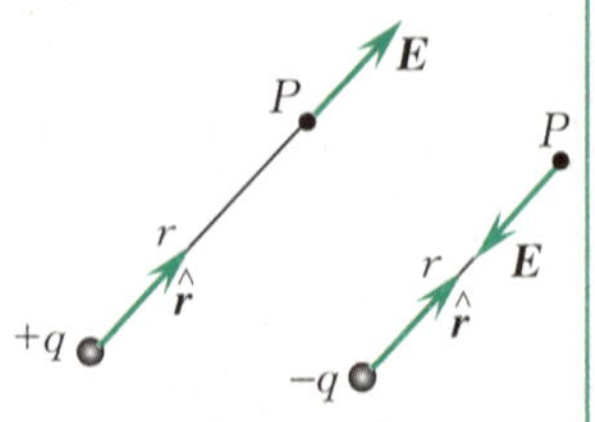

图 13.2 静止点电荷的电场

2. 点电荷系的电场

设点电荷系由点电荷 $q_1,q_2,\cdots,q_n$ 组成,根据式(13.6)可得该点电荷系的电场中任意一点处的场强为

$$\boldsymbol{E}=\sum_{i=1}^{n}\frac{1}{4\pi\varepsilon_0}\frac{q_i}{r_i^2}\hat{\boldsymbol{r}}_i, \tag{13.8}$$

式中 r_i 为点电荷 q_i 到场点的距离,$\hat{\boldsymbol{r}}_i$ 为从点电荷 q_i 指向该点的单位矢量.

例 13.2 由两个等量异号的点电荷组成的带电系统，当两个点电荷间的距离 l 远远小于场点到它们连线中点的距离 r 时，称为**电偶极子**(electric dipole). 两个点电荷的连线称为电偶极子的轴线. 试求电偶极子轴线的中垂线上任意一点 P 处的场强.

解 如图 13.3 所示，设中垂线上 P 点到电偶极子中心 O 点的距离为 $r(r \gg l)$，点电荷 $+q$ 和 $-q$ 所产生的电场在 P 点处的场强分别为 $\boldsymbol{E}_+$ 和 $\boldsymbol{E}_-$，其大小为

$$E_+ = E_- = \frac{1}{4\pi\varepsilon_0}\frac{q}{r^2+\dfrac{l^2}{4}}.$$

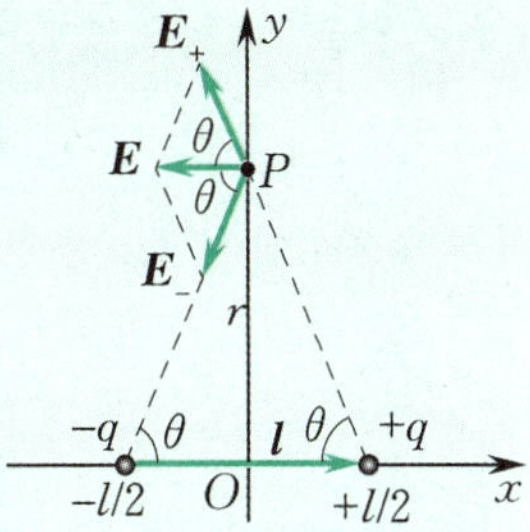

图 13.3 电偶极子的电场

根据图中几何关系可得 P 点处总场强 $\boldsymbol{E}$ 的大小为

$$E = E_+\cos\theta + E_-\cos\theta = \frac{1}{4\pi\varepsilon_0}\frac{ql}{\left(r^2+\dfrac{l^2}{4}\right)^{3/2}}.$$

因为 $r \gg l$，所以上式可化简为

$$E \approx \frac{1}{4\pi\varepsilon_0}\frac{ql}{r^3} = \frac{p}{4\pi\varepsilon_0 r^3},$$

式中 q 与 l 的乘积称为**电偶极矩**，简称**电矩**(electric moment). 电偶极矩是矢量，用 $\boldsymbol{p}$ 表示，其矢量形式为

$$\boldsymbol{p} = q\boldsymbol{l},$$

式中 $\boldsymbol{l}$ 的方向由点电荷 $-q$ 指向点电荷 $+q$. 场强 $\boldsymbol{E}$ 的方向与电偶极矩 $\boldsymbol{p}$ 的方向相反，所以

$$\boldsymbol{E} \approx -\frac{\boldsymbol{p}}{4\pi\varepsilon_0 r^3}.$$

3. 连续带电体的电场

对于电荷连续分布的带电体，设想带电体是由无限多个微小的电荷元 $\mathrm{d}q$ 所构成的集合，每个电荷元都可以看成点电荷，根据点电荷的场强公式及场强叠加原理可知，任意一点 P 处的合场强就是这些电荷元单独存在时产生的电场在该点处的场强的矢量和，数学上归结为对带电体的积分，积分遍及电荷分布的空间区域.

微课视频
应用叠加原理计算场强

显然，带电体所产生的电场分布与其电荷分布有关，为描述电荷分布，引入电荷密度的概念. 若电荷连续分布在一体积内，称为体分布. 在带电体内某点周围取一宏观无限小、微观无限大(使它包含许多元电荷 e) 的体积元 $\mathrm{d}V$，设其所带电量为 $\mathrm{d}q$，则定义体电荷密度为

$$\rho = \frac{\mathrm{d}q}{\mathrm{d}V}.$$

虽然电荷的分布在微观上是不连续的，但由于元电荷 e 太小，体积元 $\mathrm{d}V$ 包含的元电荷数目又很多，宏观电量和微观电量的差异巨大(差十几个数量级)，因此宏观上反映和描述电荷分布的物理量完全可认为是连续的. 正如在大尺度范围内我们认为质量分布是连续的，没有考虑质量分布在微观上的不连续性(因为有分子、原子的存在)一样.

将带电体看成许多电荷元 $\mathrm{d}q = \rho\mathrm{d}V$ 构成的集合，可计算出带电体周围空间中任一点 P 处的场强：

$$\boldsymbol{E}(\boldsymbol{r})=\iiint_V \frac{1}{4\pi\varepsilon_0}\frac{\rho \mathrm{d}V}{r^2}\hat{\boldsymbol{r}}, \tag{13.9}$$

式中 $\hat{\boldsymbol{r}}$ 为电荷元 $\mathrm{d}q$ 到场点 P 的单位矢量.

式(13.9)是一个矢量积分. 具体计算 $\boldsymbol{E}$ 时，应先将 $\mathrm{d}\boldsymbol{E}$ 投影到坐标系（一般为直角坐标系）的各坐标轴上，即先求其在各坐标轴上的分量，再分别积分，求得 $\boldsymbol{E}$ 的3个分量，最后把3个分量合成，求得 $\boldsymbol{E}$（包括大小和方向）.

若电荷连续分布于某一曲面 S 或某一曲线 L 上，则可引入面电荷密度 $\sigma=\frac{\mathrm{d}q}{\mathrm{d}S}$（单位面积所带的电量）和线电荷密度 $\lambda=\frac{\mathrm{d}q}{\mathrm{d}l}$（单位长度所带的电量）. 分别取相应的电荷元 $\mathrm{d}q=\sigma\mathrm{d}S$ 和 $\mathrm{d}q=\lambda\mathrm{d}l$，则空间某点处的场强分别为

$$\boldsymbol{E}(\boldsymbol{r})=\iint_S \frac{1}{4\pi\varepsilon_0}\frac{\sigma \mathrm{d}S}{r^2}\hat{\boldsymbol{r}} \tag{13.10}$$

和

$$\boldsymbol{E}(\boldsymbol{r})=\int_L \frac{1}{4\pi\varepsilon_0}\frac{\lambda \mathrm{d}l}{r^2}\hat{\boldsymbol{r}}, \tag{13.11}$$

式中 $\hat{\boldsymbol{r}}$ 分别是面元 $\mathrm{d}S$ 和线元 $\mathrm{d}l$ 到该点的单位矢量.

思考

根据点电荷场强公式，当被考察的场点距场源点电荷很近（$r\to 0$）时，场强 $E\to\infty$，这是没有物理意义的，应如何理解这个问题？

例 13.3 一均匀带正电的细棒，其线电荷密度为 λ. 场点 P 到细棒的距离为 a，P 点和细棒两端的连线与带电细棒之间的夹角分别为 θ_1 和 θ_2，如图 13.4 所示，求 P 点处的场强.

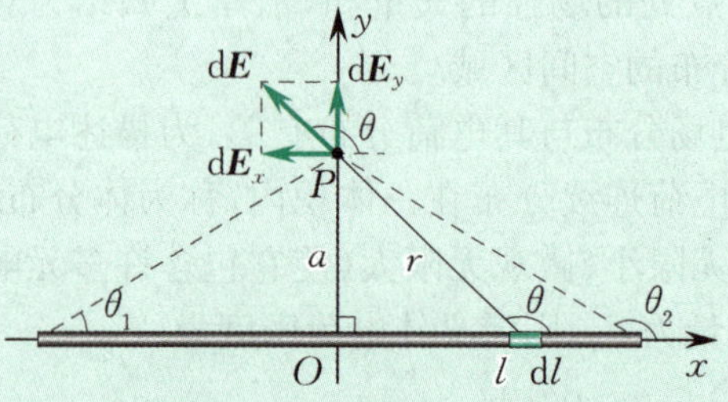

图 13.4　有限长均匀带电细棒外任一点处的场强

解　建立如图 13.4 所示的直角坐标系. 首先，将带电细棒分为许多个电荷元，每一电荷元为细棒上的一小段. 在坐标$(l,0)$处取一线元 $\mathrm{d}l$，其所带电量$\mathrm{d}q=\lambda\mathrm{d}l$（可视为点电荷），该电荷元所产生的电场在 P 点处的场强 $\mathrm{d}\boldsymbol{E}$ 的大小为

$$\mathrm{d}E=\frac{\lambda\mathrm{d}l}{4\pi\varepsilon_0 r^2}.$$

设 $\mathrm{d}\boldsymbol{E}$ 的方向与 x 轴正方向的夹角为 θ，则 $\mathrm{d}\boldsymbol{E}$ 沿 x 轴和 y 轴的分量分别为

$$\mathrm{d}E_x=\mathrm{d}E\cos\theta,\ \mathrm{d}E_y=\mathrm{d}E\sin\theta.$$

由图可得如下几何关系：

$$l=a\tan\left(\theta-\frac{\pi}{2}\right)=-a\cot\theta,\ \mathrm{d}l=a\csc^2\theta\mathrm{d}\theta,\ r^2=a^2\csc^2\theta,$$

代入 $\mathrm{d}E_x$，$\mathrm{d}E_y$ 的表达式，可得

$$\mathrm{d}E_x=\frac{\lambda}{4\pi\varepsilon_0 a}\cos\theta\mathrm{d}\theta,\ \mathrm{d}E_y=\frac{\lambda}{4\pi\varepsilon_0 a}\sin\theta\mathrm{d}\theta.$$

其次，根据场强叠加原理求得带电细棒所产生的电场在 P 点处的场强 $\boldsymbol{E}$ 沿 x 轴和 y 轴的分量分别为

$$E_x=\int_L \mathrm{d}E_x=\int_{\theta_1}^{\theta_2}\frac{\lambda}{4\pi\varepsilon_0 a}\cos\theta\mathrm{d}\theta=\frac{\lambda}{4\pi\varepsilon_0 a}(\sin\theta_2-\sin\theta_1),$$

$$E_y=\int_L \mathrm{d}E_y=\int_{\theta_1}^{\theta_2}\frac{\lambda}{4\pi\varepsilon_0 a}\sin\theta\mathrm{d}\theta=\frac{\lambda}{4\pi\varepsilon_0 a}(\cos\theta_1-\cos\theta_2).$$

$\boldsymbol{E}$ 的大小和方向可由 E_x 和 E_y 确定，即

$$E=\sqrt{E_x^2+E_y^2}=\frac{\lambda}{2\pi\varepsilon_0 a}\sin\frac{\theta_2-\theta_1}{2},\quad \varphi=\arctan\frac{E_y}{E_x}=\frac{\theta_2+\theta_1}{2},$$

式中 φ 为 $\boldsymbol{E}$ 与 x 轴的夹角. 若均匀带电细棒无限长，即 $\theta_1=0$，$\theta_2=\pi$，则有

$$E_x=0,\ E=E_y=\frac{\lambda}{2\pi\varepsilon_0 a},\quad \varphi=\frac{\pi}{2}.$$

例 13.4 求均匀带电圆盘轴线上任一点 P 处的场强. 设圆盘的半径为 R，面电荷密度为 σ，P 点到盘心的距离为 x.

解 如图 13.5 所示，将圆盘看成由许多面元构成的集合，圆盘上与盘心相距 r 处的面元 $\mathrm{d}S$ 所带的电量为 $\mathrm{d}q=\sigma\mathrm{d}S=\sigma r\mathrm{d}\varphi\mathrm{d}r$. 根据点电荷场强公式，电荷元 $\mathrm{d}q$ 所产生的电场在轴线上 P 点处的场强大小为

$$\mathrm{d}E=\frac{\mathrm{d}q}{4\pi\varepsilon_0 a^2}=\frac{\sigma r\mathrm{d}\varphi\mathrm{d}r}{4\pi\varepsilon_0 a^2},$$

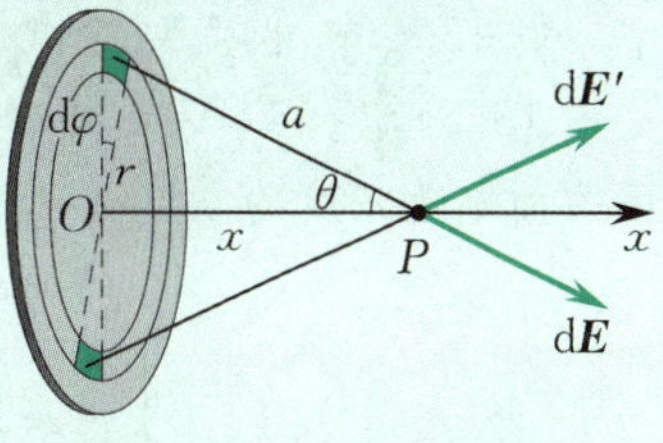

图 13.5 均匀带电圆盘轴线上的场强

式中 a 为电荷元 $\mathrm{d}q$ 到 P 点的距离，$\mathrm{d}\boldsymbol{E}$ 的方向如图所示(这里为了讨论方便，先假定圆盘带正电).

由于圆盘上的电荷分布关于圆盘轴线 OP 对称，因此与电荷元 $\mathrm{d}q$ 对应的位置上必有一面积、电量相等的电荷元，设其所产生的电场在 P 点处的场强为 $\mathrm{d}\boldsymbol{E}'$. 很显然，$\mathrm{d}\boldsymbol{E}'$ 与 $\mathrm{d}\boldsymbol{E}$ 大小相等，方向则关于轴线 OP 对称，因此它们的合场强必然平行于轴线. 将整个圆盘全部分成类似成对的电荷元，则带电圆盘所产生的电场在 P 点处的场强 $\boldsymbol{E}$ 也必将平行于轴线向右，而 $\boldsymbol{E}$ 的大小为 $\mathrm{d}\boldsymbol{E}$ 沿 x 轴的分量 $\mathrm{d}E_x$ 的积分.

由图可得，$\cos\theta=\dfrac{x}{a}$，$a^2=x^2+r^2$，故

$$\mathrm{d}E_x=\frac{\sigma x r\mathrm{d}\varphi\mathrm{d}r}{4\pi\varepsilon_0\,(x^2+r^2)^{3/2}}.$$

将上式积分得

$$E=E_x=\frac{\sigma x}{4\pi\varepsilon_0}\int_0^{2\pi}\mathrm{d}\varphi\int_0^R\frac{r\mathrm{d}r}{(r^2+x^2)^{3/2}}=\frac{\sigma}{2\varepsilon_0}\left(1-\frac{x}{\sqrt{R^2+x^2}}\right),$$

式中 x 为 P 点到 O 点的距离. $\boldsymbol{E}$ 的方向沿 x 轴向右. 当圆盘带负电时，计算过程完全类似，只是

最终 $\boldsymbol{E}$ 的方向沿 x 轴向左.

下面讨论两种特殊情况.

(1) $R \gg x$，即圆盘半径远大于场点到盘心的距离，此时有

$$E \approx \frac{\sigma}{2\varepsilon_0}.$$

在 $R \gg x$ 条件下，圆盘可近似地看作无限大均匀带电平面. 上式表明，无限大均匀带电平面的电场具有各点场强大小相等、方向与平面垂直的特征.

(2) $R \ll x$，即圆盘半径远小于场点到盘心的距离，此时有

$$E = \frac{\sigma}{2\varepsilon_0}\left[1 - \frac{1}{\sqrt{1+\left(\frac{R}{x}\right)^2}}\right].$$

根据二项展开式，略去 $\left(\frac{R}{x}\right)^4$ 以上项，得到

$$\left(1+\frac{R^2}{x^2}\right)^{-\frac{1}{2}} = 1 - \frac{1}{2}\frac{R^2}{x^2} + \frac{3}{8}\left(\frac{R^2}{x^2}\right)^2 - \cdots \approx 1 - \frac{R^2}{2x^2}.$$

于是

$$E = \frac{\sigma}{2\varepsilon_0} \cdot \frac{R^2}{2x^2} = \frac{q}{4\pi\varepsilon_0 x^2},$$

式中 $q = \pi R^2 \sigma$ 是圆盘所带的电量，上式与点电荷的场强公式相同. 可见，只要 $R \ll x$，圆盘可视为电荷全部集中在盘心的点电荷.

思考

例 13.4 中，圆盘可看作是由很多同心窄圆环带构成的. 取半径为 r、宽为 $\mathrm{d}r$ 的圆环带（参见图 13.5），它相当于一均匀带电圆环，其圆周单位长度上所带的电量是多少？设均匀带电圆环的面电荷密度为 σ.

13.2.5 静电场对电荷的作用力

若已知静电场中某点处的场强为 $\boldsymbol{E}$，则放在该点的点电荷 q 所受到的电场力为 $\boldsymbol{F} = q\boldsymbol{E}$，式中 $\boldsymbol{E}$ 是除点电荷 q 以外的电荷所产生的电场在点电荷 q 处的场强.

如果空间某个区域内各处的场强大小相等、方向相同，则称该区域内的电场为**均匀电场**，反之则称为非均匀电场. 若要计算一个带电量为 q 的带电体在电场中所受的作用力，则除均匀电场中仍可用 $\boldsymbol{F} = q\boldsymbol{E}$ 计算外，一般要把带电体划分为许多电荷元. 设带电体的体电荷密度为 ρ，则带电体可看作由无数电荷元 $\mathrm{d}q = \rho \mathrm{d}V$ 构成的集合，先计算每个电荷元所受的作用力，然后用积分求带电体所受的合力，积分遍及带电体的体积 V.

例 13.5 求电偶极子在均匀电场中所受的电场力和力矩.

解 如图 13.6 所示，在均匀电场中，电偶极子所受的电场力的矢量和为零，即

$$\boldsymbol{F}_1+\boldsymbol{F}_2=q\boldsymbol{E}-q\boldsymbol{E}=\boldsymbol{0},$$

所受力矩为

$$\boldsymbol{M}=\boldsymbol{l}\times\boldsymbol{F}_1=q\boldsymbol{l}\times\boldsymbol{E},$$

即

$$\boldsymbol{M}=\boldsymbol{p}\times\boldsymbol{E}.$$

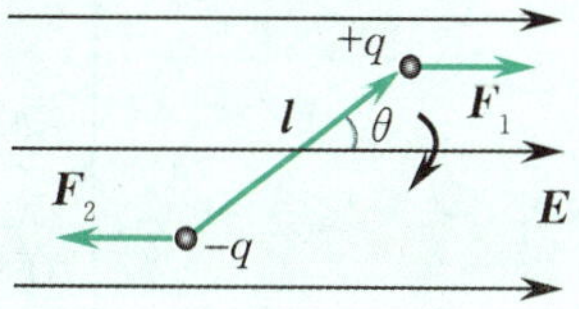

图 13.6 外电场中的电偶极子

在外电场的作用下，$\boldsymbol{p}$ 将转向外电场 $\boldsymbol{E}$ 的方向；当 $\boldsymbol{p}$ 与 $\boldsymbol{E}$ 的方向一致($\theta=0$)时，$\boldsymbol{M}$ 等于零，电偶极子处于稳定平衡状态.

如果是在非均匀电场中，电偶极子除了受到力矩的作用，还会受到电场力的作用.

13.3 静电场的高斯定理

13.3.1 电场线与电通量

电场中每一点的场强都有一定的大小和方向. 为了形象地描述电场中场强的分布情况，我们在电场中画出一系列假想曲线，称为电场线. 画电场线的要求如下：(1) 电场线上每一点的切线方向与该点的场强方向一致，这样，电场线的走向反映了场强方向的分布情况；(2) 电场线密处场强大，电场线疏处场强小，这样一来，电场线的疏密就反映了电场中场强大小的分布情况.

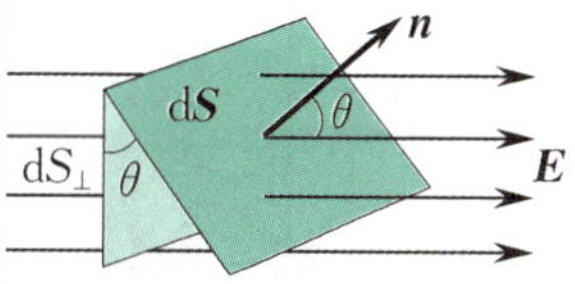

图 13.7 通过面元的电通量

为了定量描述电场线疏密情况和场强大小的关系，引入电通量的概念. 通过某一曲面的电场线数目称为通过该曲面的电通量(electric flux)，用符号 Φ_e 表示. 规定某点处场强的大小与通过该点且垂直于该点处电场方向的单位面积上的电通量相等. 若有垂直于电场方向的面元 $\mathrm{d}S_\perp$，对应位置的场强大小设为 E，通过此面元的电通量为 $\mathrm{d}\Phi_e$，则 $\mathrm{d}\Phi_e=E\mathrm{d}S_\perp$. 若面元 $\mathrm{d}S$ 的法线方向与所在位置的场强方向不平行，如图 13.7 所示，则通过该面元的电通量为

$$\mathrm{d}\Phi_e=E\mathrm{d}S\cos\theta=\boldsymbol{E}\cdot\mathrm{d}\boldsymbol{S},$$

式中 $\mathrm{d}\boldsymbol{S}$ 称为面元矢量，其大小等于面元面积，方向为其法线方向，即图中法向量 $\boldsymbol{n}$ 的方向；θ 为面元法线方向和场强方向的夹角.

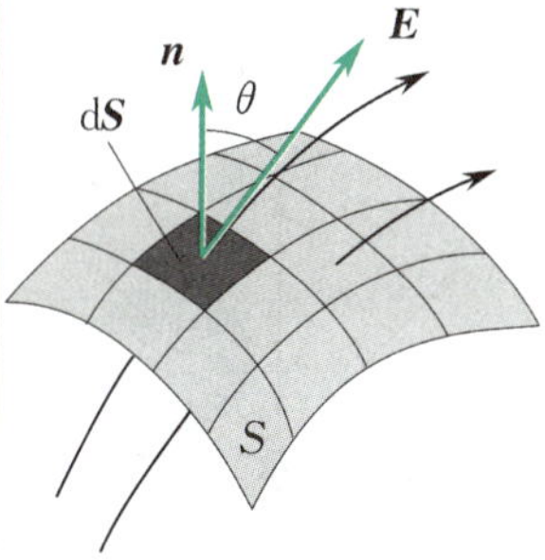

图 13.8 通过任意曲面的电通量

在非均匀电场中，若要计算通过任一曲面 S 的电通量，则可将曲面 S 分割成许多小面元 $\mathrm{d}\boldsymbol{S}$，如图 13.8 所示. 先计算通过每一小面元的电通量，然后将整个 S 面上所有面元的电通量相加，即通过任意有限曲面 S 的电通量等于通过曲面上各面元 $\mathrm{d}\boldsymbol{S}$ 的电通量之和：

$$\Phi_e=\iint_S\mathrm{d}\Phi_e=\iint_S\boldsymbol{E}\cdot\mathrm{d}\boldsymbol{S}.\tag{13.12}$$

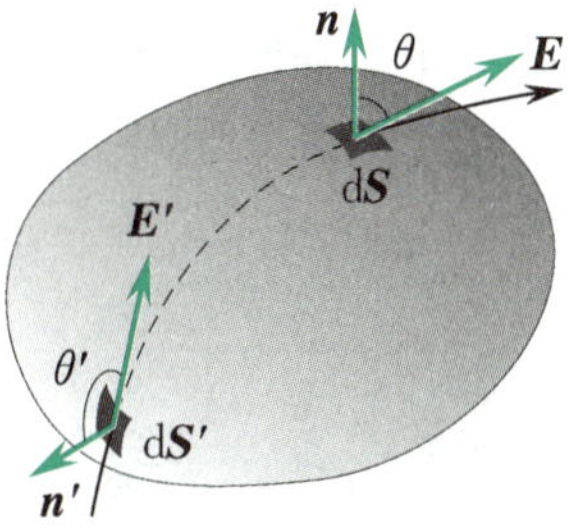

图 13.9 通过闭合曲面的电通量

应注意的是，S 上各面元法向量 $\boldsymbol{n}$ 的方向可以是法线上两个完全相反的方向，到底取哪一方向，计算前必须予以确定. 对于闭合曲面，一般规定自内向外的方向为各处面元的法向量方向，如图 13.9 所示. 因此，在电场

线从内部穿出曲面的地方，$\theta < \dfrac{\pi}{2}$，$\mathrm{d}\Phi_e = \boldsymbol{E} \cdot \mathrm{d}\boldsymbol{S} > 0$，电通量为正；在电场线由外部穿入曲面的地方，$\theta' > \dfrac{\pi}{2}$，$\mathrm{d}\Phi'_e = \boldsymbol{E}' \cdot \mathrm{d}\boldsymbol{S}' < 0$，电通量为负；在电场线和曲面相切处，$\theta = \dfrac{\pi}{2}$，电场线既不穿入也不穿出，通过相应面元的电通量为零$\left(\text{图中省去了 } \theta = \dfrac{\pi}{2} \text{ 时的情况}\right)$. 可见，通过闭合曲面的电通量等于穿出与穿入闭合曲面的电场线的条数之差，亦称为净穿出闭合曲面电场线的条数.

13.3.2 静电场的高斯定理

高斯定理是关于通过任意闭合曲面的电通量与场源电荷关系的规律. 下面我们利用电通量的概念，并根据库仑定理和场强叠加原理来导出该定理.

先讨论点电荷的静电场. 以点电荷 $q(q > 0)$ 为中心作一个半径为 r 的球面 S，球面上任一点处的场强为 $\boldsymbol{E} = \dfrac{q}{4\pi\varepsilon_0 r^2}\hat{\boldsymbol{r}}$，式中 $\hat{\boldsymbol{r}}$ 为径矢 $\boldsymbol{r}$ 方向上的单位矢量，即球面上该处面元的外法线方向上的单位矢量. 故通过该球面的电通量为

$$\Phi_e = \oiint_S \boldsymbol{E} \cdot \mathrm{d}\boldsymbol{S} = \oiint_S \frac{q}{4\pi\varepsilon_0 r^2}\mathrm{d}S = \frac{q}{4\pi\varepsilon_0 r^2}\oiint_S \mathrm{d}S$$
$$= \frac{q}{4\pi\varepsilon_0 r^2} \cdot 4\pi r^2 = \frac{q}{\varepsilon_0}.$$

这个结果与球面半径 r 无关，表明以点电荷 q 为中心的任一球面，不论半径大小如何，通过球面的电通量均为$\dfrac{q}{\varepsilon_0}$（见图 13.10(a)）. 同时表明从点电荷 q 发出的所有电场线连续地延伸到无限远处.

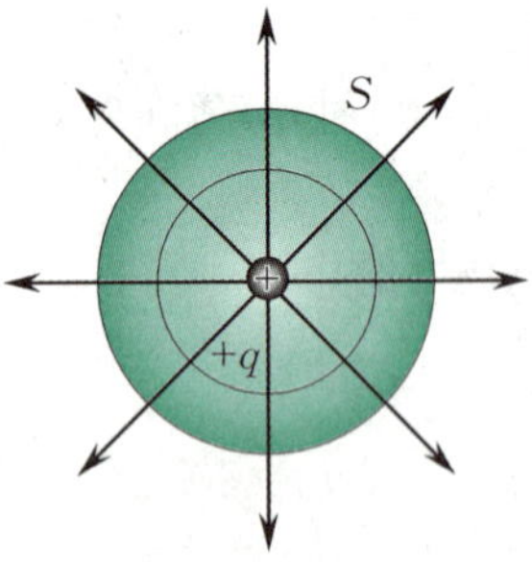

(a)

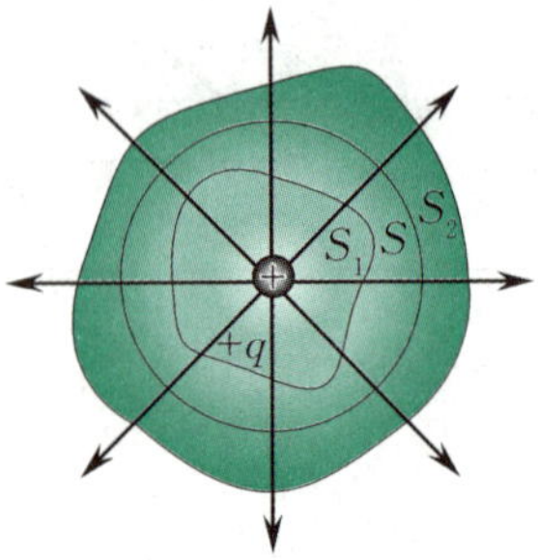

(b)

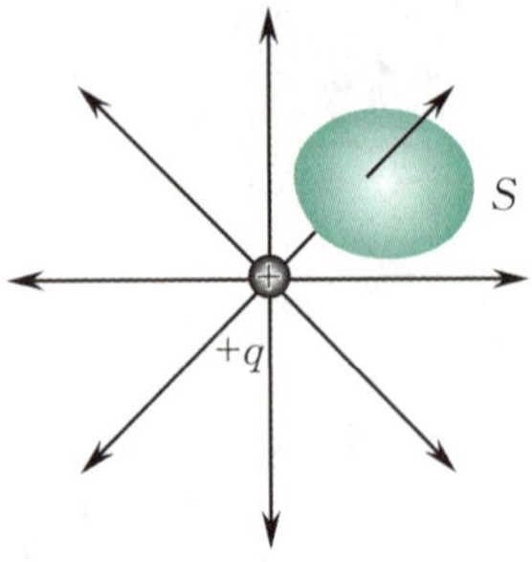

(c)

图 13.10 高斯定理证明之点电荷的电场

若包围点电荷 q 的闭合曲面不是球面，而是任一闭合曲面 S_1 或 S_2，如图 13.10(b) 所示. 由电场线的连续性（电场线不会在没有电荷的地方中断）可知，通过闭合曲面 S，S_1 和 S_2 的电场线的数目是一样的，所以通过包围点电荷 q 的任一闭合曲面 S_1 或 S_2 的电通量也是$\dfrac{q}{\varepsilon_0}$.

若点电荷在闭合曲面 S 外，如图 13.10(c) 所示，由电场线的连续性可得，如果有 N 条电场线穿入该闭合曲面，则必然有 N 条电场线穿出该闭合曲面，因此净穿出闭合曲面 S 的电场线的总条数为零，即通过 S 面的电通量 $\Phi_e = 0$.

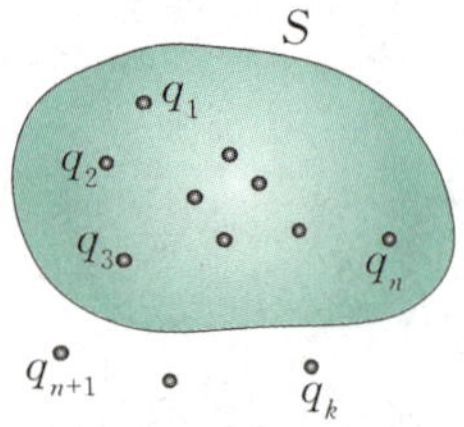

图 13.11 高斯定理证明之多个点电荷的电场

现在，我们将上述结果推广到一般情况. 设闭合曲面 S 位于 k 个点电荷产生的电场中，如图 13.11 所示. 设 $q_1, q_2, \cdots, q_n (n < k)$ 位于 S 面内，$q_{n+1}, q_{n+2}, \cdots, q_k$ 位于 S 面外. 由场强叠加原理可知，空间各点处的场强 $\boldsymbol{E}$ 是上述各点电荷单独存在时产生的电场在相应点处的场强的矢量和，即

$$\boldsymbol{E}=\sum_{i=1}^{k}\boldsymbol{E}_i.$$

因此,通过闭合曲面 S 的电通量为

$$\Phi_{\mathrm{e}}=\oint\!\!\!\oint_S \boldsymbol{E}\cdot\mathrm{d}\boldsymbol{S}=\oint\!\!\!\oint_S\left(\sum_{i=1}^{k}\boldsymbol{E}_i\right)\cdot\mathrm{d}\boldsymbol{S}=\sum_{i=1}^{k}\oint\!\!\!\oint_S \boldsymbol{E}_i\cdot\mathrm{d}\boldsymbol{S}=\sum_{i=1}^{k}\Phi_{\mathrm{e}i}.$$

因为闭合曲面 S 外的电荷对闭合曲面电通量的贡献恒等于零,对闭合曲面电通量有贡献的只是闭合曲面 S 内的电荷,所以上式可写成

$$\Phi_{\mathrm{e}}=\oint\!\!\!\oint_S \boldsymbol{E}\cdot\mathrm{d}\boldsymbol{S}=\sum_{i=1}^{n}\Phi_{\mathrm{e}i}=\frac{1}{\varepsilon_0}\sum_{i=1}^{n}q_i. \qquad (13.13)$$

式(13.13)称为真空中静电场的**高斯定理**,它表明:**在真空中的静电场内,通过任意闭合曲面的电通量等于该闭合曲面所包围的所有电荷的代数和的 $\frac{1}{\varepsilon_0}$ 倍**.我们通常把此闭合曲面称为**高斯面**.

高斯定理包含着深刻的物理内容,对高斯定理的理解应注意:

(1) 高斯定理式(13.13)中的场强 $\boldsymbol{E}$ 是曲面上相应点处的场强,它是由空间全部电荷(既包括闭合曲面内的电荷,也包括闭合曲面外的电荷)共同产生的电场在该点处的场强.式(13.13)右端只对闭合曲面内的电荷求和,这说明通过闭合曲面的电通量只取决于闭合曲面内的电荷.尽管闭合曲面外的电荷对通过整个闭合曲面的电通量没有贡献,但对通过闭合曲面上的部分曲面的电通量却是有贡献的.

(2) 高斯定理还表明了电场线始于正电荷,而止于负电荷,即静电场是有源的矢量场,自然界有独立的正、负电荷存在.只有在闭合曲面内发生中断的电场线,才对闭合曲面的电通量有贡献.

(3) 高斯定理是静电力的平方反比规律和场强叠加原理的直接结果.在定义了场强之后,我们也可以把高斯定理作为基本定律而导出库仑定律,但两者在物理意义上并不相同.库仑定律叙述的是静止点电荷之间的相互作用,而高斯定理却以场为出发点,在反映静电场性质方面更为直接和明显.库仑定律只适用于静电场,而高斯定理适用于任何电场.从这个意义上讲,高斯定理更为普适.

13.3.3 应用高斯定理计算场强

微课视频

应用高斯定理计算场强

在一般情况下,仅根据高斯定理不能由场源电荷计算出电场的具体分布,但是对于某些具有一定对称性的电荷分布,它们产生的电场也具备某种对称性,可以应用高斯定理求场强分布.这种方法一般包含两步:首先,利用场强叠加原理,根据电荷分布的对称性分析电场分布的对称性;然后,根据这种对称性作一闭合曲面,应用高斯定理计算场强数值.这一方法的关键性技巧在于选取合适的闭合曲面,以便使积分 $\oint\!\!\!\oint_S \boldsymbol{E}\cdot\mathrm{d}\boldsymbol{S}$ 中的 $\boldsymbol{E}$ 能以标量的形式从积分号内提取出来.一般而言,应保证所选取的闭合曲面上各点的场强在数值上相等,且场强方向与面元的法线方向相同(也可以是闭合曲面上的某些地方场强大小虽不相等,但方向与面元的方向垂直;或闭合曲面上的某些地方场强为零).

例 13.6 求均匀带正电球面产生的电场的场强分布. 设球面半径为 R，所带电量为 q.

解 由于均匀带电球面的电荷分布具有球对称性，因此它所产生的电场分布也具有球对称性，即与带电球面同心的球面上各点处的场强 $\boldsymbol{E}$ 的大小相等，方向分别沿径向向外.

为求得场点 P 处的场强，取过 P 点且半径为 r 的同心球面 S 为高斯面，如图 13.12(a) 所示，球面 S 上任一点处的场强方向均与该处面元的法线方向一致，故通过高斯面的电通量为

$$\Phi_e = \oiint_S \boldsymbol{E} \cdot \mathrm{d}\boldsymbol{S} = E \oiint_S \mathrm{d}S = E \cdot 4\pi r^2 = 4\pi E r^2.$$

当 $r > R$ 时，P 点位于带电球面外，高斯面所包围的电荷的电量为 q，根据高斯定理可得

$$E = \frac{q}{4\pi\varepsilon_0 r^2},$$

$\boldsymbol{E}$ 的方向沿径向向外.

当 $r < R$ 时，P 点位于带电球面内，高斯面所包围的电荷的电量为零，故根据高斯定理可得

$$E = 0.$$

由上述讨论可知，均匀带电球面在球面外产生的电场与球面上的电荷全部集中在球心时所产生的电场相同，球面内部的场强处处为零. 场强大小 E 与距离 r 的变化关系如图 13.12(b) 所示.

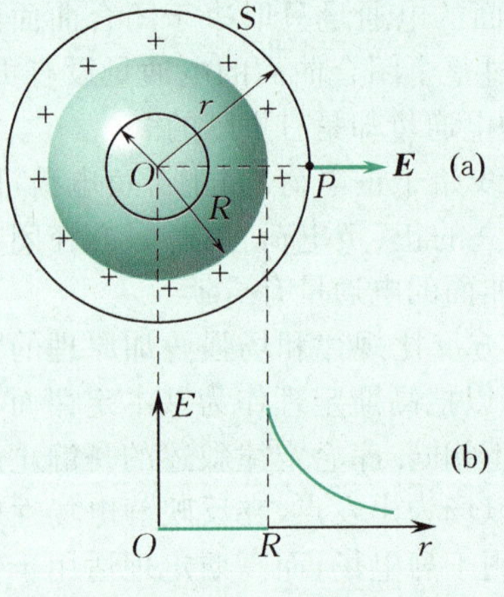

图 13.12 均匀带正电球面的电场分布

例 13.7 求无限长均匀带正电圆柱面产生的电场的场强分布. 已知圆柱截面半径为 R，沿轴向单位长圆柱面所带电量为 λ.

解 由于无限长带电圆柱面的电荷分布具有轴对称性，因此它所产生的电场分布也具有轴对称性，即与圆柱面轴线等距离的各点处的场强大小相等，场强 $\boldsymbol{E}$ 的方向垂直于轴线向外，如图 13.13(a) 所示.

为求得场点 P 处的场强，取过 P 点的同轴闭合圆柱面为高斯面，此圆柱面底面半径为 r，高度为 l. 由于空间任一点处 $\boldsymbol{E}$ 的方向与轴线垂直，因此通过上述高斯面两底面的电通量为零，而通过高斯面侧面的电通量是 $2\pi r l E$.

当 $r > R$ 时，P 点在带电圆柱面外，高斯面所包围的电荷的电量为 λl. 根据高斯定理有

$$2\pi r l E = \frac{\lambda l}{\varepsilon_0},$$

即

$$E=\frac{\lambda}{2\pi\varepsilon_0 r}.$$

当 $r<R$ 时，P 点在带电圆柱面内，高斯面所包围的电荷的电量为零，根据高斯定理，有

$$E=0.$$

场强 E 随 r 的变化关系如图 13.13(b) 所示.

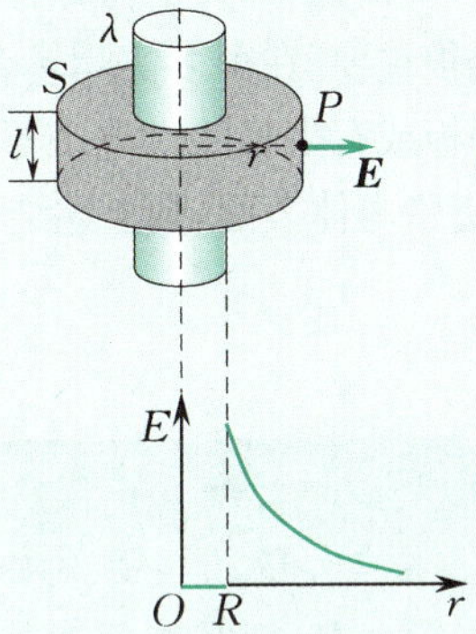

图 13.13　无限长均匀带正电圆柱面的电场

例 13.8 求无限大均匀带正电平面产生的电场的场强分布，已知其面电荷密度为 σ.

解　由于电荷均匀分布在无限大平面上，故空间电场具有面对称性，即与平面等距离的各点处场强的大小相等，场强的方向与平面垂直，平面左、右两侧的场强方向相反.

为求得场点 P 处的场强，过 P 点作闭合圆柱面，其轴线与带电平面垂直，两底面 S_1 和 S_2 与带电平面平行且等距，面积为 S_0，如图 13.14 所示. 以此闭合圆柱面为高斯面，由于场强 $\boldsymbol{E}$ 的方向垂直于两底面向外，因此通过两底面的电通量是 $2ES_0$，通过圆柱侧面的电通量为零(侧面各处面元的法线方向与场强方向垂直). 高斯面所包围的电荷的电量为 σS_0，根据高斯定理有

$$2ES_0=\frac{\sigma S_0}{\varepsilon_0},$$

即

$$E=\frac{\sigma}{2\varepsilon_0}.$$

上式表明，无限大均匀带电平面两侧的电场为均匀电场.

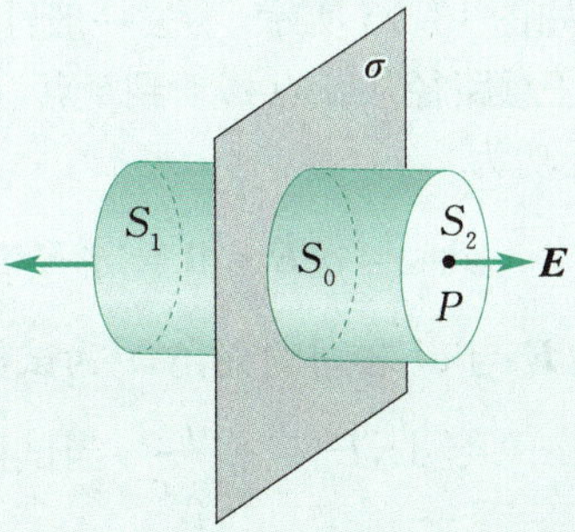

图 13.14　无限大均匀带正电平面的电场

由上述例题可知，应用高斯定理求场强时，要求电场分布具有对称性. 解题的步骤是首先分析电场的对称性；其次通过所求的场点选取适当的高斯面（依据电场分布的对称性），分别算出通过高斯面的电通量和高斯面所包围的电荷的电量；最后根据高斯定理求出场强.

另外，尽管能用高斯定理求场强分布的例子并不多，而且上述例子中，除了球对称性，严格说来，其他对称性在现实世界中并不存在，但上述特例获得的结果仍很重要. 在很多实际场合，需用这些结果做近似估算. 如对有限大的带电平板或有限长的带电细棒，只要所求场点不太靠近端点或边缘处，并非常靠近带电体表面，则上述结果仍不失为一种相当好的近似.

思考

对空间中任意高斯面，有人认为：

(1) 若高斯面内无电荷，则高斯面上各点处的场强 $\boldsymbol{E}$ 处处为零；

(2) 若高斯面上各点处的场强 $\boldsymbol{E}$ 处处为零，则高斯面内必无电荷；

(3) 若高斯面上各点处的场强 $\boldsymbol{E}$ 处处不为零，则通过高斯面的电通量一定不为零，高斯面内必有电荷；

(4) 若高斯面内有电荷，则高斯面上各点处的场强 $\boldsymbol{E}$ 完全由高斯面内的电荷决定，与高斯面外的电荷无关.

以上说法是否正确？为什么？

13.4 静电场的环路定理　电势

前面根据静电场对电荷的作用力，引入场强来描述静电场，从本节开始，我们从功和能的角度来讨论静电场的性质. 下面首先证明电场力（静电力）做功与路径无关，从而引入电势的概念.

13.4.1 静电场的环路定理

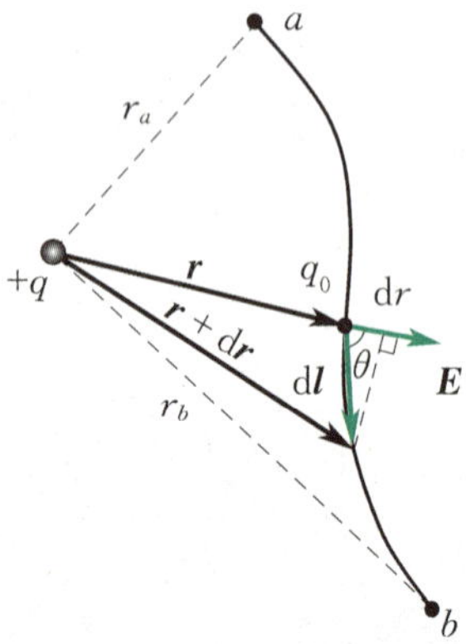

图 13.15　点电荷电场的保守性

在一个静止点电荷 q 所产生的静电场中，试探电荷 q_0 将受到电场力的作用. 如图 13.15 所示（不失一般性，图中先假设 q 带正电），将试探电荷 q_0 沿任意路径从 a 点移动到 b 点，在产生元位移 $\mathrm{d}\boldsymbol{l}$ 的过程中，电场力所做的元功为

$$\mathrm{d}A = q_0\boldsymbol{E}\cdot\mathrm{d}\boldsymbol{l} = q_0E\mathrm{d}l\cos\theta = \frac{1}{4\pi\varepsilon_0}\frac{q_0q}{r^2}\mathrm{d}r,$$

式中 θ 为 $\boldsymbol{E}$ 与 $\mathrm{d}\boldsymbol{l}$ 之间的夹角，r 为试探电荷 q_0 与点电荷 q 之间的距离，故有 $\mathrm{d}l\cos\theta=\mathrm{d}r$，$E=\dfrac{q}{4\pi\varepsilon_0 r^2}$. 当试探电荷 q_0 从 a 点移动到 b 点时，电场力所做的功为

$$A_{ab}=\int_a^b\mathrm{d}A = q_0\int_a^b\boldsymbol{E}\cdot\mathrm{d}\boldsymbol{l} = \frac{q_0q}{4\pi\varepsilon_0}\int_{r_a}^{r_b}\frac{\mathrm{d}r}{r^2} = \frac{q_0q}{4\pi\varepsilon_0}\left(\frac{1}{r_a}-\frac{1}{r_b}\right),$$

式中 r_a，r_b 分别表示路径起点 a 和终点 b 与点电荷 q 之间的距离. 上式表明，在静止点电荷所产生的静电场中，电场力做功与路径无关，只与路径的起点和终点位置有关. 换句话说，在静电场中让试探电荷 q_0 沿任一闭合路径 l 移动一周，电场力所做的功恒为零，即

$$q_0\oint_l \boldsymbol{E}\cdot \mathrm{d}\boldsymbol{l}=0.$$

由于试探电荷 $q_0\neq 0$，因此

$$\oint_l \boldsymbol{E}\cdot \mathrm{d}\boldsymbol{l}=0.$$

上式表明，在静止点电荷所产生的静电场中，场强 $\boldsymbol{E}$ 沿任一闭合路径的线积分(亦称为场强的环流) 恒为零.

对于任意带电体系，均可将其看作由 n 个点电荷 q_1，q_2，…，q_n 所组成的点电荷系. 空间中任一点处的场强 $\boldsymbol{E}$ 是各个点电荷单独存在时产生的电场在该点处的场强 $\boldsymbol{E}_1$，$\boldsymbol{E}_2$，…，$\boldsymbol{E}_n$ 的矢量和，即 $\boldsymbol{E}=\sum\limits_{i=1}^{n}\boldsymbol{E}_i$，式中 $\boldsymbol{E}_i$ 为第 i 个点电荷 q_i 产生的电场在该点处的场强. 此时，将试探电荷 q_0 沿任一闭合路径 l 移动一周，电场力所做的功为

$$A=\oint_l \boldsymbol{F}\cdot \mathrm{d}\boldsymbol{l}=q_0\oint_l \boldsymbol{E}\cdot \mathrm{d}\boldsymbol{l}=q_0\sum_{i=1}^{n}\oint_l \boldsymbol{E}_i\cdot \mathrm{d}\boldsymbol{l}.$$

因 $\oint_l \boldsymbol{E}_i\cdot \mathrm{d}\boldsymbol{l}=0$，故 $A=\oint_l \boldsymbol{F}\cdot \mathrm{d}\boldsymbol{l}=0$，因此，对任意静电场，总有

$$\oint_l \boldsymbol{E}\cdot \mathrm{d}\boldsymbol{l}=0. \tag{13.14}$$

可见，**在任意静电场中，场强沿任一闭合路径的线积分恒为零**. 这一结论称为**静电场的环路定理**(circuital theorem of electrostatic field). 它揭示了静电场的又一个重要特性，即静电场是保守场.

高斯定理与环路定理各自独立地反映了静电场的两个侧面，它们来源于不同的实验事实，两者相结合才能完整地反映静电场的特性. 表面上看，这两条定理都是从库仑定律推出的，但它们都以一种特殊的物质——场作为研究对象，因而具有比库仑定律更为深远的内涵(库仑定律本身并不涉及电场).

13.4.2 电势能 电势

由于静电场和重力场一样，是保守场，因此我们可以仿照重力场中的重力势能，在静电场中引入**电势能**的概念. 根据本书上册 2.3.3 节中对保守场中某点处势能的定义(式(2.48))，试探电荷 q_0 在静电场中 a 点处具有的电势能为

$$W_a=\int_a^{\text{电势能零点}} q_0\boldsymbol{E}\cdot \mathrm{d}\boldsymbol{l}=q_0\int_a^{\text{电势能零点}}\boldsymbol{E}\cdot \mathrm{d}\boldsymbol{l}.$$

很显然，W_a 依赖于试探电荷 q_0 在静电场中的位置并与 q_0 的大小成正比，而 W_a 和 q_0 的比值 $\dfrac{W_a}{q_0}$ 则只与试探电荷 q_0 在静电场中的位置有关. 据

此我们可引入电势的概念，并定义静电场中试探电荷 q_0 所在位置处的电势为

$$U=\frac{W_a}{q_0},$$

即单位正点电荷在该点处所具有的电势能. 在国际单位制中，电势的单位为伏[特]（V），由上式可知 1 V = 1 J/C.

类似于物体在重力场中 a，b 两点处的重力势能之差，等于物体从 a 点移动到 b 点的过程中重力所做的功，试探电荷 q_0 在静电场中 a，b 两点处的电势能 W_a 与 W_b 之差，等于试探电荷 q_0 从 a 点移动到 b 点的过程中电场力所做的功，记为 W_{ab}，即

$$W_{ab}=W_a-W_b=A_{ab}=q_0\int_a^b \boldsymbol{E}\cdot \mathrm{d}\boldsymbol{l}. \tag{13.15}$$

应该指出，与重力势能一样，电势能也是一种相互作用能，它属于试探电荷 q_0 和静电场构成的系统.

清楚了电势的概念之后，我们将 a，b 两点之间的电势差（电压）定义为

$$U_{ab}=U_a-U_b=\frac{W_a}{q_0}-\frac{W_b}{q_0}=\frac{W_{ab}}{q_0}=\frac{A_{ab}}{q_0}=\int_a^b \boldsymbol{E}\cdot \mathrm{d}\boldsymbol{l}, \tag{13.16}$$

即静电场中 a，b 两点之间的电势差在数值上等于把单位正点电荷从 a 点沿任一路径移动到 b 点时电场力所做的功.

已知场强 $\boldsymbol{E}$ 时，我们可计算静电场中任意两点之间的电势差，即计算静电场中各点电势的相对高低，但不能确定静电场中各点电势的绝对值. 为了确定静电场中某点 P 处的电势 U_P 的大小，通常选某参考点作为电势零点，而 U_P 的值等于 P 点与电势零点之间的电势差，即

$$U_P=U_P-U_{\text{电势零点}}=\int_P^{\text{电势零点}} \boldsymbol{E}\cdot \mathrm{d}\boldsymbol{l}. \tag{13.17}$$

原则上，电势零点的选取是任意的，但对无限大带电体产生的电场，一般不能取无限远处为电势零点，否则会导致静电场中各点处的电势均为无限大. 理论上，当电荷分布在有限区域内时，常取无限远处为电势零点. 实际应用时常取地球为电势零点：一方面因为地球是一个很大的导体，它本身电势比较稳定，是合适的电势零点；另一方面，在地球上任何地方都能方便地将带电体与地球进行比较，从而确定其电势.

电势是标量，其值可正可负. 静电场中某点处电势的正、负取决于场源电荷的正、负和电势零点的选取. 改变电势零点的位置，各点电势数值随之改变，但两点之间的电势差仍保持不变.

已知电势分布，利用式(13.16) 可求得试探电荷 q_0 从 a 点移动至 b 点，电场力所做的功为

$$A_{ab}=W_{ab}=q_0(U_a-U_b). \tag{13.18}$$

例 13.9 求点电荷 q 产生的电场的电势分布.

解 取无限远处为电势零点，并以通过场点 P 并延伸到无限远处的电场线作为积分路径

（见图 13.16，为了方便作图，图中假定 $q>0$），有

$$U_P=\int_P^{\infty}\boldsymbol{E}\cdot \mathrm{d}\boldsymbol{l}=\int_r^{\infty}E\mathrm{d}r=\int_r^{\infty}\frac{q}{4\pi\varepsilon_0 r^2}\mathrm{d}r=\frac{q}{4\pi\varepsilon_0 r},\tag{13.19}$$

式中 r 为点电荷 q 到场点 P 的距离. 若 $q>0$，则 $U_P>0$，即正点电荷的电场中，各点电势均为正值，离点电荷越远，电势越低. 若 $q<0$，则 $U_P<0$，即负点电荷的电场中，各点电势均为负值，离点电荷越远，电势越高. 场强的方向由高电势指向低电势.

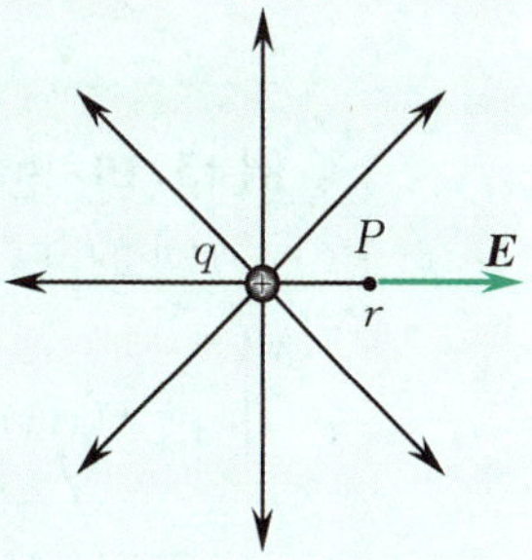

图 13.16　点电荷的电势

电场中任一点处的电势实际上是该点与电势零点之间的电势差，因此，若选距点电荷 q 为 r_0 处为电势零点，则场点 P 的电势 $U_P=\dfrac{q}{4\pi\varepsilon_0}\left(\dfrac{1}{r}-\dfrac{1}{r_0}\right)$，即对于正点电荷产生的电场，空间各点的电势降低了 $\dfrac{q}{4\pi\varepsilon_0 r_0}$；对于负点电荷产生的电场，各场点的电势升高了 $\dfrac{|q|}{4\pi\varepsilon_0 r_0}$. 但它们的相对电势分布未变，即任意两点之间的电势差不变. 显然，取 $U_\infty=0$，上述电势表达式最简单.

13.4.3　电势叠加原理

若空间中有一由 n 个点电荷 $q_1,q_2,\cdots,q_n$ 组成的点电荷系，取无限远处为电势零点，则空间中任一点 P 处的电势为

$$U_P=\int_P^{\infty}\boldsymbol{E}\cdot \mathrm{d}\boldsymbol{l}=\int_P^{\infty}\left(\sum_{i=1}^{n}\boldsymbol{E}_i\right)\cdot \mathrm{d}\boldsymbol{l}=\sum_{i=1}^{n}\int_P^{\infty}\boldsymbol{E}_i\cdot \mathrm{d}\boldsymbol{l}=\sum_{i=1}^{n}U_i,\tag{13.20}$$

式中 $\boldsymbol{E}_i$ 和 U_i 分别表示第 i 个点电荷单独存在时所产生的电场在 P 点处的场强和电势. 式(13.20) 就是静电场的**电势叠加原理**的数学表达式，即**点电荷系产生的静电场中某点处的电势，等于组成该点电荷系的各点电荷单独存在时，该点电势的代数和**.

将点电荷的电势公式(13.19) 代入式(13.20)，可得点电荷系产生的静电场中任一场点 P 处的电势为

$$U_P=\sum_{i=1}^{n}\frac{q_i}{4\pi\varepsilon_0 r_i},\tag{13.21}$$

式中 r_i 为点电荷 q_i 到 P 点的距离.

对一个电荷连续分布的有限大带电体，可以设想它由许多电荷元 $\mathrm{d}q$ 所组成，将每个电荷元都当成点电荷，由式(13.19) 与电势叠加原理可得电场中任一场点 P 处的电势为

$$U_P=\int\frac{\mathrm{d}q}{4\pi\varepsilon_0 r},\tag{13.22}$$

式中 r 为电荷元 $\mathrm{d}q$ 与 P 点的距离，积分遍及整个电荷分布的区域. 需要注意的是，式(13.21) 或式(13.22) 都是以点电荷的电势公式(13.19) 为基础的，使用这些公式时，电势零点默认都已选定在无限远处.

13.4.4　电势的计算

微课视频

电势的计算

若已知电荷分布，可用两种方法计算电势.

(1) 利用式(13.19)和电势叠加原理求电场中任一点处的电势. 由于电势是标量，因此电势的求和或积分比场强的求和或积分要简单一些.

例 13.10 电荷均匀地分布在长为 $2L$ 的细棒上，其单位长度上的电量为 λ，求空间任一点 $P(x,y)$ 处的电势.

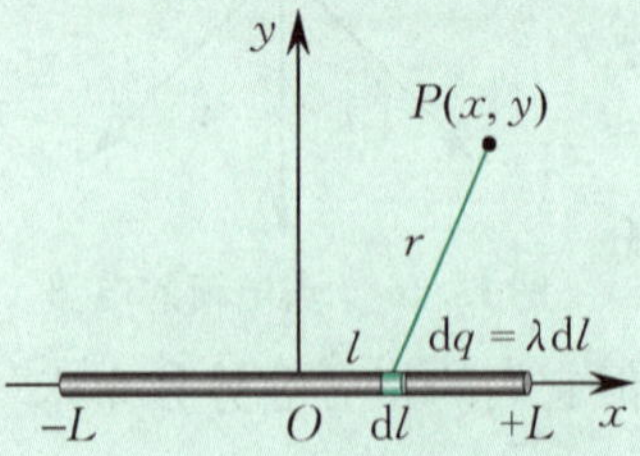

图 13.17　有限长均匀带电细棒的电势

解　建立如图 13.17 所示的直角坐标系，在距离 O 点 l 处取线元 $\mathrm{d}l$，线元 $\mathrm{d}l$ 上的电荷元 $\mathrm{d}q=\lambda\mathrm{d}l$，其中 $\lambda=\dfrac{q}{2L}$. 在电荷元 $\mathrm{d}q$ 所产生的静电场中，P 点处的电势为

$$\mathrm{d}U=\frac{1}{4\pi\varepsilon_0}\frac{\mathrm{d}q}{r},$$

式中 $r=\sqrt{(x-l)^2+y^2}$.

根据电势叠加原理，P 点处的电势为

$$U=\int\mathrm{d}U=\frac{\lambda}{4\pi\varepsilon_0}\int_{-L}^{+L}\frac{\mathrm{d}l}{\sqrt{(x-l)^2+y^2}}$$

$$=-\frac{\lambda}{4\pi\varepsilon_0}\int_{-L}^{+L}\frac{\mathrm{d}(x-l)}{\sqrt{(x-l)^2+y^2}}=\frac{q}{8\pi\varepsilon_0 L}\ln\frac{x+L+\sqrt{(x+L)^2+y^2}}{x-L+\sqrt{(x-L)^2+y^2}}.$$

(2) 已知静电场的场强分布，可由式(13.17)求出静电场中任一点处的电势. 特别是对于具有高度对称分布的静电场，因场强 $\boldsymbol{E}$ 可用高斯定理方便地计算出来，且 $\boldsymbol{E}$ 的表达式一般也较为简单，故电势可用场强的线积分计算，这比采用电势叠加原理的方法简便. 由于该积分与路径无关，因此可选取最简单的积分路径，如果积分路径各段上场强表达式不同，则应分段积分.

例 13.11 求均匀带正电球面所产生的电势分布. 球面的半径为 R，所带电量为 q.

解　均匀带电球面产生的电场的场强大小分布为

$$E=\begin{cases}0 & (r<R),\\ \dfrac{q}{4\pi\varepsilon_0 r^2} & (r>R),\end{cases}$$

$\boldsymbol{E}$ 的方向沿径向向外. 对于场点 P(距球心为 r)，取积分路径为过 P 点并延伸到无限远处的电场线，由电势的定义式有

$$U_P=\int_P^{\infty}\boldsymbol{E}\cdot\mathrm{d}\boldsymbol{l}=\begin{cases}\displaystyle\int_r^{\infty}\frac{q}{4\pi\varepsilon_0 r^2}\mathrm{d}r=\frac{q}{4\pi\varepsilon_0 r} & (r\geqslant R),\\ \displaystyle\int_R^{\infty}\frac{q}{4\pi\varepsilon_0 r^2}\mathrm{d}r=\frac{q}{4\pi\varepsilon_0 R} & (r<R).\end{cases}$$

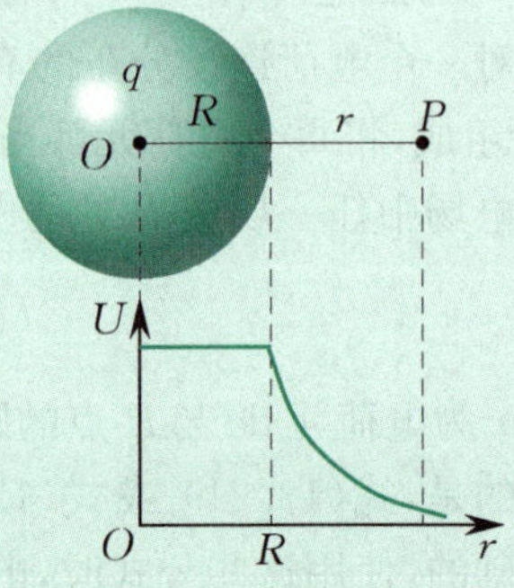

图 13.18　均匀带正电球面的电势

由上面的计算可知，带电球面外各点处的电势与球面上的电荷全部集中在球心时所产生的电场中的电势相同；球面内各点处的电势与球面上各点处的电势相等. 电势U随r的变化关系如图 13.18 所示.

例 13.12 求无限长均匀带电细棒所产生的电势分布. 已知细棒的线电荷密度为λ.

解 由于带电细棒无限长，因此不能取无限远处为电势零点，否则将导致任一场点处的电势为无穷大. 选取与细棒距离为a的A点作为电势零点(见图 13.19). 已知无限长带电细棒所产生的电场的场强分布为

$$E=\frac{\lambda}{2\pi\varepsilon_0 r},$$

$\boldsymbol{E}$的方向垂直于带电细棒. 由电场的对称性可知，与细棒等距离的各点处电势相等，即图中任一与带电细棒距离为r的P点处的电势为

$$U_P=U_B=\int_B^A \boldsymbol{E}\cdot \mathrm{d}\boldsymbol{l}$$

$$=\int_r^a \frac{\lambda}{2\pi\varepsilon_0 r}\mathrm{d}r=\frac{\lambda}{2\pi\varepsilon_0}\ln\frac{a}{r}.$$

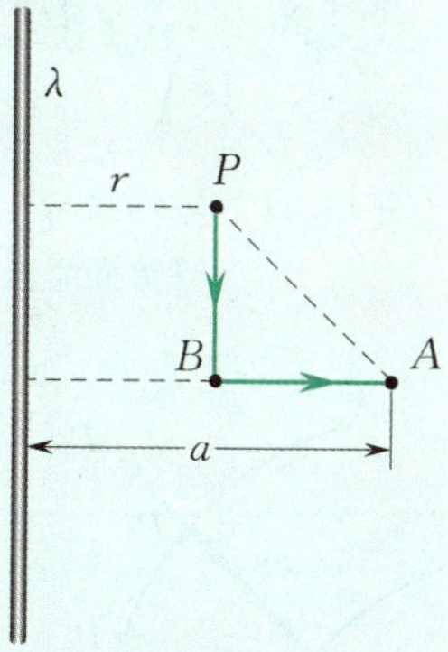

图 13.19 无限长均匀带电细棒的电势

思考

1. 试用静电场的环路定理证明，静电场的电场线不可能是闭合曲线.

2. 若带电体为无限大，计算其静电场中某点处的电势时不能取无限远处为电势零点，否则静电场中的任一场点处的电势为无穷大(参见例 13.12). 这是为什么？

13.5 等势面与电势梯度

如同电场线可形象地描绘场强分布一样，我们也可以引入等势面来形象地描绘电势分布. 等势面可以直接通过实验测定.

等势面是静电场中电势相等的点所组成的曲面. 例如，由点电荷的电势公式(13.19)可知，点电荷所产生的静电场的等势面是以点电荷q为中心、r为半径的球面，如图 13.20(a)所示. 两个等量异号的点电荷对(电偶极子)的等势面如图 13.20(b)所示. 在实际问题中，由于电势比场强更易测量，因此我们往往通过实验测量，先绘制出带电体周围电场的等势面图，再用场强与电势的微分关系求得场强分布.

由于电场线与等势面都是对静电场的形象描绘，它们必然存在某些联系.

(1) 等势面与电场线处处正交.

在电场中任取线元$\mathrm{d}\boldsymbol{l}$，线元两端电势差为

$$\mathrm{d}U=-\boldsymbol{E}\cdot\mathrm{d}\boldsymbol{l}.$$

若线元在等势面上，则有$\mathrm{d}U=0$，故$\boldsymbol{E}$垂直于$\mathrm{d}\boldsymbol{l}$. 由于$\mathrm{d}\boldsymbol{l}$是等势面上的任一线元，而$\boldsymbol{E}$的方向沿电场线的切线方向，因此等势面与电场线必定

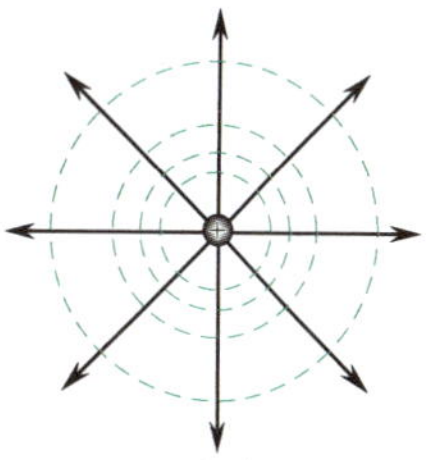

(a) 点电荷

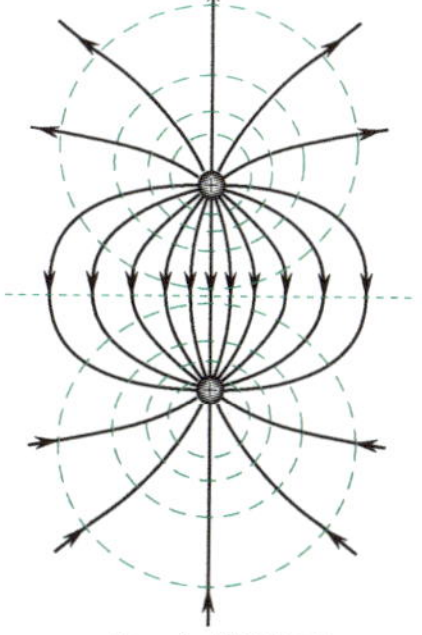

(b) 电偶极子

图 13.20 等势面(虚线)和电场线(实线)图

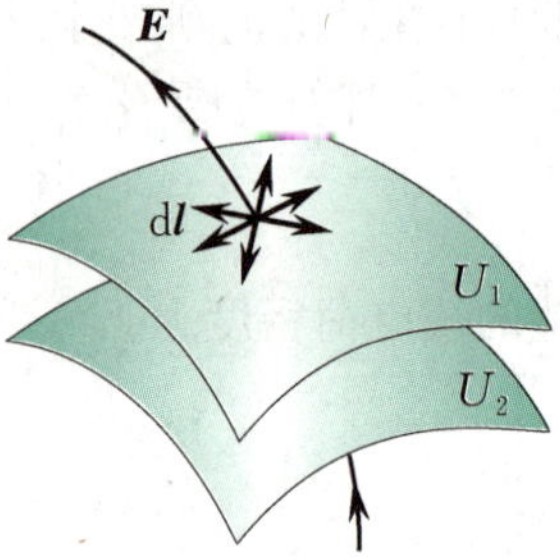

图 13.21 电场线与等势面垂直

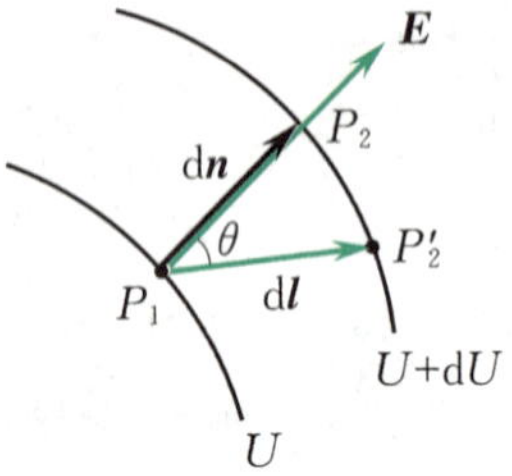

图 13.22 场强与电势梯度的关系

处处正交,如图 13.21 所示.

(2) 等势面密集的地方场强大,稀疏的地方场强小.

如图 13.22 所示,取两个十分邻近的等势面,电势分别为 U 及 $U+\mathrm{d}U$. 有一电场线与两个等势面分别交于 P_1,P_2 两点,从 P_1 点到 P_2 点的径矢记为 $\mathrm{d}\boldsymbol{n}$,则有

$$|\mathrm{d}U| = |\boldsymbol{E}\cdot\mathrm{d}\boldsymbol{n}| = E\mathrm{d}n$$

或

$$E = \left|\frac{\mathrm{d}U}{\mathrm{d}n}\right|.$$

上式表明,在两个邻近的等势面之间,距离小的地方场强 $\boldsymbol{E}$ 大,距离大的地方场强 $\boldsymbol{E}$ 小. 在作等势面图时,若相邻等势面之间的电势差都一样,则必然有等势面密集的地方场强大,等势面稀疏的地方场强小.

在图 13.22 中电势为 $U+\mathrm{d}U$ 的等势面上任取一点P'_2,自 P_1 点向 P'_2点作一径矢 $\mathrm{d}\boldsymbol{l}$,则有

$$-\mathrm{d}U = \boldsymbol{E}\cdot\mathrm{d}\boldsymbol{l} = E\cos\theta\mathrm{d}l = E_l\mathrm{d}l,$$

式中 $E_l = E\cos\theta$ 为 $\boldsymbol{E}$ 在 $\mathrm{d}\boldsymbol{l}$ 方向上的投影. 根据上式可得

$$E_l = -\frac{\mathrm{d}U}{\mathrm{d}l}, \tag{13.23}$$

式中$\dfrac{\mathrm{d}U}{\mathrm{d}l}$表示电势沿 $\mathrm{d}\boldsymbol{l}$ 方向的空间变化率. $\mathrm{d}\boldsymbol{l}$ 在空间有各种可能的取向,沿不同的空间取向,电势变化率是不同的,当 $\mathrm{d}\boldsymbol{l}$ 沿着电场线的方向时,电势变化率有最大值,这个最大值称为**电势梯度**,电势梯度是一个矢量,**它的方向是该点附近电势升高最快的方向**.

式(13.23) 说明,电场中任一点处的场强等于该点电势梯度的负值,负号表示场强方向与电势梯度方向相反,即场强指向电势降低的方向.

当电势函数用直角坐标表示,即 $U=U(x,y,z)$ 时,场强沿 3 个坐标轴方向的分量分别为

$$E_x = -\frac{\partial U}{\partial x},\ E_y = -\frac{\partial U}{\partial y},\ E_z = -\frac{\partial U}{\partial z},$$

则空间某点处的场强可写成

$$\boldsymbol{E} = -\left(\frac{\partial U}{\partial x}\boldsymbol{i} + \frac{\partial U}{\partial y}\boldsymbol{j} + \frac{\partial U}{\partial z}\boldsymbol{k}\right) = -\nabla U, \tag{13.24}$$

式中$\nabla = \dfrac{\partial}{\partial x}\boldsymbol{i} + \dfrac{\partial}{\partial y}\boldsymbol{j} + \dfrac{\partial}{\partial z}\boldsymbol{k}$,称为**倒三角算符**(nabla).

式(13.24) 就是场强与电势的微分关系. 由于静电场中电势的计算比场强的计算简便,因此往往先求电势,再利用场强与电势的微分关系求场强. 这也是计算场强的一种常用方法.

例 13.13 利用电势与场强的微分关系,求图 13.5 中均匀带电圆盘轴线上任一点处

的场强. 已知圆盘的半径为 R,面电荷密度为 σ.

解 首先计算圆盘轴线上 P 点处的电势. 将圆盘分成许多小面元,面元的面积 $\mathrm{d}S = r\mathrm{d}\varphi\mathrm{d}r$,其所带电量 $\mathrm{d}q = \sigma\mathrm{d}S = \sigma r\mathrm{d}\varphi\mathrm{d}r$. 根据点电荷的电势公式,电荷元 $\mathrm{d}q$ 产生的电场在 P 点处的电势为

$$\mathrm{d}U = \frac{\mathrm{d}q}{4\pi\varepsilon_0\sqrt{r^2+x^2}} = \frac{\sigma r\mathrm{d}\varphi\mathrm{d}r}{4\pi\varepsilon_0\sqrt{r^2+x^2}},$$

对上式两边同时进行积分可得

$$U = \frac{\sigma}{4\pi\varepsilon_0}\int_0^{2\pi}\mathrm{d}\varphi\int_0^R\frac{r\mathrm{d}r}{\sqrt{r^2+x^2}} = \frac{\sigma}{2\varepsilon_0}(r^2+x^2)^{\frac{1}{2}}\Big|_0^R = \frac{\sigma}{2\varepsilon_0}(\sqrt{R^2+x^2}-x).$$

利用式(13.24)可得

$$E_x = -\frac{\partial U}{\partial x} = \frac{\sigma}{2\varepsilon_0}\left(1-\frac{x}{\sqrt{R^2+x^2}}\right),\ E_y = -\frac{\partial U}{\partial y} = 0,\ E_z = -\frac{\partial U}{\partial z} = 0,$$

所以

$$E = E_x = \frac{\sigma}{2\varepsilon_0}\left(1-\frac{x}{\sqrt{R^2+x^2}}\right).$$

当圆盘带正电,即 $\sigma > 0$ 时,$\boldsymbol{E}$ 的方向沿 x 轴向右,反之 $\boldsymbol{E}$ 的方向沿 x 轴向左.

思考

1. 已知静电场中某点处的场强 $\boldsymbol{E}$,能否算出该点处的电势 U? 已知静电场中某点处的电势 U,能否算出该点处的场强 $\boldsymbol{E}$?

2. 等势面上各点处的场强大小是否一定相等?

本章小结

1. 库仑定律

点电荷间的相互作用力:

$$\boldsymbol{F}_{21} = k\frac{q_1q_2}{r^2}\hat{\boldsymbol{r}}_{21}.$$

2. 场强

(1) 定义:

$$\boldsymbol{E} = \frac{\boldsymbol{F}}{q_0}.$$

(2) 点电荷场强:

$$\boldsymbol{E} = \frac{1}{4\pi\varepsilon_0}\frac{q}{r^2}\hat{\boldsymbol{r}}.$$

(3) 场强叠加原理:

$$\boldsymbol{E} = \sum_{i=1}^{n}\boldsymbol{E}_i.$$

3. 高斯定理

$$\Phi_e = \oiint_S \boldsymbol{E}\cdot\mathrm{d}\boldsymbol{S} = \frac{1}{\varepsilon_0}\sum_{i=1}^{n}q_i.$$

4. 电偶极子在外加电场中的力矩

$$\boldsymbol{M} = \boldsymbol{p}\times\boldsymbol{E}.$$

5. 静电场的环路定理

$$\oint_l \boldsymbol{E}\cdot\mathrm{d}\boldsymbol{l} = 0.$$

6. 电势及电势差

(1) 电势:

$$U_a = \int_a^{\text{电势零点}}\boldsymbol{E}\cdot\mathrm{d}\boldsymbol{l}.$$

(2) 电势叠加原理:

$$U = \sum_{i=1}^{n}U_i.$$

(3) 电势差:

$$U_{ab} = U_a - U_b = \int_a^b\boldsymbol{E}\cdot\mathrm{d}\boldsymbol{l}.$$

7. 电势梯度

$$\boldsymbol{E} = -\left(\frac{\partial U}{\partial x}\boldsymbol{i}+\frac{\partial U}{\partial y}\boldsymbol{j}+\frac{\partial U}{\partial z}\boldsymbol{k}\right) = -\nabla U.$$

拓展与探究

13.1 动物的体液和植物体内的汁液是生命活动不可或缺的物质，这些液态物质中都有可移动的电荷，如血液中就有 Na^+，K^+，Ca^+，Cl^- 等；另外，生物体细胞膜的内、外膜之间有电势差，该电势差对生命活动也有重要影响. 试查找资料分析研究动、植物体内这些电荷的作用. 有可能通过控制电场来调节植物的生长吗？有可能借此控制病虫害吗？

13.2 管式静电除尘器在工作的时候，两个电极之间的电场可以看作是两个无限长带电圆柱面产生的静电场. 试根据空气的击穿场强及两个电极的尺寸参数，估算其所需工作电压.

13.3 "若在地球上去掉一滴水中所有的电子，则地球上的电势将会升高几百万伏." 这句话有道理吗？请通过计算来阐述你的看法.

13.4 地球表面附近的场强大小约为 200 V/m，方向与地球表面垂直并指向地球中心. 可见地球整体带负电，但地球的总电量大致稳定. 试分析研究地球电荷的可能起源及电量不变的可能原因.

13.5 电势零点的选取是任意的，当电荷分布在有限区域内时，常取无限远处为电势零点，在实际应用时常取地球为电势零点，两者理论上完全等效吗？

习题 13

13.1 精密实验表明，一个电子与一个质子的电量在实验误差为 $\pm 10^{-21}e$ 的范围内是相等的，而中子的电量在实验误差为 $\pm 10^{-21}e$ 的范围内等于零. 考虑这些误差综合的最坏情况，试问一个氧原子（含 8 个电子，8 个质子，8 个中子）所带的最大可能净电荷为多少？若将原子看成质点，试比较两个氧原子之间的静电力和万有引力的大小，其合力是引力还是斥力？

13.2 π^+ 介子由一个 u 夸克和一个反 d 夸克组成. u 夸克所带电量为 $\frac{2}{3}e$，反 d 夸克所带电量为 $\frac{1}{3}e$. 将夸克作为经典粒子处理，计算 π^+ 介子中两个夸克之间的静电力（设它们之间的距离为 1.0×10^{-15} m）.

13.3 闪电是带电云层与地面之间的强烈放电现象. 一次闪电中电荷的最大流动速率可达到 2.0×10^4 C/s，持续时间大概是 100 μs. 问这样一次闪电过程中，有多少电荷在带电云层与地面之间迁移？这些电荷相当于多少个电子？

13.4 假设有两位成年人，他们的体重都是 650 N，分别带上 ±1 C 的电荷. 问他们要分离多远，才能使他们之间的静电力等于重力？

13.5 如图 13.23 所示，在直角三角形 ABC 的 A 点处有点电荷 q_1，电量为 1.8×10^{-9} C，B 点处有点电荷 q_2，电量为 -4.8×10^{-9} C，且 A，C 两点之间的距离为 3 cm，B，C 两点之间的距离为 4 cm. 试求 C 点处的场强.

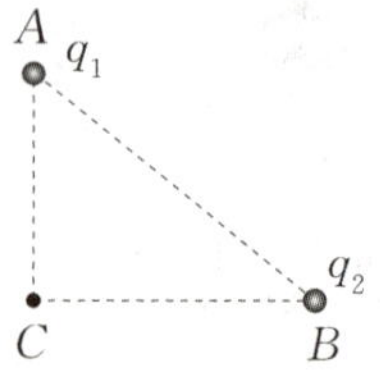

图 13.23　习题 13.5 图

13.6 半径为 R 的一段圆弧，圆心角为 60°，一半均匀带正电，另一半均匀带负电，其线电荷密度分别为 $+\lambda$ 和 $-\lambda$，求圆心处的场强大小.

13.7 一均匀带电细棒长为 $l = 20$ cm，线电荷密度 $\lambda = 3\times10^{-8}$ C/m，求：

(1) 细棒延长线上与细棒相距 8 cm 处的场强；

(2) 细棒垂直平分线上与细棒中点相距 8 cm 处的场强.

***13.8** 一均匀带电细棒被弯成如图 13.24 所示的对称形状，试问 θ 为何值时，圆心 O 点处的场强为零？

** 13.9 一宽度为 b 的无限长均匀带正电平面薄板位于 Oxy 平面内，其边缘线与直线 $x=\pm\frac{b}{2}$ 重合，面电荷密度为 σ，如图 13.25 所示，求：

（1）薄板所在平面内，直线 $x=a+\frac{b}{2}$ 上一点 A 处的场强；

（2）通过原点 O 且垂直于薄板的直线上，与 O 点相距 d 的 B 点处的场强.

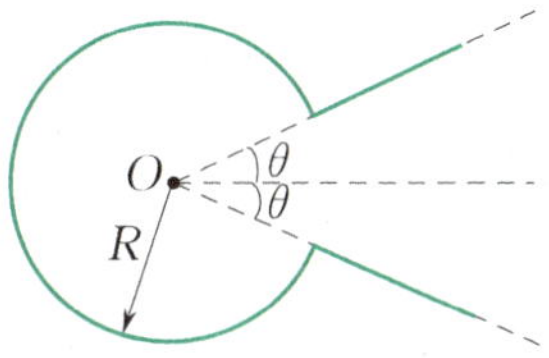

图 13.24 习题 13.8 图

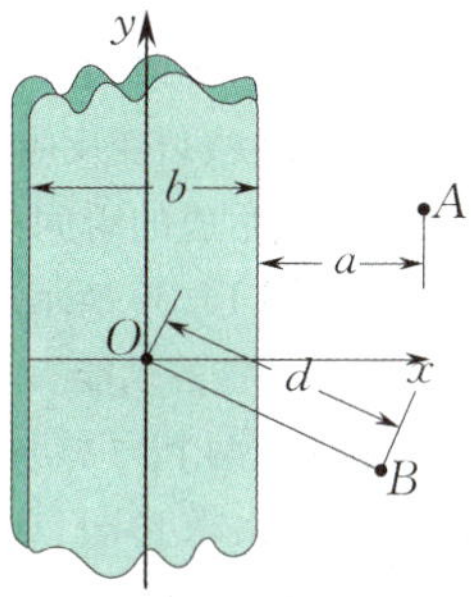

图 13.25 习题 13.9 图

* 13.10 神经元是人体神经系统的组成部分，它通过沿其长度方向发送电脉冲来传递信号，此过程中会有电荷突然进入和离开神经元的轴突部分，例如当一个钠离子(Na^+)突然进入轴突，神经元中就会发出一个神经信号. 测量结果表明，轴突呈圆柱形，直径约为 10.0 μm. 上述过程中，沿轴突轴向每米长度约有 5.6×10^{11} 个钠离子进入. 在进行模型估算时，可以认为这些钠离子沿轴突的轴向均匀分布.

（1）假设这些轴突位于人体皮下 5 cm 处，问这些钠离子在人体表面产生多大的电场？

（2）某些鲨鱼能感知场强为 1.0×10^{-6} N/C 的微弱电场，问上述轴突离这些鲨鱼多远时，电场仍会被感知到？

13.11 （1）点电荷 q 位于一个边长为 a 的立方体中心，试问在该点电荷所产生的电场中，穿过立方体任一面的电通量为多少？

（2）在（1）中，如果将该场源点电荷移至立方体的一个顶点上，这时通过立方体各面的电通量分别为多少？

13.12 人体神经细胞带负电荷，细胞内部物质是良导体. 假设人体神经细胞所带电量为 -8.65×10^{-12} C，则穿过细胞边界的电通量是多少？电场线是穿入还是穿出？

13.13 空间中有一面电荷密度为 σ 的无限大均匀带电平板，以平板上的一点 O 为中心、R 为半径作一半球面，如图 13.26 所示，求通过此半球面的电通量.

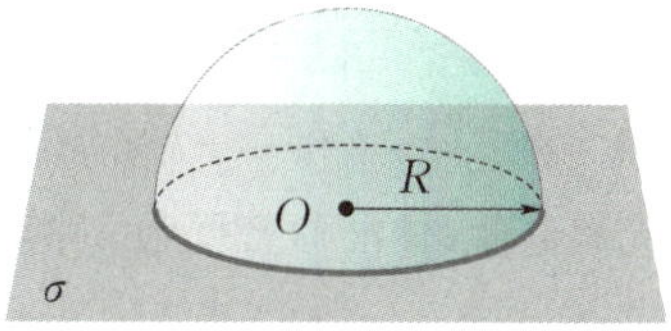

图 13.26 习题 13.13 图

13.14 两无限长同轴圆柱面的半径分别为 R_1 和 R_2($R_2>R_1$)，单位长度圆柱面上所带的电量分别为 λ 和 $-\lambda$，求空间中的场强分布.

* 13.15 一厚度为 d 的无限大均匀带正电平板，体电荷密度为 ρ，求板内、外的场强分布.

13.16 原子序数较大的原子，例如铀(原子序数 92)，原子核的电荷分布可以看作具有球对称性. 铀原子的原子核半径约为 7.4×10^{-15} m. 问：

（1）铀原子核在紧邻原子核表面处产生的电场的场强是多少？

（2）铀原子的电子分布在铀原子核外 1.0×10^{-10} m 的位置处，铀原子核在此产生的电场的场强为多少？

（3）铀原子的核外电子分布可以看作均匀带负电的壳层，它在原子核所处位置产生的电场的场强为多少？

13.17 质子的电荷并非集中于一点，而是分布于质子所处空间内. 实验测知，质子的体电荷密度可表示为

$$\rho=\frac{e}{8\pi b^3}e^{-r/b},$$

式中 $b=0.23\times10^{-15}$ m，为一常量. 求在质子所产生的电场中场强随 r 变化的关系.

** 13.18 半径为 R 的均匀带正电球体，体电荷密度为 ρ，若在球内挖去一半径为 r($r<R$) 的小球体，如图 13.27 所示，试求两球心 O 与 O_1 处的场强，并证明小球空腔内的电场为均匀电场.

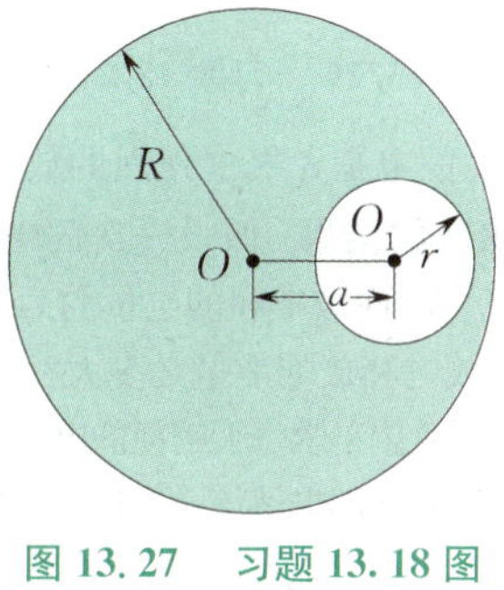

图 13.27 习题 13.18 图

*13.19 电荷Q均匀地分布在半径为R的球体内,试证明距球心为$r(r<R)$处的电势为

$$U=\frac{Q(3R^2-r^2)}{8\pi\varepsilon_0 R^3}.$$

13.20 在$y=-b$和$y=b$两个无限大平面之间均匀充满电荷,体电荷密度为ρ,其他地方无电荷.

(1) 求此带电系统产生的电场的场强分布,并画出$E-y$曲线;

(2) 以平面$y=0$作为零电势面,求电势分布,并画出$U-y$曲线.

13.21 两块无限大平行带电平板按图13.28所示放置,A板带正电,B板带负电并接地(取地面为电势零点),设A板和B板相隔5.0 cm,平板上均匀带电,面电荷密度为$\sigma=3.3\times10^{-6}$ C/m^2,求:

(1) 在两平板之间距A板为1.0 cm的P点的电势;

(2) A板的电势.

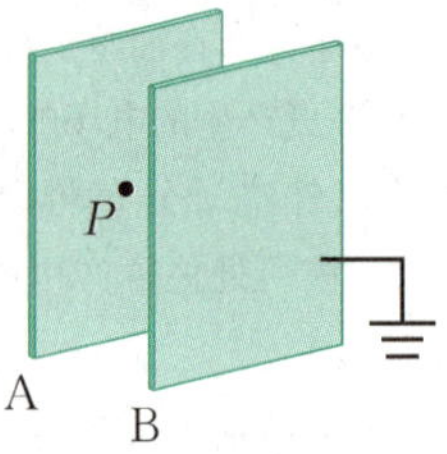

图13.28 习题13.21图

13.22 如图13.29所示,在A,B两点处放有电量分别为$+q$和$-q$的点电荷,A,B两点之间的距离为$2R$.现将另一正试探点电荷q_0从A,B两点的中点O沿半圆弧路径(以B点为圆心)移动到C点,求移动过程中电场力所做的功.

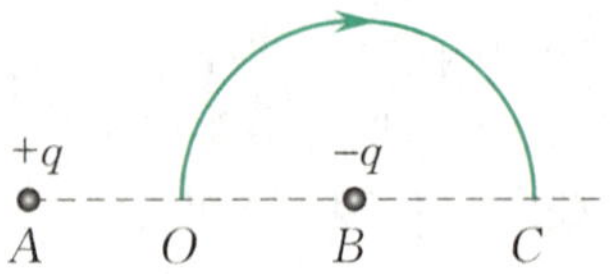

图13.29 习题13.22图

13.23 闪电是大气中强烈的放电现象,是空气被强电场击穿的结果.假设一次闪电的放电电压约为1.0×10^9 V,而被中和的电量约为30 C.

(1) 一次放电释放的能量是多大?

(2) 若一所希望小学每天消耗的电能为20 kW·h,上述一次放电所释放的电够该小学用多长时间?

*13.24 一真空二极管的主要构件是一个半径为$R_1=5\times10^{-4}$ m的圆柱形阴极A和一个套在阴极外的半径为$R_2=4.5\times10^{-3}$ m的同轴圆筒形阳极B.阳极电势比阴极高300 V,忽略边缘效应.求电子刚从阴极射出时所受的电场力.

**13.25 在核裂变反应中,反应物^{236}U的原子核可看作均匀带电球面,其所带电量为$+92e$,半径为7.4×10^{-15} m.该原子核不稳定,在反应中分裂为两个较小的球状"子核",体积和带电量均是"母核"(^{236}U的原子核)的一半.

(1) 求"子核"的半径.

(2) 在核裂变反应研究的一个简单模型中,假定"子核"在生成的瞬间是静止的,且两个球状"子核"相切,如图13.30所示.求当两个"子核"相隔无限远时,每个子核的动能.

(3) 这两个"子核"的动能之和,就是核裂变反应中释放的能量.求10 kg ^{236}U核在该裂变反应中释放的能量(^{236}U的原子质量为236 u,1 u $=1.66\times10^{-24}$ kg).这相当于多少质量的TNT爆炸所释放的能量(1 kg的TNT爆炸释放能量为4.18×10^{12} J)?

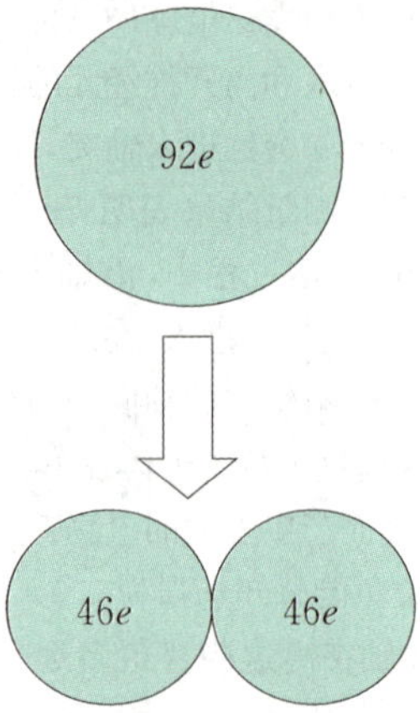

图13.30 习题13.25图

13.26 电量q均匀分布在长为$2l$的细棒上.

(1) 试求带电细棒延长线上距中点为r处的电势;

(2) 试求带电细棒垂直平分线上距细棒中点为r处的电势;

(3) 由电势梯度算出上述两点处的场强大小.

13.27 如图13.31所示,内、外半径分别为R_1和R_2的均匀带电球壳的体电荷密度为ρ.

(1) 求A,B两点处的电势;

(2) 利用电势梯度求A,B两点处的场强.

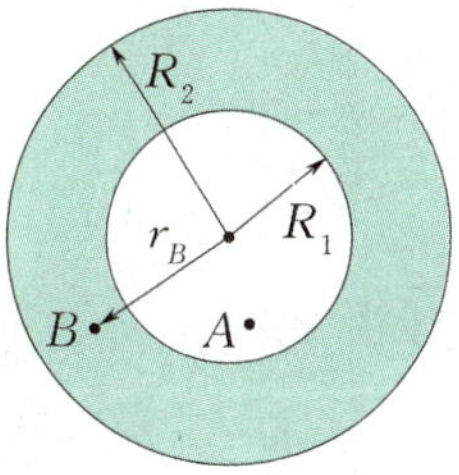

图 13.31 习题 13.27 图

13.28 设地球表面附近的场强大小约为 200 V/m，方向指向地球中心，

(1) 试求地球所带的总电量.

(2) 在距离地面 1 400 m 高度处，场强的大小降为 20 V/m，方向仍指向地球中心，试求在 1 400 m 以下的大气层里的平均体电荷密度.

第14章

静电场中的导体和电介质

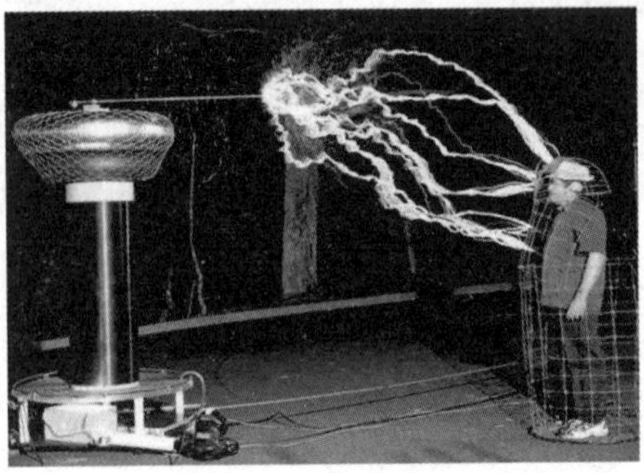

高压电源将数万伏直流高压加载在放电杆上，放电杆尖端靠近法拉第笼，产生剧烈的火花放电，笼内的实验者却安然无恙.这是什么原因呢?

实际的静电场中往往存在各种导体和电介质，它们会与静电场发生相互作用并相互影响.目前，这种相互作用和相互影响已被广泛应用于静电屏蔽、避雷针、电容器等技术中.

本章主要从两方面考察这种相互作用和相互影响：一是静电场对放入其中的导体和电介质的微观电结构的改变；二是导体和电介质的引入对原有静电场的改变.通过从微观上分析导体和电介质的电结构，我们可将导体和电介质抽象成某种电荷系统，进而把它们与静电场的相互作用及相互影响，归结为特定电荷系统与静电场的相互作用及相互影响.

金属导体内部存在大量能够自由移动的带电粒子(自由电子)，这使得金属导体在外加静电场中达到静电平衡.电介质可看成许多“分子电偶极子”的集合.静电场对电介质的影响——极化，在微观上源于电介质中的“分子电偶极矩”在外加静电场中发生的变化(包括大小和空间取向的变化).

静电场分布与电荷分布有关，而形成一定的电荷分布通常需要做功，基于这一考虑，我们可利用能量守恒定律对电容器的电荷与电场分布进行分析计算，并推广得到静电场能量密度的一般计算公式.

本章目标

1. 分析静电场与金属导体、电介质相互作用及相互影响的微观过程.
2. 分析金属导体处于静电平衡时的电荷、电场、电势分布.
3. 描述电介质的极化程度，研究电介质极化后表面和内部的电荷分布.
4. 应用有电介质时的高斯定理计算电介质中的场强.
5. 计算静电场能量.

14.1 导体的静电平衡

本节讨论导体与外加静电场的相互作用和相互影响. 作为基础知识,本节的讨论仅限于各向同性的均匀金属导体.

14.1.1 导体的静电平衡条件

金属导体的特征是它内部存在大量可以自由移动的带电粒子——自由电子. 将一块呈电中性的金属导体放入均匀静电场 $\boldsymbol{E}_0$ 中,如图 14.1(a) 所示,在电场力的作用下,导体中的自由电子将逆着电场的方向做宏观定向运动,这使得导体表面上有正、负电荷聚积. 这种在外电场作用下,导体上的自由电荷重新分布的现象称为**静电感应**(electrostatic induction),聚积在导体表面上的电荷称为**感应电荷**(induced charge). 感应电荷在导体内部激发的附加场强 $\boldsymbol{E}'$ 与 $\boldsymbol{E}_0$ 方向相反(见图 14.1(b)). 随着感应电荷不断积累,$\boldsymbol{E}'$ 逐渐增强,当导体内部任一点处的合场强 $\boldsymbol{E}=\boldsymbol{E}_0+\boldsymbol{E}'$ 等于零时,自由电荷不再做宏观定向运动,导体上的电荷及电场分布也不再发生变化(见图 14.1(c)). 这种导体内部和表面都没有电荷做宏观定向运动的状态称为导体的**静电平衡状态**.

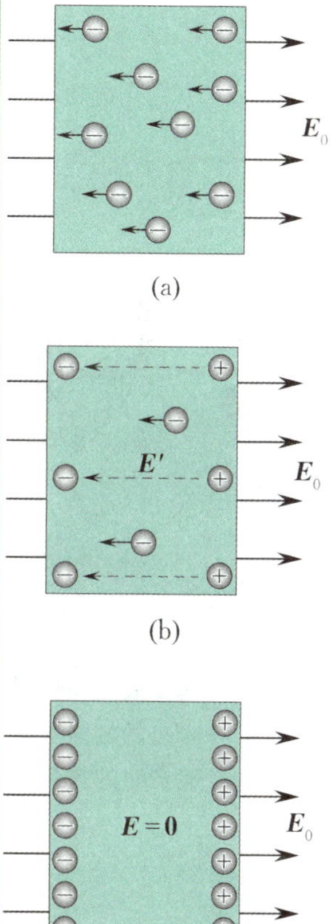

图 14.1 导体的静电感应与静电平衡状态

由上述讨论可知,导体处于**静电平衡的条件**是:**导体内部的场强处处为零,导体表面外侧附近的场强处处与导体表面垂直**.

上述结论可用反证法证明. 若导体已处于静电平衡而导体内某处场强不为零,则该处的自由电荷将受电场力作用而做宏观定向运动,这与导体已处于静电平衡相矛盾,因此,导体处于静电平衡时,导体内部的场强必将处处为零;若导体已处于静电平衡,而表面外侧附近某处的场强与表面不垂直,则场强沿导体表面的切向分量将使自由电子沿表面做定向运动,这同样与导体已处于静电平衡相矛盾,因此,导体处于静电平衡时,导体表面外侧附近的场强处处与导体表面垂直.

由上述静电平衡的条件,可以得到如下结论:**处于静电平衡的导体是等势体,其表面是等势面**. 这是导体静电平衡条件的另一种说法.

从能量角度考察,导体的静电平衡状态是系统电势能最低的状态. 导体中的自由电子在外电场中逆着场强方向移动的过程就是电势能减少的过程. 只要导体内场强不为零或导体表面存在场强的切向分量,导体内的自由电子就要做宏观定向运动,直至电势能最小. 这种现象和力学中"水往低处流"所包含的原理相同,在物理学的其他部分,还有很多类似的过程与现象.

思考

设一铜片,长度为 10 mm,宽度为 10 mm,厚度为 1 mm,外加均匀电场的场强大小为 10 000 V/m,方向与铜片厚度方向一致. 当铜片内部的场强处处为零时,试估算其一侧表面的负电荷电量(忽略边缘效应).铜片内有这么多负电荷吗?

14.1.2 静电平衡时导体上的电荷分布

(1) 处于静电平衡的金属导体,其内部各处净电荷为零,净电荷只能分布在导体表面.

这一结论可以用高斯定理来证明.我们在导体内部任取一个闭合曲面 S,由于导体处于静电平衡时,导体内部各点处的场强为零,因此有 $\oiint_S \boldsymbol{E}\cdot \mathrm{d}\boldsymbol{S}=0$,于是根据高斯定理 $\oiint_S \boldsymbol{E}\cdot \mathrm{d}\boldsymbol{S}=\frac{1}{\varepsilon_0}\sum q_{内}$,可得闭合曲面 S 包围的电荷电量的代数和 $\sum q_{内}=0$.因为闭合曲面 S 是任取的,所以导体内部净电荷(电荷电量的代数和)处处为零,电荷只能分布在导体表面.

(2) 处于静电平衡的导体,其表面外侧紧邻处的场强大小 E 与该表面处的面电荷密度成正比.

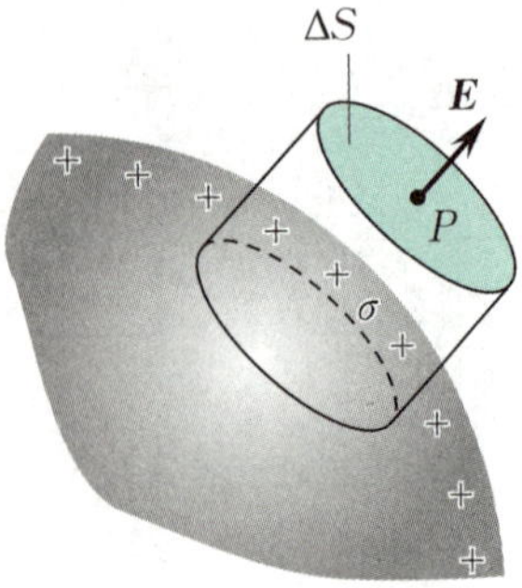

图 14.2 导体表面外侧紧邻处的场强与电荷分布的关系

这一结论也可以用高斯定理证明.如图 14.2 所示,过导体外紧靠表面的 P 点作一小面元 ΔS(设为圆形),ΔS 的法线方向与该处导体表面的外法线方向相同,ΔS 很小,其上各点处的场强可认为是均匀的.以 ΔS 为上底面,以其法线为轴线作一圆柱体,圆柱体下底面位于导体内部.设 P 点附近导体表面上的面电荷密度为 σ,则圆柱表面构成的闭合曲面所包围的电荷电量为 $\sigma\Delta S$.由于圆柱体下底面位于导体内,而下底面上的场强为零,因此通过下底面的电通量为零;又因为导体表面附近的场强与表面垂直(与表面的法向平行),所以通过圆柱体侧面的电通量为零,故最终通过闭合圆柱面的电通量 Φ_e 等于通过圆柱体上底面的电通量,即

$$\Phi_e=\oiint_S \boldsymbol{E}\cdot \mathrm{d}\boldsymbol{S}=E\Delta S.$$

根据高斯定理,得

$$E\Delta S=\frac{\sigma\Delta S}{\varepsilon_0},$$

即

$$E=\frac{\sigma}{\varepsilon_0}. \qquad (14.1)$$

式(14.1)表明,当导体处于静电平衡时,导体表面外侧附近的场强大小与该处表面上的面电荷密度成正比.

利用式(14.1),我们可以由导体表面某处的面电荷密度 σ 求出相应表面外侧附近的场强大小 E.值得注意的是,式中的 E 是由空间中所有电荷产生的总场强大小,不要误认为 E 只是由该点附近导体表面上的电荷所产生的.当导体外的电荷分布发生变化时,导体表面的电荷分布也将随之改变,进而由空间中所有电荷产生的总场强也要发生变化,这种变化一直持续到导体达到新的静电平衡为止.

(3) 导体表面上的电荷分布不仅与导体的形状有关,还与外界条件有关.孤立导体表面的电荷分布仅由导体形状决定.

孤立导体是指距其他物体足够远的导体,其他物体对它的影响可以忽略不计.实验证明,孤立导体表面曲率大的地方,面电荷密度大;曲率小的地方,面电荷密度小;凹进去的地方(曲率为负),面电荷密度最小.

带电导体尖端的曲率大,其面电荷密度也大,尖端附近的场强也较大,当场强大小达到一定量值时,可以使空气中残留的离子获得巨大的动能,这些离子与空气中的分子碰撞并使之电离,电离形成的电子与离子又在强电场中获得能量,再与其他空气分子发生碰撞产生新的离子与电子……这样就会在尖端附近的空气中产生大量的带电粒子(电子和离子),导致空气被击穿.尖端吸引与之所带电荷异号的带电粒子,使导体上的电荷被逐渐中和,与尖端电荷同号的带电粒子则受到排斥而从尖端附近飞开,这就是**尖端放电**.此外,尖端附近的带电粒子与空气分子碰撞,可使分子处于激发状态而产生光辐射,从而在尖端附近出现绿色的电晕.高压输电时,为了避免浪费电能,应使高压输电线表面尽量光滑,高压设备中的电极应做成光滑的球面.

避雷针则是利用尖端放电形成的放电通道,使云、地间电流通过导线流入地下而避免雷击.

微课视频 静电平衡时导体上的电荷分布

14.1.3 静电屏蔽

静电平衡时导体内部的场强为零,这一规律可用于静电屏蔽技术.实际应用时,用一个金属壳就能使其内部不受外电场的影响;把金属壳接地,金属壳外的电场不受金属壳内电荷的影响.

(1) 金属壳内无带电体的情形.

图 14.3 所示为一金属壳(在实心金属内部挖去一部分后,剩余的部分称为金属壳,内部空出的部分称为空腔),可以证明:不论金属壳外带电体的情况如何,当金属壳处于静电平衡时,金属壳内表面上无电荷分布,空腔内场强为零.

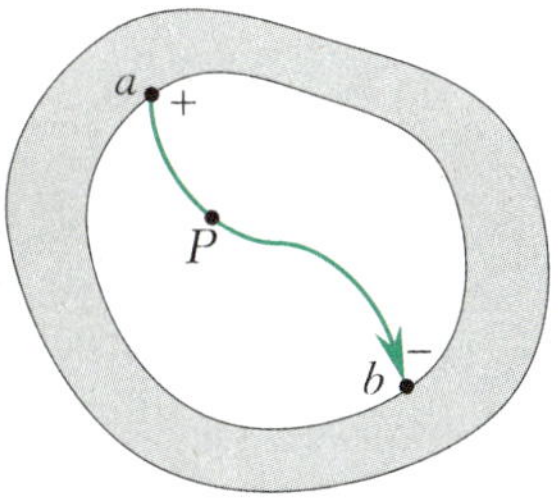

图 14.3 金属壳内无带电体的情形

可用反证法证明.假设空腔内某一点 P 处的场强不为零,则必有电场线通过 P 点,由于空腔内无电荷,电场线不可能在空腔内某点处中断,而金属壳中无电场,当然也无电场线,即电场线不能穿过金属导体,因此,我们只能假定通过 P 点的电场线起于金属壳内壁的某点 a,止于金属壳内壁的某点 b,由于 a,b 两点在同一条电场线上,因此 a 点电势高于 b 点电势,这与静电平衡时金属壳是等势体相矛盾.可见,处于静电平衡的**金属壳内及空腔各处的场强必定为零,同时金属壳内表面各处的面电荷密度也为零**.由上述讨论可知,金属壳外电荷对金属壳内空腔的电场没有影响,金属壳外表面上的电荷与金属壳外带电体在金属壳中和空腔中产生的合场强处处为零.采用这样的方法来屏蔽外界电场的金属壳被称为法拉第笼.

(2) 金属壳内有带电体的情形.

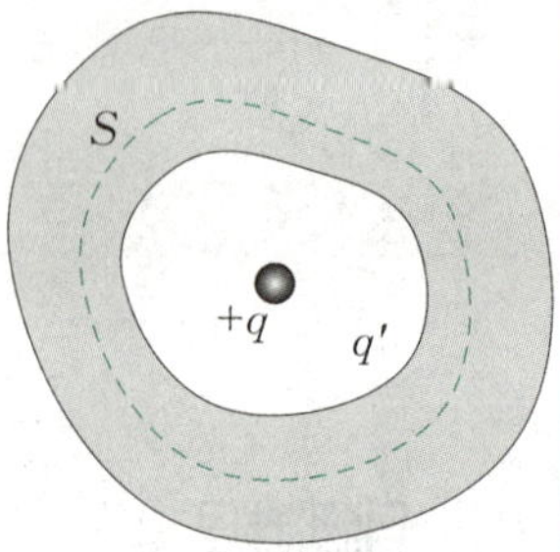

图 14.4　金属壳内有带电体的情形

如图 14.4 所示，设空腔中带电体所带电量为 q，金属壳内表面所带电量为 q'. 在金属壳中任取一个包围空腔的闭合曲面 S，通过 S 的电通量 $\Phi_e=0$，根据高斯定理，有

$$\Phi_e=\frac{1}{\varepsilon_0}(q+q')=0,$$

所以

$$q'=-q,$$

即**金属壳内表面上的电荷与空腔中带电体的电荷等量异号**. 若金属壳为中性壳，则金属壳的内、外表面上的电荷的代数和应为零，即金属壳外表面上所带的电量应为 q. 若金属壳原来带有电荷 Q，在空腔内放入带电量为 q 的带电体后，金属壳内表面所带电量为 $-q$，外表面所带电量则为 $Q+q$. 可见，空腔内的带电体将通过感应电荷对金属壳外电场产生影响. 然而，值得注意的是，空腔内的带电体与金属壳内表面的感应电荷在金属壳中及金属壳外空间各点处所产生的合场强也恒等于零（证明从略）.

如果将金属壳的外壳接地，金属壳壳外表面的电荷因接地而被中和，则空腔内带电体对金属壳壳外空间不再产生影响.

(3) 静电屏蔽.

综上所述，金属壳内部电场（含空腔）不受外部电荷（含金属壳外表面上的电荷）的影响；接地的金属壳外部的电场不受金属壳内电荷的影响，这种现象称为**静电屏蔽**（electrostatic shielding）. 为了避免高压设备的强电场对外界的影响，可在这些设备外面安装接地金属网；为了避免外界电场对精密电磁测量仪器的干扰，可以给这些仪器装上金属外壳，这些都是应用静电屏蔽的例子.

空腔内无带电体时，金属壳内表面电荷为零及空腔内电场为零的结论还有重要的理论意义. 对于库仑定律中的反比指数“2”，库仑曾用扭秤实验直接地测量过，但扭秤实验不可能做得非常精确. 处于静电平衡的金属壳，其内表面无电荷及空腔内无电场的结论是由高斯定理和静电场的概念导出的，而这些结论又都是库仑定律的直接结果，因此，在实验上检验金属空腔内是否有电场存在可以间接地验证库仑定律的正确性. 卡文迪什、麦克斯韦等都是利用这一原理做实验来验证库仑定律的，其精度比扭秤实验高出许多.

例 14.1　如图 14.5 所示，在一个接地的导体球附近有一电量为 q 的点电荷. 已知导体球的半径为 R，点电荷与球心的距离为 l. 求导体球表面上的感应电荷.

解　取 $U_\infty=0$，通常认为大地与无限远等电势. 接地导体球为等势体，故球心处的电势为零.

由电势叠加原理，球心处的电势由点电荷 q 产生的电场及球面上的感应电荷 q' 产生的电场共同决定. 点电荷 q 产生的电场在 O 点处的电势为

$$U_1 = \frac{q}{4\pi\varepsilon_0 l}.$$

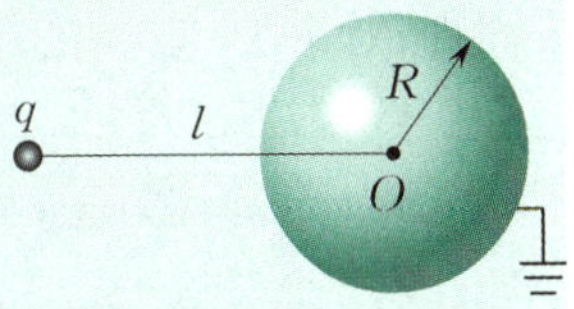

图 14.5 例 14.1 图

感应电荷 q' 全部分布在球面上. 不管 q' 在球面上如何分布，q' 产生的电场在 O 点处的电势为

$$U_2 = \iint_S \frac{\mathrm{d}q'}{4\pi\varepsilon_0 R} = \frac{q'}{4\pi\varepsilon_0 R}.$$

球心 O 处的总电势为

$$U_O = U_1 + U_2 = \frac{q}{4\pi\varepsilon_0 l} + \frac{q'}{4\pi\varepsilon_0 R} = 0,$$

所以

$$q' = -\frac{R}{l}q.$$

例 14.2 如图 14.6 所示，有两块沿竖直方向平行放置的面积为 S 的金属板(每个金属板左右两个表面的面积都为 S)，其所带电量分别为 Q_1，Q_2，两金属板之间的距离与金属板的线度相比很小. 求静电平衡时金属板上的电荷分布与周围电场分布. 如把第二块金属板接地，情况又如何(忽略边缘效应)?

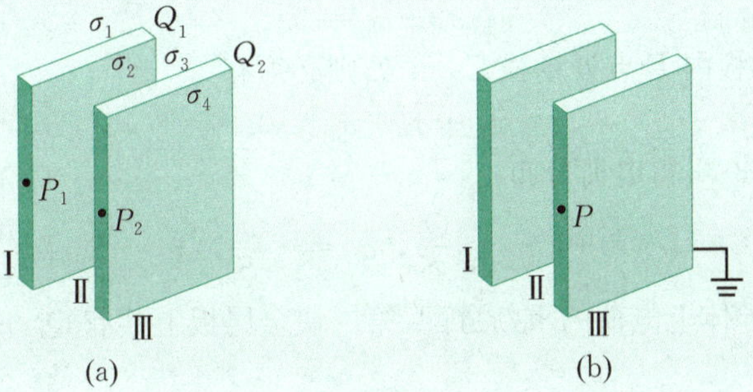

图 14.6 例 14.2 图

解 静电平衡时，金属板只能表面带电. 设 4 个表面的面电荷密度分别是 σ_1，σ_2，σ_3，σ_4(见图 14.6(a))，则由电荷守恒定律有

$$(\sigma_1 + \sigma_2)S = Q_1, \quad ①$$

$$(\sigma_3 + \sigma_4)S = Q_2. \quad ②$$

根据题设可将两金属板的 4 个表面看作无限大均匀带电平面，而无限大均匀带电平面在它两侧的空间产生的电场的场强大小为 $E = \dfrac{\sigma}{2\varepsilon_0}$，方向垂直于平板. 根据场强叠加原理，空间各处的电场都由这 4 个相互平行的无限大均匀带电平面所产生的电场叠加而成，而静电平衡时，金属板内场强处处为零. 取水平向右为参考正方向，若 P_1，P_2 是金属板内两点，则对于 P_1 点，有

$$E = \frac{\sigma_1}{2\varepsilon_0} - \frac{\sigma_2}{2\varepsilon_0} - \frac{\sigma_3}{2\varepsilon_0} - \frac{\sigma_4}{2\varepsilon_0} = 0,$$

即

$$\sigma_1 - \sigma_2 - \sigma_3 - \sigma_4 = 0. \quad ③$$

同理，对于 P_2 点，有

$$\sigma_1+\sigma_2+\sigma_3-\sigma_4=0. \tag{④}$$

联立式 ①，②，③，④，解得电荷分布为

$$\sigma_1=\sigma_4=\frac{Q_1+Q_2}{2S},\ \sigma_2=-\sigma_3=\frac{Q_1-Q_2}{2S}.$$

根据场强叠加原理，可得电场分布如下.

Ⅰ 区：$E_{\mathrm{I}}=-\dfrac{1}{2\varepsilon_0}(\sigma_1+\sigma_2+\sigma_3+\sigma_4)=-\dfrac{\sigma_1}{\varepsilon_0}=-\dfrac{Q_1+Q_2}{2\varepsilon_0 S}$，

Ⅱ 区：$E_{\mathrm{II}}=\dfrac{1}{2\varepsilon_0}(\sigma_1+\sigma_2-\sigma_3-\sigma_4)=\dfrac{\sigma_2}{\varepsilon_0}=\dfrac{Q_1-Q_2}{2\varepsilon_0 S}$，

Ⅲ 区：$E_{\mathrm{III}}=\dfrac{1}{2\varepsilon_0}(\sigma_1+\sigma_2+\sigma_3+\sigma_4)=\dfrac{\sigma_1}{\varepsilon_0}=\dfrac{Q_1+Q_2}{2\varepsilon_0 S}$.

E_{I}，E_{II}，E_{III} 的正、负代表场强的方向，与规定方向一致（水平向右）为正，相反为负.

如果把第二块金属板接地（见图 14.6(b)），则该金属板与大地连为一体，其右侧表面的电荷将分散到地球表面的其他各处，此时第二块金属板右侧表面无电荷，即

$$\sigma_4=0. \tag{⑤}$$

在第一块金属板上，由电荷守恒定律仍有

$$(\sigma_1+\sigma_2)S=Q_1. \tag{⑥}$$

由高斯定理可知

$$\sigma_2+\sigma_3=0. \tag{⑦}$$

为使第二块金属板内 P 点处场强 $E_P=0$，则必须有

$$\sigma_1+\sigma_2+\sigma_3=0. \tag{⑧}$$

由式 ⑤，⑥，⑦，⑧ 可得电荷分布：

$$\sigma_1=0,\ \sigma_2=\frac{Q_1}{S},\ \sigma_3=-\frac{Q_1}{S},\ \sigma_4=0.$$

可见，由于接地导体上电荷的重新分配，第二块金属板上共有 Q_1+Q_2 的电荷流入大地. 此时电场分布变为

$$E'_{\mathrm{I}}=0,\ E'_{\mathrm{II}}=\frac{Q_1}{\varepsilon_0 S},\ E'_{\mathrm{III}}=0.$$

另外，未接地前两金属板之间的电势差为（两金属板间距用 d 表示）

$$U_{12}=U_1-U_2=E_{\mathrm{II}}d=\frac{Q_1-Q_2}{2\varepsilon_0 S}d;$$

接地后两金属板之间的电势差变为

$$U'_{12}=E'_{\mathrm{II}}d=\frac{Q_1}{\varepsilon_0 S}d.$$

例 14.3 带电量为 q 的金属球 A 半径为 R_1，外面有一同心金属球壳 B，其内、外半径分别为 R_2，R_3，并带有电量 Q.

(1) 试求此系统的电荷与电场分布以及金属球与金属球壳之间的电势差.

(2) 如果用导线将金属球和金属球壳连接，结果如何？

(3) 若金属球和金属球壳未连接时使金属球接地，此时金属球所带电量为多少？

解 (1) 如图 14.7(a) 所示，静电平衡时，对于金属球 A，电荷只能分布于表面；对于金属球壳 B，其内表面应带有与金属球 A 等量异号的电荷 $-q$，外表面带有电荷 $q+Q$. 由于球对称

性,金属球 A 和金属球壳 B 表面的电荷应均匀分布.

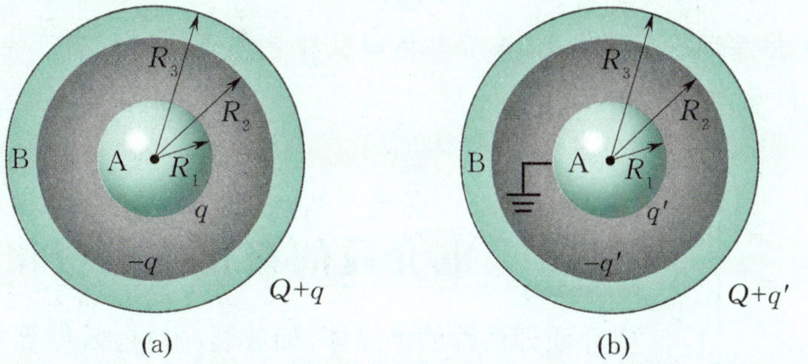

图 14.7 例 14.3 图

设场点到球心的距离为 r,取过场点的同心球面为高斯面,由高斯定理,可得电场分布为

$$E=\begin{cases}0 & (r<R_1),\\ \dfrac{q}{4\pi\varepsilon_0 r^2} & (R_1<r<R_2),\\ 0 & (R_2<r<R_3),\\ \dfrac{q+Q}{4\pi\varepsilon_0 r^2} & r>R_3,\end{cases}$$

方向沿径向.金属球与金属球壳之间的电势差为

$$U_A-U_B=\int_A^B \boldsymbol{E}\cdot d\boldsymbol{l}=\int_{R_1}^{R_2}\frac{q}{4\pi\varepsilon_0 r^2}dr=\frac{q}{4\pi\varepsilon_0}\left(\frac{1}{R_1}-\frac{1}{R_2}\right).$$

(2) 用导线将金属球 A 与金属球壳 B 连接后,两导体合成为一个新的导体壳,金属球 A 的表面将成为新导体壳的内表面,$R_1<r<R_2$ 的区域是其空腔.电荷只分布在新导体壳的外表面,此时金属球 A 与金属球壳 B 等电势.$r<R_3$ 的各处,$E=0$;$r>R_3$ 的各处,$E=\dfrac{q+Q}{4\pi\varepsilon_0 r^2}$,方向沿径向.

(3) 未用导线连接金属球 A 与金属球壳 B 时,如果金属球 A 接地,为保证金属球 A 电势 $U_A=0(U_{地}=0)$,金属球 A 上电荷需与大地进行调节.设接地后金属球 A 所带电量为 q',则金属球壳 B 内表面所带电量为 $-q'$,外表面应带有 $Q+q'$ 的电量,球心处因接地电势为零,由电势叠加原理可得

$$\frac{1}{4\pi\varepsilon_0}\left(\frac{q'}{R_1}-\frac{q'}{R_2}+\frac{q'+Q}{R_3}\right)=0,$$

故

$$q'=-\frac{Q}{R_3\left(\dfrac{1}{R_1}-\dfrac{1}{R_2}\right)+1},$$

即金属球 A 需带有电荷 q' 才能保证与大地等电势,如图 14.7(b) 所示.

思考

1. 设一带电导体表面上某处的面电荷密度为 σ,则紧靠该表面外侧的场强为 $E=\dfrac{\sigma}{\varepsilon_0}$.若将另

一带电体移近，该处场强是否改变？公式 $E=\frac{\sigma}{\varepsilon_0}$ 是否仍然成立？

2. 使一个带电体靠近一个导体壳，该带电体单独在导体壳的空腔内产生的电场的场强是否为零？静电屏蔽效应是如何发生的？

14.2 电介质的极化 电极化强度

电介质即俗称的绝缘体，如玻璃、木材、云母等材料. 理想的电介质内部没有可以自由移动的电荷，因而不能导电. 将电介质放到电场中，还是会显现出电效应，这一现象称为电介质的**极化**(polarization). 极化后的电介质反过来又会影响原电场的分布.

14.2.1 电介质对电场的影响

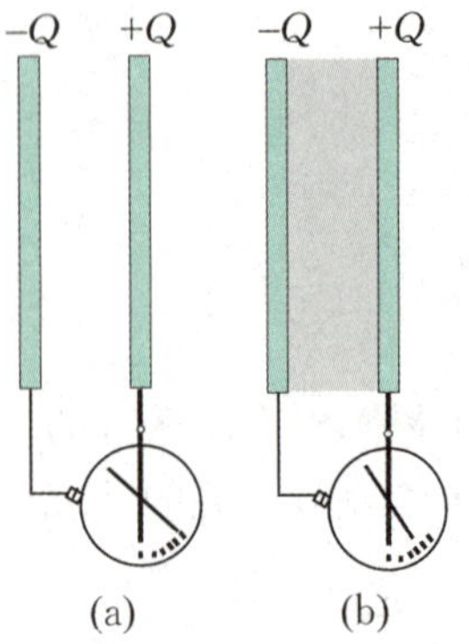

图 14.8 电介质对电场的影响

电介质对电场的影响可以通过实验观察. 取两块平行放置的金属板，如图 14.8(a) 所示，分别使其带上等量异号的电荷 $+Q$ 和 $-Q$. 金属板之间是空气，在近似处理中可看作真空. 两金属板与静电计相连，静电计指针的偏转角度反映两金属板之间的电压，假设此时电压为 U_0. 保持两金属板的距离和电荷都不变，在两金属板之间充满电介质，如图 14.8(b) 所示，静电计的偏转角度变小，这说明两金属板间电压变小，此时的电压用 U 表示. U 与 U_0 的关系可表示为 $U=U_0/\varepsilon_r$，式中 ε_r 为大于 1 的纯数，它的大小与电介质的种类和外部环境（如温度）有关，称为电介质的**相对介电常量**(relative dielectric constant) 或**相对电容率**(relative permittivity). 几种常见电介质的相对介电常量如表 14.1 所示.

表 14.1 几种常见电介质的相对介电常量

电介质	相对介电常量 ε_r
真空	1
氦(20 ℃,1 atm*)	1.000 064
空气(20 ℃,1 atm)	1.000 55
石蜡	2
变压器油	2.24
聚乙烯	2.3
尼龙	3.5
云母	4 ~ 7
纸	约为 5
瓷	6 ~ 8
玻璃	5 ~ 10
水(20 ℃,1 atm)	80
钛酸钡	$10^3 \sim 10^4$

* 1 atm $=1.013\ 25\times10^5$ Pa.

上述实验中，两金属板之间充满电介质后电压减小，说明两金属板之间的电场减弱. 根据 $U=Ed$ 及 $U_0=E_0d$，可得 $E=\frac{E_0}{\varepsilon_r}$，即两金属板之间充满电介质后场强减小到金属板间为真空时的 $\frac{1}{\varepsilon_r}$. 电场的这种变化是电介质引起的，它涉及电介质的微观电结构.

14.2.2 电介质的极化

电介质分子是一个复杂的带电系统，其正、负电荷分布在一个线度为 10^{-10} m 数量级的空间内. 当考虑这些电荷在离分子较远处产生的电场，或是整个分子受外电场的作用时，可以认为其中的正电荷集中于某一几何点（与"质心"类似，为简单计，称为正电荷中心），负电荷集中于另一个几何点（称为负电荷中心）. 对于呈电中性的分子，由于正、负电荷电量相等，一个分子可以视为一个电偶极子，称为分子电偶极子，因此，电介质可看作是由大量分子电偶极子构成的集合，这就是电介质的微观电结构模型. 设电介质分子中正、负电荷的电量分别为 $+q$ 和 $-q$，其中心间距为 l，则分子的电偶极矩（简称分子电矩）为 $\boldsymbol{p}_{分}=q\boldsymbol{l}$，式中 $\boldsymbol{l}$ 的方向由负电荷中心指向正电荷中心.

按分子内部电结构的不同，我们还可进一步将电介质分为两大类：无极分子电介质和极性分子电介质. 若电介质中每个分子的正、负电荷中心重合，即 $\boldsymbol{l}=\boldsymbol{0}$，$\boldsymbol{p}_{分}=\boldsymbol{0}$，这类分子称为**无极分子**（nonpolar molecule），如 H_2，O_2，N_2 等. 若电介质中分子的正、负电荷中心不重合，分子电偶极矩 $\boldsymbol{p}_{分}\neq\boldsymbol{0}$，这类分子称为**极性分子**（polar molecule），如 SO_2，NH_3，H_2S 等.

下面以均匀电介质为例，研究电介质在外电场中的极化. 将一块均匀电介质放到静电场中，电介质分子受到电场的作用而发生变化，并最终达到一个平衡状态.

如果电介质是由无极分子组成的，如图 14.9(a) 所示，在外电场 $\boldsymbol{E}_0$ 的作用下，无极分子的正、负电荷受到的电场力方向相反，分子中正、负电荷的"中心"将发生相对位移，形成电偶极子，其电偶极矩的方向沿 $\boldsymbol{E}_0$ 方向，此时分子电偶极矩 $\boldsymbol{p}_{分}\neq\boldsymbol{0}$，如图 14.9(b) 所示. 因每个分子的电偶极矩都将沿外电场方向有序排列，故它们产生的合场强不为零，这就是附加电场 $\boldsymbol{E}'$，这种由于正、负电荷中心相对位移而引起的极化称为**位移极化**（displacement polarization）. 就电荷分布来说，如果电介质是均匀的，则在电介质的内部任取一小体积元，其中正、负电荷的代数和应该为零，即均匀电介质的内部仍处处呈电中性. 但电介质表面产生了净电荷层，这种电荷称为**极化电荷**（polarized charge），这些电荷不能在电介质内部自由移动，更不能离开电介质转移到其他带电体上去，它只能被束缚在电介质的表面上，故又称为**束缚电荷**（bounded charge）.

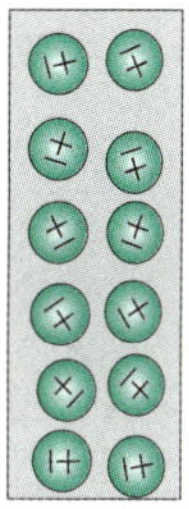
(a)

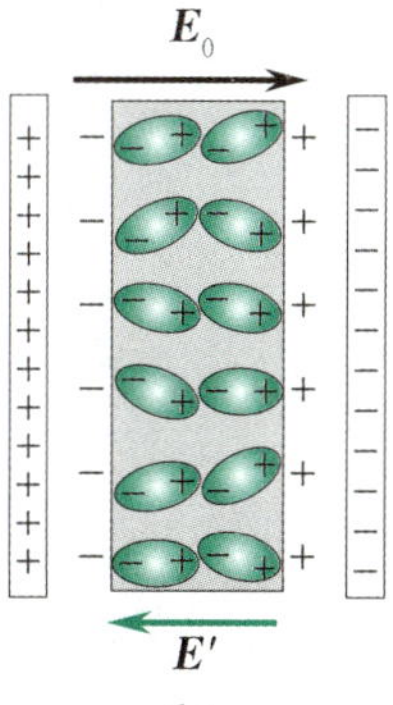

(b)

图 14.9 电介质分子的位移极化

对于由极性分子构成的电介质，如图 14.10(a) 所示，在没有外电场

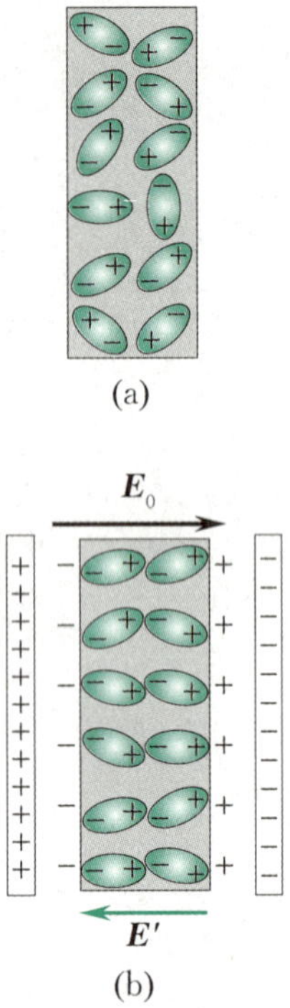

图 14.10　电介质分子的取向极化

时，极性分子的电偶极矩 $\boldsymbol{p}_{分}\neq\mathbf{0}$，但由于分子的无规则热运动，各分子的电偶极矩的取向杂乱无章，整块电介质宏观上不显示电性. 加上外电场后，电介质分子都受到电场力矩的作用，力图转向 $\boldsymbol{E}_0$ 的方向，分子的电偶极矩呈现出某种规则性排列，从而产生一不为零的附加电场 $\boldsymbol{E}'$，如图 14.10(b) 所示. 这种由于分子的电偶极矩转向外电场方向而引起的极化称为**取向极化**(orientation polarization). 需要注意的是，由于分子的无规则热运动，各个分子的电偶极矩方向并非都沿 $\boldsymbol{E}_0$ 方向，但 $\boldsymbol{E}_0$ 越强，分子的电偶极矩的矢量和 $\sum\boldsymbol{p}_{分}$ 沿 $\boldsymbol{E}_0$ 方向的值也越大. 此时在电介质表面上，同样也会分别出现正、负极化电荷.

在电介质极化的过程中，一般说来，这两种极化可以同时出现，虽然它们的微观过程不同，但宏观效果却是相同的，即出现了极化电荷并产生附加电场. 因此，对电介质极化做宏观描述时，不必区分这两种极化.

当外加电场很强时，电介质分子中的正、负电荷有可能被过度拉开而变成可以自由移动的电荷. 当此种自由电荷大量存在时，电介质的绝缘性能即遭到破坏而变成导体，这种现象称为**电介质的击穿**. 某种电介质材料所能承受的不被击穿的最大场强，称为该电介质的**介电场强**或**击穿场强**.

14.2.3　电极化强度

电介质极化后的状态，可以用电介质的电极化强度来定量描述.

描述每个分子电偶极子的微观量是分子的电偶极矩 $\boldsymbol{p}_{分}=q\boldsymbol{l}$. 在电介质中任取小体积元 ΔV（该体积元宏观无限小，即宏观上可看作一点；微观无限大，即微观上包含了大量电介质分子. 本节所取的小体积元均指这种情况），无外电场时，各分子的电偶极矩为零（无极分子），或虽不为零但取向杂乱（极性分子），相互抵消，也有 $\sum\boldsymbol{p}_{分}=\mathbf{0}$，此时电介质在宏观上不显示电性. 当电介质在外电场作用下被极化后，该体积元内分子的电偶极矩的矢量和 $\sum\boldsymbol{p}_{分}\neq\mathbf{0}$. 显然，外电场越强，电介质内单个分子的电偶极矩越大，且各个分子的电偶极矩排列越整齐，未被抵消的成分越多，$\sum\boldsymbol{p}_{分}$ 的值越大，电介质极化程度越强；反之，$\sum\boldsymbol{p}_{分}$ 的值越小，电介质极化程度越弱. 可见，$\sum\boldsymbol{p}_{分}$ 反映了电介质内分子的电偶极矩的大小、排列方向及排列的有序程度，反映了电介质极化的强弱. 因此，可用单位体积内分子的电偶极矩的矢量和——**电极化强度**(electric polarization) 来定量描述电介质的极化情况，电极化强度用符号 $\boldsymbol{P}$ 表示，则

$$\boldsymbol{P}=\frac{\sum\boldsymbol{p}_{分}}{\Delta V}.\qquad(14.2)$$

在国际单位制中，电极化强度的单位是库[仑]每平方米($\mathrm{C/m^2}$).

一般而言，电介质被极化以后，内部各点处的电极化强度不完全相同，即 $\boldsymbol{P}$ 一般是空间位置的函数. 如果电介质内各点处 $\boldsymbol{P}$ 相同，则称为均匀极化.

微课视频

电极化强度与极化面电荷密度的关系

14.2.4 电极化强度与极化面电荷密度的关系

电介质处于极化状态时，一方面在它的内部出现未被抵消的电偶极矩，这可通过电极化强度 $\boldsymbol{P}$ 来描述；另一方面，对于均匀电介质，在电介质表面会出现极化电荷①，电介质产生的一切宏观效果都源于未被抵消的极化电荷. 显然，极化电荷与电极化强度之间必然存在着某种关系.

下面以无极分子电介质的均匀位移极化为例进行分析. 设想极化后，分子的电偶极矩 $\boldsymbol{p}_{分} = q\boldsymbol{l}$，$q$ 为分子中正（或负）电荷电量的数值，若单位体积内电介质有 n 个分子，则电极化强度为

$$\boldsymbol{P} = n\boldsymbol{p}_{分} = nq\boldsymbol{l}.$$

在电介质内取一个面元 $\mathrm{d}\boldsymbol{S}$，设其法线方向的单位矢量为 $\boldsymbol{n}$，则该面元矢量可表示成 $\mathrm{d}\boldsymbol{S} = \boldsymbol{n}\mathrm{d}S$，如图 14.11 所示. 作一以 $\mathrm{d}S$ 为上底、轴线沿 $\boldsymbol{l}$ 方向、长为 l 的斜柱体，其体积为 $\mathrm{d}Sl\cos\theta$. 未极化时，该柱体内每一分子的正、负电荷中心都重合在一起；极化后，每个分子的负电荷中心均逆着电场方向发生位移 $-\boldsymbol{l}$. 换一种等效的说法，可认为负电荷不动，是正电荷沿 $\boldsymbol{E}$ 的方向发生位移 $\boldsymbol{l}$ 而穿过面元 $\mathrm{d}\boldsymbol{S}$（见图 14.11）. 因该柱体内的分子数目为 $n\mathrm{d}Sl\cos\theta$，而在极化过程中，该柱体内每个分子中的正电荷 q 都经由面元 $\mathrm{d}\boldsymbol{S}$ 移至柱体外，故因极化而穿过面元 $\mathrm{d}\boldsymbol{S}$ 的电荷总电量为

$$nq\mathrm{d}Sl\cos\theta = nq\mathrm{d}S\boldsymbol{l}\cdot\boldsymbol{n} = \boldsymbol{P}\cdot\mathrm{d}\boldsymbol{S}.$$

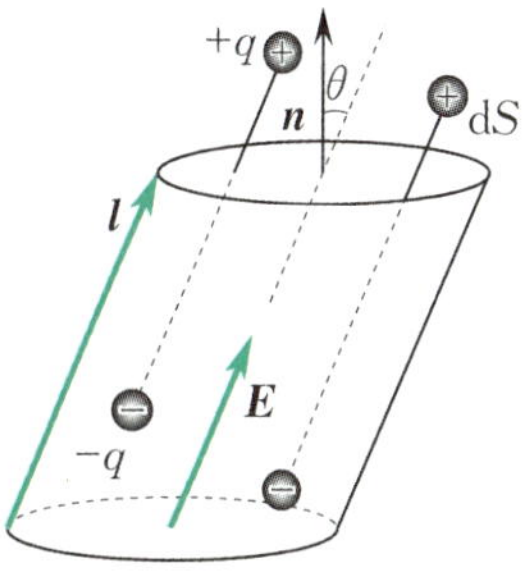

图 14.11 极化时电荷穿过面元

若面元 $\mathrm{d}\boldsymbol{S}$ 在电介质表面上，则穿出 $\mathrm{d}\boldsymbol{S}$ 的电荷将成为电介质极化后在表面出现的净电荷 —— 极化电荷. 由于这些电荷分布在电介质表面附近一个厚为 l 的薄层中，l 的数量级与分子大小相近，从宏观上看，这一薄层因厚度可忽略不计而被视为没有厚度的几何面，因此物理上又将这种电荷称为极化面电荷. 根据上面的分析，可得极化面电荷密度为

$$\sigma' = \frac{\mathrm{d}q'}{\mathrm{d}S} = \frac{nq\mathrm{d}Sl\cos\theta}{\mathrm{d}S} = P\cos\theta = \boldsymbol{P}\cdot\boldsymbol{n}, \qquad (14.3)$$

即电介质表面的极化面电荷密度在数值上等于电极化强度沿电介质表面外法线方向的分量，这就是极化面电荷密度与电极化强度之间的定量关系. 在 $90° < \theta \leqslant 180°$ 的电介质表面各处，出现负的极化电荷；当 $0° \leqslant \theta < 90°$ 时，在电介质表面相应位置处出现正的极化电荷；当 $\theta = 90°$ 时，在该处电介质表面没有极化电荷. 显然，这一结论对极性分子电介质同样适用.

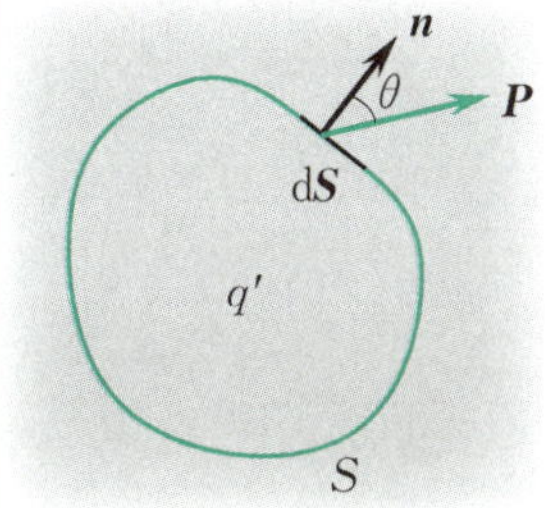

图 14.12 体束缚电荷的产生

在有电介质存在的空间中任取一闭合面 S，如图 14.12 所示，规定

① 非均匀电介质被极化后，内部也可出现极化电荷.

其法线方向为外法线方向. 在该闭合面上任取一面元 d$\boldsymbol{S}$，设该面元处的电极化强度为 $\boldsymbol{P}$，则 $\boldsymbol{P}\cdot d\boldsymbol{S}$ 是通过面元 d$\boldsymbol{S}$ 从闭合面内穿出至闭合面外的电荷量. 故 $\boldsymbol{P}$ 在闭合面 S 上的积分 $\oiint_S \boldsymbol{P}\cdot d\boldsymbol{S}$ 就是因极化而穿出此闭合面的总电荷量. 根据电荷守恒定律，它应等于 S 面内剩余的极化电荷 q' 的负值，即

$$\oiint_S \boldsymbol{P}\cdot d\boldsymbol{S} = -q',$$

上式给出了电极化强度 $\boldsymbol{P}$ 与极化电荷分布之间的关系.

思考

试分析什么情况下电介质极化后，内部会出现极化电荷，其机理和物理图像是什么？

14.3 电位移 有电介质时的高斯定理

14.3.1 电位移 有电介质时的高斯定理

电介质放在外电场中因受电场力的作用而产生极化电荷，这些极化电荷反过来又会影响原电场的分布. 有电介质存在时的电场，应该由电介质上的极化电荷和空间其他电荷共同决定，此处的其他电荷包括金属导体上带的自由电荷.

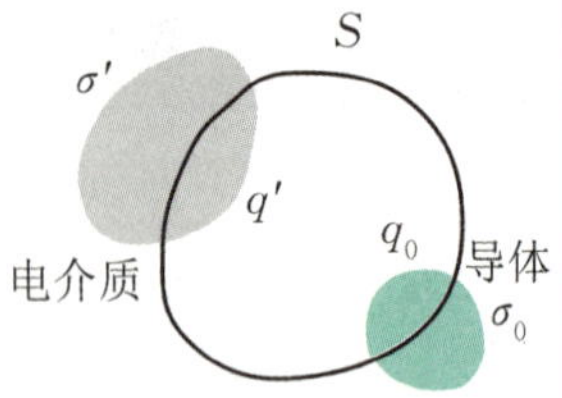

图 14.13 有电介质时的高斯定理

高斯定理在有电介质存在时仍然成立，但在计算总电场的电通量时，应计及高斯面内所包含的自由电荷 q_0 和极化电荷 q'（见图 14.13），即

$$\oiint_S \boldsymbol{E}\cdot d\boldsymbol{S} = \frac{1}{\varepsilon_0}(q_0 + q').$$

将 $\boldsymbol{P}$ 与 q' 分布的积分关系代入上式，有

$$\oiint_S \boldsymbol{E}\cdot d\boldsymbol{S} = \frac{1}{\varepsilon_0}\left(q_0 - \oiint_S \boldsymbol{P}\cdot d\boldsymbol{S}\right),$$

整理可得

$$\oiint_S (\varepsilon_0\boldsymbol{E} + \boldsymbol{P})\cdot d\boldsymbol{S} = q_0.$$

引入一个辅助物理量 $\boldsymbol{D}$，令

$$\boldsymbol{D} = \varepsilon_0\boldsymbol{E} + \boldsymbol{P}, \tag{14.4}$$

称为**电位移**（electric displacement）. 在国际单位制中，电位移的单位是库[仑]每平方米（C/m^2）. 于是有

$$\oiint_S \boldsymbol{D}\cdot d\boldsymbol{S} = q_0. \tag{14.5}$$

式（14.5）称为**有电介质时的高斯定理**，表述如下：**通过任意闭合曲面的**

电位移通量,在数值上等于该闭合曲面所包围的自由电荷的代数和.

在有电介质存在的电场中,仿照电场线的画法可以作电位移线(**D**线)来形象地描述电场. 式(14.5)表明:**D**线从正的自由电荷出发,终止于负的自由电荷. 电场线则发自正电荷,终止于负电荷(包括自由电荷和极化电荷).

思考

真空中的高斯定理为什么在有电介质时仍成立?

14.3.2 有电介质存在时电场的计算

已知电荷分布,可求出电场分布. 计算有电介质存在时的电场分布时,需要知道束缚电荷的分布. 由式(14.3)可知,只要知道 **P**,即可求出 σ'. 但问题在于,**P** 又取决于总电场 **E**,要求出 **E**,必须知道 **P**;要知道 **P**,必须已知 **E**. 这就使有电介质存在时静电场的计算陷于困难之中,为克服这些困难,我们可借助于实验定律.

实验证明,对于大多数常见的各向同性线性电介质,**P** 与 **E** 具有下述关系:

$$\boldsymbol{P} = \varepsilon_0 \chi_e \boldsymbol{E}, \tag{14.6}$$

式中 χ_e 称为电介质的极化率(polarizability),它取决于电介质的性质. 若电介质中各点的 χ_e 相同,则称此种电介质为均匀电介质. 将式(14.6)代入式(14.4),有

$$\boldsymbol{D} = \varepsilon_0 \boldsymbol{E} + \boldsymbol{P} = \varepsilon_0 (1 + \chi_e) \boldsymbol{E}.$$

设 $\varepsilon_r = 1 + \chi_e$,称为电介质的相对介电常量(相对电容率),则有

$$\boldsymbol{D} = \varepsilon_0 \varepsilon_r \boldsymbol{E} = \varepsilon \boldsymbol{E}, \tag{14.7}$$

式中 $\varepsilon = \varepsilon_0 \varepsilon_r$,称为电介质的介电常量(电容率). 由式(14.7)可知,如果能由式(14.5)计算出 **D**,则可通过 **D** 计算出 **E**. 当然,应用高斯定理必须求助于对称性,这不仅要求自由电荷的分布具有对称性,还要求电介质的分布也具有同样的对称性.

例 14.4 如图 14.14 所示,一个带正电的金属球,半径为 R,带电量为 q,浸在一个大油箱中,油的相对介电常量为 ε_r,求球外的电场分布以及贴近金属球表面的束缚电荷总量.

解 自由电荷 q 和电介质分布具有球对称性. 为了计算在油内距球心为 $r(r>R)$ 处的场强 **E**,可以作一个半径为 r 的同心球面,并利用 **E** 和 **D** 的分布也具有球对称性来计算通过此球面的电位移通量:

$$\oint\!\!\!\oint_S \boldsymbol{D} \cdot \mathrm{d}\boldsymbol{S} = D \cdot 4\pi r^2.$$

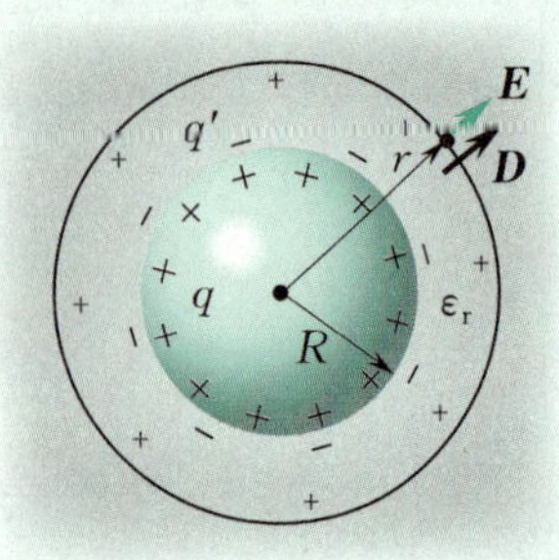

图 14.14　例 14.4 图

由高斯定理知

$$D \cdot 4\pi r^2 = q,$$

由此可得

$$D = \frac{q}{4\pi r^2}.$$

考虑到 **D** 的方向沿径向向外,**D** 可表示为

$$\boldsymbol{D} = \frac{q}{4\pi r^2}\hat{\boldsymbol{r}},$$

式中 $\hat{\boldsymbol{r}}$ 是沿径向向外的单位矢量. 根据式(14.7),可得油中的电场分布为

$$\boldsymbol{E} = \frac{\boldsymbol{D}}{\varepsilon_0\varepsilon_r} = \frac{q}{4\pi\varepsilon_0\varepsilon_r r^2}\hat{\boldsymbol{r}}.$$

对比真空中点电荷 q 周围的电场分布 $\boldsymbol{E}_0 = \frac{q}{4\pi\varepsilon_0 r^2}\hat{\boldsymbol{r}}$,可见,当电荷周围充满电介质时,场强减弱到真空中的 $1/\varepsilon_r$. 减弱的原因是在贴近金属球表面的油面上出现了束缚电荷.

现在求束缚电荷总电量 q'. 由于 q' 在贴近金属球面的电介质表面上均匀分布,因此它在距离球心 r 处产生的电场应为

$$\boldsymbol{E}' = \frac{q'}{4\pi\varepsilon_0 r^2}\hat{\boldsymbol{r}}.$$

自由电荷 q 在距离球心 r 处产生的电场为

$$\boldsymbol{E}_0 = \frac{q}{4\pi\varepsilon_0 r^2}\hat{\boldsymbol{r}}.$$

因 $\boldsymbol{E} = \boldsymbol{E}' + \boldsymbol{E}_0$,故可得

$$q' = \left(\frac{1}{\varepsilon_r} - 1\right)q.$$

由于 $\varepsilon_r > 1$,因此 q' 总与 q 异号,且 $|q'| < |q|$.

思考

由极性分子组成的液态电介质,其相对介电常量在温度升高时是增大还是减小?

*14.3.3　静电场的边界条件

在静电场中,因两种电介质分界面两侧的介电常量不一样,界面两侧的电极化强度不同,故界面两侧的电场也不一样,但界面两侧的电场之间具有一定的关系. 下面由静电场的基本规律导出这一关系.

如图 14.15(a) 所示,设两种电介质的相对介电常量分别为 ε_{r1} 和 ε_{r2},且在交界面上无自由电荷. 在电介质分界面上取一狭长矩形回路 L,其长边的长为 Δl,两条长边分别位于两种电介质内且与界面平行. 设界面两侧场强的切向分量分别为 $E_{1\tau}$ 和 $E_{2\tau}$. 根据静电场的环路定理(忽略短边的积分值) 可得

$$\oint_L \boldsymbol{E}\cdot \mathrm{d}\boldsymbol{l}=E_{1\tau}\Delta l-E_{2\tau}\Delta l=0,$$

即

$$E_{1\tau}=E_{2\tau}, \tag{14.8}$$

这说明界面两侧场强的切向分量相等.

如图 14.15(b) 所示,在电介质分界面处作一闭合扁圆柱面,圆柱面的高度很小,两底面的面积为 ΔS,分别位于两种电介质内且与界面平行,$\boldsymbol{n}_1$ 和 $\boldsymbol{n}_2$ 分别表示两个底面外法线方向上的单位矢量. 设界面两侧电位移的法向分量分别为 D_{1n} 和 D_{2n},根据静电场的高斯定理(忽略圆柱面的侧面积分)可得

$$\oint\!\!\!\oint_S \boldsymbol{D}\cdot \mathrm{d}\boldsymbol{S}=-D_{1n}\Delta S+D_{2n}\Delta S=0,$$

即

$$D_{1n}=D_{2n}. \tag{14.9}$$

这说明界面两侧电位移的法向分量相等,即界面上无自由电荷存在时 $\boldsymbol{D}$ 的法向分量是连续的.

式(14.8) 和式(14.9) 统称为静电场的边界条件,由它们还可以求出电介质边界两侧电位移 $\boldsymbol{D}$ 的方向之间的关系. 如图 14.16 所示,边界上两种电介质中电位移 $\boldsymbol{D}_1$ 和 $\boldsymbol{D}_2$ 与分界面法线的夹角分别为 θ_1 和 θ_2,根据图中几何关系可得

$$\frac{\tan\theta_1}{\tan\theta_2}=\frac{D_{1\tau}/D_{1n}}{D_{2\tau}/D_{2n}}=\frac{D_{1\tau}}{D_{2\tau}}=\frac{\varepsilon_{r1}E_{1\tau}}{\varepsilon_{r2}E_{2\tau}}.$$

再根据式(14.8) 可得

$$\frac{\tan\theta_1}{\tan\theta_2}=\frac{\varepsilon_{r1}}{\varepsilon_{r2}}. \tag{14.10}$$

由于 $\boldsymbol{D}$ 线是连续的,因此上式表示的 $\boldsymbol{D}$ 线越过界面时方向改变的关系,称为 **$\boldsymbol{D}$ 线的折射定律**.

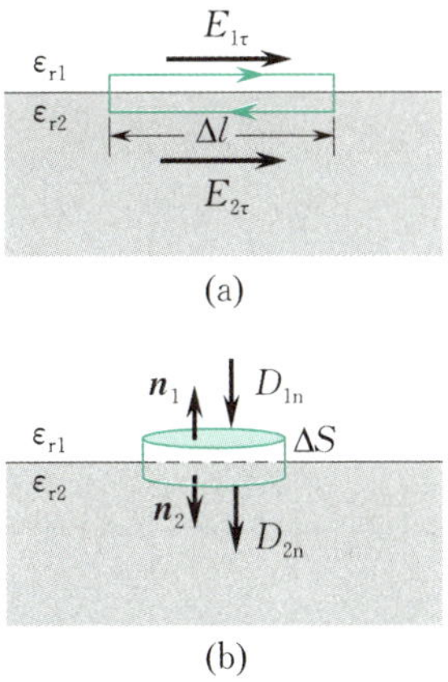

图 14.15 静电场的边界条件

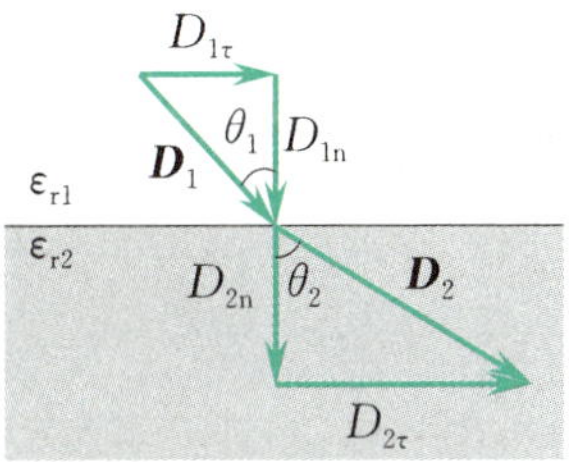

图 14.16 $\boldsymbol{D}$ 线的方向性

思考

试比较 $\boldsymbol{D}$ 线的折射定律和光的折射定律.

14.4 电容与电容器

14.4.1 孤立导体的电容

孤立导体球所带的电荷均匀分布在球面上,其电势为 $U=\dfrac{q}{4\pi\varepsilon_0 R}$,式中 q 和 R 分别为导体球所带的电量和球的半径. 很显然,q/U 是与导体球所带的电量及其电势无关的量. 可以证明,上述结论对任意形状的孤立导体都成立. 因此可定义一个物理量

$$C = \frac{q}{U} \tag{14.11}$$

来反映这种普遍成立的关系，C 称为孤立导体的电容(capacitance). 孤立导体的电容与导体的尺寸和形状有关，而与 q,U 无关，它在数值上等于该导体的电势升高 1 V 所需要的电量.

对于孤立导体球（环境为真空时），$C = 4\pi\varepsilon_0 R$，C 与球的半径 R 成正比.

14.4.2　电容器的电容

电容器是一种储存电荷与静电能常用的电学和电子学元件，它由两个相互绝缘的导体组成（两导体间以绝缘材料隔开），这两个导体称为电容器的两个电极或极板. 电容器在工作时，两个极板相对的两个表面上带等量异号的电荷 $+q$ 和 $-q$. 这时，两极板间有一定的电势差，称为电容器的电压，用 U 表示. 定义

$$C = \frac{q}{U}, \tag{14.12}$$

称为电容器的电容. 在国际单位制中，电容的单位是法[拉](F)，$1\ \mathrm{F} = 1\ \mathrm{C/V}$. 法这个单位太大，实际中常用的电容单位是微法($1\ \mu\mathrm{F} = 10^{-6}\ \mathrm{F}$) 和皮法($1\ \mathrm{pF} = 10^{-12}\ \mathrm{F}$).

从式(14.12) 可以看出，在电压相等的条件下，电容越大的电容器，所储存的电量也越多. 这说明电容是反映电容器储存电荷本领大小的物理量. 电容器在电工学和电子线路中有广泛应用. 例如，交流电路中电流和电压的控制，电磁波发射机中振荡电流的产生，接收机中的调谐，整流电路中的滤波，电子线路中的时间延迟等都要用到电容器. 每个成品电容器除了标明型号外，还标有两个重要的性能指标，例如“100 μF/250 V”“470 pF/60 V”，其中 100 μF 和 470 pF 表示电容值，250 V 和 60 V 表示电容器的耐压值. 电容器在使用时，所加的电压不能超过规定的耐压值，以免因击穿而造成电容器的损坏.

14.4.3　电容器电容的计算

电容器的电容取决于电容器本身的结构，而与它所带电量无关. 理论上计算电容器的电容常采用如下的计算步骤：

(1) 设电容器处于工作状态，两极板带有等量异号的电荷 $\pm q$，分析静电平衡时，电荷在极板上的分布；

(2) 计算两极板之间的电场分布；

(3) 由电场分布计算两极板之间的电压 U；

(4) 最后根据式(14.12) 求出电容.

例 14.5 已知平行板电容器由两块非常靠近的平行金属板组成，每块极板的面积为 S，极板间距离为 d，两极板间为真空，如图 14.17 所示. 试计算平行板电容器的电容.

解 设两极板所带电量分别为 $+q$ 和 $-q$，电荷只分布在两极板相对的两个表面上，且均匀分布，其面电荷密度 $\sigma = \dfrac{q}{S}$.

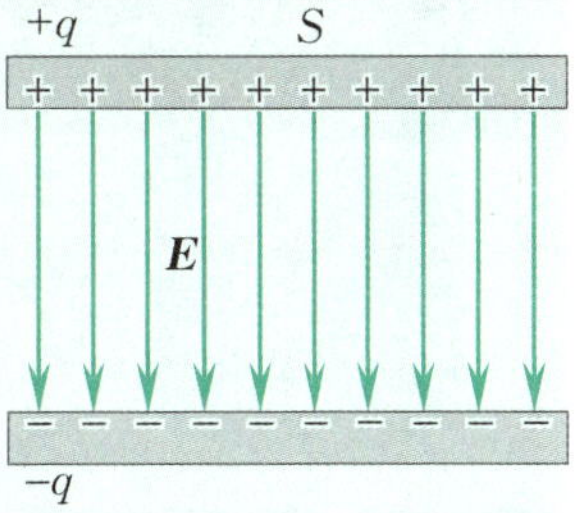

图 14.17 平行板电容器

忽略边缘效应，将每个极板视作无限大均匀带电平面，根据高斯定理可知两极板之间为$E = \dfrac{\sigma}{\varepsilon_0}$ 的均匀电场.

两极板间的电压为

$$U = Ed = \frac{\sigma d}{\varepsilon_0} = \frac{qd}{\varepsilon_0 S}.$$

由式(14.12) 可得平行板电容器的电容为

$$C = \frac{q}{U} = \frac{\varepsilon_0 S}{d}, \tag{14.13}$$

即平行板电容器的电容与极板的面积成正比，与极板间距离成反比.

例 14.6 如图 14.18 所示，球形电容器可由两个同心金属薄球壳(可视为没有厚度的几何面，称为金属球面) 构成(两金属球壳间充满某种介电常量为 ε 的各向同性的线性电介质)，或者由一个半径较小的金属球和一个半径较大的同心金属球壳所组成. 试计算球形电容器的电容.

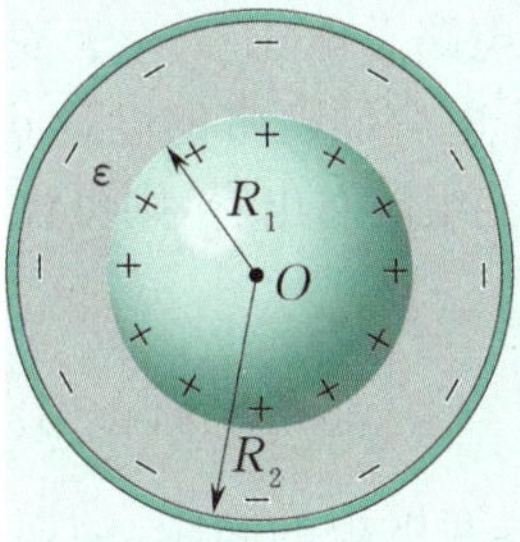

图 14.18 球形电容器

解 假设内金属球壳带有电荷 $+q$，外金属球壳带有电荷 $-q$，电荷均匀分布在内金属球壳的外表面和外金属球壳的内表面上.

金属球壳间电场是沿径向的，取半径为 $r(R_1 < r < R_2)$ 的同心球面为高斯面. 由高斯定理求得场强大小为

$$E(r) = \frac{q}{4\pi\varepsilon r^2}.$$

两金属球壳之间的电势差为

$$U = \int_{R_1}^{R_2} \boldsymbol{E} \cdot \mathrm{d}\boldsymbol{l} = \int_{R_1}^{R_2} E(r)\,\mathrm{d}r = \frac{q}{4\pi\varepsilon}\left(\frac{1}{R_1} - \frac{1}{R_2}\right).$$

由式(14.12) 可得球形电容器的电容为

$$C = \frac{q}{U} = \frac{4\pi\varepsilon}{\dfrac{1}{R_1} - \dfrac{1}{R_2}} = \frac{4\pi\varepsilon R_1 R_2}{R_2 - R_1}. \tag{14.14}$$

对于孤立导体，当它所带电量为 $+q$ 时，其电场线将终止于无穷远处. 可以设想在无穷远处有带电量为$-q$的另一导体，它与孤立导体构成电容器. 由式(14.14) 可知，当外金属球壳的半径 $R_2 \to \infty$ 时，半径为 R_1 的孤立内金属球壳的电容为

$$C = 4\pi\varepsilon R_1.$$

若外部环境为真空，则上式变为 $C = 4\pi\varepsilon_0 R_1$，这与 14.4.1 小节中的结果完全一致.

例 14.7 如图 14.19 所示，圆柱形电容器由一个半径为 R_1 的导体小圆柱和一个半径为 R_2 的较大同轴导体圆柱壳组成(两者之间充满某种介电常量为 ε 的各向同性的线性电介质)，其长度为 L(设 $L \gg R_2 - R_1$，可忽略边缘效应). 试计算圆柱形电容器的电容.

解 假设小圆柱与圆柱壳分别带 $\pm q$ 的电量. 电荷分布在导体圆柱壳内表面及导体小圆柱的外表面，且都是均匀分布（忽略两端边缘效应），线电荷密度为 $\lambda = \dfrac{q}{L}$.

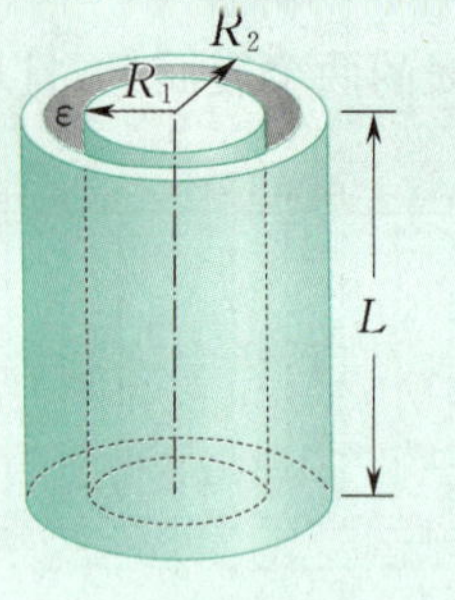

图 14.19 圆柱形电容器

取半径为 r、长为 L 的圆柱形高斯面，由高斯定理可得

$$E(r) = \frac{\lambda}{2\pi\varepsilon r} \quad (R_1 < r < R_2),$$

场强方向垂直于轴线沿径向.

两电极之间的电压为

$$U = \int_{R_1}^{R_2} \boldsymbol{E} \cdot \mathrm{d}\boldsymbol{l} = \int_{R_1}^{R_2} E(r)\mathrm{d}r = \frac{\lambda}{2\pi\varepsilon}\ln\frac{R_2}{R_1}.$$

由式(14.12) 可得圆柱形电容器的电容为

$$C = \frac{q}{U} = \frac{2\pi\varepsilon L}{\ln(R_2/R_1)}. \tag{14.15}$$

14.4.4 电容器的串联和并联

实际应用中，常把两个或更多个电容器联合使用，以满足实际工作的需要. 在电路图中，电容器用符号 ─┤├─ 表示.

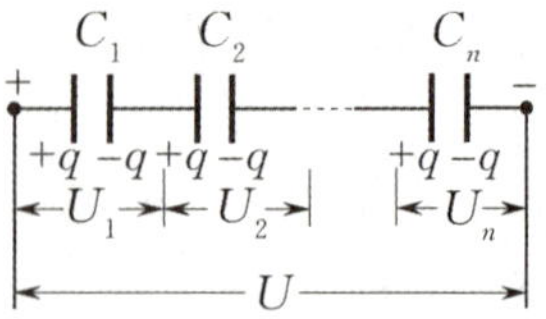

(a) 串联

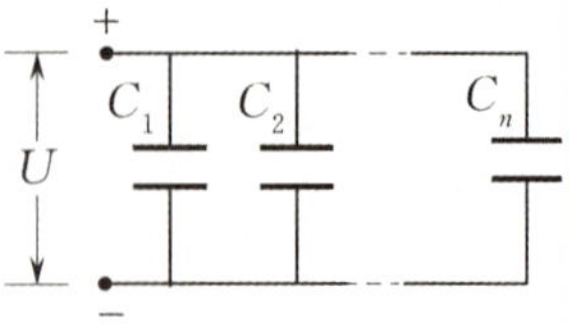

(b) 并联

图 14.20 电容器组

串联电容器组如图 14.20(a) 所示，这时各电容器所带的电量相等（相邻电容器用导线连接的两块极板由于电荷守恒必然带等量异号电荷），这是电容器串联的重要标志. 电容器串联时，电路总电压 U 等于各个电容器的电压之和. 如果以串联电容器组中单个电容器所带的电量 q 代表电容器组所带的电量，以 $C = q/U$ 表示电容器组的总电容，则可证明，对于串联电容器组，有

$$\frac{1}{C} = \sum_{i=1}^{n} \frac{1}{C_i}. \tag{14.16}$$

上式可以理解为电容器串联相当于增加了电容器两极板的间距，因而总电容减小.

并联电容器组如图 14.20(b) 所示，这时各电容器的电压相等（设为 U），这是电容器并联的重要标志. 电容器并联时，电容器组所带的电量 Q 等于各个电容器所带的电量之和. 若仍以 $C = Q/U$ 表示电容器组的总电容，则可证明，对于并联电容器组，有

$$C = \sum_{i=1}^{n} C_i. \tag{14.17}$$

上式可以理解为电容器并联相当于增加了电容器极板面积，因而总电容增加.

以上计算结果表明，电容器并联可以获得较大的电容值，但因为电容器并联时每个电容器的电压值相同，所以并联电容器组的耐压值以耐压值最低的那个电容器为准. 电容器串联时总电容减少，但由于总电压被分配到各个电容器上，因此串联电容器组的耐压能力比单个电容器要高. 实际应用中根据需要，常常采取串、并联相结合的方式.

思考

将平行板电容器的两极板接上电源以维持其电压不变，然后用相对介电常量为 ε_r 的均匀电介质填满极板间，极板上所带的电量变为原来的几倍？极板间场强为原来的几倍？若电容器充电后切断电源，然后再充满电介质，情况又如何？

14.5 静电场能量　电场能量密度

微课视频

静电场能量

设想这样一幅物理图像，首先，空间有一个静止的点电荷 q_1，然后用外力把点电荷 q_2 从无限远处缓慢移至距点电荷 q_1 为 r 处并使其静止. 对于这样一个由两个点电荷和静电场组成的系统，外力做功过程中系统增加的能量储存于何处？

应注意的是，做功过程的始和终，两点电荷都处于静止状态，唯一改变的是静电场. 因此，系统所增加的能量只能储存(定域) 在静电场所在的地方，而不是在场源电荷处. 这样，凡是场强 $\boldsymbol{E}$ 不为零的地方都储存有电场能量. 为了定量地描述电场能量，引入电场能量密度的概念，用符号 w_e 表示，定义为

$$w_e = \frac{\mathrm{d}W}{\mathrm{d}V},$$

即单位体积静电场中储存的电场能量. 给定空间区域中的静电场能量可由下式计算：

$$W = \iiint_V w_e \mathrm{d}V, \tag{14.18}$$

积分遍及该区域的体积 V. 为简单起见，下面从一特例出发推导静电场的电场能量密度的计算公式.

电容器未充电时，其内部不存在电场，给电容器充电就建立起电场. 因此，电容器在储存电荷的同时，也储存了电场能量. 现在以平行板电容器为例，计算电容器所储存的电场能量.

图 14.21 所示是一平行板电容器，两极板间距离为 d，极板面积为 S，极板间充满相对介电常量为 ε_r 的均匀电介质，其电容为 C.

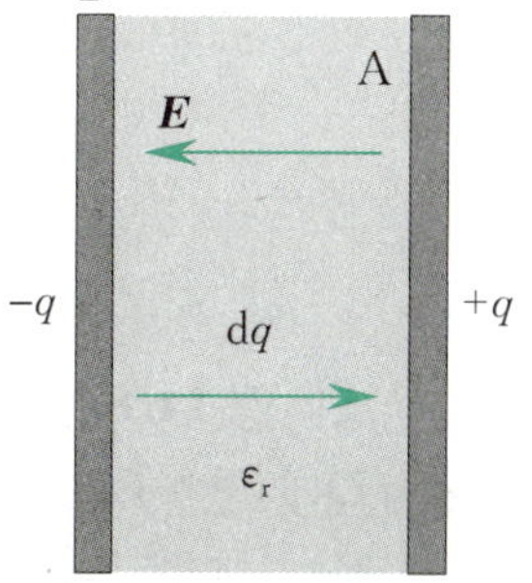

图 14.21　电容器充电

考虑电容器的充电过程，设该电容器两极板 A 和 B 原来不带电. 然后设法将极板 B 上的正电荷逐渐移至极板 A，最终 A，B 两极板上所带的电量分别由零变化至 Q 和 $-Q$. 在此过程中，外力克服电场力所做的功转化为两极板间静电场的能量. 设在充电过程中的某一瞬间，电容器 A，B 两极板上所带的电量分别为 q 和 $-q$，两极板间的电压为 U'，在将带电量为 $\mathrm{d}q$ 的正电荷从 B 板移至 A 板的过程中，外力克服电场力所做的功等于电荷元 $\mathrm{d}q$ 的电势能的增量，即 $\mathrm{d}A = \mathrm{d}W = U'\mathrm{d}q$. 在整个充电过程中，外力克服电场力所做的总功为

$$A = W = \int \mathrm{d}A = \int_0^Q U'\mathrm{d}q = \int_0^Q \frac{q}{C}\mathrm{d}q = \frac{Q^2}{2C}. \tag{14.19}$$

设充电完毕后两极板间的电压为 U，利用 $Q=CU$ 的关系，我们又可以将式(14.19) 改写成

$$W=A=\frac{1}{2}CU^2. \tag{14.20}$$

式(14.19) 和式(14.20) 虽是从特例推导出来的，但由推导过程可知，它们是计算电容器所储存电场能量的普遍公式，与电容器的具体类型无关.

由电容器的储能公式，电荷似乎可以携带能量；另一方面，电荷的存在必然产生电场，电容器的充电过程实际上也是电场的形成过程，电能似乎又是由电场携带. 在静电场中，这两种说法其实是等效的，因为有电荷才有电场，进而具有能量. 但在变化的电磁场中，电场和磁场可以脱离电荷以一定速度在空间传播，这便是电磁波. 电磁波当然携带能量，这就说明电能是储存在电场中的，因此有电场的地方就有电能. 能量是物质的固有属性，电场具有能量正是电场物质性的表现.

既然电能分布在电场中，就有必要把电能的计算公式用描述电场的物理量 —— 场强 $\boldsymbol{E}$ 表示出来. 下面仍以平行板电容器为例，计算电场的能量.

对平行板电容器充电时，外力所做的功等于建立电场所需提供的能量：

$$W=\frac{1}{2}CU^2,$$

式中平行板电容器的电容 $C=\varepsilon_r C_0=\dfrac{\varepsilon_0\varepsilon_r S}{d}$，电压 $U=Ed$，而平行板电容器的体积 $V=Sd$，故根据 $w_e=\dfrac{W}{V}$ 可得

$$w_e=\frac{1}{2}\varepsilon_0\varepsilon_r E^2=\frac{1}{2}\boldsymbol{D}\cdot\boldsymbol{E}. \tag{14.21}$$

此式虽由特例推出，却是有电介质存在时电场能量密度的一般计算公式.

由于电容器所带电量受电介质击穿场强的限制，因此一般电容器储能有限. 但是若使已充电的电容器在极短时间内放电，仍可得到较大的功率，这在激光和受控热核反应中都有重要应用. 若把一个已充电的电容器的两个极板用导线短路，则其放电火花的热能甚至可以熔焊金属，即所谓的"电熔焊".

例 14.8 一圆柱形电容器的内、外半径分别为 R_1，R_2，长为 l(设 $l\gg R_2-R_1$)，所带电量为 Q，两电极间充满相对介电常量为 ε_r 的均匀电介质. 求两电极间储存的电场能量.

解 如图 14.22 所示，在距离轴线为 r 处($R_1<r<R_2$) 的场强大小为(忽略边缘效应)

$$E=\frac{Q}{2\pi\varepsilon_0\varepsilon_r lr},$$

电场能量密度为

$$w_e = \frac{1}{2}\varepsilon_0\varepsilon_r E^2 = \frac{Q^2}{8\pi^2\varepsilon_0\varepsilon_r l^2 r^2}.$$

在圆柱形电容器中，取一半径为 r、厚度为 $\mathrm{d}r$ 的薄圆柱筒，其体积为

$$\mathrm{d}V = 2\pi r l\,\mathrm{d}r.$$

在此体积元中，各点处的场强大小可看作处处相等，所以，其电场能量为

$$\mathrm{d}W = w_e\mathrm{d}V = \frac{Q^2}{8\pi^2\varepsilon_0\varepsilon_r l^2}\frac{1}{r^2}2\pi r l\,\mathrm{d}r = \frac{Q^2}{4\pi\varepsilon_0\varepsilon_r l}\frac{\mathrm{d}r}{r}.$$

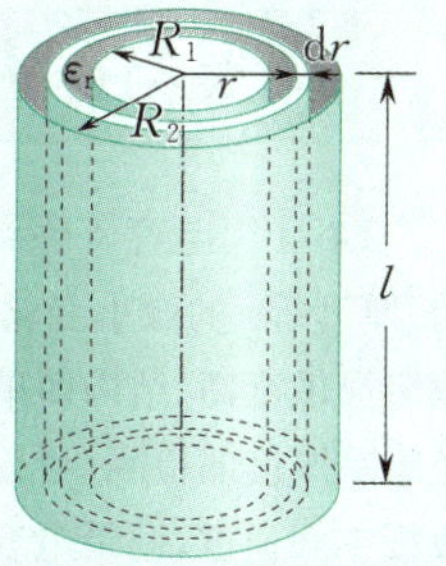

图 14.22 例 14.8 图

对 $\mathrm{d}W$ 求积分可得出总电场能量，即

$$W = \iiint_V \mathrm{d}W = \frac{Q^2}{4\pi\varepsilon_0\varepsilon_r l}\int_{R_1}^{R_2}\frac{\mathrm{d}r}{r} = \frac{Q^2}{4\pi\varepsilon_0\varepsilon_r l}\ln\frac{R_2}{R_1}.$$

思考

1. 电势能、电容器储存的能量、电场的能量三者之间有什么联系？又有什么区别？

2. 在下述两种情况下把电容器中的电介质板拉出，电容器中储存的能量是增加、减少还是不变？(1) 充电后断开电源；(2) 维持电源不断开.

本章小结

1. 导体的静电平衡条件

$\boldsymbol{E}_{内}$ 为零且 $\boldsymbol{E}_{表面}$ 垂直于表面，或导体是个等势体，且导体表面是等势面.

2. 静电屏蔽

导体壳内部不受外电场的影响；接地的导体壳外部的电场不受壳内电荷的影响.

3. 电介质极化

(1) 电极化强度：

$$\boldsymbol{P} = \frac{\sum \boldsymbol{p}_{分}}{\Delta V}.$$

(2) 极化面电荷密度：

$$\sigma' = \boldsymbol{P}\cdot\boldsymbol{n}.$$

(3) 极化体电荷：

$$\oint_S \boldsymbol{P}\cdot\mathrm{d}\boldsymbol{S} = -q'.$$

4. 电位移

$$\boldsymbol{D} = \varepsilon_0\boldsymbol{E} + \boldsymbol{P}.$$

对于各向同性线性电介质：

$$\boldsymbol{D} = \varepsilon_0\varepsilon_r\boldsymbol{E} = \varepsilon\boldsymbol{E}.$$

有电介质时的高斯定理：

$$\oint_S \boldsymbol{D}\cdot\mathrm{d}\boldsymbol{S} = q_0.$$

5. 电容器的电容

(1) 电容定义：

$$C = \frac{q}{U}.$$

(2) 平行板电容器：

$$C = \frac{\varepsilon_0\varepsilon_r S}{d}.$$

(3) 电容器串联：

$$\frac{1}{C} = \sum_{i=1}^{n}\frac{1}{C_i}.$$

(4) 电容器并联：

$$C = \sum_{i=1}^{n} C_i.$$

6. 电场能量

(1) 电容器储能：

$$W = \frac{1}{2}CU^2 = \frac{1}{2}QU = \frac{1}{2}\frac{Q^2}{C}.$$

(2) 电场能量密度：

$$w_e = \frac{1}{2}\varepsilon_0\varepsilon_r E^2 = \frac{1}{2}\boldsymbol{D}\cdot\boldsymbol{E}.$$

拓展与探究

14.1 电容传感器是将被测物理量（如位移、压力、厚度等）的微小变化转换成电容变化的装置，具有测量灵敏度高、结构简单等优点. 例如，生产流水线上纺织品厚度的检测，可以让纺织品从平行板电容器的极板中间通过，记录电容的变化来实现对纺织品厚度的测量. 试找出纺织品厚度与电容的定量关系. 如果换成金属导体板，结果又如何？

14.2 微波加热以其加热均匀、快速、卫生等优点被广泛应用于工业干燥、科研、医学以及家庭的日常烹饪中. 富含水、纤维素和脂肪的食物很适合微波加热；而陶瓷、玻璃和塑料很适合作为微波加热食物的器皿. 请从电介质极化的角度，阐述上述事实的微观机理.

14.3 有些电介质晶体在外力的作用下发生形变时，其内部各点处的电极化强度会发生改变，从而在对应方向上相对的两个表面产生异号的极化电荷. 这种由于形变（而不是外加电场）而使晶体的电极化状态发生改变的现象称为压电效应，如手机的触摸屏就是压电效应应用的例子. 压电效应的逆效应称为电致伸缩效应，即在压电晶体上加外电场时，晶体中会产生应力而导致形变，交变电场的作用会使压电晶体产生机械振动，如扬声器就是电致伸缩效应应用的例子. 你还能找出与这些效应相关的应用吗？

14.4 通常情况下，导体处于静电平衡时，导体表面的自由电荷不再自由移动，但其此时所受的电场力并不为零，表面的自由电荷在垂直表面向外的电场力作用下并未逸出导体，可见，导体本身对其表面的自由电荷有作用力，自由电荷才不至于逸出导体表面. 若导体表面附近的电场足够强，则会有电子从导体表面发射出来，这种现象，称为场致发射. 试从经典物理学角度估算产生场致发射的电场约为多少？场致发射有何应用？

习 题 14

14.1 一带电量为 q、半径为 r_A 的金属球 A，与一原先不带电，内、外半径分别为 r_B 和 r_C 的金属球壳 B 同心放置，如图 14.23 所示，则图中 P 点处的场强为多少？若用导线将金属球 A 和金属球壳 B 连接起来，则金属球 A 的电势为多少（取无限远处为电势零点）？

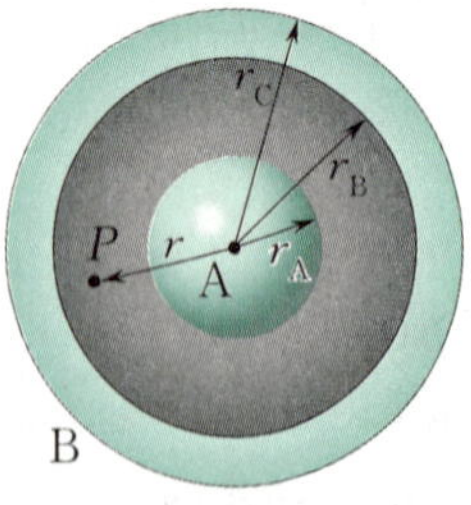

图 14.23 习题 14.1 图

14.2 如图 14.24 所示，金属球壳原来带有电量 Q，其内、外半径分别为 a，b，金属球壳内距球心为 r 处有一点电荷 q，求球心 O 点处的电势.

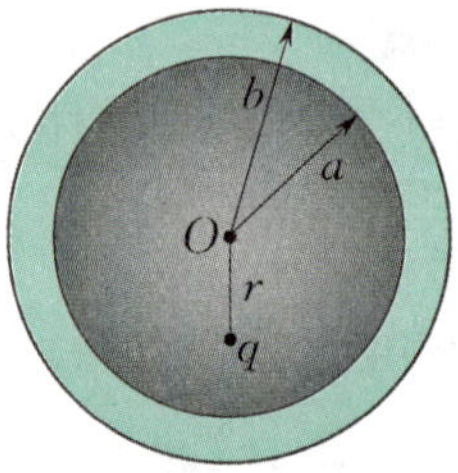

图 14.24 习题 14.2 图

***14.3** 如图 14.25 所示，三块平行放置的金属板 A，B 和 C，面积都是 $S = 100\ \text{cm}^2$，A，B 两板间的距离为 $d_1 = 2\ \text{mm}$，A，C 两板间的距离为 $d_2 = 4\ \text{mm}$，B，C 两板接地，A 板带有正电荷 $q = 3\times10^{-8}\ \text{C}$，忽略边缘效应. 求：

(1) B，C 两板上所带的电量；

(2) A 板的电势.

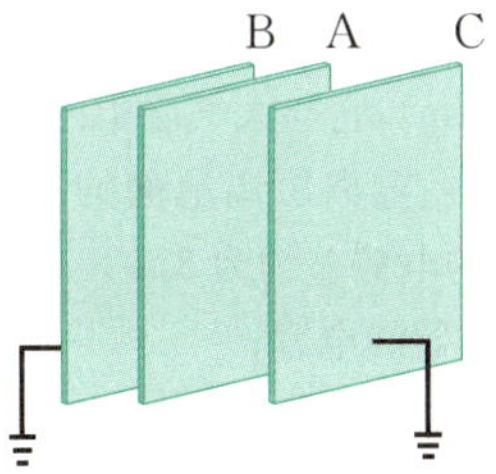

图 14.25 习题 14.3 图

****14.4** 如图 14.26 所示，范德格拉夫加速器中，利用绝缘传送带向一个金属球壳输送电荷而使球壳的电势升高. 金属球壳的电势要求保持 9.15×10^6 V.

(1) 金属球壳周围气体的击穿场强为 1.0×10^8 V/m，这对金属球壳的半径 R 有何限制？

(2) 由于气体泄漏电荷，要维持此电势不变，需用传送带以 3.2×10^{-4} C/s 的速率向金属球壳运送电荷. 这时所需最小功率是多少？

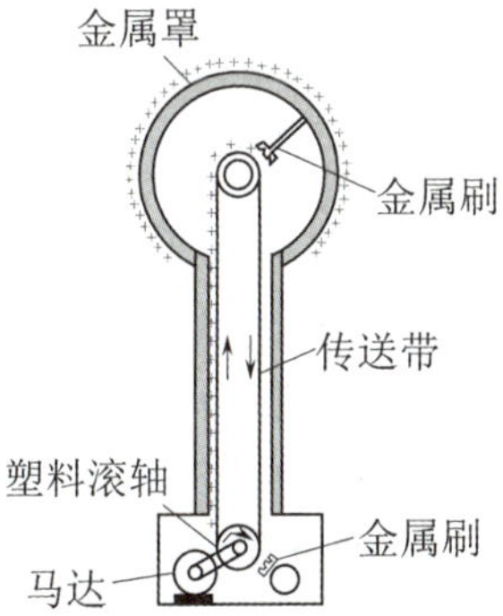

图 14.26 习题 14.4 图

14.5 人体某些细胞膜两侧带有等量的异号电荷. 设某细胞膜厚为 5.2×10^{-9} m，两侧所带电荷的面密度为 $\pm0.52\times10^{-3}$ C/m²，内侧为正电荷. 假设细胞膜物质的相对介电常量为 6.0. 求：

(1) 细胞膜内的场强；

(2) 细胞膜两侧的电势差.

14.6 同轴电缆是由半径为 R_1 的直导线和半径为 R_2 的同轴薄导体圆筒构成的，其间充满了相对介电常量为 ε_r 的均匀电介质，设沿轴线单位长度上导线和导体圆筒的带电量分别为 $+\lambda$ 和 $-\lambda$，则通过电介质内长为 l、半径为 r 的同轴封闭圆柱面的电位移通量为多少？圆柱侧面上任一点处的场强大小为多少？

***14.7** 在半径为 R_1 的金属球外还有一层半径为 R_2 的均匀电介质，其相对介电常量为 ε_r. 设金属球所带电量为 Q_0，求：

(1) 电介质层内、外 D, E, P 的分布；

(2) 电介质层内、外表面的极化面电荷密度.

****14.8** 如图 14.27 所示，两同轴的薄导体圆筒，内筒半径为 R_1，外筒半径为 R_2，其间充有相对介电常量分别为 ε_{r1} 和 ε_{r2} 的两层均匀电介质，且 $\varepsilon_{r1}=2\varepsilon_{r2}$，其界面半径为 $R(R<2R_1)$. 若两种电介质的击穿场强 E_m 相同，问：

(1) 当电压升高时，哪层电介质先击穿？

(2) 内、外筒间能承受多高的电压？

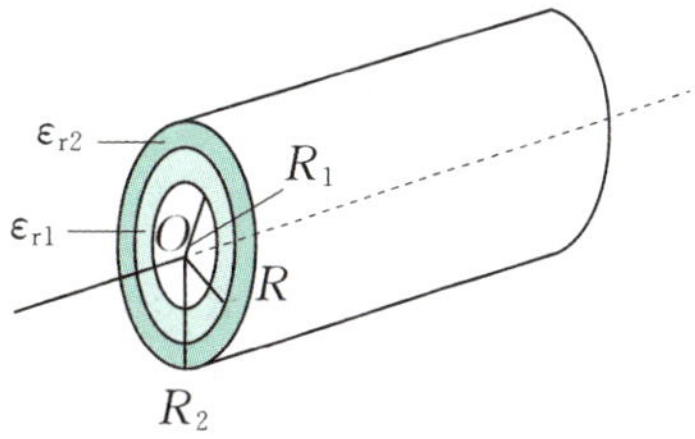

图 14.27 习题 14.8 图

14.9 如图 14.28 所示，设极板面积为 S 的平行板电容器两极板之间有两层电介质，介电常量分别为 ε_1 和 ε_2，厚度分别为 d_1 和 d_2，求该电容器的电容.

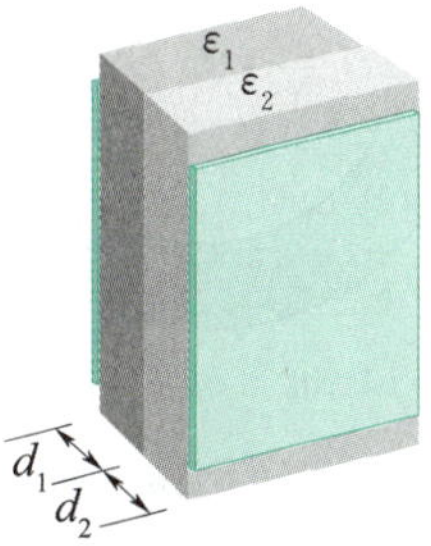

图 14.28 习题 14.9 图

***14.10** 汽车的燃油表可以显示油箱中的剩余燃油量，它可以通过测量如图 14.29 所示的电路中电容器的有效介电常量 k_{eff} 来实现. 当油箱空箱时，k_{eff} 近似为 1(空气的相对介电常量)；当油箱满油时，k_{eff} 等于燃油的相对介电常量 ε_r. 该电容器极板可以看作矩形板，相关长度参数已在图中标出，油箱高度记为 L，燃油高度记为 h. 忽略边缘效应.

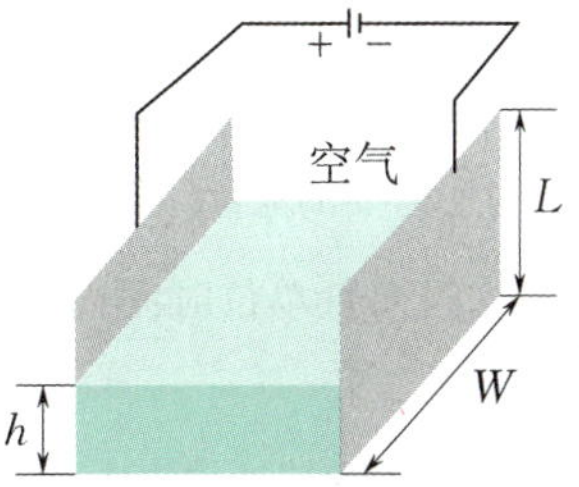

图 14.29 习题 14.10 图

(1) 请给出 k_{eff} 与 h 的函数关系.

(2) 如果油箱中加入的是汽油($\varepsilon_r=1.95$)，求当

燃油高度分别满足 $h=L/4, h=L/2, h=3L/4$ 时的 k_{eff} 值.

(3) 如果把汽油换成甲醇($\varepsilon_r=33.0$),重新计算一下(2)的结果.

(4) 这种燃油表对于这两种燃油来说,哪种更实用?

***14.11** 一球形电容器的内、外金属球壳半径分别为 R_1 和 R_2,金属球壳与地面及其他物体都相距很远.将内球壳用细导线接地.试证明球形电容器的电容可用公式 $C=\dfrac{4\pi\varepsilon_0 R_2^2}{R_2-R_1}$ 表示(提示:可看作两个球形电容器的并联,且地球半径 $R\gg R_2$).

14.12 如图 14.30 所示,球形电容器的内、外半径分别为 R_1 和 R_2,其间一半充满相对介电常量为 ε_r 的均匀电介质,求电容 C.

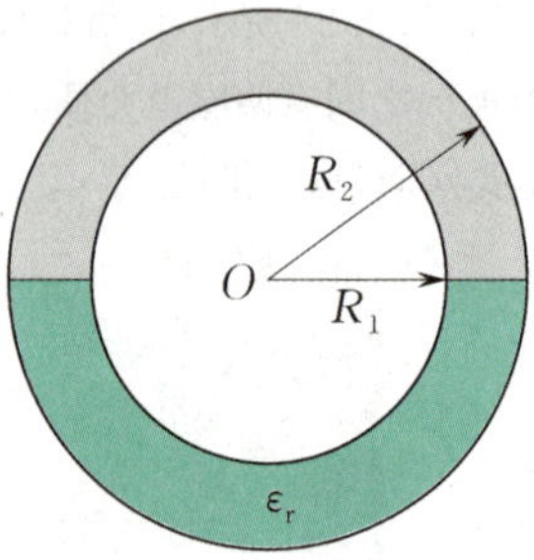

图 14.30 习题 14.12 图

***14.13** 圆柱形电容器是由半径为 R_1 的直导线和与它同轴的内半径为 R_2 的导体圆筒构成的,其长为 l,其间充满了介电常量为 ε 的均匀电介质.设沿轴线单位长度导线上所带的电量为 λ,对应圆筒上所带的电量为 $-\lambda$,忽略边缘效应.

(1) 求两电极间的电压 U;

(2) 求电介质中的场强大小 E、电位移大小 D;

(3) 此时电容器的电容是真空时的多少倍?

14.14 两个电容器 C_1 和 C_2 的性能指标分别为"200 pF/500 V"和"300 pF/900 V".把它们串联起来,总电容多大?如果两端加上 1 000 V 电压,是否会被击穿?

14.15 照相机的电子闪光灯里含有电容器,用于存储闪光时所需要的能量.闪光灯一次闪光的持续时间为 $\dfrac{1}{675}$ s,闪光灯单位时间内释放的能量为 2.70×10^5 W.

(1) 假设光、电能量转换效率为 95%,电容器为此需要储存多少能量?

(2) 假如该电容器两端的电压为 125 V,试问它的电容为多大?

14.16 可以把地球看作一带负电的导体球(半径为 6 370 km),它与大气层中的电离层一起构成一个球形电容器.电离层离地面的高度约为 70 km,地球与电离层的电势差约为 3.5×10^5 V.求:

(1) 该电容器的电容;

(2) 该电容器储存的电荷量;

(3) 该电容器储存的电场能量.

14.17 两个电容器电容之比 $C_1:C_2=1:2$,把它们串联后接到电源上充电,它们储存的电场能量之比为多少?如果把它们并联后接到电源上充电,它们储存的电场能量之比又是多少?

14.18 一平行板电容器的极板面积为 S,极板间距离为 d,接在电源上维持其电压为 U.将一块厚度为 d、相对介电常量为 ε_r 的均匀电介质板插入电容器的一半空间内,求此时平行板电容器储存的电场能量.

***14.19** 一平行板电容器的极板面积为 S,极板间距离为 d,两极板竖直放置.若将电容器充电到电压为 U,断开电源,使电容器的一半浸在相对介电常量为 ε_r 的液体中.求:

(1) 电容器的电容 C;

(2) 浸入液体后电容器储存的电场能量;

(3) 极板上自由电荷的面电荷密度.

14.20 平行板电容器极板的面积为 200 cm^2,极板间距离为 1.0 mm,电容器内有一块厚度为 1.0 mm 的玻璃板($\varepsilon_r=5$).将电容器与 300 V 的电源相连.

(1) 维持两极板间的电压不变抽出玻璃板,电容器储存的电场能量变化多少?

(2) 断开电源维持极板上电量不变,抽出玻璃板,电容器储存的电场能量变化多少?

14.21 设圆柱形电容器的内、外圆筒半径分别为 a 和 b.试证明该电容器储存的一半电场能量在半径 $r=\sqrt{ab}$ 的圆柱体内.

***14.22** 两个同轴的导体圆柱面长度均为 l,半径分别为 a 和 b,圆柱面之间充满介电常量为 ε 的电介质(忽略边缘效应).当这两个导体圆柱面带有等量异号电荷($\pm Q$)时,

(1) 在半径为 $r(a<r<b)$、厚度为 $\mathrm{d}r$、长度为 l 的薄圆柱壳中任一点处,电场能量体密度是多少?整个薄圆柱壳储存的电场能量是多少?

(2) 电介质中储存的电场能量是多少(由积分算出)?

(3) 试由电容器储能公式推算出此圆柱形电容器的电容公式.

第 15 章

恒定电流的磁场

热核聚变的温度在 1×10^8 ℃以上，此时，核燃料已变成原子核和自由电子混合而成的等离子体.温度如此之高，只有用磁场作为“容器”才能将它们“装”起来，磁场是如何做到的?

磁场与磁力无处不在.电动机与发电机、电声器件、信息存储、CD 和 DVD 播放及计算机硬盘数据读写控制、汽车车窗与挡风玻璃雨刷控制,以及日常生活中的门铃、门碰等,无一不和磁场、磁力有关.

磁场和电场有所不同.任何电荷(无论是静止还是运动的)都能产生电场,电场对电荷有作用力.但只有运动电荷才能产生磁场(电流、磁铁产生磁场的根源也是电荷运动),相应地,磁场只对运动电荷有作用力,即磁力.在本章的磁场部分,我们首先根据磁场对运动电荷的作用力,引入描述磁场基本性质的物理量——磁感应强度,介绍磁场的高斯定理;然后,介绍电流产生磁场的规律(毕奥 - 萨伐尔定律);最后介绍安培环路定理.在磁力部分,依序介绍通电导线与运动电荷所受的磁力——安培力与洛伦兹力,以及与之有关的现象与应用(如霍尔效应)等.本章研究方法和线索与第 13 章相似,因为两章都以场作为研究对象,明确这一点对本章的学习大有裨益.

本章目标

1. 电流分布的描述，电源的特性与“能力”,恒定电流的形成.
2. 定量描述磁场的基本性质.
3. 计算一般情况下电流及运动电荷所产生的磁场，计算具有对称性的电流分布所产生的磁场.
4. 计算载流导线和闭合电流在磁场中所受的磁力、磁力矩及磁力和磁力矩所做的功.
5. 分析带电粒子在磁场中的运动变化情况，分析霍尔效应、磁聚焦和磁约束等物理现象和实际应用.

15.1 电流密度 电动势

15.1.1 电流的基本概念

电流是电荷定向运动形成的. 形成电流的运动电荷称为**载流子**(carrier). 金属中的载流子是自由电子;半导体中的载流子是电子和带正电的**空穴**(hole);离子溶液中的载流子则为电离的正、负离子;电离气体中的载流子是电子和带正电的离子.

置于电场中的导体将产生静电感应现象,在静电感应的短暂过程中,导体内的场强不为零,导体内的自由电荷将产生宏观定向运动而形成瞬态电流. 达到静电平衡状态后,导体内的场强为零,导体上的自由电荷不再做宏观定向运动,电流消失. 由此可见,要在导体中形成持续的电流应有两个基本条件:一是要有能做宏观定向运动的电荷;二是导体内要维持一个电场.

电流的强弱用**电流**(electric current)这一物理量来反映和描述,以符号 I 表示,定义为单位时间内通过导体某一截面的电量,即

$$I=\lim_{\Delta t\to 0}\frac{\Delta q}{\Delta t}=\frac{\mathrm{d}q}{\mathrm{d}t}. \tag{15.1}$$

电流是标量,规定正电荷定向运动的方向为电流的方向. 在国际单位制中,电流的单位是安[培](A).

15.1.2 电流密度

式(15.1)定义的电流只能描述导体中某一截面上电流的整体情况,不能反映和描述截面上各点处电流的具体细节. 当电流在大块导体中流动时,由于导体各处截面大小不一,导体内各处的电流情况也将有所不同. 为了细致地描述导体中各点处的电流情况,引入**电流密度**(current density)概念,用符号 $\boldsymbol{j}$ 表示,某点处的电流密度定义为

$$\boldsymbol{j}=\frac{\mathrm{d}I}{\mathrm{d}S_{\perp}}\boldsymbol{n}, \tag{15.2}$$

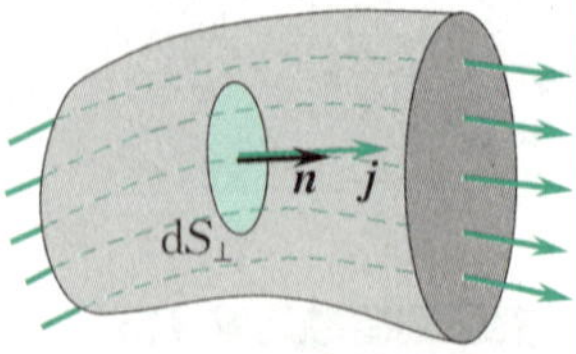

图 15.1 电流密度

式中 $\mathrm{d}S_{\perp}$ 为过该点且与该点处电流方向垂直的面元的面积;$\boldsymbol{n}$ 为所取面元的法向单位矢量,且为该点正电荷定向运动方向上的单位矢量;$\mathrm{d}I$ 为通过该面元的电流(见图 15.1). 由式(15.2)可知,**某点处电流密度的方向就是该点处的电流方向,其数值等于通过该点且与该点处电流方向垂直的单位面积中流过的电流.**

在国际单位制中,电流密度的单位是安[培]每平方米($\mathrm{A/m^2}$).

有电流在导体中流动时,导体中各点处的电流密度构成一个矢量场,称为电流场. 类似电场线的引入,为形象地描述导体中电流场的分布,可在导体中画出许多**电流线**(line of current),如图 15.2 所示. 电流线上每一点的切线方向为该点处 $\boldsymbol{j}$ 的方向;穿过与该点处电流密度方向

垂直的单位面积的电流线的条数在数值上等于该处 $\boldsymbol{j}$ 的大小，即电流线的切线方向反映电流密度的方向；电流线的疏密程度描述电流密度的大小，电流线稠密处电流密度大，电流线稀疏的地方电流密度小.

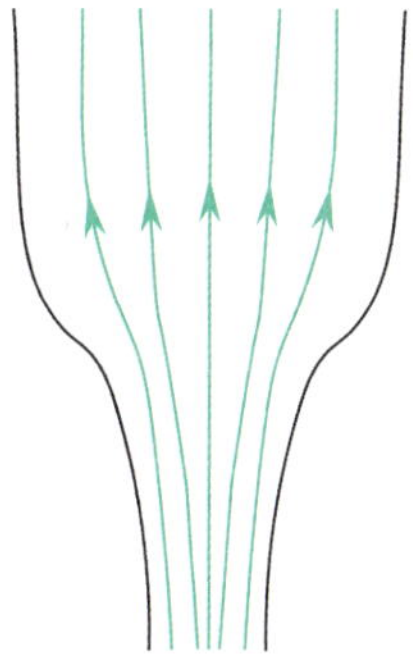

图 15.2 电流线示意图

电流密度和导体中的载流子浓度及运动速度有关. 如图 15.3 所示，设导体中某点处的体电荷密度为 ρ，电荷定向运动速度为 $\boldsymbol{v}$，则在 $\mathrm{d}t$ 时间内，通过与该点处电流方向垂直的面元 $\mathrm{d}S_{\perp}$ 的电量为 $\mathrm{d}q=\rho\mathrm{d}S_{\perp}v\mathrm{d}t$，从而通过该面元的电流为

$$\mathrm{d}I=\frac{\mathrm{d}q}{\mathrm{d}t}=\rho\mathrm{d}S_{\perp}v.$$

根据式(15.2)可得 $j=\rho v$，写成矢量式，即

$$\boldsymbol{j}=\rho\boldsymbol{v}. \tag{15.3}$$

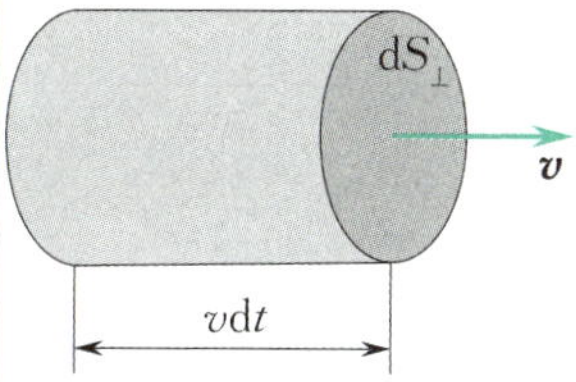

图 15.3 电流密度的计算

一般情况下，面元 $\mathrm{d}\boldsymbol{S}$ 的法线方向与电流密度 $\boldsymbol{j}$ 之间的夹角为 θ，则通过面元 $\mathrm{d}\boldsymbol{S}$ 的电流为 $\mathrm{d}I=j\cos\theta\mathrm{d}S$，写成矢量式为

$$\mathrm{d}I=\boldsymbol{j}\cdot\mathrm{d}\boldsymbol{S}. \tag{15.4}$$

对上式积分，可得通过导体中任一截面 S 的电流为

$$I=\iint_S\boldsymbol{j}\cdot\mathrm{d}\boldsymbol{S}. \tag{15.5}$$

由式(15.5)，联想到电通量的定义与计算式可知：通过导体某一截面的电流等于该截面的电流密度通量.

在导体中任取一闭合曲面，则流出此闭合曲面的电流为

$$I=\oint\!\!\!\oint_S\boldsymbol{j}\cdot\mathrm{d}\boldsymbol{S}.$$

由电荷守恒定律可知，它应等于单位时间内该闭合曲面内电荷的减少量，即

$$\oint\!\!\!\oint_S\boldsymbol{j}\cdot\mathrm{d}\boldsymbol{S}=-\frac{\mathrm{d}q_{\text{内}}}{\mathrm{d}t}. \tag{15.6}$$

式(15.6)称为**电流的连续性方程**.

思考

1. 电流既有大小又有方向，但不是矢量，而电流密度却是矢量. 这在逻辑上自相矛盾吗？

2. 试由欧姆定律 $I=\dfrac{U}{R}$ 证明：导体中某点处的场强 $\boldsymbol{E}$、电导率 γ(电阻率的倒数，即 $1/\rho$)、电流密度 $\boldsymbol{j}$ 满足关系式 $\boldsymbol{j}=\gamma\boldsymbol{E}$(称为欧姆定律的微分形式).

15.1.3 恒定电流的条件

一般情况下，在电流存在的区域内，各点处的电流情况未必相同，每点处的电流密度也可能会随时间发生变化. 但在某些特殊情况下，每点处的电流密度大小与方向都可保持恒定不变(当然，空间各点处的电流密度不一定都相同)，这种电流称为**恒定电流**(steady current)，俗称

直流电.

由于导体中的电流是由导体中的自由电荷在电场作用下做宏观定向运动所形成的，因此，要形成恒定电流，导体中各点处的电场强度不能随时间变化，即在导体内要维持一个**恒定电场**(steady electric field).相应地，导体内各点处的电荷分布也不能随时间变化.

恒定电场是由不随时间变化的电荷分布产生的(电荷完全可以运动)，静电场是由静止的电荷产生的. 恒定电场的性质与静电场相似，它们都满足相同的高斯定理和环路定理，静电场是恒定电场的一个特例，本章中对它们不加区分，都简称为电场，它们对电荷的作用力都称为电场力.

对于恒定电流，因电荷分布不随时间变化，故在导体中任取一闭合曲面，该闭合曲面内的总电荷量必然不随时间变化，即$\frac{dq_{内}}{dt}=0$，于是由式(15.6)可得

$$\oiint_S \boldsymbol{j}\cdot d\boldsymbol{S}=0. \tag{15.7}$$

式(15.7)是恒定电流条件的数学表述，即形成恒定电流时，流入导体内任一闭合曲面的电流必等于流出此闭合曲面的电流，因此恒定电流的电流线不会中断. 由此可推断：恒定电流必形成闭合回路.

15.1.4 电动势

1. 非静电力 电源

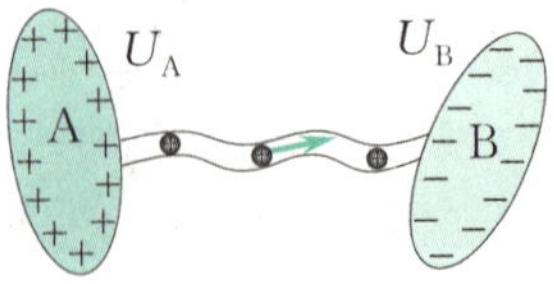

图 15.4 导体中的瞬态电流

要产生持续不断的恒定电流，必须要有恒定电场，相应地要求空间的电荷分布也不随时间变化，但有电流存在时，电荷运动往往会破坏电荷与电场分布的稳定性. 如图 15.4 所示，导体 A 和 B 分别带等量异号的正、负电荷，用导线将它们连接后，A 上的正电荷通过导线流向 B 而形成电流(注意：这里正电荷流动是等价的表述法，实际上发生流动的是电子)，但这种电流随时间快速减小，不可能持续下去，因为 A 上的正电荷到达 B 后与 B 上的负电荷中和，电场将不复存在，电流也将消失. 要维持电流，必须设法将到达 B 上的正电荷重新送回到 A，以维持电荷与电场分布，从而维持电流，显然，电场力不可能使正电荷由 B 回到 A(因为 A 的电势比 B 的电势高)，必须有另外的某种与电场力不同的力使正电荷由 B 回到 A，我们将它称为**非静电力**.

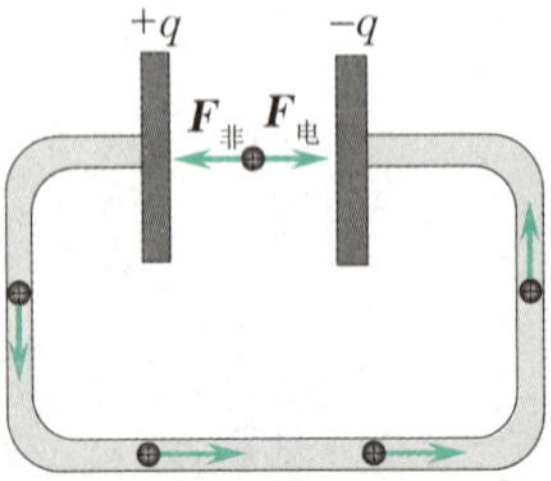

图 15.5 电源与非静电力

电源就是一种提供非静电力的装置. 它使正(负)电荷由电源负(正)极经电源内部回到电源的正(负)极，从而维持电荷与电场分布，使电流持续成为可能，如图 15.5 所示. 在此过程中，非静电力 $\boldsymbol{F}_{非}$ 克服电场力 $\boldsymbol{F}_{电}$ 所做的功转化为电荷电势能的增量(正电荷从电源负极到正极，电势能升高)，电荷与电场分布得以维持. 因此，电源也是一个能量转换装置，它将其他形式的能量(化学能、机械能等)转化为电场能，用以补偿回路中电场能的损失.

2. 电动势

为了描述电源内部这种非静电力的强弱与方向，引入**非静电场强**的概念，用符号 $\boldsymbol{E}_k$ 表示，定义为单位正电荷所受的非静电力 $\boldsymbol{F}_k$，即

$$\boldsymbol{E}_k = \frac{\boldsymbol{F}_k}{q}. \tag{15.8}$$

这种非静电场可能是一种实质性的物质场，如涡旋电场（将在第 17 章中介绍），也可能是一种非实质性的等效场，如“扩散力场”“化学力场”等.

为描述电源内部非静电力做功的能力，引入**电动势**（electromotive force，emf）的概念. **电源的电动势定义为将单位正电荷从电源负极经电源内部移到正极时非静电力所做的功**，用符号 $\mathscr{E}$ 表示，即

$$\mathscr{E} = \int_{-\,内}^{+} \boldsymbol{E}_k \cdot d\boldsymbol{l}. \tag{15.9}$$

将电动势概念及式(15.9)推广，可得某一段电路上的电动势为

$$\mathscr{E} = \int_L \boldsymbol{E}_k \cdot d\boldsymbol{l}, \tag{15.10}$$

即沿这一段路径移动单位正电荷时非静电力所做的功.

当非静电力在整个闭合回路中都存在时（如本书 17.3 节中的感生电动势），回路的电动势可表示为

$$\mathscr{E} = \oint_L \boldsymbol{E}_k \cdot d\boldsymbol{l}, \tag{15.11}$$

即让单位正电荷沿闭合回路移动一周时非静电力所做的功.

由上述定义式知，电动势是标量. 在处理某些实际问题时，为讨论问题方便起见，通常将从电源负极经过电源内部指向正极的方向称为电源电动势的方向.

在国际单位制中，电动势的单位是伏[特]（V）.

因与电动势相对应的非静电力是一种非保守力，故电动势的数值、符号与所选取的路径密切相关，这是电动势与电势差最主要的区别（电势差与路径无关，只与始、末位置有关）. 如由电源的负极经电源内部到正极，电动势为正，若由电源负极经外电路到正极，则电动势可能为零，而电源正、负极间的电势差则与上述路径无关.

阅读材料

锂电池

思考

1. 电源的电动势和端电压有何区别？电源中的非静电力与静电力有何区别？

2. 金属导体中自由电子的定向运动速率通常是非常小的（约 10^{-4} m/s），但电路中“电”的传播速度却非常快，如何解释这种“矛盾”？

3. 在电路中，导体内部的电场沿电流方向并与导线外表面平行，试分析开关闭合的瞬间，电路中电场的建立过程. 导线弯折的地方，电场线为何会“转弯”？

15.2 磁场

人类发现磁现象与发现电现象一样古老,如我国东汉的王充在《论衡》中最先描述了"司南勺"(磁石指南),北宋的沈括在《梦溪笔谈》中最早记载了地磁偏角.早期的磁学研究认为磁与电是相互独立的,属于本质上不同的两类现象.1820年,丹麦物理学家奥斯特发现了电流的磁效应,第一次揭示了电与磁的联系.不久,法国物理学家安培从实验中总结出两个电流元(载流导线中取的小段电流)之间相互作用力的公式,并于1822年提出了"分子电流"假说来解释物质的磁性,建立了电流是磁性起源的理论.

15.2.1 磁场

电荷产生电场,静止电荷之间的相互作用力——静电力,是通过电场来传递的.运动电荷周围除了有电场外,还有磁场,运动电荷之间除了电场力,还存在另一种相互作用力——磁力,磁力是通过磁场(magnetic field)来传递的.本质上讲,一个运动电荷在其周围激发磁场,通过磁场对另外的运动电荷产生作用力,即磁力.其作用形式可表示为

$$\boxed{\text{运动电荷}} \Leftrightarrow \boxed{\text{磁场}} \Leftrightarrow \boxed{\text{运动电荷}}.$$

磁场是存在于运动电荷或电流周围的一种特殊物质.和实物物质一样,磁场也具有能量、质量等;磁场与电场一样,也具有叠加性.

依据磁场对运动电荷(或载流导线)的磁力作用,引入定量描述磁场强弱和方向的物理量——磁感应强度(magnetic induction)$\boldsymbol{B}$.

理论上讲,这里的磁感应强度 $\boldsymbol{B}$ 与电场强度 $\boldsymbol{E}$ 对应,即 $\boldsymbol{B}$ 本应叫作"磁场强度".但由于历史的原因,已有另一个物理量 $\boldsymbol{H}$ 被叫作磁场强度,因此 $\boldsymbol{B}$ 就被称为磁感应强度.

15.2.2 磁感应强度 磁场叠加原理

1. 磁感应强度

在物理学中,反映和描述物理实在的基本性质的物理量都是通过实验方法来定义的(称操作性定义),描述磁场基本性质的物理量——磁感应强度 $\boldsymbol{B}$ 正是这样引入的.

(1) 实验表明:当运动电荷以速度 $\boldsymbol{v}$ 通过磁场中任一点 P(称场点)时,一般要受到磁力 $\boldsymbol{F}$ 的作用.但是,当电荷沿着通过 P 点的一条特殊直线运动时,所受的磁力 $\boldsymbol{F}=\boldsymbol{0}$.这一事实说明:磁场具有方向性.依据"简单性"原则,物理学上规定:场点 P 处磁感应强度 $\boldsymbol{B}$ 的方向沿着这条直线.然而,同一直线上可有截然相反的两个方向,P 点处磁感应强度 $\boldsymbol{B}$ 的方向究竟是沿其中的哪个方向,需要进一步规定.

(2) 实验发现:运动电荷所受的磁力 $\boldsymbol{F}$ 的方向既垂直于速度 $\boldsymbol{v}$ 的方

向，又垂直于上面(1)中所述的特殊直线. 在此基础上，依据“便利性”原则，物理学上规定：正电荷在磁场中运动时，其 $\boldsymbol{v}\times\boldsymbol{B}$ 的方向与其所受的磁力 $\boldsymbol{F}$ 的方向相同，即正电荷的运动方向、磁感应强度 $\boldsymbol{B}$ 的方向、运动正电荷所受的磁力 $\boldsymbol{F}$ 的方向三者呈右手螺旋关系，如图 15.6 所示. 至此，磁场中任一点 P 处的磁感应强度 $\boldsymbol{B}$ 的方向被唯一确定.

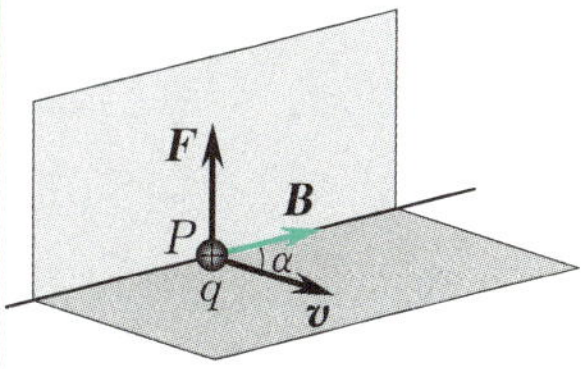

图 15.6 磁感应强度

(3) 实验还发现：不同运动电荷以不同速度通过场点 P 时所受的磁力大小一般不同，但比值 $\dfrac{F}{qv\sin\alpha}$ (q,v,α,F 分别是运动电荷的电量大小、速度大小、速度与磁场方向间的夹角及所受的磁力大小) 却是一恒量，与 q,v,α 无关，只与 P 点在磁场中的位置有关，因此，可将磁场中 P 点处的磁感应强度 $\boldsymbol{B}$ 的大小定义为

$$B=\frac{F}{qv\sin\alpha}. \tag{15.12}$$

微课视频

磁感应强度 $\boldsymbol{B}$

在国际单位制中，磁感应强度 $\boldsymbol{B}$ 的单位是特[斯拉](T). 在高斯单位制中，$\boldsymbol{B}$ 的单位是高斯(G)，$1\ \mathrm{T}=10^4\ \mathrm{G}$.

地球表面附近的磁感应强度大约是 5×10^{-5} T，普通条形磁铁附近的磁感应强度约为 3×10^{-3} T，大型电磁铁的磁感应强度可达 2 T，原子核表面附近的磁感应强度约为 10^{12} T；医用核磁共振的磁感应强度一般为 1.5 ~ 3 T，人体自身头部附近的磁感应强度非常弱，约是 10^{-12} T. 磁场在工程技术中的应用十分广泛，不同应用场合需要不同强弱和分布的磁场，此外，包含人体在内的对生物磁现象的研究与应用也在逐步推进之中.

思考

磁场的方向性是客观存在的还是人为规定的？磁感应强度的方向是人为规定的吗？

2. 磁场叠加原理

与电场类似，磁场也满足叠加原理. **多个运动电荷与电流共同存在时所产生磁场的磁感应强度等于各运动电荷与电流单独存在时所产生磁场的磁感应强度的矢量和**，这一结论称为**磁场叠加原理**，其数学表达式为

$$\boldsymbol{B}=\sum_i \boldsymbol{B}_i, \tag{15.13}$$

式中 $\boldsymbol{B}$ 为总磁感应强度，$\boldsymbol{B}_i$ 为第 i 个运动电荷或电流单独存在时所产生的磁场的磁感应强度.

15.2.3 磁场线

为了形象反映和描述磁感应强度 $\boldsymbol{B}$ 的空间分布情况，引入**磁场线**

(magnetic field line)，也称为 $\boldsymbol{B}$ 线. 磁场线的画法类似于电场线：(1) 磁场线上任一点的切线方向为该点磁感应强度 $\boldsymbol{B}$ 的方向；(2) 与 $\boldsymbol{B}$ 垂直的单位面元上穿过的磁场线条数等于该点的磁感应强度 $\boldsymbol{B}$ 的大小，因此磁场线的疏密程度反映磁感应强度的大小. 磁场线密集处，磁感应强度大；稀疏处，磁感应强度小.

研究发现：磁场线总是连续的，且为环绕电流的闭合曲线；磁场线的方向与电流方向之间呈右手螺旋关系. 不同形状的电流所产生的磁场的磁场线一般有所不同，实验上常用铁屑（粉）来显示磁场的磁场线，如图 15.7 所示.

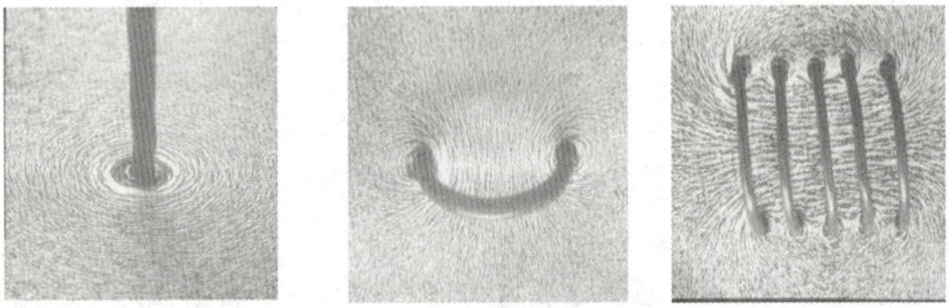

(a) 长直电流的磁场　(b) 圆电流的磁场　(c) 螺线管电流的磁场

图 15.7　电流的磁场

15.2.4　磁通量

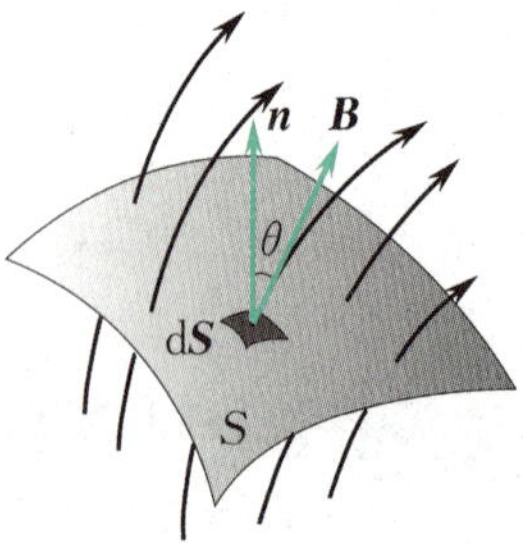

图 15.8　磁通量

类比电通量，可引入磁通量(magnetic flux) 概念. 通过任一曲面的磁场线数目，称为通过此曲面的磁通量，以 Φ_m 表示.

与电通量计算类似，计算通过某曲面 S 的磁通量时，通常将该曲面分割成无穷多个面元，在曲面 S 上任取一面元 $d\boldsymbol{S}$，设 $d\boldsymbol{S}$ 的方向与该处 $\boldsymbol{B}$ 的方向之间的夹角为 θ（见图 15.8），则通过面元 $d\boldsymbol{S}$ 的磁通量为

$$d\Phi_m = B\cos\theta dS = \boldsymbol{B}\cdot d\boldsymbol{S},$$

通过曲面 S 的磁通量为

$$\Phi_m = \iint_S d\Phi_m = \iint_S \boldsymbol{B}\cdot d\boldsymbol{S}. \tag{15.14}$$

式(15.14) 实际上是磁通量的严格定义式.

对于非闭合曲面，曲面上每个面元的法线方向可取两个不同的方向，它们在同一直线上但方向相反，应用式(15.14) 计算磁通量之前，先要统一规定法线方向. 对于闭合曲面，则常将外法线方向规定为面元的法线方向.

在国际单位制中，磁通量的单位为韦[伯](Wb)，1 Wb = 1 T · m².

思考

在一条给定的磁场线上，各点处 $\boldsymbol{B}$ 的量值是否恒定？若由式(15.14) 计算某曲面的磁通量得到的结果为小数，如 2.4，是否意味着穿过该曲面的磁场线的条数为 2.4 条？究竟什么是磁通量？

15.2.5 磁场的高斯定理

因磁场线总是连续的，故在磁场中取任一闭合曲面，则穿入此闭合曲面的磁场线的条数一定等于穿出此闭合曲面的磁场线的条数，即

$$\oiint_S \boldsymbol{B} \cdot d\boldsymbol{S} = 0. \tag{15.15}$$

上式称为磁场的高斯定理.

磁场的高斯定理是电磁学的基本定理之一. 它说明，磁场是无源场（磁场线是闭合曲线，无起点，亦无终点，无头无尾，故称无源），与静电场不同，自然界中尚未发现与电荷对应的“磁荷”（或磁单极子）的存在，磁极总是成对出现的.

思考

设想作一闭合曲面，包含条形磁铁的 N 极但不包含 S 极，通过该曲面的磁通量是否为零？

15.3 毕奥-萨伐尔定律

15.3.1 毕奥-萨伐尔定律

根据磁场叠加原理可知，闭合回路中的恒定电流所产生的磁场是回路中各电流元（导体回路上的一小段）所产生的磁场的矢量和. 因此，在处理电流所产生的磁场分布问题时，首先必须研究电流元产生磁场的规律. 然而，由于恒定电流必须闭合，不存在独立的恒定电流元，因此我们无法直接用实验来测量独立电流元所产生的磁场，而只能在闭合回路电流相互作用实验的基础上，借助理论分析间接得出电流元产生磁场的规律.

1820 年，法国物理学家毕奥和萨伐尔通过大量的实验研究发现，载流导线周围的磁感应强度的大小与载流导线中的电流成正比，与场点到载流导线的距离成反比. 在此基础上，法国数学家兼物理学家拉普拉斯找到了电流元所产生磁场的磁感应强度的数学表达式，从而建立了著名的毕奥-萨伐尔定律（Biot-Savart law）.

设某导线中通有恒定电流 I，在导线上取一线元 $d\boldsymbol{l}$，我们将 I 与 $d\boldsymbol{l}$ 的乘积称为电流元（current element）. 电流元为一矢量，其方向为电流元中电流的流向，即 $d\boldsymbol{l}$ 的方向，如图 15.9 所示. 毕奥-萨伐尔定律指出：电流元 $Id\boldsymbol{l}$ 所产生的磁场在场点 P 处的磁感应强度为

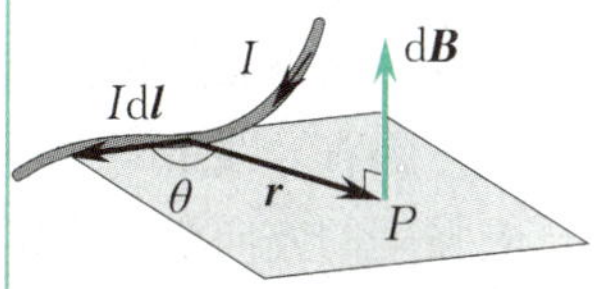

图 15.9 电流元的磁场

$$d\boldsymbol{B} = \frac{\mu_0 I d\boldsymbol{l} \times \hat{\boldsymbol{r}}}{4\pi r^2}, \tag{15.16}$$

式中 r 为电流元到场点 P 的距离，$\hat{\boldsymbol{r}}$ 为电流元 $I\mathrm{d}\boldsymbol{l}$ 指向场点 P 的单位矢量，μ_0 为**真空磁导率**(permeability of vacuum)，在国际单位制中，$\mu_0 = 4\pi\times10^{-7}\ \mathrm{N/A^2}$.

由式(15.16)可知，电流元产生磁场的规律比电荷元产生电场的规律复杂．$\mathrm{d}\boldsymbol{B}$ 的大小除了与电流元到场点 P 的距离的平方成反比，与电流元的大小成正比外，还和电流元 $I\mathrm{d}\boldsymbol{l}$ 与 $\hat{\boldsymbol{r}}$ 的夹角有关；$\mathrm{d}\boldsymbol{B}$ 的方向既垂直于 $I\mathrm{d}\boldsymbol{l}$，也垂直于 $\hat{\boldsymbol{r}}$，即垂直于 $I\mathrm{d}\boldsymbol{l}$ 与 $\hat{\boldsymbol{r}}$ 所确定的平面，且电流元 $I\mathrm{d}\boldsymbol{l}$ 的方向、$\hat{\boldsymbol{r}}$ 的方向、$\mathrm{d}\boldsymbol{B}$ 的方向之间符合矢量叉乘的右手螺旋关系.

根据磁场叠加原理，一段载有恒定电流的导线所产生的磁场的磁感应强度分布为

$$\boldsymbol{B} = \int_L \mathrm{d}\boldsymbol{B} = \frac{\mu_0}{4\pi}\int_L \frac{I\mathrm{d}\boldsymbol{l}\times\hat{\boldsymbol{r}}}{r^2}. \tag{15.17}$$

上式是毕奥-萨伐尔定律的积分形式，式(15.16)为该定律的微分形式.

思考

你能由毕奥-萨伐尔定律出发导出一个运动电荷所产生的磁场在周围某点处的磁感应强度的表达式吗？

微课视频

磁场叠加原理与磁感应强度计算

15.3.2 毕奥-萨伐尔定律的应用

利用毕奥-萨伐尔定律并结合磁场叠加原理可求得恒定电流的磁场分布.

例 15.1 真空中有长度为 L 的直导线，通以大小为 I 的电流，求其所产生的磁场在空间某点 P 处的磁感应强度. 设 P 点到直导线的距离为 a，如图 15.10 所示.

解 由 P 点作载流直导线的垂线，垂足为 O 点，取 O 点为原点，建立坐标系，如图 15.10 所示. 由毕奥-萨伐尔定律式(15.16)可知，直导线上与原点相距 l 处的电流元 $I\mathrm{d}\boldsymbol{l}$ 所产生的磁场，在 P 点处的磁感应强度的大小为

$$\mathrm{d}B = \frac{\mu_0}{4\pi}\frac{I\mathrm{d}l\sin\theta}{r^2},$$

式中 r 为电流元到 P 点的距离，θ 为 $I\mathrm{d}\boldsymbol{l}$ 与 $\boldsymbol{r}$ 之间的夹角. 根据矢量叉乘的右手螺旋关系可知，磁场方向垂直纸面向里(在图中用 ⊗ 表示，如果垂直纸面向外，用 ⊙).

因直导线上各个电流元所产生的磁场在 P 点处的磁感应强度方向相同，故 P 点处总磁感应强度的方向必垂直纸面向里，其大小为 $\mathrm{d}B$ 沿载流直导线的积分，即

$$B = \int_L \mathrm{d}B = \int_L \frac{\mu_0 I\mathrm{d}l\sin\theta}{4\pi r^2}.$$

由图 15.10 中的几何关系可知，$r=a/\sin\theta, l=-a\cot\theta$，即有 $\mathrm{d}l=a\csc^2\theta\mathrm{d}\theta$. 将 r 和 $\mathrm{d}l$ 的表达式代入上面的积分式，可得

$$B=\frac{\mu_0 I}{4\pi a}\int_{\theta_1}^{\theta_2}\sin\theta\mathrm{d}\theta.$$

即

$$B=\frac{\mu_0 I}{4\pi a}(\cos\theta_1-\cos\theta_2), \tag{15.18}$$

式中 θ_1,θ_2 分别为直导线始、末端的电流元与它们指向 P 点的径矢之间的夹角.

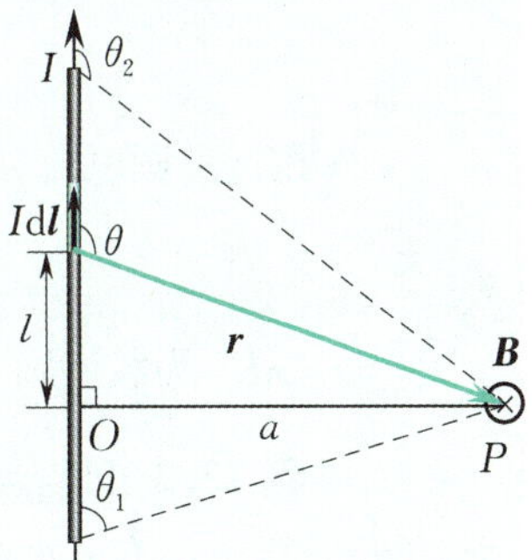

图 15.10　直线电流的磁场

当直导线趋于无限长时，式(15.18) 中的 $\theta_1=0,\theta_2=\pi$，则

$$B=\frac{\mu_0 I}{2\pi a}. \tag{15.19}$$

由式(15.19) 可知，无限长载流直导线所产生的磁场的磁场线是垂直于导线且以导线为中心轴的一系列同心圆，如图 15.7(a) 所示.

例 15.2 一半径为 R 的圆环形载流导线(圆电流)，电流为 I. 求圆电流轴线上的磁感应强度.

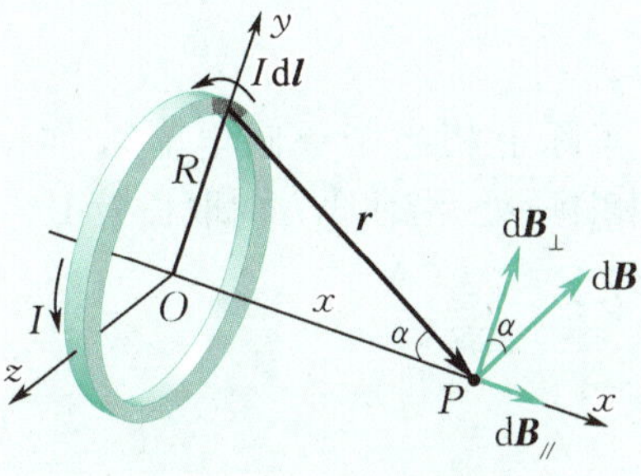

图 15.11　圆电流的磁场

解　如图 15.11 所示，以圆电流的轴线为 x 轴、圆心为原点建立坐标系. 在导线上任取一电流元 $I\mathrm{d}\boldsymbol{l}$，它所产生的磁场在轴线上 P 点处(与原点相距 x) 的磁感应强度 $\mathrm{d}\boldsymbol{B}$ 的方向垂直于 $\mathrm{d}\boldsymbol{l}$ 和 $\boldsymbol{r}$($I\mathrm{d}\boldsymbol{l}$ 引向 P 点的径矢)，即垂直于 $\mathrm{d}\boldsymbol{l}$ 和 $\boldsymbol{r}$ 所确定的平面. 由于 $\mathrm{d}\boldsymbol{l}$ 总是与 $\boldsymbol{r}$ 垂直，因此 $\mathrm{d}\boldsymbol{B}$ 的大小为

$$\mathrm{d}B=\frac{\mu_0 I\mathrm{d}l}{4\pi r^2}.$$

将 $\mathrm{d}\boldsymbol{B}$ 分解成平行于轴线方向的分量 $\mathrm{d}\boldsymbol{B}_{//}$ 和垂直于轴线方向的分量 $\mathrm{d}\boldsymbol{B}_{\perp}$ 两部分，平行分量 $\mathrm{d}\boldsymbol{B}_{//}$ 的大小为

$$\mathrm{d}B_{//}=\mathrm{d}B\sin\alpha=\frac{\mu_0 IR}{4\pi r^3}\mathrm{d}l,$$

式中 α 是 $\boldsymbol{r}$ 与 x 轴正方向的夹角. 考虑到与电流元 $I\mathrm{d}\boldsymbol{l}$ 位置对称($I\mathrm{d}\boldsymbol{l}$ 所在直径的另一端) 的另一电流元 $I\mathrm{d}\boldsymbol{l}'$ 所产生的磁场在 P 点处的磁感应强度为 $\mathrm{d}\boldsymbol{B}'$，它的垂直分量 $\mathrm{d}\boldsymbol{B}'_{\perp}$ 与 $\mathrm{d}\boldsymbol{B}$ 的垂直分量 $\mathrm{d}\boldsymbol{B}_{\perp}$ 大小相等而方向相反. 由对称性可知，整个圆电流在 P 点产生的磁感应强度在垂直于 x 轴方向上的分量 $\boldsymbol{B}_{\perp}=\int\mathrm{d}\boldsymbol{B}_{\perp}=\boldsymbol{0}$，因而，$P$ 点处的合磁感应强度的大小为

$$B=\int\mathrm{d}B_{//}=\oint\frac{\mu_0 IR}{4\pi r^3}\mathrm{d}l=\frac{\mu_0 IR}{4\pi r^3}\oint\mathrm{d}l.$$

因为 $\oint\mathrm{d}l=2\pi R$，所以上述积分结果为

$$B=\frac{\mu_0 IR^2}{2r^3}=\frac{\mu_0 IR^2}{2(R^2+x^2)^{3/2}}, \tag{15.20}$$

$\boldsymbol{B}$ 的方向沿 x 轴正方向，与圆电流的电流环绕方向之间满足右手螺旋关系. 接下来讨论两种特殊情况.

(1) 在圆电流中心处，$x=0$，此时由式(15.20) 可得

$$B=\frac{\mu_0 I}{2R}. \tag{15.21}$$

（2）在远离圆电流处，$x \gg R$，轴线上各点处的磁感应强度大小为

$$B=\frac{\mu_0}{2\pi}\frac{IS}{x^3}=\frac{\mu_0}{2\pi}\frac{IS}{r^3}, \tag{15.22}$$

式中 $S=\pi R^2$ 为载流圆环的面积.

例 15.3 设有一均匀密绕螺线管，螺线管在轴线方向上的长度为 L，螺线管的半径为 R，单位长度上绕有 n 匝线圈，通有大小为 I 的电流，如图 15.12(a) 所示. 求螺线管轴线上的磁感应强度分布.

解 螺线管各匝线圈都是螺线形的，但在密绕的情况下，可以把它看成是多匝圆形线圈紧密排列而成. 载流螺线管轴线上某点 P 处的磁感应强度是各匝线圈对应的圆电流产生的磁场在该点处的磁感应强度的矢量和.

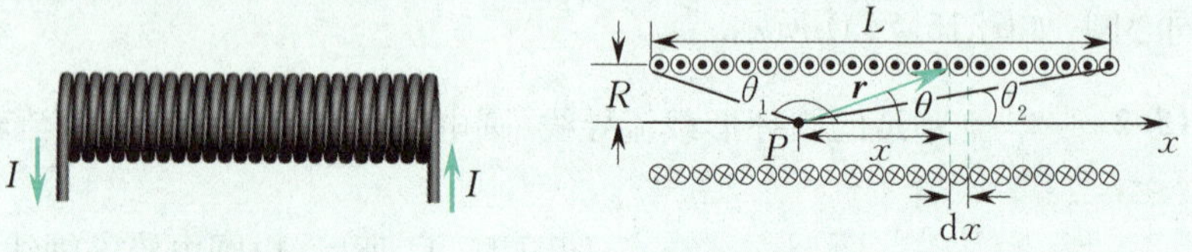

(a) 载流螺线管　　(b) 螺线管轴线上的磁感应强度

图 15.12　螺线管的磁场

设想将螺线管沿轴线方向分割成很多小段（每一小段实际上相当于一圆电流），如图 15.12(b) 所示（过螺线管轴线的剖面图）. 在轴线上与 P 点相距 x 处，沿轴线方向取长为 $\mathrm{d}x$ 的一小段（包含 $n\mathrm{d}x$ 匝线圈），并将它看成一个圆电流，其电流为

$$\mathrm{d}I=nI\,\mathrm{d}x.$$

据式(15.20)，它产生的磁场在 P 点处的磁感应强度大小为

$$\mathrm{d}B=\frac{\mu_0 R^2\,\mathrm{d}I}{2r^3}=\frac{\mu_0 nIR^2\,\mathrm{d}x}{2r^3}.$$

由图 15.12(b) 可看出，$R=r\sin\theta$，$x=R\cot\theta$，则 $\mathrm{d}x=-R\csc^2\theta\mathrm{d}\theta$，式中 r 是由 P 点到与 x 对应的圆电流边沿的连线的长度，θ 为螺线管轴线与 r 之间的夹角，将这些关系式代入上面 $\mathrm{d}B$ 的计算式，可得

$$\mathrm{d}B=-\frac{\mu_0 nI}{2}\sin\theta\mathrm{d}\theta.$$

由于各个圆电流产生的磁场在 P 点处的磁感应强度方向相同，因此，直接将上式积分就可求得 P 点处磁感应强度的大小为

$$B=\int\mathrm{d}B=-\frac{\mu_0 nI}{2}\int_{\theta_1}^{\theta_2}\sin\theta\mathrm{d}\theta,$$

即

$$B=\frac{\mu_0 nI}{2}(\cos\theta_2-\cos\theta_1). \tag{15.23}$$

磁感应强度的方向沿螺线管的轴线，并与螺线管中的电流方向满足右手螺旋关系. 下面讨论两种特殊情况.

（1）对于无限长直螺线管（$L \gg 2R$）内部轴线上的任一点，$\theta_2=0$，$\theta_1=\pi$，由式(15.23) 可得

$$B=\mu_0 nI. \tag{15.24}$$

(2) 在长直螺线管左(右)端口的中心处,$\theta_1=\pi/2,\theta_2=0$(或$\theta_1=\pi,\theta_2=\pi/2$),其磁感应强度的大小为

$$B=\frac{1}{2}\mu_0 nI. \tag{15.25}$$

载流螺线管周围的磁场线分布如图 15.7(c) 所示. 一般而言,螺线管内磁场相对较强,而螺线管外磁场较弱. 螺线管越长,螺线管外磁场越弱,而螺线管内磁场将趋于均匀分布.

思考

载流直导线延长线上的磁场如何? 可利用式(15.18) 求得其磁感应强度吗? 该如何求?

15.4 安培环路定理

15.4.1 安培环路定理

静电场中,场强沿任意闭合回路的线积分为零(静电场的环路定理),这表明静电场是保守场,从而可引入电势. 而磁场的磁场线是闭合曲线,磁感应强度沿任意闭合回路的线积分不一定为零,相应的基本规律称为安培环路定理(Ampère's circuital theorem),其表述如下:在恒定电流产生的磁场中,磁感应强度 $\boldsymbol{B}$ 沿任一闭合回路 L 的线积分(亦称环流)等于该闭合回路所包围的电流的代数和乘以 μ_0. 其数学表达式为

$$\oint_L \boldsymbol{B}\cdot \mathrm{d}\boldsymbol{l}=\mu_0\sum I_{内}, \tag{15.26}$$

式中 $I_{内}$ 为闭合回路 L 所包围的电流. $I_{内}$ 有正、负之分,当电流方向与闭合回路的绕行方向满足右手螺旋关系时 $I_{内}$ 为正,否则为负.

下面以载有恒定电流的无限长直导线的磁场为例,来说明这一定理的正确性.

设有一无限长载流直导线,导线中的电流为 I. 先在与长直导线垂直的平面内取一闭合回路,该闭合回路包围电流 I(电流穿过闭合回路所围的面积),回路的绕行方向与电流方向满足右手螺旋关系,如图 15.13 所示,则

$$\oint_L \boldsymbol{B}\cdot \mathrm{d}\boldsymbol{l}=\oint_L B\cos\theta \mathrm{d}l,$$

式中 θ 为回路上某处的线元 $\mathrm{d}\boldsymbol{l}$ 与该处磁感应强度 $\boldsymbol{B}$ 的夹角.

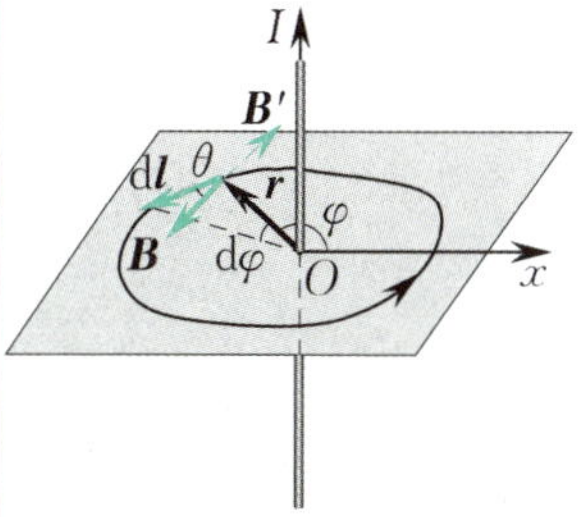

图 15.13 回路包围无限长载流直导线

由图 15.13 可知,$\mathrm{d}l\cos\theta=r\mathrm{d}\varphi$,其中 $\mathrm{d}\varphi$ 为线元 $\mathrm{d}\boldsymbol{l}$ 对 O 点(无限长载流直导线与垂直平面的交点)的张角,r 为线元 $\mathrm{d}\boldsymbol{l}$ 到无限长载流直导线的距离. 由式(15.19) 可知,无限长载流直导线所产生的磁场在线元 $\mathrm{d}\boldsymbol{l}$ 处的磁感应强度大小为 $B=\dfrac{\mu_0 I}{2\pi r}$,则有

$$\oint_L \boldsymbol{B} \cdot \mathrm{d}\boldsymbol{l} = \oint_L B\cos\theta \mathrm{d}l = \int_0^{2\pi} \frac{\mu_0 I}{2\pi r} r \mathrm{d}\varphi = \frac{\mu_0 I}{2\pi}\int_0^{2\pi} \mathrm{d}\varphi,$$

积分可得

$$\oint_L \boldsymbol{B} \cdot \mathrm{d}\boldsymbol{l} = \mu_0 I.$$

这一结果与闭合回路的形状和大小无关.

若包围无限长载流直导线的闭合回路的绕行方向与电流方向不满足右手螺旋关系，如改变图15.13中直导线电流的流向而维持闭合回路的绕行方向不变. 因此时线元 $\mathrm{d}\boldsymbol{l}$ 处的磁感应强度 $\boldsymbol{B}' = -\boldsymbol{B}$，故

$$\oint_L \boldsymbol{B}' \cdot \mathrm{d}\boldsymbol{l} = \oint_L (-\boldsymbol{B}) \cdot \mathrm{d}\boldsymbol{l} = -\oint_L \boldsymbol{B} \cdot \mathrm{d}\boldsymbol{l},$$

即

$$\oint_L \boldsymbol{B}' \cdot \mathrm{d}\boldsymbol{l} = -\mu_0 I.$$

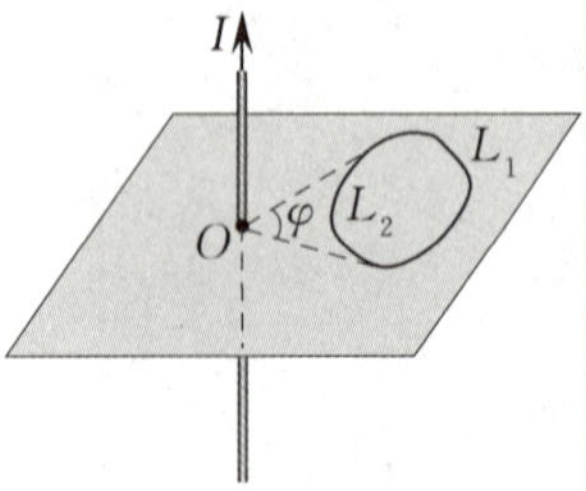

图 15.14　回路不包围无限长载流直导线

另外，所取闭合回路也可能不包围无限长载流直导线，如图15.14所示. 设此时该闭合回路对 O 点的张角为 φ，由 O 点向回路作两条切线，切点将闭合回路 L 分为 L_1 和 L_2 两段，则

$$\oint_L \boldsymbol{B} \cdot \mathrm{d}\boldsymbol{l} = \int_{L_1} \boldsymbol{B} \cdot \mathrm{d}\boldsymbol{l} + \int_{L_2} \boldsymbol{B} \cdot \mathrm{d}\boldsymbol{l} = \frac{\mu_0 I}{2\pi}\left(\int_{L_1} \mathrm{d}\varphi - \int_{L_2} \mathrm{d}\varphi\right)$$
$$= \frac{\mu_0 I}{2\pi}(\varphi - \varphi) = 0.$$

可见，闭合回路没有包围电流时，磁感应强度 $\boldsymbol{B}$ 沿闭合回路的线积分为零. 另外，由前述讨论可知，闭合回路所包围的电流方向与回路绕行方向之间的关系不同，磁感应强度 $\boldsymbol{B}$ 沿闭合回路的线积分也将不同（符号相反）. 为了简化问题与讨论方便，我们规定：设 I 为闭合回路所“包围”的电流，当该电流方向与回路绕行方向之间满足右手螺旋关系时，I 为正，反之为负. 这样，我们有

$$\oint_L \boldsymbol{B} \cdot \mathrm{d}\boldsymbol{l} = \mu_0 I,$$

式中 I 已包含符号.

若闭合回路不在与无限长载流直导线垂直的平面内，则可将回路上的线元分解为与长直导线平行和垂直的两部分，即

$$\mathrm{d}\boldsymbol{l} = \mathrm{d}\boldsymbol{l}_{/\!/} + \mathrm{d}\boldsymbol{l}_{\perp},$$

则

$$\oint_L \boldsymbol{B} \cdot \mathrm{d}\boldsymbol{l} = \oint_L \boldsymbol{B} \cdot \mathrm{d}\boldsymbol{l}_{/\!/} + \oint_L \boldsymbol{B} \cdot \mathrm{d}\boldsymbol{l}_{\perp}.$$

因 $\boldsymbol{B}$ 的方向与 $\mathrm{d}\boldsymbol{l}_{/\!/}$ 方向垂直，故 $\oint_L \boldsymbol{B} \cdot \mathrm{d}\boldsymbol{l}_{/\!/} = 0$. 而全部 $\mathrm{d}\boldsymbol{l}_{\perp}$ 合起来也形成一条闭合曲线，该闭合曲线必然处在与无限长载流直导线垂直的平面内（该闭合曲线实际上就是原闭合回路在与无限长载流直导线垂直的平面内的投影），因此，可利用前述已有结论直接给出 $\oint_L \boldsymbol{B} \cdot \mathrm{d}\boldsymbol{l}_{\perp}$ 的积分结果，即

$$\oint_L \boldsymbol{B} \cdot \mathrm{d}\boldsymbol{l} = \oint_L \boldsymbol{B} \cdot \mathrm{d}\boldsymbol{l}_{\perp} = \mu_0 I.$$

更一般地，可以证明：对于任意闭合回路中的恒定电流产生的磁场，上述系列结果仍然成立（一般证明过于复杂，从略）．在一般情况下，当真空中有若干个恒定电流回路存在时，根据磁场叠加原理，其合磁场的磁感应强度 $\boldsymbol{B}$ 沿任一闭合回路的线积分为

$$\oint_L \boldsymbol{B} \cdot \mathrm{d}\boldsymbol{l} = \mu_0 \sum I_{内},$$

上式即安培环路定理的数学表达式．

应该注意的是：(1) 安培环路定理表达式中右端的 $\sum I_{内}$ 仅为闭合回路所包围的电流的代数和，左端的 $\boldsymbol{B}$ 却为空间所有电流产生的合磁场的磁感应强度，其中也包括了那些未被闭合回路 L 所包围的电流产生的磁场，只不过后者的磁场对此闭合回路的环流无贡献．(2) 安培环路定理只适用于恒定电流产生的磁场，如果电流随时间变化，则需要对安培环路定理进行修正．另外，若空间存在其他磁性物质，安培环路定理的形式也会有所变化，这些问题将在后续章节中讨论．(3) 对一段恒定电流单独产生的磁场，安培环路定理并不成立，必须是整个闭合恒定电流所产生的磁场，电流与磁场之间的关系才满足式(15.26)．

思考

安培环路定理中的闭合回路可以是一条空间闭合曲线（曲线上各小段不一定在同一平面内），试分析此时闭合回路所“包围”的电流指的是什么？

15.4.2 安培环路定理的应用

微课视频

安培环路定理的应用

正如利用高斯定理可以方便地计算出某些具有对称分布的电荷所产生的电场一样，利用安培环路定理也可以方便地计算出具有典型对称分布（如轴对称性、平面对称性等）的电流所产生的磁场．

例 15.4 同轴电缆由“内芯”与“外壳”构成，内芯为导体圆柱，外壳为导体圆筒．电流由内芯流出，外壳流回．设内芯与外壳间为真空，内芯的半径为 R_1，外壳的内、外半径分别为 R_2，R_3，内芯载有电流 I，如图 15.15(a) 所示（图 15.15(b) 为同轴电缆实物图）．试计算无限长同轴电缆的磁场分布（设电流在内导体圆柱和外导体圆筒截面上均匀分布）．

解 因同轴电缆的电流分布具有轴对称性，故电缆中各区域的磁场线都是以电缆中心线为对称轴的同心圆．

（ⅰ）当 $0 \leqslant r \leqslant R_1$．

在内导体圆柱中作一半径为 $r(0 \leqslant r \leqslant R_1)$ 的圆形闭合回路（与电缆轴线垂直，圆心在电缆轴线上），回路绕行方向与磁场线方向相同．由安培环路定理有

$$\oint_L \boldsymbol{B} \cdot d\boldsymbol{l} = B \cdot 2\pi r = \mu_0 \sum I_{内}.$$

因$\sum I_{内} = \frac{I}{\pi R_1^2}\pi r^2$，故

$$B = \frac{\mu_0 I}{2\pi R_1^2} r.$$

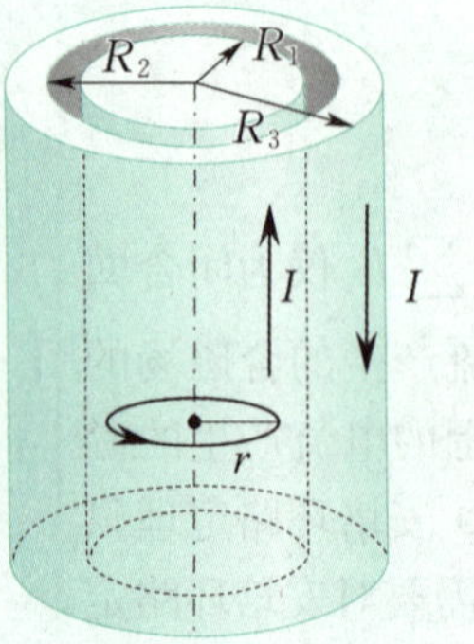

(a)

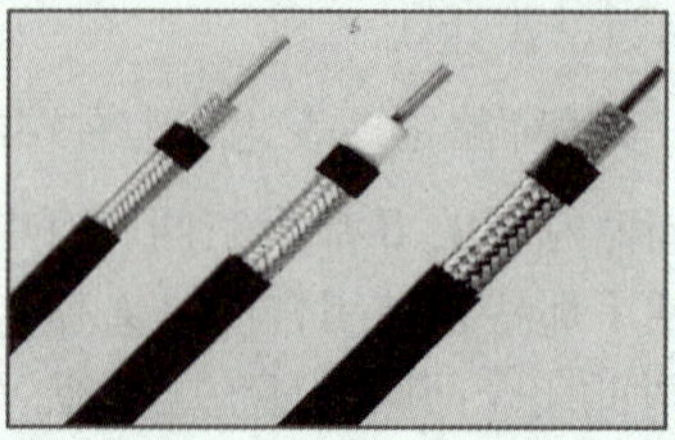

(b)

图 15.15　同轴电缆的磁场

（ⅱ）当$R_1 < r \leqslant R_2$.

与上面的处理方法类似，在内导体圆柱与外导体圆筒之间作圆形闭合回路，圆心在电缆轴线上，其半径仍用$r(R_1 < r \leqslant R_2)$表示，因$\sum I_{内} = I$，故

$$B = \frac{\mu_0 I}{2\pi r}.$$

（ⅲ）当$R_2 < r \leqslant R_3$.

在外导体圆筒中作一半径为$r(R_2 < r \leqslant R_3)$的同心圆为闭合回路，因$\sum I_{内} = I - \frac{I}{\pi(R_3^2 - R_2^2)}\pi(r^2 - R_2^2)$，故

$$B = \frac{\mu_0 I}{2\pi} \frac{R_3^2 - r^2}{(R_3^2 - R_2^2) r}.$$

（ⅳ）当$r > R_3$.

在电缆外作一半径为$r(r > R_3)$的圆形闭合回路，因$\sum I_{内} = I - I = 0$，故

$$B = 0.$$

综上可得无限长同轴电缆所产生的磁场分布为

$$B = \begin{cases} \dfrac{\mu_0 I r}{2\pi R_1^2} & (0 \leqslant r \leqslant R_1), \\ \dfrac{\mu_0 I}{2\pi r} & (R_1 < r \leqslant R_2), \\ \dfrac{\mu_0 I}{2\pi} \dfrac{R_3^2 - r^2}{(R_3^2 - R_2^2) r} & (R_2 < r \leqslant R_3), \\ 0 & (r > R_3). \end{cases}$$

磁场的方向沿圆周的切线方向.

例 15.5　如图 15.16(a) 所示的环状螺线管称为螺绕环，设螺绕环的内、外半径分别为R_1和R_2，螺绕环上均匀密绕N匝线圈，线圈中通有电流I. 求螺绕环的磁场分布.

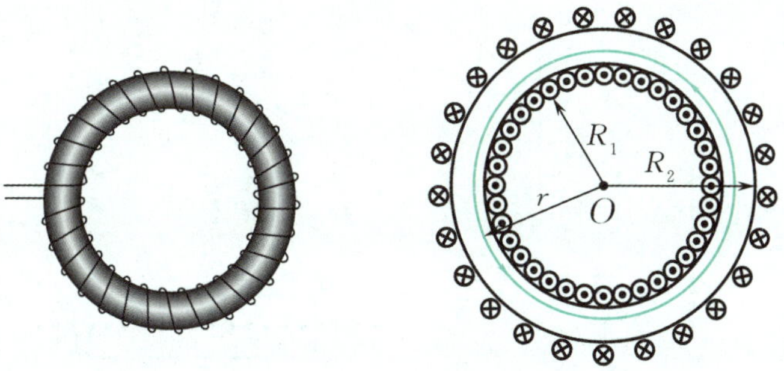

(a) 螺绕环　　(b) 螺绕环管内磁场的计算用图

图 15.16　螺绕环的磁场

解　先计算螺绕环管内的磁场分布. 根据对称性，与螺绕环共轴线的同一圆周上各点 $\boldsymbol{B}$ 的大小相等，方向沿圆周的切线方向，并与电流绕行方向满足右手螺旋关系.

基于螺绕环磁场分布的特点，以螺绕环的中心为圆心，作半径为 r 的圆形闭合回路(其圆周各部分在螺绕环管内)，如图 15.16(b) 所示，在此闭合回路上应用安培环路定理，有

$$\oint_L \boldsymbol{B}\cdot \mathrm{d}\boldsymbol{l} = B\cdot 2\pi r = \mu_0 NI,$$

整理得

$$B = \frac{\mu_0 NI}{2\pi r}.$$

可见螺绕环管内的磁场不是均匀场. 但当螺绕环横截面线度$(R_2 - R_1)$远小于 R_1 时，螺绕环管内 $\boldsymbol{B}$ 的大小可认为是均匀的，此时

$$B = \frac{\mu_0 NI}{2\pi r} = \mu_0 nI,$$

式中 $n = \dfrac{N}{2\pi r} \approx \dfrac{N}{2\pi R_1}$ 为螺绕环单位长度上的线圈匝数.

对螺绕环管外的磁场，同理可作一与螺绕环共轴的圆环形闭合回路，由于这时 $\sum I_{内} = 0$，因此有

$$B_{外} = 0.$$

保持 $n = \dfrac{N}{2\pi r} \approx \dfrac{N}{2\pi R_1}$ 不变，令 $R_1 \to \infty$，此时，螺绕环变为无限长直螺线管，管内磁场为均匀场，大小仍为

$$B = \mu_0 nI.$$

例 15.6　设有一无限大导体平面(忽略导体板的厚度)，如图 15.17(a) 所示. 电流沿竖直方向流动，面电流密度为 i(载流平面内与电流方向垂直的单位长度中流过的电流大小，用以描述某一平面或曲面上的电流分布情况). 求磁场分布.

解　可将载流平面看成无穷多根无限长且互相平行的载流直导线的集合. 根据无限长载流直导线所产生的磁场的分布、载流平面电流分布的对称性及磁场叠加原理可知，其磁场线为垂直于电流方向且与载流平面平行的直线，同一磁场线上各点处 $\boldsymbol{B}$ 的大小相等，磁场在载流平面的两侧呈对称分布，两侧磁场方向相反.

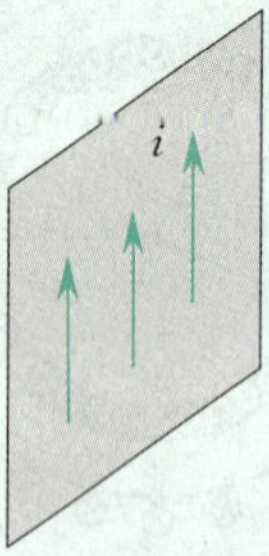

(a) 无限大载流平面

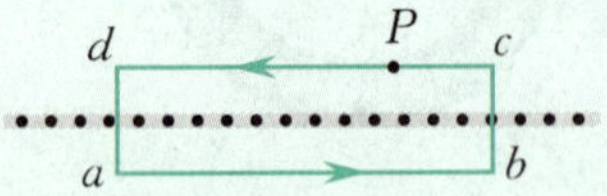

(b) 磁场计算

图 15.17　无限大载流平面的磁场

为求载流平面外某点 P 处的磁场，过 P 点作一关于载流平面对称的矩形闭合回路 $abcda$，其中 ab，cd 沿磁场线方向，bc，da 垂直于载流平面，如图 15.17(b) 所示（该图为图(a) 的俯视图）. 回路包围的电流为$\overline{ab}i$，$\boldsymbol{B}$ 沿此回路的线积分为

$$\oint_L \boldsymbol{B}\cdot \mathrm{d}\boldsymbol{l} = B\overline{ab} + 0 + B\overline{cd} + 0 = 2\,\overline{ab}B.$$

由安培环路定理有

$$\oint_L \boldsymbol{B}\cdot \mathrm{d}\boldsymbol{l} = 2\,\overline{ab}B = \mu_0 \sum I_{内} = \mu_0\,\overline{ab}i,$$

故

$$B = \frac{\mu_0}{2}i.$$

可见，无限大均匀载流平面产生的磁场为均匀场，与场点到平面的距离无关，平面两侧的磁场方向相反.

思考

1. 有限长载流直导线的长为 L，通过导线的电流为 I，作一半径为 a 的圆形闭合回路（圆心在载流直导线上），设回路所在的平面与载流直导线垂直. 试计算磁感应强度 $\boldsymbol{B}$ 沿这一圆形闭合回路的线积分. 结果违背安培环路定理吗？为什么？

2. 若电流与磁场分布没有典型对称性，安培环路定理还成立吗？是否仍可由安培环路定理求出磁场分布？

15.5　磁场对载流导线的作用力

15.5.1　安培力公式

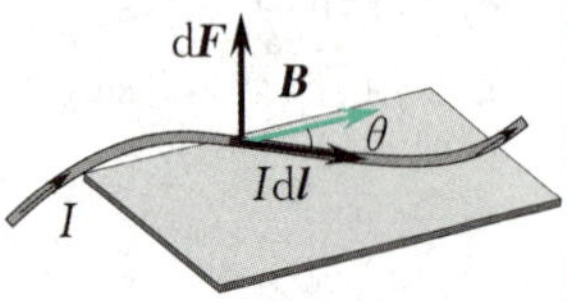

图 15.18　安培定律

1820 年，法国物理学家安培在实验的基础上总结出电流元之间的相互作用力的规律 —— 安培定律（Ampère's law），现在常写为电流元 $I\mathrm{d}\boldsymbol{l}$ 在外磁场 $\boldsymbol{B}$ 中受力的形式（见图 15.18）：

$$\mathrm{d}\boldsymbol{F} = I\mathrm{d}\boldsymbol{l}\times\boldsymbol{B}. \tag{15.27}$$

若考虑一段载流导线在磁场中所受的力，则有

$$\boldsymbol{F}=\int_L I\mathrm{d}\boldsymbol{l}\times\boldsymbol{B}, \tag{15.28}$$

上式称为安培力(Ampère's force)公式. 式中的$\boldsymbol{B}$是电流元所在处的磁感应强度，而不是电流元所产生的磁场的磁感应强度.

例 15.7 如图 15.19 所示，载流为 I_1 的无限长直导线与一载流为 I_2 的半圆形线圈共面，线圈的直边平行于长直导线，线圈半圆部分的半径为a，圆心到长直导线的距离也为a. 求半圆形载流线圈在无限长载流直导线产生的磁场中所受的安培力.

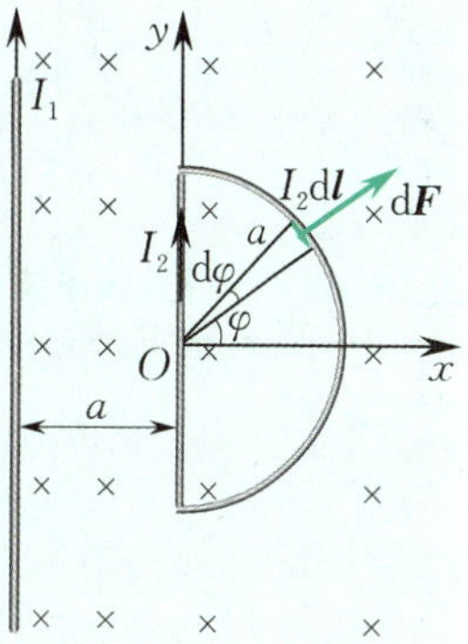

图 15.19 例 15.7 图

解 先计算线圈半圆形部分所受的安培力$\boldsymbol{F}$. 在半圆周上取电流元 $I_2\mathrm{d}\boldsymbol{l}$，设原点$O$到电流元的连线与$x$轴正方向的夹角为$\varphi$，无限长载流直导线所产生的磁场在该处的磁感应强度为$\boldsymbol{B}$，则该电流元所受的安培力为 $\mathrm{d}\boldsymbol{F}=I_2\mathrm{d}\boldsymbol{l}\times\boldsymbol{B}$，$\mathrm{d}\boldsymbol{F}$ 的方向沿径向指向圆外，由式(15.19)可得其大小为

$$\mathrm{d}F=I_2\mathrm{d}lB=I_2\mathrm{d}l\frac{\mu_0 I_1}{2\pi r},$$

式中$r=a(1+\cos\varphi)$为电流元到无限长直导线的距离，$\mathrm{d}l=a\mathrm{d}\varphi$. 将 $\mathrm{d}\boldsymbol{F}$ 分解为 $\mathrm{d}F_x$，$\mathrm{d}F_y$ 两部分，得

$$\mathrm{d}F_x=\mathrm{d}F\cos\varphi=\frac{\mu_0 I_1 I_2}{2\pi}\frac{\cos\varphi}{1+\cos\varphi}\mathrm{d}\varphi,$$

$$\mathrm{d}F_y=\mathrm{d}F\sin\varphi=\frac{\mu_0 I_1 I_2}{2\pi}\frac{\sin\varphi}{1+\cos\varphi}\mathrm{d}\varphi,$$

则$\boldsymbol{F}$沿x轴方向和y轴方向的分量分别为

$$F_x=\frac{\mu_0 I_1 I_2}{2\pi}\int_{-\frac{\pi}{2}}^{\frac{\pi}{2}}\frac{1+\cos\varphi-1}{1+\cos\varphi}\mathrm{d}\varphi=\frac{\mu_0 I_1 I_2}{2\pi}\int_{-\frac{\pi}{2}}^{\frac{\pi}{2}}\left(1-\frac{1}{1+\cos\varphi}\right)\mathrm{d}\varphi=\frac{\mu_0 I_1 I_2}{\pi}\left(\frac{\pi}{2}-1\right),$$

$$F_y=\frac{\mu_0 I_1 I_2}{2\pi}\int_{-\frac{\pi}{2}}^{\frac{\pi}{2}}\frac{-\mathrm{d}(\cos\varphi)}{1+\cos\varphi}=-\frac{\mu_0 I_1 I_2}{2\pi}\ln(1+\cos\varphi)\Big|_{-\frac{\pi}{2}}^{\frac{\pi}{2}}=0.$$

其实，不用计算，由对称性分析也可判断出 $F_y=0$.

接下来计算线圈直边所受的安培力$\boldsymbol{F}'$. 由安培力公式可知，线圈直边所受的安培力方向向左，其大小为

$$F'=F'_x=I_2\cdot 2a\cdot\frac{\mu_0 I_1}{2\pi a}=\frac{\mu_0 I_1 I_2}{\pi}.$$

整个线圈所受的合力大小为

$$F_{合}=F'_x-F_x=\frac{\mu_0 I_1 I_2}{\pi}\left(2-\frac{\pi}{2}\right),$$

方向向左. 由本例可得出结论：载流线圈在非均匀磁场中所受的安培力一般不为零.

15.5.2 平行长直载流导线间的相互作用力

设有两根相互平行的“无限长”载流直导线AB和CD，两者之间的

距离为 a，导线中的电流分别为 I_1 和 I_2，方向相同，如图 15.20 所示.

首先计算导线 CD 所受的安培力，在导线 CD 上任取一电流元 $I_2\mathrm{d}\boldsymbol{l}_2$，其所受的安培力为

$$\mathrm{d}\boldsymbol{F}_{21}=I_2\mathrm{d}\boldsymbol{l}_2\times\boldsymbol{B}_{21},$$

式中 $\boldsymbol{B}_{21}$ 为无限长载流直导线 AB 所产生的磁场在电流元 $I_2\mathrm{d}\boldsymbol{l}_2$ 处的磁感应强度. $\mathrm{d}\boldsymbol{F}_{21}$ 的方向垂直于导线 CD 而指向导线 AB，其大小为

$$\mathrm{d}F_{21}=I_2B_{21}\mathrm{d}l_2.$$

由式(15.19)可得 $B_{21}=\dfrac{\mu_0I_1}{2\pi a}$，故

$$\mathrm{d}F_{21}=\frac{\mu_0I_1I_2}{2\pi a}\mathrm{d}l_2,$$

则导线 CD 上单位长度的载流导线所受的安培力为

$$\frac{\mathrm{d}F_{21}}{\mathrm{d}l_2}=\frac{\mu_0}{2\pi}\frac{I_1I_2}{a}.\tag{15.29a}$$

同理，导线 AB 上单位长度的载流导线所受的安培力为

$$\frac{\mathrm{d}F_{12}}{\mathrm{d}l_1}=\frac{\mu_0}{2\pi}\frac{I_1I_2}{a},\tag{15.29b}$$

其方向垂直于导线 AB 指向导线 CD.

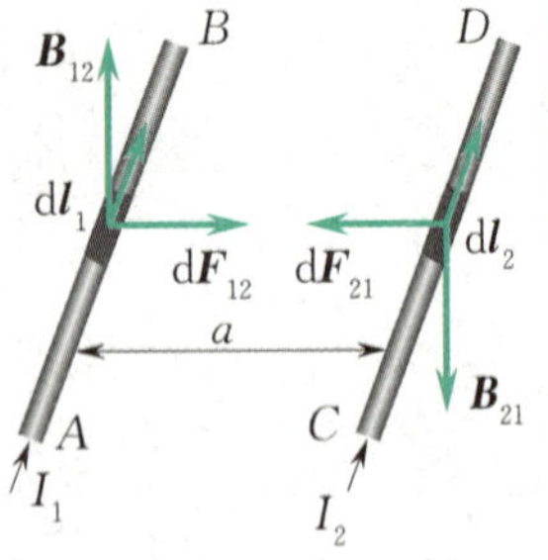

图 15.20　平行直线电流间的相互作用力

由上述讨论可知：相互平行的长直导线中通有同方向电流时，将相互吸引(多根相互平行的导线形成导线束，当这些导线中通有同方向的电流时，将由于相互吸引而约束在一起，这种现象称为紧箍效应)；若两平行长直导线中通有反方向的电流，则相互排斥.

之前在国际单位制中，电流的单位就是按式(15.29)来定义的：在真空中，两根相互平行的无限长直导线相距 1 m，当两导线中通以大小相同的恒定电流，如果单位长度导线受的作用力为 2×10^{-7} N，则每根导线中的电流就规定为 1 A.

自 2019 年 5 月 20 日起，电流的单位安培(A)采用以下定义：

当元电荷 e 以单位库仑(C)即安培秒(A・s)表示时，将其数值取为确定值 $1.602\,176\,634\times10^{-19}$ 来定义安培.

15.5.3　磁场对载流平面线圈的作用

前面研究和计算的主要是一段载流导线在磁场中所受的力，但电流一般形成闭合回路，这样的闭合回路在磁场中也会受力. 很多实际问题都与此有关，如发电机、电动机等，甚至分子、原子在磁场中的行为及其运动变化也与之有关. 因此，我们需要对载流回路在磁场中所受的力进行专门研究.

设在均匀磁场中有矩形线圈 $abcda$，其 bc，da 边垂直于外磁场 $\boldsymbol{B}$，长度为 l_2；ab，cd 边长为 l_1，与外磁场 $\boldsymbol{B}$ 的夹角为 θ. 线圈中电流为 I，方向如图 15.21(a) 所示.

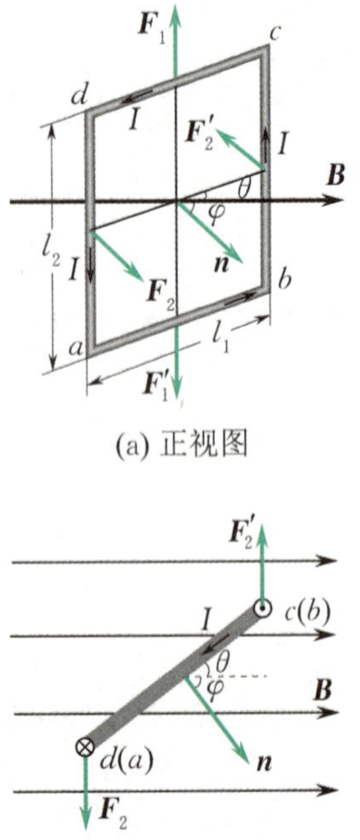

(a) 正视图

(b) 俯视图

图 15.21　载流线圈在均匀磁场中所受力矩

cd 和 ab 边所受安培力大小 F_1 和 F_1' 满足关系 $F_1=F_1'=IBl_1\sin\theta$，两者方向相反且在同一直线上，是一对平衡力. bc 与 da 边所受安培力大

小 F_2' 和 F_2 满足关系 $F_2 = F_2' = IBl_2$，两者方向也相反，故整个线圈所受的安培力合力为零. 但 bc 和 da 边所受的这一对安培力不在同一直线上，因而形成力偶，其合力矩大小为

$$M = F_2 l_1 \cos\theta = IBl_1 l_2 \sin\varphi,$$

方向垂直于图面(见图 15.21(b)) 向外. 式中 φ 为线圈平面的法线方向(规定载流平面线圈所包围平面的法线方向与线圈中电流的绕行方向间满足右手螺旋关系，如图 15.21(b) 所示) 与磁场方向的夹角. 为了讨论类似问题的方便，引入**磁矩**(magnetic moment) 概念. 载流平面线圈的磁矩定义为一矢量，以 $\boldsymbol{p}_{\mathrm{m}}$ 表示，其大小为线圈中电流 I 与线圈所围面积 S 的乘积 IS，其方向为线圈平面的法线方向，即

$$\boldsymbol{p}_{\mathrm{m}} = IS\boldsymbol{n}, \tag{15.30}$$

式中 $\boldsymbol{n}$ 为线圈平面的法向单位矢量. 在国际单位制中，磁矩的单位是安[培] 平方米($\mathrm{A \cdot m^2}$). 利用磁矩的概念，载流平面线圈在均匀磁场中所受的磁力矩可表示为

$$\boldsymbol{M} = \boldsymbol{p}_{\mathrm{m}} \times \boldsymbol{B}. \tag{15.31}$$

由图 15.21(b) 可知：磁力矩 $\boldsymbol{M}$ 的物理效果是使磁矩 $\boldsymbol{p}_{\mathrm{m}}$ 转向磁场 $\boldsymbol{B}$ 的方向. 当磁矩 $\boldsymbol{p}_{\mathrm{m}}$ 的方向与磁场 $\boldsymbol{B}$ 的方向相同时，磁力矩为零，该位置是载流平面线圈在均匀磁场中的稳定平衡位置.

式(15.30) 与式(15.31) 虽然是从矩形线圈得出的，但对于均匀磁场中的任意载流平面线圈仍然成立(证明从略).

若外磁场为非均匀场，则不但载流线圈所受的力矩一般不为零，而且所受合力也不一定为零(请读者自行分析研究之，可参见例 15.7).

磁矩与电偶极矩的特性非常相似，表 15.1 对此进行了比较.

表 15.1　磁矩与电偶极矩的比较

磁矩	电偶极矩
$\boldsymbol{p}_{\mathrm{m}} = IS\boldsymbol{n}$	$\boldsymbol{p}_{\mathrm{e}} = q\boldsymbol{l}$
$\boldsymbol{M} = \boldsymbol{p}_{\mathrm{m}} \times \boldsymbol{B}$	$\boldsymbol{M} = \boldsymbol{p}_{\mathrm{e}} \times \boldsymbol{E}$
在均匀磁场中 $\boldsymbol{F}_{合} = \boldsymbol{0}$；合力矩一般不为零	在均匀电场中 $\boldsymbol{F}_{合} = \boldsymbol{0}$；合力矩一般不为零

例 15.8 如图 15.22 所示，一半径为 R、面电荷密度为 σ 的圆盘绕过盘心 O 并与盘面垂直的轴以角速度 ω 旋转，求其在与盘面平行的均匀磁场中所受的力矩.

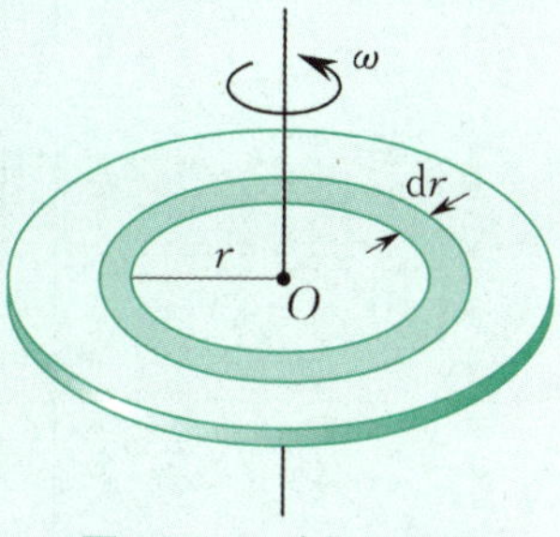

图 15.22　例 15.8 图

解　在圆盘上取一半径为 r、宽为 $\mathrm{d}r$ 的圆环，此圆环所带电量为

$$\mathrm{d}q = \sigma \cdot 2\pi r \mathrm{d}r.$$

该圆环带以角速度 ω 旋转时产生的圆电流为

$$\mathrm{d}I = \mathrm{d}q \frac{\omega}{2\pi} = \omega\sigma r \mathrm{d}r,$$

其磁矩大小为

$$\mathrm{d}p_{\mathrm{m}} = \mathrm{d}I\pi r^2 = \pi\omega\sigma r^3\,\mathrm{d}r.$$

因为所有圆电流的磁矩同方向，所以整个旋转圆盘的磁矩大小为

$$p_{\mathrm{m}} = \int \mathrm{d}p_{\mathrm{m}} = \pi\omega\sigma\int_0^R r^3\,\mathrm{d}r = \frac{\pi}{4}\omega\sigma R^4.$$

故圆盘所受的磁力矩大小为

$$M = p_{\mathrm{m}}B = \frac{\pi}{4}\omega\sigma BR^4,$$

方向沿圆盘面并与磁场方向垂直.

15.5.4　磁力的功

载流导线或线圈在磁场中要受到磁力或磁力矩的作用，因而当载流导线在磁场中移动或载流线圈在磁场中转动时，磁力或磁力矩将对导线或线圈做功. 下面对这两种情况分别予以讨论.

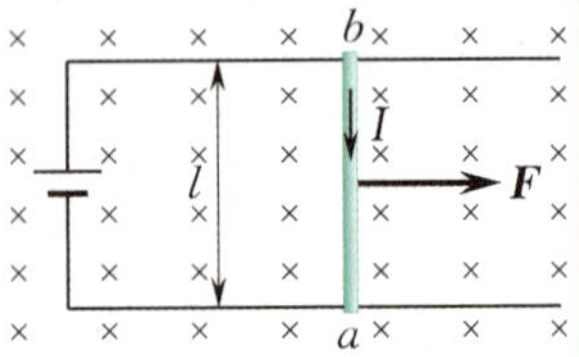

图 15.23　磁力所做的功

(1) 安培力对载流导线所做的功.

设均匀磁场 $\boldsymbol{B}$ 垂直于矩形线圈所在的平面，矩形线圈载有恒定电流 I，其 ab 边可滑动，如图 15.23 所示. 根据安培力公式，ab 边所受的安培力方向如图所示，其大小为

$$F = IBl,$$

式中 l 为 ab 边的长度. 当 ab 边移动 $\mathrm{d}x$ 距离时，安培力所做的功为

$$\mathrm{d}A = F\mathrm{d}x = IBl\,\mathrm{d}x = IB\,\mathrm{d}S = I\mathrm{d}(BS),$$

式中 $\mathrm{d}S$ 为 ab 边移动 $\mathrm{d}x$ 过程中扫过的面元面积，故

$$\mathrm{d}A = I\mathrm{d}\Phi_{\mathrm{m}},$$

式中 $\mathrm{d}\Phi_{\mathrm{m}}$ 为 ab 边移动 $\mathrm{d}x$ 过程中回路中磁通量的增量.

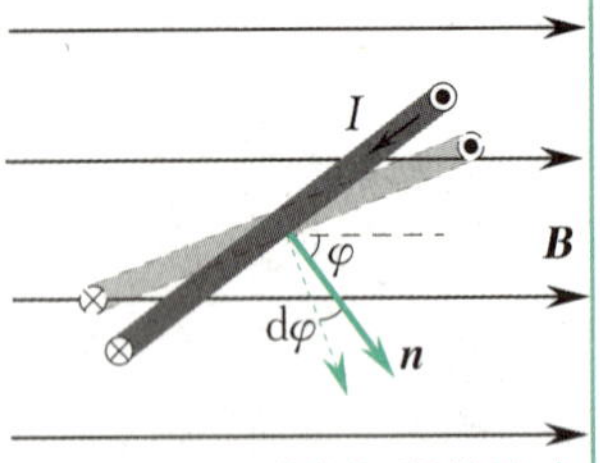

图 15.24　磁力矩所做的功

(2) 磁力矩对载流线圈所做的功.

设有一载有恒定电流 I 的平面线圈，在均匀磁场 $\boldsymbol{B}$ 中转动，如图 15.24 所示. 当 $\boldsymbol{p}_{\mathrm{m}}$ 与 $\boldsymbol{B}$ 之间的夹角由 φ 增至 $\varphi+\mathrm{d}\varphi$ 时，磁力矩所做的功为

$$\begin{aligned}\mathrm{d}A &= -M\mathrm{d}\varphi = -p_{\mathrm{m}}B\sin\varphi\,\mathrm{d}\varphi \\ &= ISB\,\mathrm{d}(\cos\varphi) = I\mathrm{d}(BS\cos\varphi),\end{aligned}$$

式中 $BS\cos\varphi = \Phi_{\mathrm{m}}$ 为通过线圈的磁通量，故也有

$$\mathrm{d}A = I\mathrm{d}\Phi_{\mathrm{m}}.$$

若载流线圈在磁场中运动，通过线圈回路的磁通量从 Φ_{m1} 变到 Φ_{m2}，则磁力或磁力矩所做的总功为

$$A = \int_{\Phi_{\mathrm{m1}}}^{\Phi_{\mathrm{m2}}} I\mathrm{d}\Phi_{\mathrm{m}}. \tag{15.32}$$

可以证明，任一载流平面线圈在磁场中的位置、方向或形状发生改变时，磁力或磁力矩所做的功都可用式(15.32) 进行计算.

由式(15.32) 可知，若载流线圈经历某一转动，$\boldsymbol{B}$ 与 $\boldsymbol{p}_{\mathrm{m}}$ 之间的夹角

由 φ_1 变为 φ_2，则磁力矩所做的功为

$$A = IBS\cos\varphi_2 - IBS\cos\varphi_1 = p_m B\cos\varphi_2 - p_m B\cos\varphi_1.$$

可见，磁力矩所做的功只与载流线圈的始、末位置有关，仿照重力势能和电势能概念引入的思路与方法，可引入磁势能概念，类似有，磁力矩所做的功等于载流线圈磁势能的减少量. 若规定 $\varphi=\pi/2$ 的位置为势能零点，则 $\boldsymbol{B}$ 与 $\boldsymbol{p}_m$ 之间的夹角为 φ 时载流线圈的磁势能为

$$E_p = -p_m B\cos\varphi = -\boldsymbol{p}_m \cdot \boldsymbol{B}. \tag{15.33}$$

对微小载流线圈，即使磁场不均匀，仍可用式(15.33)计算其磁势能. 值得注意的是，在非均匀磁场中，载流线圈所受的磁力一般不为零. 如磁场在 z 方向不均匀分布，则式(15.33)可写为 $E_p=-p_m B\cos\varphi=-p_{mz}B$，式中 p_{mz} 是磁矩在 z 方向的分量. 根据磁势能与磁力的关系式可得线圈所受的磁力为

$$F = -\frac{\partial E_p}{\partial z} = p_{mz}\frac{\mathrm{d}B}{\mathrm{d}z}. \tag{15.34}$$

研究表明：原子也有磁矩（由于电子绕原子核运动等原因，原子也相当于一个微小闭合电流），称为原子磁矩. 利用式(15.34)，根据原子在磁场中所受的力及其运动变化，可获得与原子磁矩有关的信息.

例 15.9 半径为 R 的半圆形载流线圈，电流为 I，置于均匀磁场 $\boldsymbol{B}$ 中，线圈可绕其直径 OO' 转动，如图 15.25 所示. 求：

(1) 线圈所受的最大磁力矩；

(2) 线圈从图中所示位置转到 $\boldsymbol{p}_m$ 与 $\boldsymbol{B}$ 的夹角为 45° 时，磁力矩做的功.

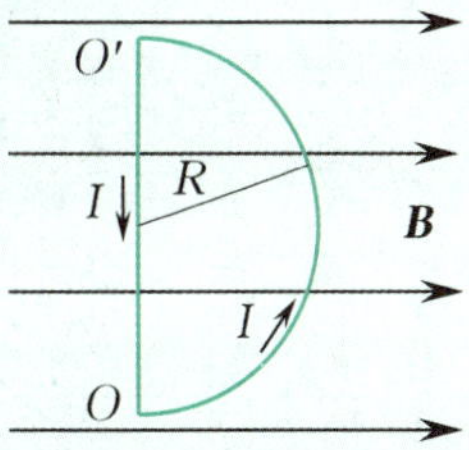

图 15.25 例 15.9 图

解 (1) 因 $M=p_m B\sin\varphi$，故

$$M_{max} = p_m B = \frac{1}{2}\pi R^2 IB.$$

(2) 通过线圈的磁通量 $\Phi_m = BS\cos\varphi$，在图示位置，$\boldsymbol{p}_m$ 与 $\boldsymbol{B}$ 之间的夹角 $\varphi_1=\frac{\pi}{2}$，转至 $\varphi_2=\frac{\pi}{4}$ 时，因

$$\Phi_{m1}=0,\ \Phi_{m2}=\frac{1}{2}\pi R^2 B\cos\frac{\pi}{4}=\frac{\sqrt{2}}{4}\pi R^2 B,$$

故由式(15.32)得

$$A=\int_{\Phi_{m1}}^{\Phi_{m2}} I\mathrm{d}\Phi_m = I(\Phi_{m2}-\Phi_{m1}) = \frac{\sqrt{2}}{4}\pi R^2 IB.$$

思考

试证明式(15.31)对均匀磁场中的任意平面载流线圈皆成立. 论证式(15.32)也有普适性.

15.6 带电粒子在磁场中的运动

15.6.1 洛伦兹力

载流导体在磁场中要受到安培力的作用，而导体中的电流是其中的带电粒子定向运动形成的，由此推之，运动电荷在磁场中一般也要受到磁力的作用，实验也证实确实如此，这样的力称为洛伦兹力(Lorentz force)，其表达式如下：

$$\boldsymbol{f}_{\mathrm{m}} = q\boldsymbol{v} \times \boldsymbol{B}, \tag{15.35}$$

式中 $\boldsymbol{v}$ 为带电粒子的运动速度；q 是带电粒子所带的电量，q 本身包含符号(正电荷，$q>0$；负电荷，$q<0$). 可见，同一磁场中，沿同一方向运动的正、负带电粒子，其受力方向相反.

洛伦兹力 $\boldsymbol{f}_{\mathrm{m}}$ 的方向总是与带电粒子速度 $\boldsymbol{v}$ 的方向垂直，故洛伦兹力对运动电荷不做功，不能改变运动电荷的速度大小，只能改变运动电荷的速度方向.

洛伦兹力与安培力有紧密联系，安培力是载流导体中做定向运动的带电粒子在磁场中受到的洛伦兹力的宏观体现. 因此，由安培力公式结合导体中电流的微观机制可导出洛伦兹力公式，其过程简述如下.

由电流元所受的安培力的计算公式(15.27)，有

$$\mathrm{d}\boldsymbol{F} = I\mathrm{d}\boldsymbol{l} \times \boldsymbol{B}.$$

设电流元的截面积为 S，单位体积内载流子的数目为 n，每个载流子的电量为 q(设为正电荷)，其定向运动速度为 $\boldsymbol{v}$，则

$$I = nqvS,$$

故

$$\mathrm{d}\boldsymbol{F} = nSqv\mathrm{d}\boldsymbol{l} \times \boldsymbol{B}.$$

因 $\boldsymbol{v}$ 的方向与 $\mathrm{d}\boldsymbol{l}$ 方向相同，即 $v\mathrm{d}\boldsymbol{l} = \boldsymbol{v}\mathrm{d}l$，故

$$\mathrm{d}\boldsymbol{F} = nS\mathrm{d}lq\boldsymbol{v} \times \boldsymbol{B}.$$

电流元 $I\mathrm{d}\boldsymbol{l}$ 中载流子的数目为 $\mathrm{d}N = nS\mathrm{d}l$，由此得出每个载流子所受的洛伦兹力为

$$\boldsymbol{f}_{\mathrm{m}} = \frac{\mathrm{d}\boldsymbol{F}}{\mathrm{d}N} = q\boldsymbol{v} \times \boldsymbol{B}.$$

若空间同时存在电场和磁场，则运动电荷既受电场力也受磁力，其所受电磁力为

$$\boldsymbol{f} = \boldsymbol{f}_{\mathrm{e}} + \boldsymbol{f}_{\mathrm{m}} = q\boldsymbol{E} + q\boldsymbol{v} \times \boldsymbol{B}, \tag{15.36}$$

上式也称为洛伦兹关系. 将它与牛顿第二定律结合起来可得

$$m\frac{\mathrm{d}^2\boldsymbol{r}}{\mathrm{d}t^2} = q\boldsymbol{E} + q\frac{\mathrm{d}\boldsymbol{r}}{\mathrm{d}t} \times \boldsymbol{B}, \tag{15.37}$$

此即带电粒子在电磁场中运动的基本微分方程.

思考

有两束阴极射线向同一方向发射，有人说这两束射线之间有安培力、库仑力、洛伦兹力；也有人说只有这三种力中的某两种力；还有人说只有某一种力，试给出一种正确的说法.

15.6.2 带电粒子在磁场中的运动

若外磁场为均匀磁场，且带电粒子的运动方向与磁场的方向平行，则带电粒子所受洛伦兹力 $\boldsymbol{f}_{\mathrm{m}}=q\boldsymbol{v}\times\boldsymbol{B}=\boldsymbol{0}$，故粒子沿磁场方向做匀速直线运动.

当带电粒子的速度方向垂直于均匀磁场的方向时，因洛伦兹力的方向既垂直于速度 $\boldsymbol{v}$ 又垂直于磁场 $\boldsymbol{B}$，故带电粒子将在垂直于磁场 $\boldsymbol{B}$ 的平面内做匀速圆周运动，如图 15.26 所示. 洛伦兹力提供向心力，因此有

$$qvB=m\frac{v^2}{R}.$$

由此可求得带电粒子做圆周运动的半径为

$$R=\frac{mv}{qB},\tag{15.38}$$

周期为

$$T=\frac{2\pi R}{v}=\frac{2\pi m}{qB},\tag{15.39}$$

即带电粒子做圆周运动的半径与速度成正比，而周期与速度无关.

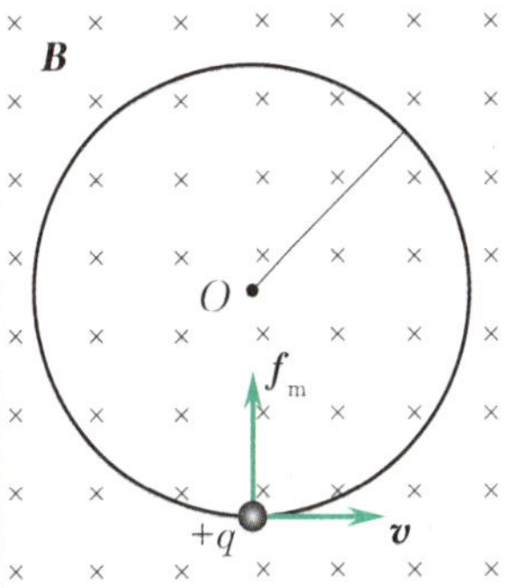

图 15.26 电荷在均匀磁场中的运动

一般情况下，带电粒子的速度 $\boldsymbol{v}$ 与磁场 $\boldsymbol{B}$ 的方向间成一夹角 θ. 此时，可将速度 $\boldsymbol{v}$ 分解为垂直于磁场方向的分量 $v\sin\theta$ 与平行于磁场方向的分量 $v\cos\theta$，前者使粒子做垂直于磁场方向的圆周运动，其圆周半径由式(15.38) 给出：

$$R=\frac{mv\sin\theta}{qB},\tag{15.40}$$

其周期仍由式(15.39) 给出. 而平行于磁场方向的速度分量使粒子沿磁场方向做匀速直线运动. 上述两个分运动的合运动是一个以磁场方向为轴线的螺旋运动，其螺距为

$$h=(v\cos\theta)T=\frac{2\pi m}{qB}v\cos\theta.\tag{15.41}$$

带电粒子在均匀磁场中运动的一个重要应用是**磁聚焦**(magnetic focusing). 如图 15.27 所示，电子枪发射出来的电子束经阳极加速和狭缝选择后，由同一点进入由螺线管产生的均匀磁场中. 这些电子的速度大小近似相同，速度方向和磁场 $\boldsymbol{B}$ 之间的夹角 θ 都很小，因此有 $v\cos\theta\approx v$，$v\sin\theta\approx v\theta$，结合式(15.39)、式(15.40) 及式(15.41) 可知，这些电子做半径不同的螺旋运动，但周期与螺距都相同，因此，经一周期后会聚于磁场中某一点. 这一现象和光学中的近轴光线通过透镜时的聚焦相似，称为磁聚焦. 磁聚焦质量远好于电聚焦，它主要应用在聚焦质量要

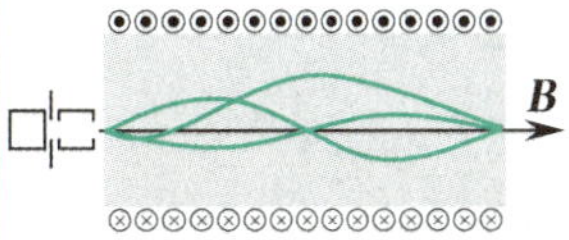

图 15.27 磁聚焦示意图

求较高的装置，如电子显微镜、电子扫描等装置中.

在非均匀磁场中，速度方向和磁场方向不平行的带电粒子，也要做螺旋运动，但半径和螺距都不断发生变化，特别是当粒子向磁场较强处螺旋前进时，它受到的磁力有一个和前进方向相反的分量（见图 15.28(a)），这一分量有可能使粒子的"前进速度"（$v\cos\theta$）减小到零继而沿反方向运动. 强度逐渐增加的磁场能使粒子发生"反射"，因而把这种磁场分布称为磁镜.

用两个电流方向相同的线圈可产生一个中间弱两端强的磁场（见图 15.28(b)），这一磁场分布称为磁瓶，它的两端形成两个磁镜. 在现代研究受控热核聚变中，需要把温度高达$10^7\sim10^8$ K 的等离子体约束在一定空间区域内. 在这样高的温度下，所有固体材料都将化为气体. 上述磁约束就成了达到这种目的的常用方法之一.

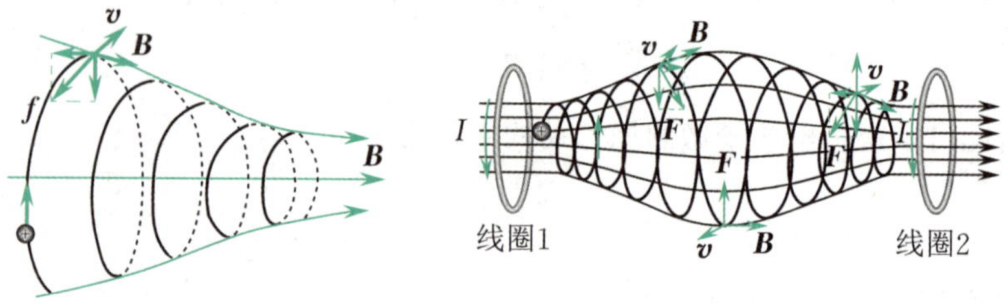

(a) 运动电荷在非均匀磁场中受力　　(b) 磁瓶

图 15.28　带电粒子在非均匀磁场中的运动

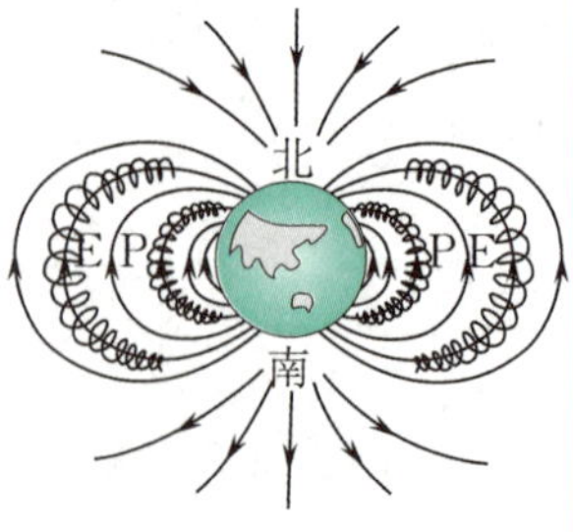

图 15.29　范艾仑带

磁约束也存在于宇宙空间中. 地球可以算作一个天然的磁约束器. 地球周围的非均匀磁场，从赤道到两极逐渐增强，能捕获来自宇宙射线和"太阳风"的带电粒子，使它们在地球的两磁极之间来回振荡. 在地面上空 800～4 000 km 和外层空间 60 000 km 处，分别存在质子层、电子层两个环绕地球的辐射带，称为范艾仑带，图 15.29 所示. 高纬度地区的极光就是高速电子与大气相互作用引起的.

思考

赤道处的地磁场沿水平面并指向北，假设大气中的电场指向地面，因而电场和磁场相互垂直. 我们必须沿什么方向发射电子，才能使它的运动方向不发生偏斜?

15.6.3　霍尔效应

1879 年，美国物理学家霍尔发现，将已知尺寸的导电片放入均匀磁场 $\boldsymbol{B}$ 中，并使磁场方向与导电片表面垂直，如图 15.30(a) 所示，当通以图示方向的电流 I 时，发现在导电片上、下表面之间出现电势差，这一现象称为**霍尔效应**（Hall effect）. 出现的电势差称为霍尔电压. 实验发现：霍尔电压 U_H 的符号与载流子电荷的正、负有关，其数值为

$$U_H = R_H \frac{IB}{b}, \tag{15.42}$$

式中 R_H 称为**霍尔系数**(Hall coefficient).

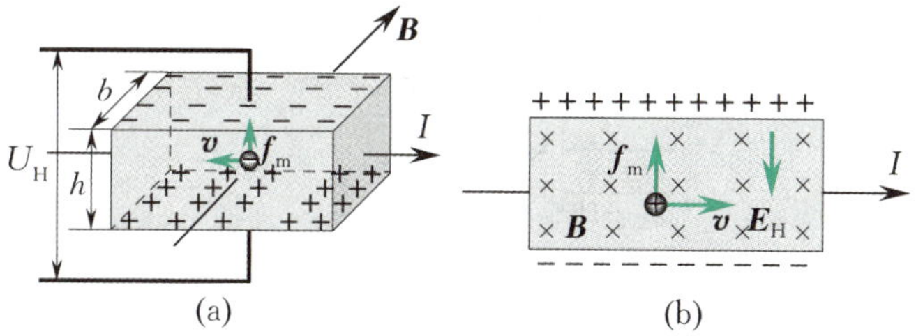

图 15.30 霍尔效应

霍尔效应很容易用带电粒子在电磁场中的运动来解释. 如图 15.30(b) 所示,当导电片中电流 I 向右,磁场 $\boldsymbol{B}$ 垂直于纸面向里,而载流子带正电时,载流子将受到向上的洛伦兹力,从而使导电片上表面带正电,下表面带负电. 如图 15.30(a) 所示,当载流子带负电时,则载流子定向运动方向向左(与电流方向相反),载流子受的洛伦兹力也向上,故使导电片上表面带负电,下表面带正电. 当载流子所受的洛伦兹力与载流子在导电片上、下表面的异号电荷所产生的静电场中受到的电场力平衡时,有

$$qvB = qE,$$

此时,在导电片上、下表面间形成稳定的电势差,即霍尔电压,其大小为

$$U_H = Eh = vBh.$$

而导电片中的电流 $I = nqvS = nqvhb$,从中解出 v 并将之代入上式整理得

$$U_H = \frac{1}{nq}\frac{IB}{b}.$$

由此可见,霍尔系数 R_H 为

$$R_H = \frac{1}{nq}, \tag{15.43}$$

即霍尔系数与载流子所带的电量 q 及导电片中载流子浓度 n 成反比. 金属的载流子浓度大,故金属导电片的霍尔系数小;半导体的载流子浓度远小于金属,故半导体导电片的霍尔系数大,因此霍尔元件多用半导体材料制成.

阅读材料

量子霍尔效应

利用霍尔效应可制成测量电流、磁感应强度的仪器,用于确定载流子带电的正、负,测定载流子的定向运动速度及载流子浓度 $\left(v = \frac{U_H}{Bh}, n = \frac{IB}{qbU_H}\right)$等. 利用霍尔效应制成的霍尔元件在自控仪表行业有着广泛的应用.

除固体中的霍尔效应外,导电流体中同样会产生霍尔效应. 这正是"磁流体发电"所依据的基本原理,这项技术目前尚在研究之中. 当高温(3 000 K)、高速(1 000 m/s)的等离子态气体(气体分子全部电离)通过耐高温材料制成的导电管时，如果在垂直于气流的方向加上磁场，则气体中的正、负离子由于受到磁力的作用，将分别向垂直于流速 $\boldsymbol{v}$ 和磁场 $\boldsymbol{B}$ 的两个相反方向偏移，结果在导电管两侧的电极上产生电势差，由此可从电极上连续输出电流，如图 15.31 所示.

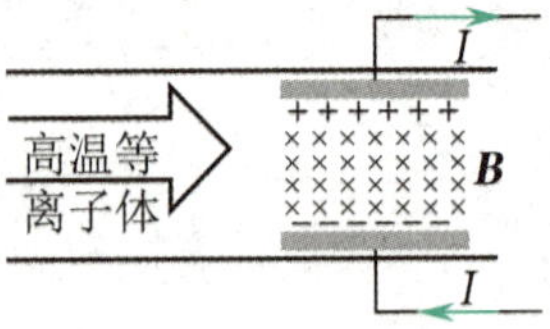

图 15.31　磁流体发电示意图

由于磁流体发电过程中热能向电能的转换环节简单，因此有望提高热能的利用效率. 但现在磁流体发电机研制中面临的主要问题是：发电通道效率低，耐高温、耐腐蚀的通道和电极材料未能解决，故尚未能运用在生产中.

例 15.10 如图 15.32 所示，一块半导体薄片样品中电流 I 沿 x 轴正方向，均匀磁场 $\boldsymbol{B}$ 沿 y 轴正方向. 测得 $a = 0.10\ \text{cm}, b = 0.35\ \text{cm}, c = 1.0\ \text{cm}, I = 1.0\ \text{mA}, B = 0.30\ \text{T}, U_{12} = 6.55\ \text{mV}$.

（1）试问此半导体是 p 型还是 n 型?

（2）求载流子浓度 n.

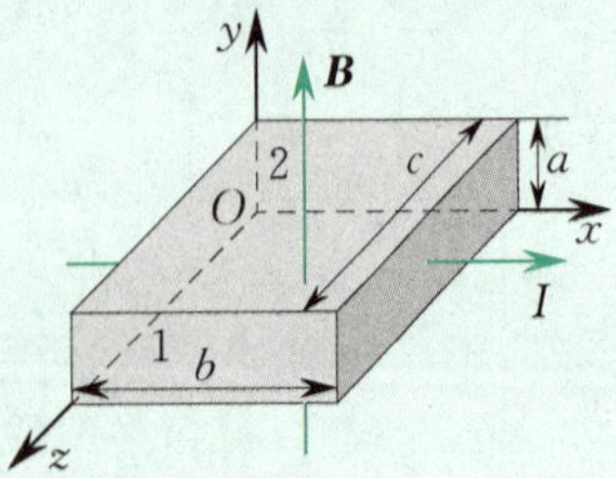

图 15.32　例 15.10 图

解　（1）由于 $U_{12} > 0$，因此 $U_1 > U_2$，根据洛伦兹力表示式(15.35)判断，可知此半导体为 p 型半导体.

（2）根据 $U_H = \dfrac{1}{nq}\dfrac{IB}{a}$，可得

$$n = \frac{IB}{U_H q a} = \frac{10^{-3} \times 0.30}{6.55 \times 10^{-3} \times 1.6 \times 10^{-19} \times 0.10 \times 10^{-2}}\ \text{m}^{-3} \approx 2.9 \times 10^{20}\ \text{m}^{-3}.$$

思考

1. 一束质子在运动过程中发生侧向偏转，造成这个偏转的原因，可否是电场或磁场? 若是电场或磁场在起作用，该如何确定是电场还是磁场?

2. 在磁场方向和电流方向一定的条件下，载流导线所受的安培力的方向与载流子种类有无关系? 霍尔电压的正、负与载流子所带电荷的种类有无关系?

*15.7　电磁场的相对性与统一性

电场与磁场似乎是两种截然不同的、独立存在的特殊物质，但稍加分析便可发现，它们是相互联系、相对存在的. 在电荷静止的惯性系中观测，空间只存在电场；

而在另一惯性系中，此电荷做匀速直线运动(产生电流)，空间不仅观测到电场，还将观测到磁场. 下面根据狭义相对论(参见本书第 18 章) 对此稍做研究.

15.7.1 运动电荷之间的作用力

如图15.33(a) 所示，若两点电荷 q_1，q_2 在参考系S中分别以速度 $\boldsymbol{v}_1$ 和 $\boldsymbol{v}_2$ 运动，q_2 受到的 q_1 的作用力是 q_1 产生的场在 q_2 处对 q_2 的作用力. 为讨论简单起见，先考虑以下特例：$t=0$ 时，q_1 恰好通过原点 O 且沿 x 轴正方向运动，q_2 此时处于到原点距离为 y 的 $P(0,y,0)$ 点，运动方向与 q_1 相同(见图 15.33(b)).

先考察相对于 q_1 静止的参考系 S′(见图 15.33(c)). 在 S′ 系中，q_2 在 y' 轴上的坐标 $y'=y$，其速度 $v_2'=\dfrac{v_2-v_1}{1-\dfrac{v_1v_2}{c^2}}$，$q_1$ 在 P 点处只产生静电场(无磁场)，此静电场在 P 点处的场强为

$$E'=\frac{1}{4\pi\varepsilon_0}\frac{q_1}{y'^2}.$$

由于电荷的不变性，运动点电荷 q_2 在 S′ 系中所受电场力应为

$$F'=q_2E'=\frac{1}{4\pi\varepsilon_0}\frac{q_1q_2}{y'^2}.$$

利用不同惯性系中力的变换公式，q_2 在 S 系中所受的力为

$$F=\frac{F'}{\gamma\left(1+\dfrac{v_1v_2'}{c^2}\right)},$$

将洛伦兹因子 $\gamma=\dfrac{1}{\sqrt{1-\dfrac{v_1^2}{c^2}}}$ 及

$$1+\frac{v_1}{c^2}v_2'=1+\frac{v_1}{c^2}\frac{v_2-v_1}{1-\dfrac{v_1v_2}{c^2}}=\frac{1-\left(\dfrac{v_1}{c}\right)^2}{1-\dfrac{v_1v_2}{c^2}}$$

代入上面 F 和 F' 的关系式中可得

$$F=F'\frac{1-\dfrac{v_1}{c^2}v_2}{\sqrt{1-\left(\dfrac{v_1}{c}\right)^2}}$$

$$=q_2\frac{q_1}{4\pi\varepsilon_0y^2}\frac{1}{\sqrt{1-\left(\dfrac{v_1}{c}\right)^2}}-q_2v_2\frac{q_1v_1}{4\pi\varepsilon_0c^2y^2}\frac{1}{\sqrt{1-\left(\dfrac{v_1}{c}\right)^2}}.$$

此力中第一项与 q_2 的运动速度 v_2 无关，第二项与 q_2 的运动速度 v_2 有关.

可以证明，在一般情况下(见图 15.33(a))，在 S 系中，q_2 所受的场力由下式给出$\left(令\ \beta=\dfrac{v_1}{c}\right)$：

$$\boldsymbol{F}_2=q_2\frac{q_1}{4\pi\varepsilon_0r^2}\frac{1-\beta^2}{(1-\beta^2\sin^2\theta)^{3/2}}\hat{\boldsymbol{r}}+q_2\boldsymbol{v}_2\times\frac{q_1\boldsymbol{v}_1\times\hat{\boldsymbol{r}}}{4\pi\varepsilon_0c^2r^2}\frac{1-\beta^2}{(1-\beta^2\sin^2\theta)^{3/2}}, \tag{15.44}$$

式中 r 为由 q_1 引向 q_2 的径矢 $\boldsymbol{r}$ 的大小，$\hat{\boldsymbol{r}}$ 为 $\boldsymbol{r}$ 方向上的单位矢量，θ 为 $\boldsymbol{r}$ 与速度 $\boldsymbol{v}_1$ 之间的夹角. 前面的特例，正是式(15.44) 中 $\theta=\dfrac{\pi}{2}$，$r=y$，$\boldsymbol{v}_1=v_1\boldsymbol{i}$，$\boldsymbol{v}_2=v_2\boldsymbol{i}$，$\hat{\boldsymbol{r}}=\boldsymbol{j}$ 的特殊情况.

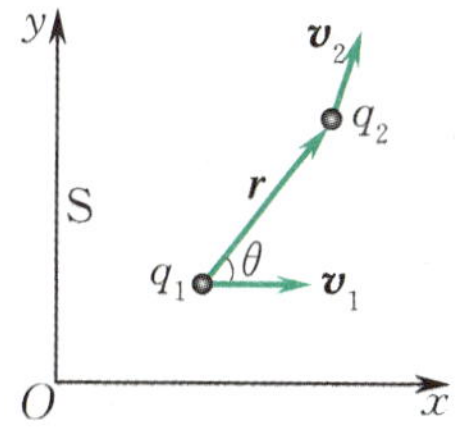

(a) 两个运动点电荷

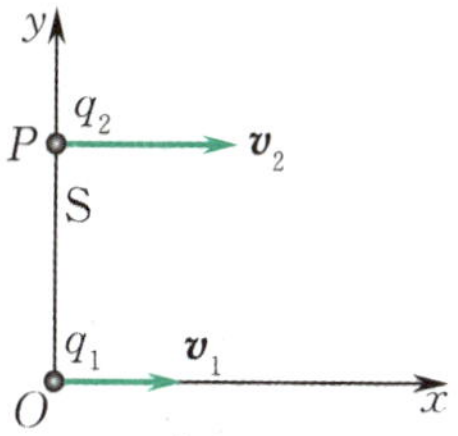

(b) S系中观测特例

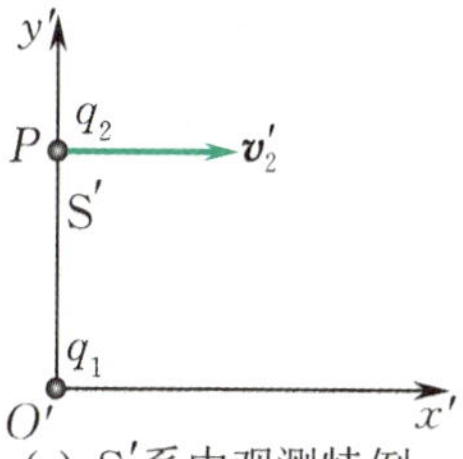

(c) S′系中观测特例

图 15.33 运动电荷之间的作用力

由式(15.44)可知，以速度 $\boldsymbol{v}_2$ 运动的点电荷 q_2 所受的场力分为两部分，第一项与 q_2 的运动速度 $\boldsymbol{v}_2$ 无关，称为电场力；第二项与 q_2 的运动状态有关，称为磁力. 下面将分别进行讨论.

15.7.2 运动电荷的电场

不管电场是由静止电荷还是由运动电荷产生，场强统一定义如下：将静止试探电荷 q_0 置于电场中某处，测得它受力为 $\boldsymbol{f}_e$，则该处场强 $\boldsymbol{E}$ 定义为单位正点电荷所受的力，即

$$\boldsymbol{E}=\frac{\boldsymbol{f}_e}{q_0}.$$

因此，运动点电荷 q_2 在运动点电荷 q_1 所产生的电场中受到的电场力由下式给出：

$$\boldsymbol{f}_e=q_2\boldsymbol{E},$$

式中 $\boldsymbol{E}$ 就是 q_2 所在处的场强. 由式(15.44)知，一个以恒定速度 $\boldsymbol{v}$ 运动的点电荷 q 所产生的电场为

$$\boldsymbol{E}=\frac{q}{4\pi\varepsilon_0 r^2}\frac{1-\beta^2}{(1-\beta^2\sin^2\theta)^{3/2}}\hat{\boldsymbol{r}},\tag{15.45}$$

式中 $\hat{\boldsymbol{r}}$ 为以点电荷 q 为中心引向场点的单位矢量，$\beta=v/c$，θ 为 $\hat{\boldsymbol{r}}$ 与速度 $\boldsymbol{v}$ 之间的夹角. 由式(15.45)可得如下结论.

(1) 运动点电荷所产生的电场的场强方向与静电场一样，仍沿以点电荷为中心指向场点的径矢方向，电场线仍为由点电荷发出的直线. 可以证明，运动点电荷所产生的电场仍满足高斯定理：

$$\Phi_e=\oiint_S\boldsymbol{E}\cdot\mathrm{d}\boldsymbol{S}=\frac{q}{\varepsilon_0}.$$

(2) 当 $\theta=0$ 或 $\theta=\pi$ 时，即在电荷运动方向上，场强大小为

$$E=\frac{q\gamma}{4\pi\varepsilon_0 r^2}<\frac{q}{4\pi\varepsilon_0 r^2},$$

式中 $\gamma=\dfrac{1}{\sqrt{1-\beta^2}}$.

当 $\theta=\dfrac{\pi}{2}$ 或 $\theta=\dfrac{3}{2}\pi$ 时，即在垂直电荷运动方向的方向上，场强大小为

$$E=\frac{q}{4\pi\varepsilon_0 r^2}\gamma>\frac{q}{4\pi\varepsilon_0 r^2},$$

即此方向上场强较大，如图 15.34 所示.

图 15.34 运动电荷的电场线

上述结果表明，运动点电荷产生的电场不具有球对称性，其电场线向运动方向的垂直方向靠拢. 当运动速率 $v\to c$，则 $\gamma\to\infty$，即当电荷运动速度趋近于光速时，电场线将无限密集于电荷运动方向的垂直方向上. 电荷运动破坏了电场的各向同性，从而使电场失去了保守性. 由此可见，环路定理并不是电场（非纯静电场）的普遍规律.

(3) 在低速近似下，$\beta\ll 1$，运动点电荷的电场与静电场近似相同，

$$\boldsymbol{E}\approx\frac{q}{4\pi\varepsilon_0 r^2}\hat{\boldsymbol{r}}.$$

15.7.3 磁场

式(15.44)中的第二项为运动点电荷 q_2 所受的洛伦兹力 $\boldsymbol{f}_m$，它是运动点电荷 q_1 所产生的磁场在 q_2 所在位置处对 q_2 的作用力. 将之与运动点电荷在磁场中所受洛伦兹力的表示式 $\boldsymbol{f}_m=q\boldsymbol{v}\times\boldsymbol{B}$ 相比较可知，以恒定速度 $\boldsymbol{v}$ 运动的点电荷 q 在空间

产生的磁场的磁感应强度分布为

$$\boldsymbol{B}=\frac{q\boldsymbol{v}\times\hat{\boldsymbol{r}}}{4\pi\varepsilon_0 c^2 r^2}\frac{1-\beta^2}{(1-\beta^2\sin^2\theta)^{3/2}} \tag{15.46}$$

或

$$\boldsymbol{B}=\frac{1}{c^2}(\boldsymbol{v}\times\boldsymbol{E}), \tag{15.47}$$

式中 $\boldsymbol{E}$ 为运动电荷所产生的电场.

我们可进一步分析得出以下结论.

(1) 在图15.33(b)的特例中,有$\frac{f_{\rm m}}{f_{\rm e}}=\frac{v_1 v_2}{c^2}$.在S′系中只观测到$q_1$产生的电场,在S系中既可观测到$q_1$产生的电场,又可观测到它产生的磁场. $f_{\rm m}$ 相当于对 q_2 所受电场力做出的相对论修正.

(2) 在低速运动中,洛伦兹力仅仅是电场力的二级小量.因此,存在电场力时,洛伦兹力肯定是可以忽略的.但在高速运动中,若两带电粒子的速度皆接近光速,此时,洛伦兹力与电场力可以有相同的数量级,洛伦兹力的作用可与电场力相比拟.

(3) 在通电导线中,导线中自由电子的定向运动速度极小,约为10^{-4} m/s数量级,$\left(\frac{v}{c}\right)^2\approx 10^{-25}$.如果存在电场力,则洛伦兹力肯定可以忽略.但因为通电导线呈严格的电中性,通电导线间的电场力效应远较10^{-25}小,所以才使小的相对论修正项——洛伦兹力显现出来,成为通电导线间相互作用的主要项.故在低速运动范围内,力学现象中难以观察到的数量级为$\left(\frac{v}{c}\right)^2$的相对论效应,在电磁现象中却早已被人们确切地观测到了,只是当时的物理学家并不知道磁性实质上是一种相对论效应罢了.

*15.8 温差电动势

实验表明,两根不同材料的金属导线连成的闭合电路,当两个接头处温度不相同时,回路中能维持电流,这表明回路中存在电动势.这种由于温度差所形成的电动势称为温差电动势,温差电动势由汤姆孙电动势和佩尔捷电动势叠加而成.下面分别进行介绍.

如图15.35所示,将金属棒的一端A加热,由于棒中温度不均匀,棒中的自由电子将从高温A端向低温B端进行热扩散,低温B端将聚积负电荷,A端剩余正电荷,进而形成静电场$\boldsymbol{E}$,阻碍热扩散的进行,热扩散与静电场的作用最后将达到平衡.棒AB相当于一个电源,A为正极,B为负极.在该电源内部,热扩散使负电荷由正极移向负极,因此可看作一种非静电力,相应地有一个非静电场强$\boldsymbol{E}_{\rm k}$,在棒中产生电动势,称为汤姆孙电动势:

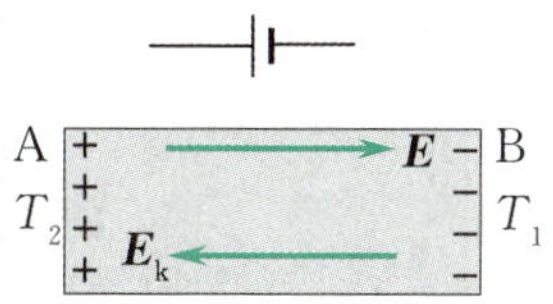

图15.35 汤姆孙电动势

$$\mathscr{E}(T_1,T_2)=\int_{T_1}^{T_2}\sigma(T)\mathrm{d}T, \tag{15.48}$$

式中 T_1 为B端温度,T_2 为A端温度,$\sigma(T)$ 为金属材料的汤姆孙系数,约为10^{-5} V/K.

当两种不同的金属材料A,B接触时,由于两种金属的自由电子浓度不同(设$n_{\rm A}>n_{\rm B}$),接触区域两侧的自由电子将发生浓度扩散,同样,这种电子浓度扩散作用也相当于一种非静电力,并且也对应一种非静电场和电动势,这种电动势称为佩尔捷电动势,如图15.36所示.佩尔捷电动势不仅与相互接触的金属材料有关,还与

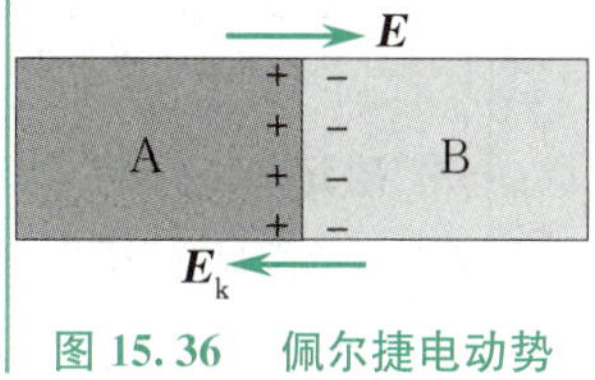

图15.36 佩尔捷电动势

温度有关,用 $\Pi_{AB}(T)$ 表示,

$$\Pi_{AB}(T)=\frac{kT}{e}\ln\frac{n_A}{n_B},\tag{15.49}$$

式中 k 为玻尔兹曼常量,T 为接触面处的温度,e 为元电荷,佩尔捷电动势的大小一般在$10^{-2}\sim10^{-3}$ V之间.

如图 15.37 所示,由两种不同的金属 A,B 连接成闭合回路,如果接触处的温度不同,分别为 T_1,T_2,则在两金属导体中分别有汤姆孙电动势 $\mathscr{E}_A(T_1,T_2)$ 和 $\mathscr{E}_B(T_2,T_1)$;同时在两个接触处分别有佩尔捷电动势 $\Pi_{AB}(T_1)$ 和 $\Pi_{BA}(T_2)$,整个回路中的总电动势为

$$\mathscr{E}=\mathscr{E}_A(T_1,T_2)+\mathscr{E}_B(T_2,T_1)+\Pi_{AB}(T_1)+\Pi_{BA}(T_2).$$

在一般情况下,$\mathscr{E}$ 不等于零,称为温差电动势. 泽贝克于 1921 年首先发现温差电效应,故又称泽贝克效应.

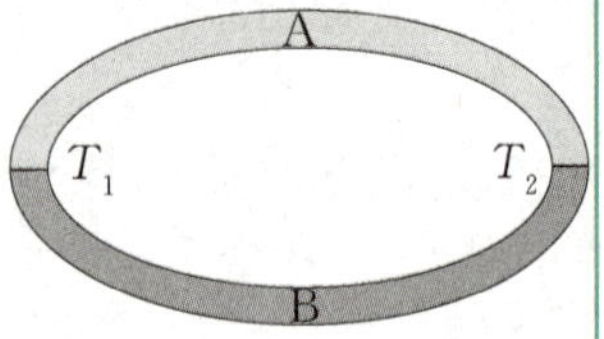

图 15.37 温差电动势

利用温差电效应可制成温差电偶,用于测量温度. 其优点包括:(1) 测量范围广,可测量 −200 ~ 2 000 ℃ 范围内的温度;(2) 灵敏度和准确度高,可达10^{-3} 以上;(3) 可测量很小区域内的温度和微小热量. 利用温差电效应的逆效应可制成温差电致冷机,它具有体积小、使用寿命长和无噪声的特点.

本章小结

1. 电流 电流密度

(1) 电流:

$$I=\frac{dq}{dt}.$$

(2) 电流密度:

$$\boldsymbol{j}=\frac{dI}{dS_\perp}\boldsymbol{n}.$$

(3) 电流的连续性方程:

$$\oint\!\!\!\oint_S \boldsymbol{j}\cdot d\boldsymbol{S}=-\frac{dq_{内}}{dt}.$$

2. 电动势

(1) 非静电场强:

$$\boldsymbol{E}_k=\frac{\boldsymbol{F}_k}{q}.$$

(2) 电源电动势

$$\mathscr{E}=\int_{-\,内}^{+}\boldsymbol{E}_k\cdot d\boldsymbol{l}.$$

(3) 闭合回路上的电动势:

$$\mathscr{E}=\oint_L\boldsymbol{E}_k\cdot d\boldsymbol{l}.$$

3. 磁场

(1) 磁感应强度 $\boldsymbol{B}$.

(2) 磁场叠加原理:

$$\boldsymbol{B}=\sum_i\boldsymbol{B}_i.$$

(3) 磁场线.

(4) 磁通量:

$$\Phi_m=\iint_S d\Phi_m=\iint_S\boldsymbol{B}\cdot d\boldsymbol{S}.$$

4. 毕奥-萨伐尔定律

(1) 电流元产生的磁场:

$$d\boldsymbol{B}=\frac{\mu_0 Id\boldsymbol{l}\times\hat{\boldsymbol{r}}}{4\pi r^2}.$$

(2) 一段载流导线的磁场:

$$\boldsymbol{B}=\int_L d\boldsymbol{B}=\frac{\mu_0}{4\pi}\int_L\frac{Id\boldsymbol{l}\times\hat{\boldsymbol{r}}}{r^2}.$$

(3) 无限长载流直导线所产生的磁场:

$$B=\frac{\mu_0 I}{2\pi a}.$$

(4) 圆电流轴线上的磁场:

$$B=\frac{\mu_0 IR^2}{2(R^2+x^2)^{3/2}}.$$

(5) 载流螺线管轴线上的磁场:

$$B=\frac{\mu_0 nI}{2}(\cos\theta_2-\cos\theta_1).$$

5. 安培环路定理与磁场的高斯定理

(1) 安培环路定理:

$$\oint_L \boldsymbol{B} \cdot \mathrm{d}\boldsymbol{l} = \mu_0 \sum I_{内}.$$

(2) 磁场的高斯定理：

$$\oiint_S \boldsymbol{B} \cdot \mathrm{d}\boldsymbol{S} = 0.$$

6. 磁场对载流导线的作用力

(1) 安培力公式：

$$\mathrm{d}\boldsymbol{F} = I\mathrm{d}\boldsymbol{l} \times \boldsymbol{B}.$$

(2) 一段载流导线所受的安培力：

$$\boldsymbol{F} = \int_L I\mathrm{d}\boldsymbol{l} \times \boldsymbol{B}.$$

(3) 载流平面线圈磁矩和磁力矩：

$$\boldsymbol{p}_{\mathrm{m}} = IS\boldsymbol{n}, \quad \boldsymbol{M} = \boldsymbol{p}_{\mathrm{m}} \times \boldsymbol{B}.$$

(4) 磁力或磁力矩的功：

$$\mathrm{d}A = I\mathrm{d}\Phi_{\mathrm{m}}, \quad A = \int_{\Phi_{\mathrm{m}1}}^{\Phi_{\mathrm{m}2}} I\mathrm{d}\Phi_{\mathrm{m}}.$$

7. 洛伦兹力　霍尔效应

(1) 洛伦兹力：

$$\boldsymbol{f}_{\mathrm{m}} = q\boldsymbol{v} \times \boldsymbol{B}.$$

(2) 霍尔效应：

$$U_{\mathrm{H}} = R_{\mathrm{H}} \frac{IB}{b}.$$

拓展与探究

15.1 电力系统中(强电)，在发电机、变压器和引出线之间有连接线，称为母线. 母线中的电流一般都非常大，因而，它们之间相互作用的磁力也非常大，这可以导致线路弯曲变形甚至使电力系统瘫痪，故设计与安装时，应注意和采取必要措施. 母线通常为圆柱形或平板形，试分别研究并估算它们之间的相互作用力.

15.2 磁聚焦比电聚焦效果好，因而应用范围广，如电子显微镜中的聚焦系统就是磁聚焦. 实际应用中，磁聚焦所用的磁场并非是长直螺线管产生的均匀磁场，而通常是由匝数有限的线圈产生的，对带电粒子而言，线圈所产生的磁场就像光学中的透镜. 假设磁场是由一个线圈产生的，试研究其“焦距”.

15.3 利用磁场可以把中性粒子(不带电粒子)约束在空间的某一微小区域，这样的磁场称为磁阱. 磁阱的原理是什么？磁阱参数设计与被捕获粒子间有什么关系？

15.4 图15.28中的“磁瓶”可用于约束带电粒子，试问，被约束的带电粒子与磁场分布有何关系？

15.5 在汽车设计、生产与行驶过程中，获知发动机转速都是十分重要的，能否利用霍尔效应设计出测量发动机转速的装置？

习 题 15

15.1 一根铜导线(直径为1.02 mm)承载的电流密度为 $3.2 \times 10^6\ \mathrm{A/m^2}$. 铜的自由电子浓度为 $8.5 \times 10^{28}\ \mathrm{m^{-3}}$. 试求：

(1) 导线中的电流；

(2) 导线中电子的定向运动速度.

15.2 如图15.38所示，某直流电路中，电阻 R 阻值为 3 Ω，电源电动势为 3 V，内阻为 2 Ω. 经过电源内部，把单位正电荷从电源负极移到正极，静电力与电源内部的非静电力做的功分别是多少？

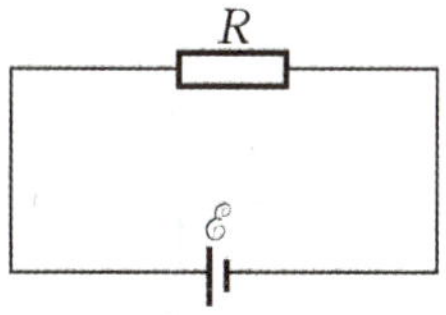

图15.38　习题15.2图

* **15.3** 试证明：在恒定电流的电路中，均匀导体(导体内各处的电导率相同)内不可能有净电荷，净电荷只能分布在导体表面上(提示：电流密度 $\boldsymbol{j}$ 满足关系式 $\boldsymbol{j} = \gamma\boldsymbol{E}$，式中 γ 是电导率).

* **15.4** 一根电线被台风吹断，一端触及地面，导线上有 200 A 电流由触地端流入地面. 一人不慎走近

电线触地端，左、右两脚离电线触地端的距离分别为 1.0 m 和 1.3 m. 试估计地面上他两脚之间的电压. 设土地为均匀物质，电阻率为 $10\ \Omega/\mathrm{m}$.

15.5 如图 15.39 所示，一半球置于水平桌面上，已知半球的半径为 $R = 0.1\ \mathrm{m}$，均匀磁场方向与竖直方向间的夹角为 60°，磁感应强度的大小为 $B = 0.2\ \mathrm{T}$. 求半球面上穿过去的磁通量.

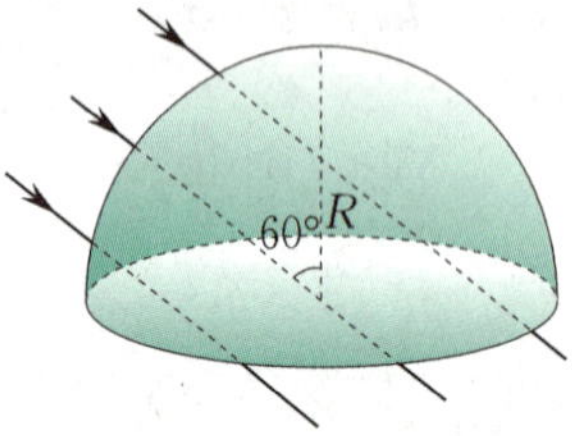

图 15.39 习题 15.5 图

15.6 通有电流 I 的导线形状如图 15.40 所示，图中 $OACD$ 是边长为 b 的正方形. 求圆心 O 处的磁感应强度.

15.7 如图 15.41 所示的载流导线，图中半圆的半径为 R，直线部分伸向无限远处. 求圆心 O 处的磁感应强度.

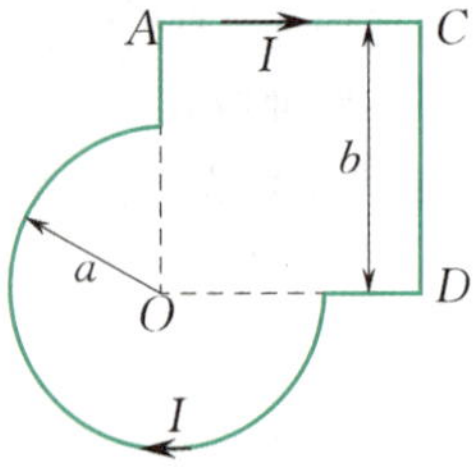

图 15.40 习题 15.6 图

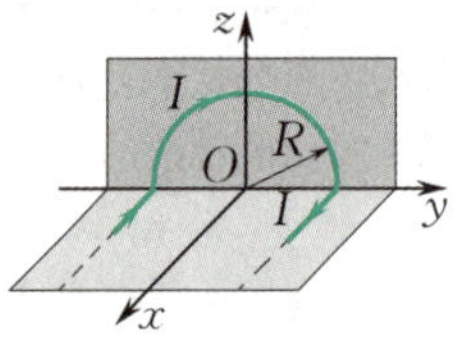

图 15.41 习题 15.7 图

****15.8** 如图 15.42 所示，两个共轴圆线圈，每个线圈中的电流都是 I，半径为 R，两个圆心间距离 $O_1O_2 = R$，试证：O_1O_2 中点 O 处附近为均匀磁场.

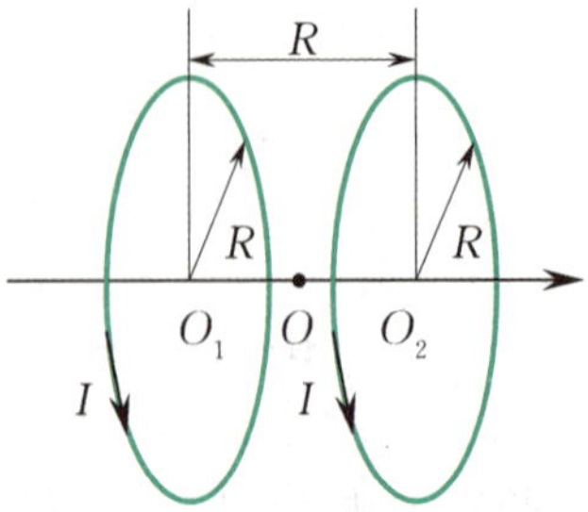

图 15.42 习题 15.8 图

15.9 如图 15.43 所示，将半径为 R 的无限长导体圆柱面沿轴向割去一宽为 $h(h \ll R)$ 的无限长缝后，沿轴向均匀地通有电流，面电流密度为 i，求轴线上任一点处的磁感应强度大小.

***15.10** 在半径为 $R = 1.0\ \mathrm{cm}$ 的无限长半圆柱面导体中均匀地通有电流 $I = 5.0\ \mathrm{A}$，如图 15.44 所示. 求圆柱轴线上任一点处的磁感应强度大小.

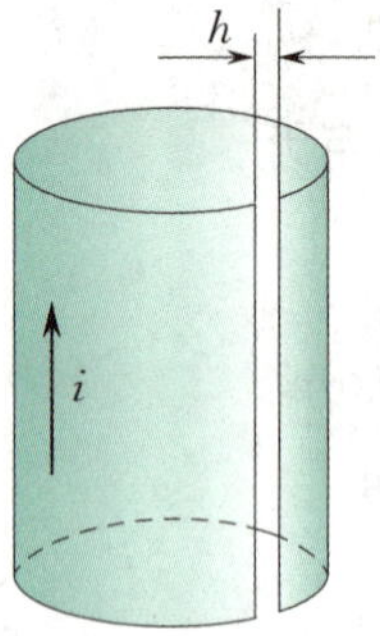

图 15.43 习题 15.9 图

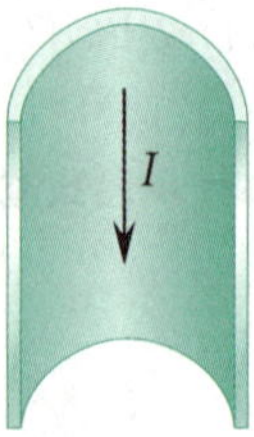

图 15.44 习题 15.10 图

15.11 如图 15.45 所示，宽度为 a 的无限长薄金属板中通有电流 I，电流沿薄板宽度方向均匀分布. 求在薄板所在平面内距薄板的边缘为 x 的 P 点处的磁感应强度大小.

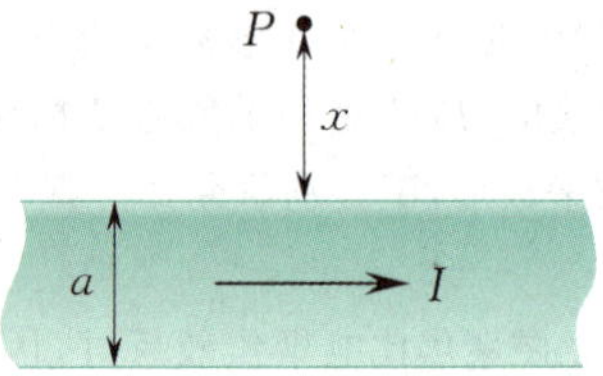

图 15.45 习题 15.11 图

***15.12** 微波炉线圈结构如图 15.46 所示，设线圈中的电流为 I，总匝数为 N，它被限制在半径分别为 R_1 和 R_2 的两个圆周之间. 求此线圈盘中心 O 点处的磁感应强度.

图 15.46 习题 15.12 图

***15.13** 如图 15.47 所示，在半径为 R 的木球上紧密地绕有细导线，相邻线圈可视为相互平行，盖住半个球面，设导线中电流为 I，总匝数为 N，求球心 O 点处的磁感应强度大小.

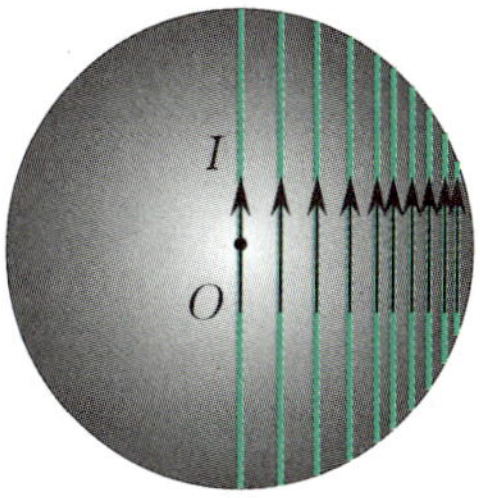

图 15.47 习题 15.13 图

15.14 如图 15.48 所示，两个共面的平面带电圆环，其内、外半径分别为 R_1，R_2 和 R_3，R_4（$R_1 < R_2 < R_3 < R_4$），外圆环以每秒 n_2 转的转速顺时针转动，内圆环以每秒 n_1 转的转速逆时针转动，两圆环面电荷密度均为 σ. 问 n_1 和 n_2 的比值多大时，圆心 O 点处的磁感应强度为零？

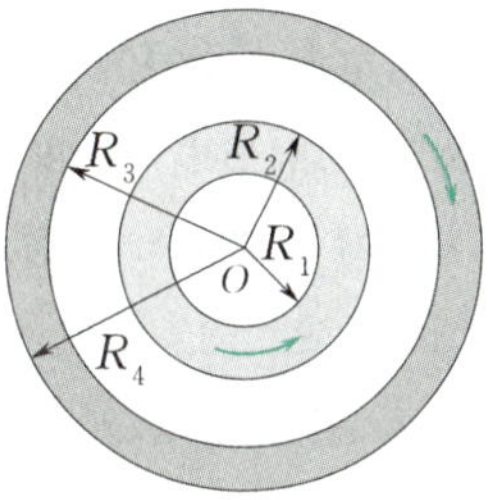

图 15.48 习题 15.14 图

15.15 如图 15.49 所示，半径为 R 的无限长直圆柱导体，通有电流 I，电流在截面上分布不均匀，电流密度 $j = kr$（k 为常数，r 为场点到轴线的距离），求导体内的磁感应强度大小.

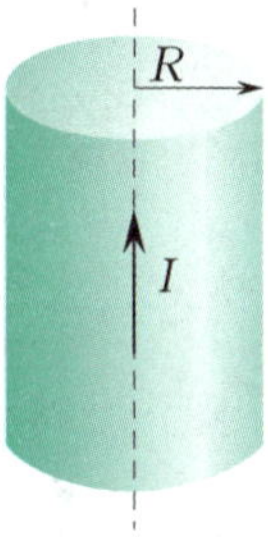

图 15.49 习题 15.15 图

15.16 如图 15.50 所示，有一圆盘表面均匀带有电量 Q，半径为 a，绕过盘心且与盘面垂直的轴转动，设角速度为 ω. 求圆盘中心 O 点处的磁感应强度.

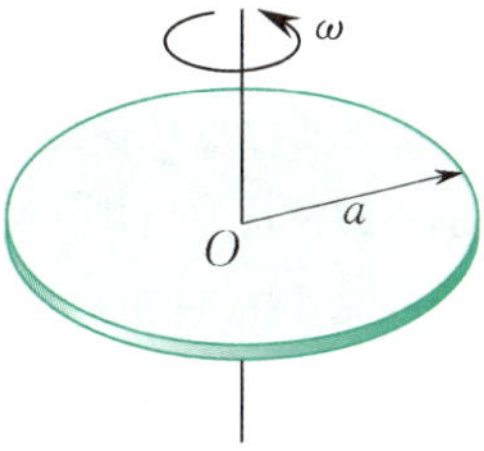

图 15.50 习题 15.16 图

15.17 两条无限长载流直导线与一长方形线圈共面，如图 15.51 所示. 已知 $a = b = c = 10$ cm，$l = 10$ m，$I_1 = I_2 = 100$ A，电流方向如图所示，求通过线圈的磁通量.

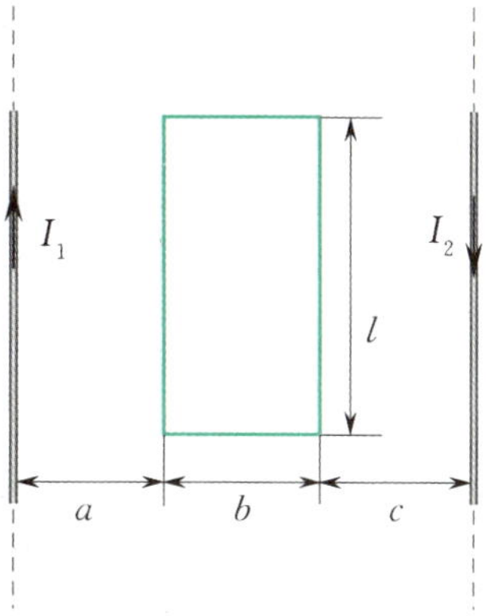

图 15.51 习题 15.17 图

15.18 如图 15.52 所示，一电子在垂直于均匀磁场的平面内做半径为 $R = 1.2$ cm 的圆周运动，电子速度为 $v = 10^4$ m/s. 求电子运动轨道所包围面积中的磁通量.

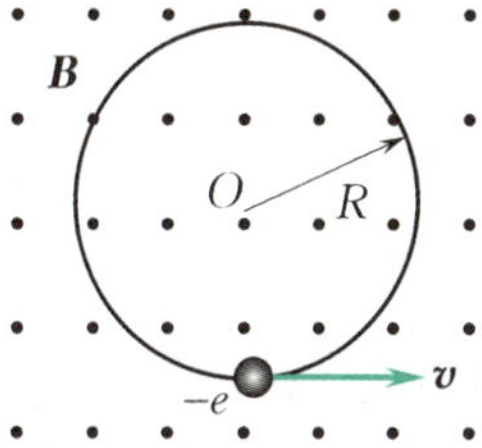

图 15.52 习题 15.18 图

15.19 如图 15.53 所示，同轴电缆由导体圆柱和一同轴导体薄圆筒构成，电流 I 从一导体流入，从另一导体流出，且导体上电流均匀分布在其横截面上，设圆柱半径为 R_1，圆筒半径为 R_2. 求：

(1) 磁感应强度大小 B 的分布；

(2) 通过图中圆柱和圆筒之间斜线部分的磁通量.

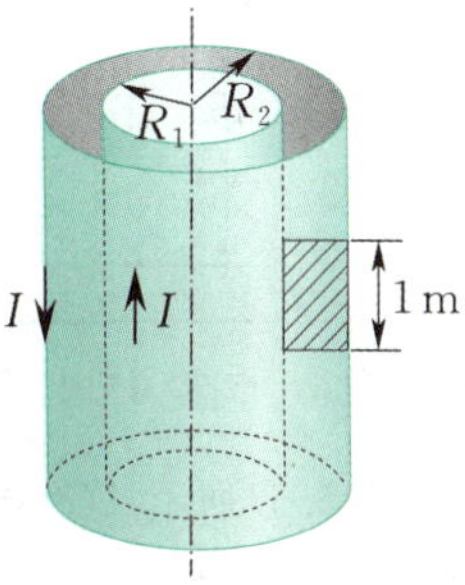

图 15.53 习题 15.19 图

**15.20 如图 15.54 所示,一无限长载流柱形导体,具有半径为 R 的圆形横截面,在其内部有与导体侧面相切、半径为 a 的圆柱形长孔,其轴与导体轴平行,两轴相距 $b=R-a$,导体载有均匀分布的电流 I.

(1) 试证明孔内的磁场为均匀场,并求出磁感应强度大小 B;

(2) 若要获得与载流为 I、单位长度匝数为 n 的长螺线管内部磁场相等的均匀磁场,a 应满足什么条件?

*15.21 如图 15.55 所示,一无限大均匀载流平板,厚度为 d(竖直方向和垂直于纸面方向的线度均为无限大),电流沿竖直方向流动,电流密度为 $\boldsymbol{j}$. 求平板内、外的磁场分布.

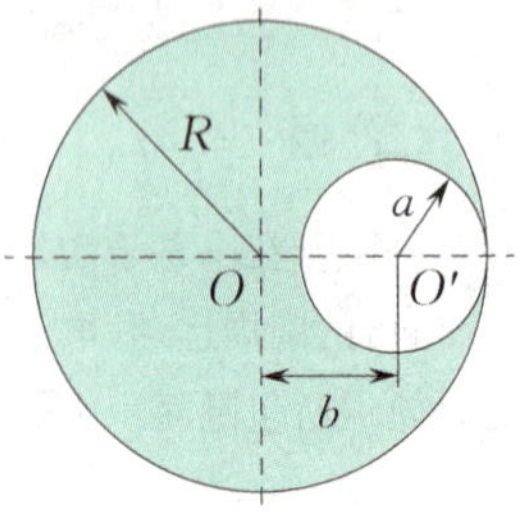

图 15.54 习题 15.20 图

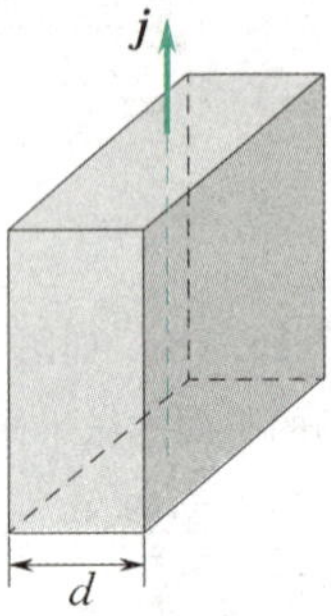

图 15.55 习题 15.21 图

15.22 安培天平如图 15.56 所示,它的一臂挂有矩形线圈,共 n 匝. 线圈下部处在均匀磁场 $\boldsymbol{B}$ 内,下边长为 l 且与磁场垂直. 当线圈导线中通有电流 I 时,调节砝码使两臂平衡;然后使电流反向,这时需在一臂上加质量为 m 的砝码,才能使两臂再平衡.

(1) 写出求磁感应强度 $\boldsymbol{B}$ 大小的公式;

(2) 当 $l=10.0\ \text{cm}, m=8.78\ \text{g}, n=5, I=0.10\ \text{A}$ 时,求 B.

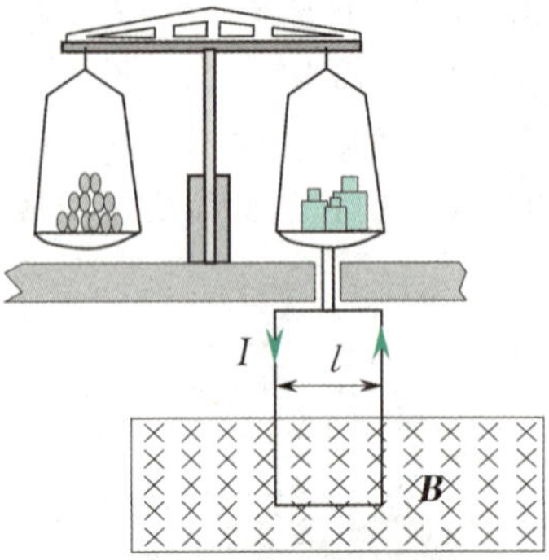

图 15.56 习题 15.22 图

15.23 如图 15.57 所示,载有电流 I_1 的无限长直导线旁有一正三角形线圈,边长为 a,载有电流 I_2,靠近直导线的一边与直导线平行且与直导线相距为 b,直导线与线圈共面,求载流直导线产生的磁场作用在该三角形线圈上的力.

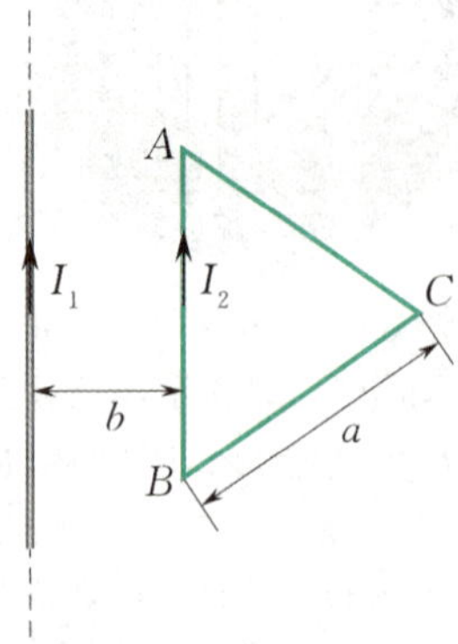

图 15.57 习题 15.23 图

*15.24 载有电流 I_1 的无限长直导线上有一个半径为 R、电流为 I_2 的圆形电流线圈,长直导线沿其直径方向,且相互绝缘,如图 15.58 所示. 求圆形线圈在电流 I_1 的磁场中所受到的安培力.

*15.25 如图 15.59 所示,斜面上放有一木制圆柱,质量 $m=0.5\ \text{kg}$,半径为 R,长为 $l=0.10\ \text{m}$,圆柱上绕有 10 匝导线,圆柱体的轴线与各匝导线回路平面平行. 斜面倾角为 θ,且斜面和圆柱处于均匀磁场中 $(B=0.50\ \text{T})$,$\boldsymbol{B}$ 的方向竖直向上. 如果线圈平面与斜面平行,通过回路的电流 I 至少要多大时,圆柱才不致沿斜面向下滚动?

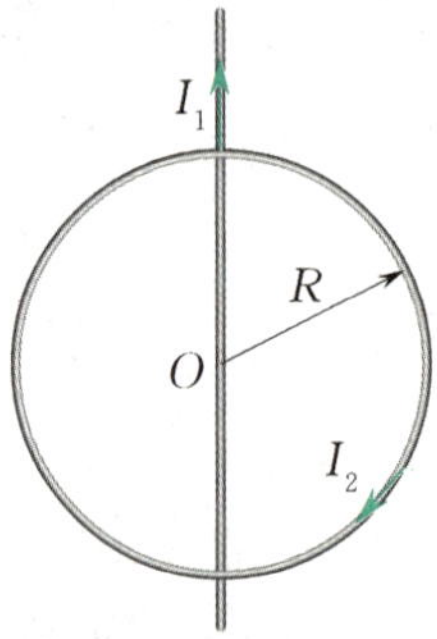

图 15.58 习题 15.24 图

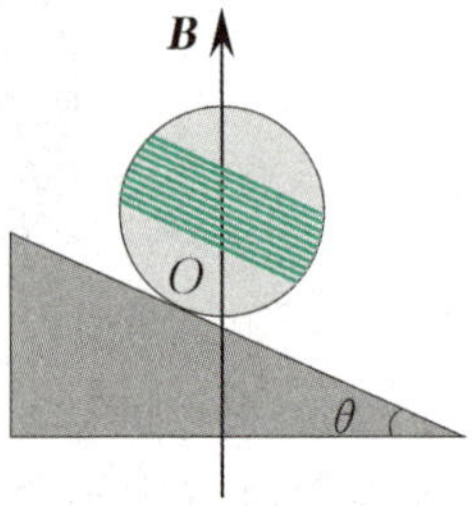

图 15.59 习题 15.25 图

15.26 如图 15.60 所示,均匀带电细棒 AB 的线电荷密度为 λ,它绕过 O 点且垂直于细棒的轴以角速度 ω 匀速转动,设细棒长为 b,其 A 端距离 O 点为 a.

(1) 求 O 点处的磁感应强度大小 B_O;

(2) 求磁矩大小 p_m;

(3) 若 $a \gg b$,求 B_O 与 p_m.

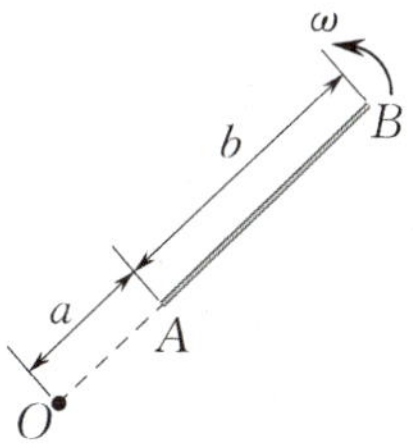

图 15.60　习题 15.26 图

15.27　一圆线圈直径为 8 cm,共 12 匝,通有电流 5 A,将此线圈置于磁感应强度大小为 0.6 T 的均匀磁场中,求:

(1) 作用在线圈上的最大磁力矩;

(2) 磁力矩为最大磁力矩的一半时线圈平面的位置.

15.28　如图 15.61 所示,软导线置于均匀磁场中,导线的下端挂一重物,使导线中产生张力 T,当导线中通有电流 I 时,导线处在磁场中的一段将变成圆弧状. 证明:圆弧的半径为 $r=\frac{T}{BI}$.

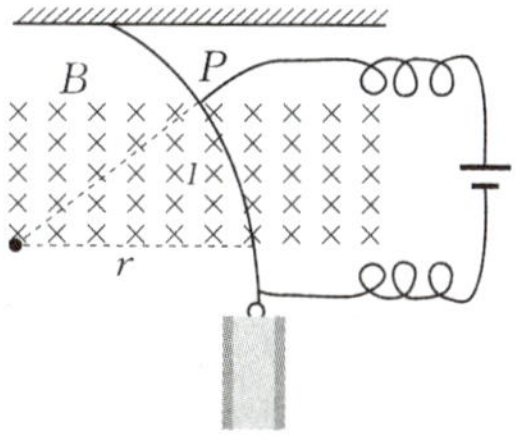

图 15.61　习题 15.28 图

15.29　一带电量为 7.80 μC(1 μC = 10^{-6} C) 的粒子在均匀磁场中运动,已知粒子的速度为 $\boldsymbol{v}=-(3.8\times10^{3}\ \mathrm{m/s})\boldsymbol{j}$. 测得粒子所受的磁力为 $\boldsymbol{F}=(7.60\times10^{-3}\ \mathrm{N})\boldsymbol{i}-(5.20\times10^{-3}\ \mathrm{N})\boldsymbol{k}$.

(1) 计算磁场在各坐标轴上的分量.

(2) 哪个磁场分量不能由力的测量得出?

(3) 求磁场方向与粒子所受磁力的夹角.

15.30　在习题 15.28 中,若去掉导线,将一带电量为 $-q$ 的粒子射入磁场中,该带电粒子将沿同一圆弧运动. 设带电粒子的动量大小为 $p=qT/I$. 据此说明,习题 15.28 中软导线可以模拟带电粒子在磁场中的运动轨迹.

***15.31**　磁力可用来输送导电液体,如液态金属、血液等. 如图 15.62 所示,某管道用来输送液态钠,在垂直于管道方向加一磁场 $\boldsymbol{B}$,同时在垂直于管道和磁场的方向通以电流,电流密度为 $\boldsymbol{j}$,在管道上沿管道方向取一段长为 l 的液体.

(1) 试证明该段液体两端由磁力产生的压力差为 $\Delta p=jlB$,该压力驱动液体沿管道流动;

(2) 设 $B=1.5$ T,$l=2.0$ cm,要在 l 两端产生 1.0 atm 的压强差,电流密度是多少?

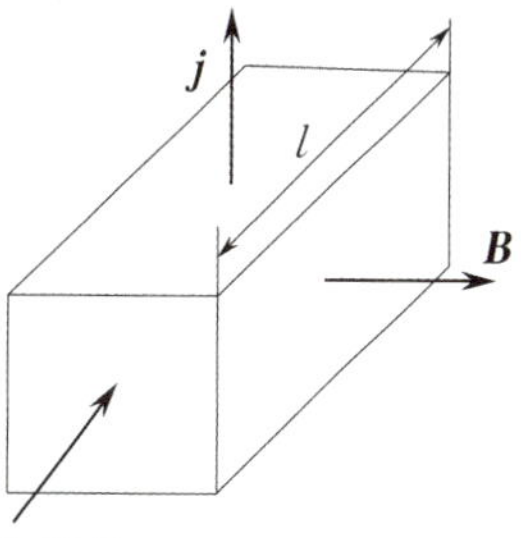

图 15.62　习题 15.31 图

15.32　一电子在 $B=20\times10^{-4}$ T 的磁场中做半径为 $R=2$ cm 的螺旋运动,螺距 $h=5$ cm,如图 15.63 所示,求:

(1) 电子的速率;

(2) $\boldsymbol{B}$ 的方向.

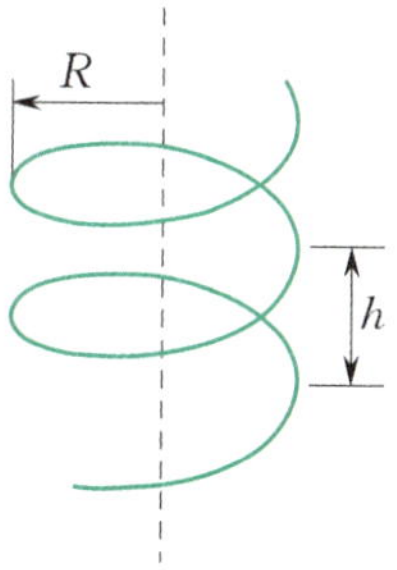

图 15.63　习题 15.32 图

15.33　如图 15.64 所示为一银质条带,$z_1=2$ cm,$y_1=1$ mm. 银条置于均匀磁场(方向沿 y 轴正方向)中,$B=1.5$ T. 设电流 $I=200$ A,自由电子浓度为 $n=7.4\times10^{28}\ \mathrm{m^{-3}}$,试求:

(1) 电子的定向运动速度;

(2) 霍尔电压.

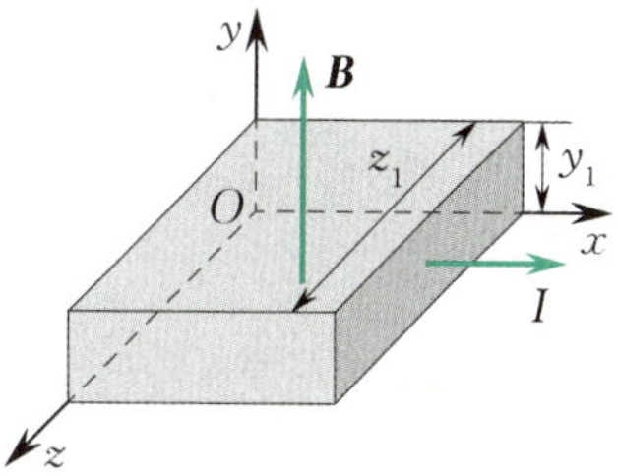

图 15.64　习题 15.33 图

****15.34** 中子所带的总电量为零，但中子有磁矩．已知中子是由3个夸克组成，其中一个是带电量为$+2e/3$的上夸克，另外两个是各带$-e/3$电量的卜夸克．由于夸克运动，中子可有一定磁矩．已知中子磁矩的实验值为9.66×10^{-27} A·m^2，假设夸克的运动范围不超过1.2×10^{-15} m，你能建立某种合适模型，使得计算出的中子磁矩和实验值相吻合吗？

15.35 从太阳发射出来的电子进入地球上空的范艾仑带中某处，已知该处磁感应强度的大小约为4×10^{-7} T，电子速度大小为0.8×10^{8} m/s，速度方向与磁场方向垂直，该电子做圆周运动的轨道半径为多大？电子在范艾仑带中绕地球磁场的磁场线做缓慢的螺旋运动，则当电子旋进到地磁北极附近区域时（$B=2\times10^{-5}$ T），其轨道半径又为多大？

第16章

磁介质的磁化

近几十年来，计算机硬盘的体积越来越小，容量却变得越来越大，硬盘“大容量、小型化”缘何得以实现?

实际应用中，磁场内总有其他物体——磁介质，如变压器、电动机、发电机和电磁铁的线圈几乎都用铁芯来增强磁场，并将其限制在特定的区域内；永久磁铁、磁性录音带和计算机磁盘等的生产与应用也都与磁介质在磁场中的行为有关.

物质的分子(或原子)中存在运动电荷，当物质放入磁场中时，其内部的运动电荷将受到磁力的作用而使物质处于一种特殊的状态，处于这种特殊状态的物质又会反过来影响磁场的分布.物理学在研究这种相互作用时，首先要建立起磁介质的微观结构模型.从微观上看，分子内的电荷运动存在与之对应的电流，这使得分子具有磁矩——分子磁矩，因此我们可将磁介质看作是由很多分子磁矩构成的集合.磁介质与磁场的相互作用可归结为磁场与分子磁矩的相互作用.根据磁介质在磁场中的行为，我们可将磁介质分为三大类：顺磁质、抗磁质和铁磁质，本章分析研究这三类磁介质微观结构的差异，讨论它们和磁场相互影响的规律及磁场分布计算的有关问题.

本章目标

1. 分析磁场和磁介质的相互作用及相互影响的微观过程.
2. 描述磁介质的磁化情况.
3. 研究磁化电流的分布.
4. 分析顺磁质、抗磁质及铁磁质的磁化规律.
5. 计算具有典型对称性的电流-磁介质系统的磁场分布.

16.1 磁介质的磁化 磁化强度

16.1.1 磁介质对磁场的影响

当研究物体与磁场的相互作用时，我们将物体称为磁介质(magnetic material). 磁介质在磁场的作用下会产生附加磁场，这种现象称为磁化(magnetization). 物体的磁化反过来又会影响磁场，这种影响可以通过实验方法测出来. 取一个管内为真空或空气的长直螺线管，通以电流 I，测出此时螺线管内的磁感应强度 $\boldsymbol{B}_0$ 的大小. 然后保持电流 I 不变，将一均匀磁介质插入螺线管内，再测出此时螺线管内磁介质中磁感应强度 $\boldsymbol{B}$ 的大小. 实验表明，前后两次测得的磁感应强度大小不相同，其关系可以表示为

$$B = \mu_r B_0, \tag{16.1}$$

式中 μ_r 称为磁介质的相对磁导率(relative permeability). 我们将 $\mu = \mu_0\mu_r$ 定义为磁介质的绝对磁导率，简称磁导率(permeability). μ_r 和 μ 反映了磁介质的磁学性质，它与磁介质的种类和状态有关.

根据磁介质对外磁场响应的特点及 μ 和 μ_r 的具体情况，我们可将磁介质分为三类.

(1) 顺磁质(paramagnetic material)：顺磁质的 μ_r 略大于 1，μ 略大于 μ_0，B 略大于 B_0. 在常温常压下，铝、铂、氧等属于顺磁质.

(2) 抗磁质(diamagnetic substance)：抗磁质的 μ_r 略小于 1，μ 略小于 μ_0，B 略小于 B_0. 在常温常压下，汞、铜、铅和惰性气体等属于抗磁质.

(3) 铁磁质(ferromagnetic material)：铁磁质的相对磁导率 $\mu_r \gg 1$，μ_r 常在 $10^2 \sim 10^6$ 之间，甚至更大，$\mu \gg \mu_0$，铁磁质的 μ 不是常量，与外磁场有关，B 远大于 B_0. 铁、钴、镍、钆及其合金为铁磁质.

几种磁介质的相对磁导率如表 16.1 所示.

表 16.1 几种磁介质的相对磁导率

磁介质种类		相对磁导率
抗磁质	铋(293 K)	$1-16.6\times10^{-5}$
	汞(293 K)	$1-2.9\times10^{-5}$
	铜(293 K)	$1-1.0\times10^{-5}$
	氢(气体)	$1-3.98\times10^{-5}$
顺磁质	氧(气体 293 K)	$1+344.9\times10^{-5}$
	铝(293 K)	$1+1.65\times10^{-5}$
	铂(293 K)	$1+26\times10^{-5}$
铁磁质	纯铁	5×10^3(最大值)
	硅钢	7×10^2(最大值)
	坡莫合金	1×10^5(最大值)

磁介质为何会对磁场有如此影响?不同种类的磁介质对外磁场有不同响应的原因何在?磁介质磁化的微观机理是什么?这涉及磁介质的微观结构,下面简单介绍相关内容.

16.1.2 分子磁矩 分子电流

物质由分子或原子构成.原子中的电子有绕原子核的轨道运动和自身的自旋运动,这两种运动都相当于一个圆电流,都具有磁矩,分别称为电子轨道磁矩 μ_l 和电子自旋磁矩 μ_s. 下面以轨道磁矩为例子以说明.如图 16.1 所示,设电子以半径 r、速度 v 绕原子核做圆周运动,电子轨道运动的周期为 $T=\frac{2\pi r}{v}$,则沿着圆形轨道的等效电流为

$$I=\frac{e}{T}=\frac{ev}{2\pi r}.$$

电子运动轨道所包围的面积为 $A=\pi r^2$,于是我们可以得出电子轨道运动的磁矩为

$$\mu_l=IA=\frac{erv}{2}.$$

由于电子的轨道角动量大小为 $L=rmv$,因此电子的轨道磁矩又可写为

$$\mu_l=\frac{e}{2m}L. \tag{16.2a}$$

对于氢原子的最低能量轨道,$r=0.53\times10^{-10}$ m,$v=2.2\times10^6$ m/s,可得其 $\mu_l=9.3\times10^{-24}$ A·m².

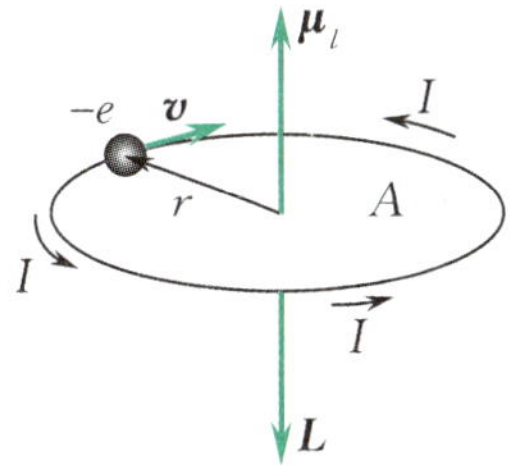

图 16.1 电子轨道磁矩与轨道角动量的关系

实验测得电子的自旋磁矩 $\mu_s=9.27\times10^{-24}$ A·m²,而电子自旋磁矩和电子自旋角动量大小 S 之间的关系为

$$\mu_s=\frac{e}{m}S. \tag{16.2b}$$

式(16.2a)和式(16.2b)的矢量形式为

$$\begin{cases}\boldsymbol{\mu}_l=-\dfrac{e}{2m}\boldsymbol{L},\\ \boldsymbol{\mu}_s=-\dfrac{e}{m}\boldsymbol{S}.\end{cases} \tag{16.2c}$$

原子核也有自旋,但因原子核质量远大于电子质量,故原子核自旋磁矩甚小,一般可忽略.

将整个分子视为一整体,分子内所有电子的轨道磁矩和自旋磁矩以及核自旋磁矩的矢量和称为**分子磁矩**(molecular magnetic moment),以 $\boldsymbol{p}_m$ 表示.该磁矩可看作是由某个圆电流产生的,称为**分子电流**(molecular current).

在无外磁场时,分子所具有的磁矩称为**固有磁矩**(natural magnetic moment).研究表明,顺磁质分子存在固有磁矩,而抗磁质分子的固有磁矩为零,铁磁质的情况较为特殊,将在本章 16.3 节中单独讨论.

动画视频

顺磁质与抗磁质产生磁化电流

16.1.3 顺磁质与抗磁质的磁化

首先，我们以顺磁质为例说明磁介质的磁化. 对顺磁质而言，未加外磁场时，虽然其分子的固有磁矩不为零，但由于热运动，分子磁矩的取向杂乱无章，各分子磁矩产生的磁场互相抵消，磁介质在宏观上不显示磁性. 当把顺磁质放入磁场中时，其分子的固有磁矩要受到磁力矩的作用而试图转向外磁场的方向. 由于分子热运动的影响，各个分子磁矩的取向不可能完全整齐，外磁场越强，分子磁矩 $\boldsymbol{p}_{\mathrm{m}}$ 朝外磁场方向排列越整齐，产生的附加磁场也越强. 这就是顺磁质磁化的微观机理. 为具体起见，我们以圆柱形磁介质沿轴线方向均匀磁化为例来说明. 设此磁介质磁化后各分子电流的磁矩方向都沿圆柱体的轴线方向，如图 16.2 所示.

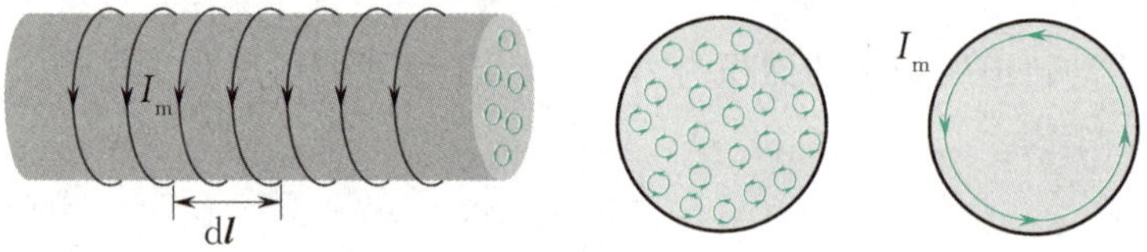

图 16.2　磁介质表面磁化电流的产生

由图 16.2 中可看出，在圆柱体内部及底面上任一点附近，分子电流因方向相反而“相互抵消”. 但在圆柱体表面上，分子电流都沿表面圆周同一绕行方向，其总的效果是相当于圆柱体表面上出现一层环形的表面电流，称之为**磁化电流**(magnetization current)（又称**束缚电流**），用 I_{m} 表示. 应当注意，磁化电流是磁介质磁化后未被抵消的分子电流的宏观表现，而传导电流则是导体中的自由电荷在电场作用下的定向运动，两者截然不同.

抗磁质的特点是无外加磁场时，分子中所有电子以及原子核的磁矩的矢量和为零，即分子的固有磁矩为零. 加上外磁场后，抗磁质分子的每个电子和原子核都会产生与外磁场方向相反的附加磁矩. 这些附加磁矩是如何产生的呢?

以电子的轨道运动为例. 电子做轨道运动时，因电子带负电，其轨道磁矩 $\boldsymbol{\mu}_l$ 的方向与其角动量 $\boldsymbol{L}$ 的方向相反（见图 16.1）. 外加磁场为 $\boldsymbol{B}_0$ 时，电子的轨道运动要受到磁力矩 $\boldsymbol{M}=\boldsymbol{\mu}_l\times\boldsymbol{B}_0$ 的作用，电子轨道角动量增量 $\mathrm{d}\boldsymbol{L}=\boldsymbol{M}\mathrm{d}t$，其方向与 $\boldsymbol{M}$ 的方向相同，总是垂直于 $\boldsymbol{\mu}_l$ 的方向，即总是垂直于角动量 $\boldsymbol{L}$ 的方向. 所以，电子的角动量 $\boldsymbol{L}$ 要绕与外加磁场 $\boldsymbol{B}_0$ 平行的轴进动，该进动相当于一个圆电流，从而产生一个附加磁矩 $\Delta\boldsymbol{p}_{\mathrm{m}}$，因电子带负电，故电子进动的等效电流方向与进动方向相反，所产生的附加磁矩的方向也与外磁场 $\boldsymbol{B}_0$ 的方向相反. 图 16.3 所示为电子轨道运动在磁场中的进动与附加磁矩示意图. 在图 16.3(a) 所示时刻，电子轨道运动所受的磁力矩方向垂直于纸面向外，角动量 $\boldsymbol{L}$ 要绕与外加磁场 $\boldsymbol{B}_0$ 平行的轴按图 16.3(a) 所示方向进动，产生一个与外磁场 $\boldsymbol{B}_0$ 方向相反

的附加磁矩 $\Delta \boldsymbol{p}_{\mathrm{m}}$. 若电子沿相反方向做轨道运动，在图 16.3(b) 所示时刻，它的角动量 $\boldsymbol{L}$ 与轨道磁矩 $\boldsymbol{\mu}_l$ 的方向都与图 16.3(a) 中的相反，外磁场 $\boldsymbol{B}_0$ 对电子轨道运动产生的磁力矩 $\boldsymbol{M}$ 的方向也相反(垂直纸面向里). 这一磁力矩也使得角动量 $\boldsymbol{L}$ 沿与 $\boldsymbol{B}_0$ 平行的轴进动，并且其进动方向与图 16.3(a) 中的角动量 $\boldsymbol{L}$ 进动方向相同，所产生的附加磁矩 $\Delta \boldsymbol{p}_{\mathrm{m}}$ 仍然和外磁场 $\boldsymbol{B}_0$ 的方向相反. 因此，不管电子轨道运动方向如何，也不论电子原来的磁矩与外磁场方向之间的夹角是何值，外磁场对它的磁力矩的作用总是要使它产生一个与外磁场方向相反的附加磁矩 $\Delta \boldsymbol{p}_{\mathrm{m}}$.

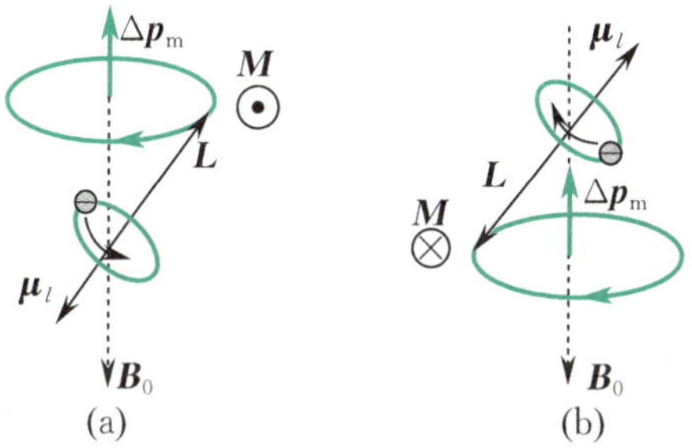

图 16.3　电子轨道运动在磁场中的进动与附加磁矩

可以证明(证明从略)，在外磁场作用下，原子中一个电子的轨道运动因进动而产生的平均附加磁矩大小为

$$\Delta p_{\mathrm{m}} = -\frac{e^2\, \overline{r^2}}{6\, m_{\mathrm{e}}} B_0, \tag{16.3}$$

式中 e 为元电荷，r 为电子轨道运动半径，m_{e} 为电子质量，负号表示附加磁矩 $\Delta \boldsymbol{p}_{\mathrm{m}}$ 与外磁场 $\boldsymbol{B}_0$ 反向.

由式(16.3)可以算得附加磁矩 $\Delta \boldsymbol{p}_{\mathrm{m}}$ 的数值是很小的，在 1 T 的强磁场中，$\Delta \boldsymbol{p}_{\mathrm{m}}$ 的数值约为电子轨道磁矩的 $1/10^5$. 因此，虽然由 $\Delta \boldsymbol{p}_{\mathrm{m}}$ 引起的抗磁性在各类磁介质中都存在，但对于顺磁质而言，由于分子的固有磁矩在外磁场中的转向而产生的顺磁性比抗磁性强，因此顺磁质主要表现为顺磁性.

利用某些物质的顺磁性做成的“固体量子放大器”在弱信号的放大中具有极低的噪声水平，在微波领域有着重要的应用；利用物质的顺磁性还可测量晶体的微观性质等.

16.1.4　磁化强度

无论是顺磁质还是抗磁质，无外磁场时，在磁介质内任取一宏观小体积，其包含的所有分子磁矩的矢量和为零($\sum \boldsymbol{p}_{\mathrm{m}} = \boldsymbol{0}$)，宏观上不显示磁性. 当加上外磁场时，顺磁质分子磁矩不同程度地朝外磁场方向转动，故其矢量和不再为零，即 $\sum \boldsymbol{p}_{\mathrm{m}} \neq \boldsymbol{0}$，宏观上表现出磁性. 外磁场愈强，分子磁矩 $\boldsymbol{p}_{\mathrm{m}}$ 沿外磁场方向排列愈整齐，产生的附加磁场也愈强. 抗磁质分子在外磁场的作用下产生附加磁矩，分子磁矩的矢量和也不再为零，外磁场愈强，分子产生的附加磁矩愈大，产生的附加磁场也愈强.

由上述分析可知，分子磁矩的矢量和 $\sum \boldsymbol{p}_{\mathrm{m}}$ 反映了磁介质的磁化情况. 基于这一考虑，引入定量描述磁介质磁化状态（磁化程度和磁化方向）的物理量——**磁化强度**（magnetization），以 $\boldsymbol{M}$ 表示，定义为磁介质中单位体积内分子磁矩的矢量和，用数学式表示为

$$\boldsymbol{M} = \lim_{\Delta V \to 0} \frac{\sum \boldsymbol{p}_{\mathrm{m}}}{\Delta V}. \tag{16.4}$$

在国际单位制中，磁化强度的单位为安[培]每米（A/m）.

磁化强度 $\boldsymbol{M}$ 可描述磁介质中各点处的磁化状态. 磁介质磁化时，若各处的 $\boldsymbol{M}$ 皆相同，则称为均匀磁化.

16.1.5 磁化强度与磁化电流的关系

微课视频

磁化强度与磁化电流的关系

描述磁介质磁化情况的磁化强度 $\boldsymbol{M}$ 与作为磁化结果的磁化电流 I_{m} 之间存在着必然的定量关系.

在磁介质内取一个线元 $\mathrm{d}\boldsymbol{l}$，设该线元和外磁场 $\boldsymbol{B}$ 的夹角为 θ. 由于磁化，分子磁矩 $\boldsymbol{p}_{\mathrm{m}}$ 要沿外磁场方向排列，等效分子电流平面将转至与 $\boldsymbol{B}$ 垂直的方向. 假定每个分子的分子电流为 i，其环绕的圆周半径为 r，则与 $\mathrm{d}\boldsymbol{l}$"铰链"（套住 $\mathrm{d}\boldsymbol{l}$）的分子电流的中心都处于以 πr^2 为底面、以 $\mathrm{d}\boldsymbol{l}$ 为轴线的斜柱体内，如图 16.4 所示. 若单位体积磁介质内有 n 个分子，则与 $\mathrm{d}\boldsymbol{l}$"铰链"的总分子电流为

$$\mathrm{d}I_{\mathrm{m}} = ni\pi r^2 \mathrm{d}l\cos\theta,$$

式中 $i\pi r^2 = p_{\mathrm{m}}$ 为一个分子的磁矩大小，np_{m} 为单位体积磁介质内分子磁矩的矢量和的大小，即磁化强度 $\boldsymbol{M}$ 的大小，因此有

$$\mathrm{d}I_{\mathrm{m}} = M\cos\theta \mathrm{d}l = \boldsymbol{M} \cdot \mathrm{d}\boldsymbol{l}.$$

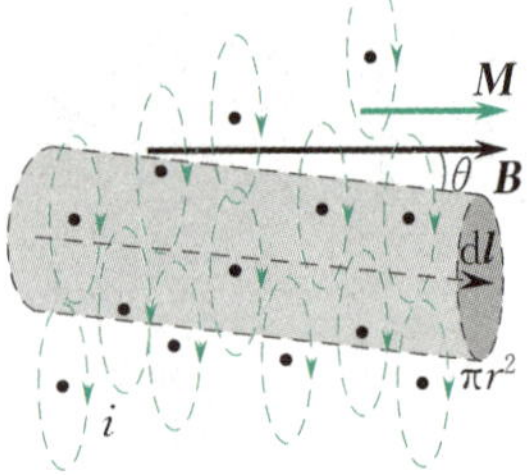

图 16.4　分子电流与磁化强度

如果 $\mathrm{d}\boldsymbol{l}$ 是磁介质表面上（沿表面方向）的一个线元（见图 16.2），$\mathrm{d}I_{\mathrm{m}}$ 就表现为磁化面电流. $\dfrac{\mathrm{d}I_{\mathrm{m}}}{\mathrm{d}l}$ 称为磁化面电流密度，用 j_{m} 表示，则有

$$j_{\mathrm{m}} = \frac{\mathrm{d}I_{\mathrm{m}}}{\mathrm{d}l} = M\cos\theta.$$

当 $\theta = 0°$，即 $\boldsymbol{M}$ 与 $\mathrm{d}\boldsymbol{l}$ 平行时，磁化面电流密度大小为

$$j_{\mathrm{m}} = M,$$

方向与 $\boldsymbol{M}$ 垂直. 考虑到方向之后，上式可写为矢量形式：

$$\boldsymbol{j}_{\mathrm{m}} = \boldsymbol{M} \times \boldsymbol{n}, \tag{16.5}$$

式中 $\boldsymbol{n}$ 为磁介质表面外法线方向上的单位矢量.

式（16.5）表明，磁介质表面某处磁化面电流密度的大小等于该处磁化强度沿表面的切向分量的大小；磁化面电流的绕行方向与磁化强度及磁介质表面外法线方向之间满足右手螺旋关系. 式（16.5）是 $\boldsymbol{j}_{\mathrm{m}}$ 与 $\boldsymbol{M}$ 之间的普遍关系式.

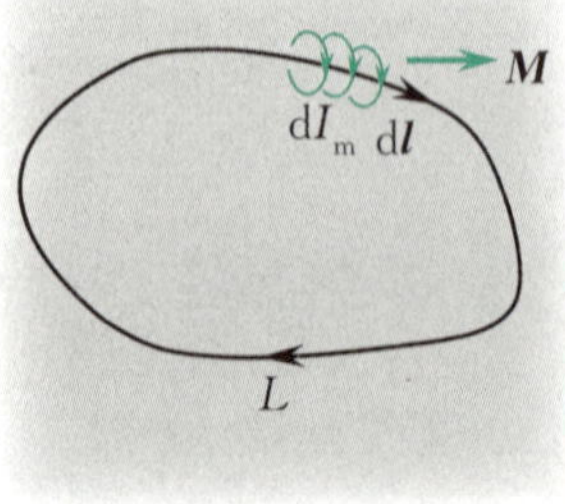

图 16.5　与闭合回路 L"铰链"的磁化电流

在磁介质内任取一闭合回路 L，如图 16.5 所示，则与 L 上各线元"铰链"的分子电流的总和就是与闭合回路 L"铰链"的（或闭合回路 L 包围的）总磁化电流，即

$$I_m = \oint_L dI_m = \oint_L \boldsymbol{M} \cdot d\boldsymbol{l}. \quad (16.6)$$

这一公式说明，闭合回路 L 所包围的总磁化电流等于 $\boldsymbol{M}$ 绕该闭合回路的线积分. 这也是一个普遍关系.

思考

1. 磁化电流与传导电流有什么不同？引入磁化电流这一概念，有什么用处？
2. 磁介质的磁化机制和电介质的极化机制有何异同？

16.2 有磁介质时的安培环路定理

16.2.1 磁场强度 有磁介质时的安培环路定理

在外磁场中磁化了的磁介质会产生磁化电流 I_m，磁化电流也会产生磁场，因此磁介质内任一点处的磁场 $\boldsymbol{B}$ 应是外磁场 $\boldsymbol{B}_0$ 与磁化电流 I_m 产生的附加磁场 $\boldsymbol{B}'$ 的矢量和，即

$$\boldsymbol{B} = \boldsymbol{B}_0 + \boldsymbol{B}'. \quad (16.7)$$

有磁介质时，安培环路定理应为

$$\oint_L \boldsymbol{B} \cdot d\boldsymbol{l} = \oint_L (\boldsymbol{B}_0 + \boldsymbol{B}') \cdot d\boldsymbol{l} = \mu_0 \left(\sum I_0 + I_m\right),$$

式中 $\sum I_0$，I_m 分别是闭合回路 L 所包围的传导电流代数和及总磁化电流. 利用式(16.6)消去上式中的 I_m，移项后可得

$$\oint_L \left(\frac{\boldsymbol{B}}{\mu_0} - \boldsymbol{M}\right) \cdot d\boldsymbol{l} = \sum I_0.$$

引入物理量——磁场强度(magnetic intensity)，用符号 $\boldsymbol{H}$ 表示，其定义为

$$\boldsymbol{H} = \frac{\boldsymbol{B}}{\mu_0} - \boldsymbol{M}, \quad (16.8)$$

则有磁介质时的安培环路定理可表示为

$$\oint_L \boldsymbol{H} \cdot d\boldsymbol{l} = \sum I_0. \quad (16.9)$$

式(16.9)说明，**磁场强度沿任一闭合回路的环流等于该闭合回路所包围的传导电流的代数和.**

磁场强度 $\boldsymbol{H}$ 是描述磁场的一个辅助物理量，是矢量. 在国际单位制中，磁场强度的单位为安[培]每米(A/m).

实验表明，对于各向同性磁介质，磁化强度 $\boldsymbol{M}$ 和磁场强度 $\boldsymbol{H}$ 之间的关系为

$$\boldsymbol{M} = \chi_m \boldsymbol{H}, \quad (16.10)$$

式中 χ_m 称为磁化率(magnetic susceptibility)，是量纲为一的量.

将式(16.10)代入式(16.8)得

$$\boldsymbol{B}=\mu_0(1+\chi_m)\boldsymbol{H}, \tag{16.11}$$

记 $\mu_r=1+\chi_m$, μ_r 实际上就是式(16.1)中引入的相对磁导率,亦是量纲为一的量. 于是式(16.11)可改写为

$$\boldsymbol{B}=\mu_0\mu_r\boldsymbol{H}. \tag{16.12}$$

令 $\mu=\mu_0\mu_r$,称为磁介质的磁导率(permeability),它是一个量纲与 μ_0 相同的物理量. 这样,式(16.12)又可写成

$$\boldsymbol{B}=\mu\boldsymbol{H}. \tag{16.13}$$

磁介质不同,其 μ_r, μ, χ_m 一般也不相同. 顺磁质的 χ_m 为正,数量级为 10^{-4};抗磁质的 χ_m 为负,数量级为 10^{-5},因此,顺磁质和抗磁质的相对磁导率 μ_r 都接近等于1,其磁导率 μ 也接近于真空磁导率 μ_0,都是弱磁质. 而铁磁质的相对磁导率 $\mu_r \gg 1$,常在 $10^2\sim10^6$ 之间,甚至更大, $\mu\gg\mu_0$. 铁磁质磁化后产生的附加磁场 $B'\gg B_0$,使原磁场被大大加强. 但铁磁质的 μ 不是常量, B 与 H 不成正比关系,有关问题将在下节详述.

16.2.2 应用有磁介质时的安培环路定理计算磁场

例 16.1 一无限长直螺线管,单位长度上的线圈匝数为 n,管内充满相对磁导率为 μ_r 的均匀磁介质. 若在导线内通以电流 I,求螺线管内的磁感应强度.

解 如图 16.6 所示,由于螺线管无限长,因此管外磁场为零,管内磁场均匀并且 $\boldsymbol{B}$ 与 $\boldsymbol{H}$ 都与管内的轴线平行. 过螺线管内任意一点 P 作一矩形回路 $abcda$,其中 ab, cd 两边与管轴平行,长为 l. 磁场强度 $\boldsymbol{H}$ 沿此回路 L 的环路积分为

$$\oint_L \boldsymbol{H}\cdot d\boldsymbol{l}=\int_{ab}\boldsymbol{H}\cdot d\boldsymbol{l}+\int_{bc}\boldsymbol{H}\cdot d\boldsymbol{l}+\int_{cd}\boldsymbol{H}\cdot d\boldsymbol{l}+\int_{da}\boldsymbol{H}\cdot d\boldsymbol{l}=Hl.$$

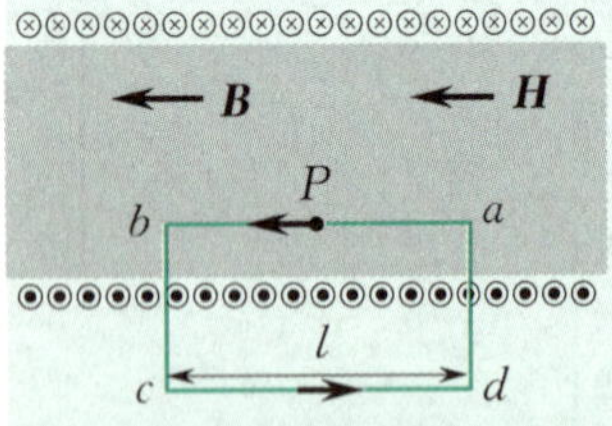

图 16.6 例 16.1 图

此回路所包围的传导电流为 nlI. 根据有磁介质时的安培环路定理,有

$$Hl=nlI,$$

得出 $H=nI$.

再利用式(16.12),可得螺线管内磁感应强度大小为

$$B=\mu_0\mu_r H=\mu_0\mu_r nI.$$

此式表明,螺线管内有磁介质时,其磁感应强度是真空时的 μ_r 倍. 对于顺磁质和抗磁质, $\mu_r\approx1$,磁感应强度变化不大. 对于铁磁质,由于 $\mu_r\gg1$,因此螺线管内的磁感应强度与真空时相比,可增大到千百倍以上.

例 16.2 如图 16.7 所示,一长直电缆内芯是半径为 a 的圆柱形长直导体. 在它和导体外壁(圆柱面)之间充满相对磁导率为 μ_r 的均匀磁介质. 电流 I 均匀流过导体,并由外壁流回. 求磁介质中磁感应强度的分布.

解 由于电流与磁介质分布具有轴对称性,因此磁场分布也具有轴对称性. 在垂直于电缆轴的平面内,作圆心在轴上、半径为 r 的圆形闭合回路,根据有磁介质时的安培环路定理,有

$$\oint_L \boldsymbol{H} \cdot \mathrm{d}\boldsymbol{l} = H \cdot 2\pi r = I,$$

即磁介质中的磁场强度大小为

$$H = \frac{I}{2\pi r}.$$

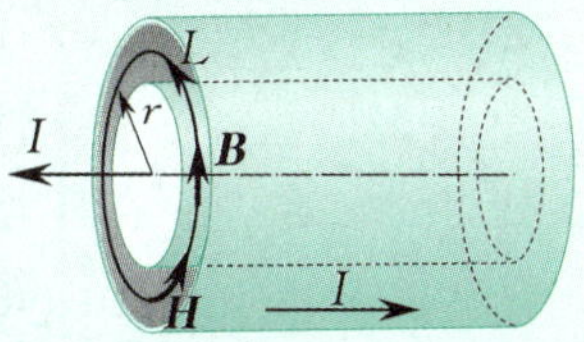

图 16.7 例 16.2 图

由式(16.12)得磁感应强度大小为

$$B = \mu_0 \mu_r H = \frac{\mu_0 \mu_r I}{2\pi r}.$$

B 线是在与电缆轴垂直的平面内、圆心在轴上的同心圆.

思考

1. 顺磁质中 **B** 和 **H** 同方向,而抗磁质中 **B** 和 **H** 方向相反,这一说法正确吗?为什么?
2. 试说明 **B** 和 **H** 的联系与区别,并与静电场中 **E** 和 **D** 的关系做一比较.

16.3 铁磁质

铁磁质是实际应用中最重要的一种磁介质. 20 世纪初,铁磁材料主要用于电机制造和通信器件. 自 20 世纪 50 年代,随着电子计算机和信息技术的发展,铁磁材料开始被用于信息的存储和记录,如磁带、磁盘、计算机的存储器等. 铁磁材料的广泛应用主要与其独特的磁性质有关. 它除了有很大的磁导率 μ,且 μ 不为常量外,还有明显的"磁滞"现象,存在居里点等. 铁、钴、镍、钆及其合金,铁与某些金属和非金属的合金,某些铁酸盐(铁氧体)等,属于铁磁质.

16.3.1 铁磁质的磁化规律

研究铁磁质的磁化规律,即研究 **B**,**M** 与 **H** 的关系,一般用 B 与 H 的关系曲线——磁化曲线(magnetization curve)来表示(知道 **B** 与 **H** 的关系,由式(16.8)即得出 **M** 与 **H** 的关系). 测定磁化曲线的实验装置如图 16.8 所示,将待测的铁磁材料做成闭合细环状,设其周长为 l,环上密绕 N 匝导线,导线中通以励磁电流 I. 由安培环路定理可求得铁磁材料中的磁场强度大小为

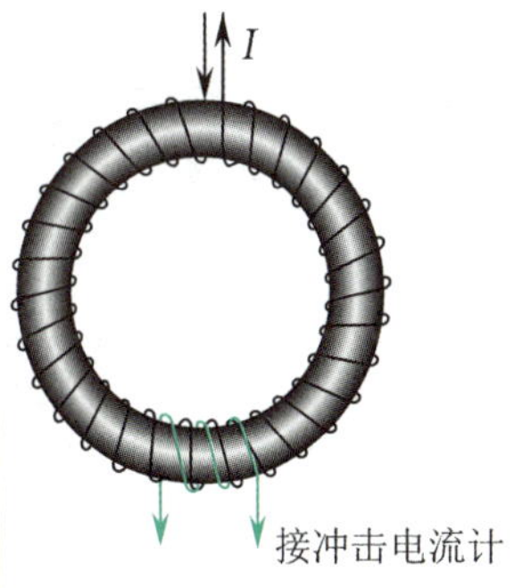

图 16.8 磁化曲线的测定

$$H = \frac{NI}{l}.$$

而磁感应强度的大小 B 可由另外绕在环上、匝数较少且两端接在冲击电流计上的副线圈测出.

设开始时铁磁质处于未磁化状态($H = B = 0$),然后使励磁线圈中的电流 I 由零逐渐增大,同时测得一系列相对应的 B 和 H 值,绘制出如图 16.9 所示的 $B-H$ 关系曲线 $OCDEF$,称为起始磁化曲线(initial magnetization curve). 在 OC 段,B 随 H 增长缓慢,且呈线性关系,其对

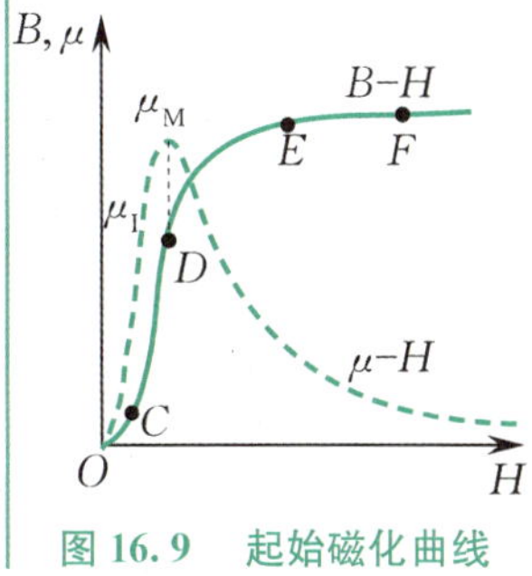

图 16.9 起始磁化曲线

应的磁导率称起始磁导率 μ_{I}. 在 CD 段，B 随 H 增长迅速（基本上也呈线性关系），磁导率较大，其最大值称为最大磁导率 μ_{M}. 在 DE 段，B 随 H 增长缓慢，磁导率 μ 下降. 在 EF 段，B 几乎不随 H 变化，磁化达到饱和，饱和时的磁感应强度 B_{s} 称为**饱和磁感应强度**.

在起始磁化曲线中，起始磁导率 μ_{I}、最大磁导率 μ_{M}、饱和磁感应强度 B_{s} 为 3 个重要的参量. 用于电子、电信设备、仪表（弱电情形）中的磁性材料，要求起始磁导率大；用于电动机、发电机、电力变压器、大型电磁铁（强电情形）中的磁性材料，则要求最大磁导率 μ_{M}、饱和磁感应强度 B_{s} 大. 利用铁磁质磁导率的非线性，可制成非线性磁性器件，用于铁磁功率放大器、铁磁稳压器、无触点继电器等.

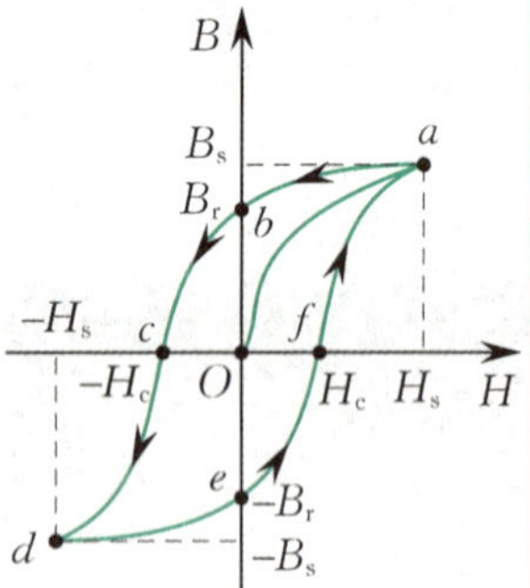

图 16.10　磁滞回线

微课视频

铁磁质磁化的微观机理

铁磁质的起始磁化曲线是不可逆的. 当铁磁质达到磁饱和后，将励磁电流 I 减小使磁场强度 H 减少，这时磁感应强度 B 并不逆向沿起始磁化曲线减小，而是减小得慢些，如图 16.10 中 ab 线段所示. 当 I 减小到零（H 减小到零）时，B 并不为零，此时 B 的值称为**剩磁**（remanent magnetization），以 B_{r} 表示. 要使剩磁 B_{r} 消失，必须加上反向的励磁电流以产生反向的 H，当反向的 H 达到 H_{c} 时，$B=0$（图 16.10 中 bc 段），这一使铁磁质中的 B 完全消失的 H_{c} 值称为铁磁质的**矫顽力**（coercive force）. 再增大反向电流，以增加 H，可使铁磁质达到反向的磁化饱和状态（cd 段）. 将反向电流逐渐减小到零，铁磁质会达到 $-B_{\mathrm{r}}$ 所代表的反向剩磁状态（de 段）. 把电流改为原来的方向并逐渐增大，铁磁质又会经 efa 路径而回到原来的磁饱和状态. 这样，磁化曲线就形成了一个闭合曲线，此闭合曲线称为**磁滞回线**（hysteresis loop）. 由上述讨论可知，B 总是跟不上 H 的变化，此现象称为**磁滞**（magnetic hysteresis）. 由磁滞回线可以看出，铁磁质的磁化状态并不能由励磁电流 I 或 H 的大小唯一确定，它还取决于该铁磁质此前的磁化历史.

铁磁质在交变磁场中反复磁化是需要消耗能量的，此现象称为**磁滞损耗**（magnetic hysteresis loss）. 可以证明，磁滞损耗正比于磁滞回线所围的面积.

16.3.2　铁磁质的分类

按磁滞回线的形状特征，铁磁质可分为以下几种类型.

(1) **软磁材料**（soft magnetic material）：软磁材料的矫顽力很小（$H_{\mathrm{c}}\sim 1\ \mathrm{A/m}$），磁滞回线狭长，所包围的面积小，故在交变磁场中磁滞损耗小，如图 16.11(a) 所示. 软磁材料广泛用于电机、电器、变压器、电磁铁的铁芯中.

(2) **硬磁材料**（hard magnetic material）：硬磁材料的矫顽力大（$H_{\mathrm{c}}\sim 10^4\ \mathrm{A/m}$），剩磁 B_{r} 大，磁滞回线"胖"，所包围的面积大，如图 16.11(b) 所示. 硬磁材料适于做永久磁铁，用于各种电表、扬声器、电话机、录音机等.

(3) **矩磁材料**（rectangular hysteresis material）：矩磁材料的磁滞回

线的形状像一个矩形，如图 16.11(c) 所示，其剩磁 B_r 的大小接近于饱和磁感应强度 B_s；矫顽力 H_c 不大. 矩磁材料只能处于两个相反的、稳定的磁化状态(B_r，$-B_r$)之中，当加以由恰当的正、反向励磁电流产生的正、反向磁场 H 时，这两个磁化状态能相互迅速地翻转，故矩磁材料广泛地用作计算机储存器的储存元件.

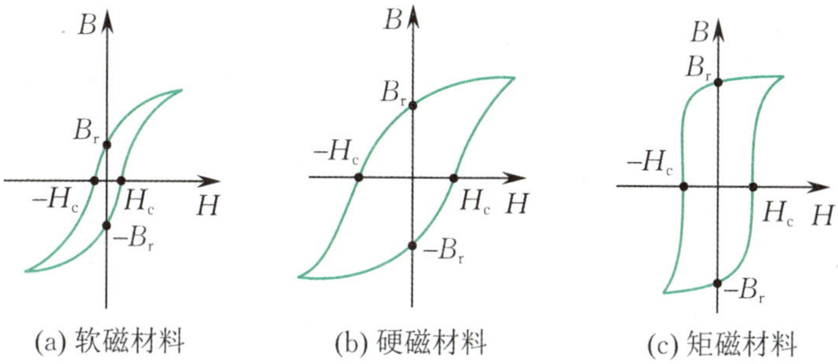

图 16.11　各种铁磁质的磁滞回线

(4) **压磁材料**(piezomagnetic material)：铁磁质磁化时，沿磁化方向将发生伸长、缩短现象，称为**磁致伸缩效应**(magnetostrictive effect). 一般铁磁质在达到饱和磁化时，长度的相对伸缩为10^{-5} 数量级，但压磁材料可达10^{-3}. 利用压磁材料的磁致伸缩效应可制成超声波发生器的核心元件 —— 谐振子.

16.3.3　铁磁质磁化的微观机理

铁磁质的强磁性源于特殊的磁结构 —— **磁畴**(magnetic domain). 它是线度为10^{-4} m 的自发磁化达到饱和的区域. 当无外磁场时，各磁畴的磁矩取向混乱，系统能量最低，最稳定，宏观上不显磁性，如图 16.12 所示.

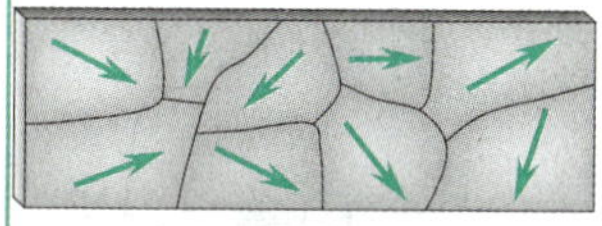

图 16.12　铁磁质的磁畴

当加外磁场时，磁畴壁先发生移动，使磁矩方向与外磁场 $\boldsymbol{B}_0$ 方向相同或相近的磁畴体积扩大，而磁矩方向与外磁场 $\boldsymbol{B}_0$ 方向成较大角度的磁畴体积缩小，如图 16.13 所示. 随着外磁场的不断增强，磁矩方向与外磁场 $\boldsymbol{B}_0$ 方向成较大角度的磁畴全部消失，留存的磁畴朝外磁场 $\boldsymbol{B}_0$ 方向转动，使整块铁磁质逐步达到磁化饱和.

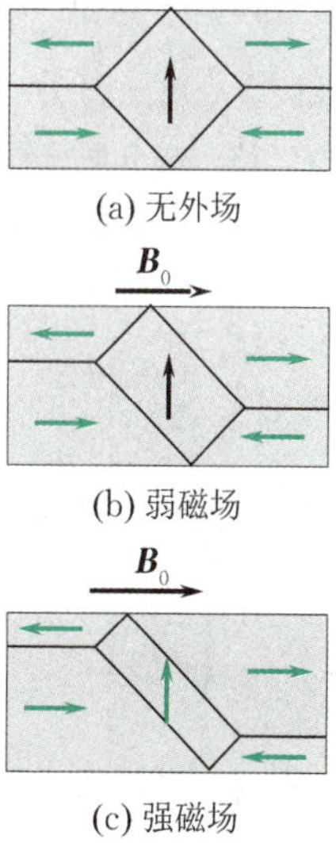

图 16.13　铁磁质磁化过程示意图

磁畴壁的移动和磁畴磁矩的转向在程度不大的初始阶段是可逆的；在超过一定程度的后阶段则不可逆. 铁磁质的磁滞现象就是磁畴壁移动和磁畴磁矩转向的不可逆过程所致. 起始磁化曲线中(见图 16.9)，开始的 OC 段和 CD 段，分别对应于可逆和不可逆的磁畴壁移动；而 DE 段和 EF 段则分别对应于可逆与不可逆的磁畴转向过程.

磁畴的存在不能用经典理论说明，纯粹是一种量子效应. 相距很近的原子的电子间存在着一种交换耦合的量子作用，使各原子未满的外壳层电子的自旋取平行和反平行两种状态. 对于铁磁质，自旋平行时体系能量较低，故铁磁质原子的未满的外壳层电子自旋磁矩方向都相同，从而形成自发磁化达到饱和的磁畴.

在一定的高温下,剧烈的热运动将使磁畴瓦解,此时铁磁质转变为顺磁质,铁磁质的一系列特性随之消失. 这个转变温度称为居里点(Curie point). 几种常见铁磁质的居里点是:铁 1 040 K,钴 1 390 K,镍 630 K.

*16.3.4 磁场的边界条件及磁屏蔽

不同磁介质的相对磁导率不同,在磁场中其磁化强度不同,因此,磁场中两种不同磁介质交界面两侧的磁场也不同. 但两侧的磁场满足如下边界条件.

(1) 分界面两侧磁场强度的切向分量相等.

这一结论可以用有磁介质时的安培环路定理证明. 假定相对磁导率为 μ_{r1} 和 μ_{r2} 的两种不同磁介质交界面上无自由电流存在. 如图 16.14 所示,紧靠分界面作一"狭长"的矩形回路,长为 Δl 的两条长边分别在两磁介质内并平行于分界面,两条短边则尽可能短. 若界面两侧的磁场强度的切向分量为 $H_{1\tau}$ 和 $H_{2\tau}$,因界面上无传导电流,根据有磁介质时的安培环路定理(忽略两短边的积分值)有

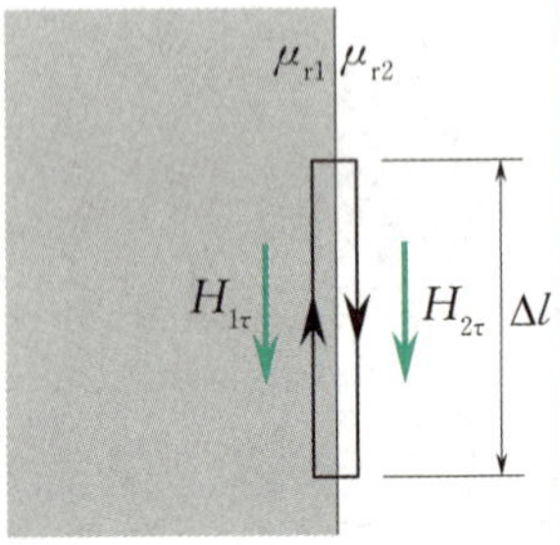

图 16.14 磁介质分界面两侧的切向磁场强度

$$\oint_L \boldsymbol{H} \cdot \mathrm{d}\boldsymbol{l} = -H_{1\tau}\Delta l + H_{2\tau}\Delta l = 0,$$

得

$$H_{1\tau} = H_{2\tau}, \tag{16.14}$$

即分界面两侧磁场强度的切向分量相等.

(2) 分界面两侧磁感应强度的法向分量相等.

这个结论可以用磁场中的高斯定理证明. 如图 16.15 所示,紧靠分界面作一底面为 ΔS 的扁圆柱体,圆柱体的两底面分别在两磁介质内并平行于分界面. 若分界面两侧的磁感应强度法向分量分别为 B_{1n} 和 B_{2n},则根据磁场中的高斯定理有

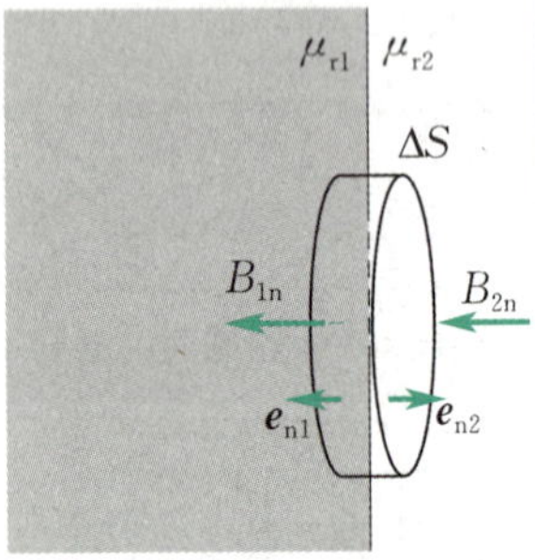

图 16.15 磁介质分界面两侧的法向磁感应强度

$$\oiint_S \boldsymbol{B} \cdot \mathrm{d}\boldsymbol{S} = B_{1n}\Delta S - B_{2n}\Delta S = 0,$$

得

$$B_{1n} = B_{2n}, \tag{16.15}$$

即分界面两侧磁感应强度的法向分量相等.

利用边界条件可以求出磁感应强度穿过两种磁介质分界面时方向的改变. 如图 16.16 所示,令两磁介质中的磁感应强度 $\boldsymbol{B}$ 和界面法线的夹角分别为 θ_1 和 θ_2,根据式(16.15)有

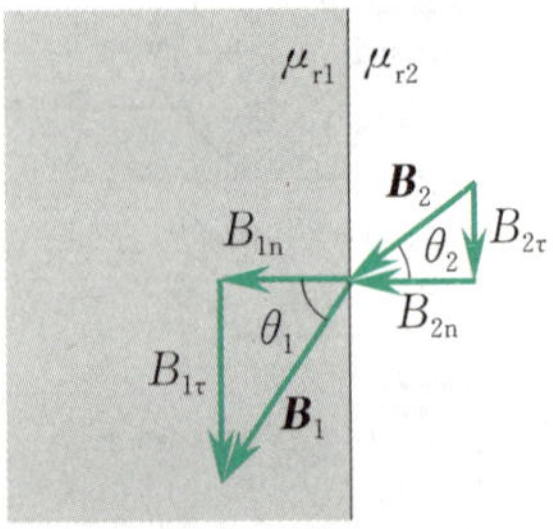

图 16.16 磁介质分界处磁感应强度方向改变

$$\frac{\tan\theta_1}{\tan\theta_2} = \frac{B_{1\tau}/B_{1n}}{B_{2\tau}/B_{2n}} = \frac{B_{1\tau}}{B_{2\tau}} = \frac{\mu_{r1}H_{1\tau}}{\mu_{r2}H_{2\tau}},$$

再根据式(16.14)可得

$$\frac{\tan\theta_1}{\tan\theta_2} = \frac{\mu_{r1}}{\mu_{r2}}. \tag{16.16}$$

式(16.16)给出了 $\boldsymbol{B}$ 线穿过两种磁介质分界面时的"折射"情况.

因顺磁质和抗磁质的 μ_r 都几乎等于1,所以 $\boldsymbol{B}$ 线穿过它们的分界面时方向基本保持不变. 而铁磁质的 $\mu_r \gg 1$,当 $\boldsymbol{B}$ 线穿过铁磁质和非铁磁质的分界面时,除垂直于分界面的 $\boldsymbol{B}$ 线方向保持不变外,其余均改变方向,例如取 $\theta_2 = 0.1°$,$\mu_{r2} = 1$,$\mu_{r1} = 10^5$,由式(16.16)可得 $\theta_1 \approx 89.67°$,可见当 $\boldsymbol{B}$ 线由空气进入铁磁质时,方向将发生

很大的改变，即进入铁磁质内的 **B** 线几乎都平行于表面. 如果把铁磁材料做成罩壳放在磁场中，绝大部分的 **B** 线将从铁磁材料内通过，而空腔内几乎没有 **B** 线，从而起到磁屏蔽作用，如图 16.17 所示. 核磁共振屏蔽室就是应用磁屏蔽的例子.

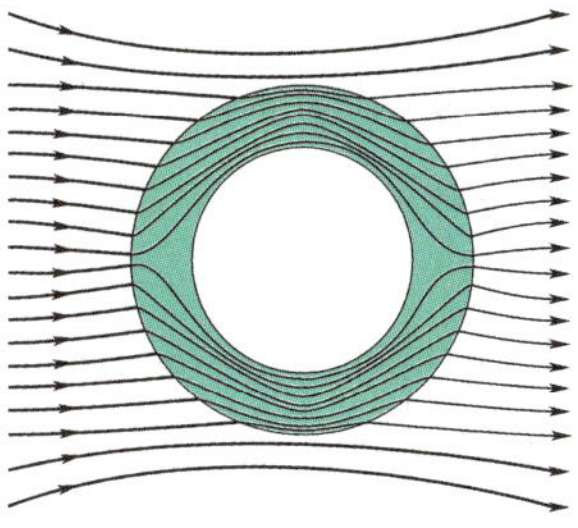

图 16.17　磁屏蔽示意图

思考

顺磁质和铁磁质的磁导率明显地依赖于温度，而抗磁质的磁导率则几乎与温度无关，为什么？

*16.4　磁路定理及其应用

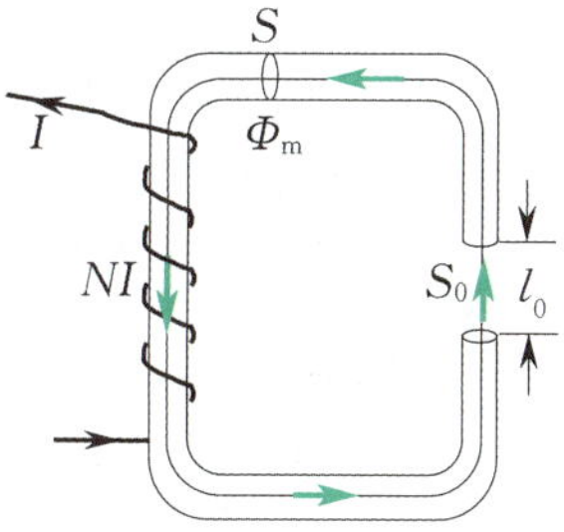

图 16.18　磁路

如图 16.18 所示，在磁介质开有空气隙的情况下，若以磁通量 Φ_m 为研究对象，设磁介质的横截面积为 S，空气隙的有效横截面积为 S_0（当空气隙较宽时，应考虑边缘效应），空气隙的宽度为 l_0，沿磁场线方向磁介质的长度为 l，线圈的匝数为 N，导线中的电流为 I，则由有磁介质时的安培环路定理可得

$$\frac{B'}{\mu_r\mu_0}l+\frac{B_0'}{\mu_0}l_0=NI,$$

即

$$B'S\,\frac{l}{\mu_r\mu_0 S}+B_0'S_0\,\frac{l_0}{\mu_0 S_0}=NI,$$

式中 B' 和 B_0' 分别为磁介质和空气隙中的磁感应强度. 由磁通量的连续性（磁场的高斯定理）有

$$B'S=\Phi_m=B_0'S_0,$$

故有

$$\Phi_m\left(\frac{1}{\mu_r\mu_0}\,\frac{l}{S}+\frac{1}{\mu_0}\,\frac{l_0}{S_0}\right)=NI,$$

或写成

$$\Phi_m=\frac{NI}{\dfrac{1}{\mu_r\mu_0}\,\dfrac{l}{S}+\dfrac{1}{\mu_0}\,\dfrac{l_0}{S_0}}.$$

上式与闭合电路的欧姆定律 $I=\dfrac{\mathscr{E}}{\sum\limits_i R_i}\left(R_i=\dfrac{l_i}{\gamma_i S_i}\right)$ 完全相似；磁通量 Φ_m 和电流 I 皆具有连续和闭合的特点；NI 相当于电动势 $\mathscr{E}$，可称为**磁动势**；$\dfrac{1}{\mu_r\mu_0}\,\dfrac{l}{S}$ 和 $\dfrac{1}{\mu_0}\,\dfrac{l_0}{S_0}$ 相

当于电阻，可称为磁阻. 一般可写成如下形式：

$$\Phi_{\mathrm{m}}=\frac{NI}{\sum\limits_{i}\frac{1}{\mu_{\mathrm{r}i}\mu_{0}}\frac{l_{i}}{S_{i}}}. \tag{16.17}$$

式(16.17)即是电工学中的"磁路定理". 不难证明，磁路定理对于磁路中有分支即磁路中有不同磁导率、不同尺寸的磁介质并联的情况仍然成立. 它是电气工程中电机、电器、电磁铁、变压器等的设计中所依据的基本原理，在实际中有广泛的重要应用.

阅读材料

巨磁阻效应

1988 年，法国的费尔在铁、铬相间的多层膜电阻中发现，微弱的磁场变化可以导致电阻大小急剧变化，其变化的幅度比通常高十几倍，他把这种效应命名为巨磁阻(giant magnetoresistance，GMR)效应，德国的格林贝格在具有层间反平行磁化的铁-铬-铁三层膜结构中也发现完全相同的现象，两位科学家因发现巨磁阻效应共同获得 2007 年诺贝尔物理学奖.

思考

为什么马蹄形磁铁不用时，两极上要吸一铁片？条形磁铁不用时，为什么要成对地将相反磁极靠在一起放置？

本章小结

1. 磁介质的三种类型

(1) 顺磁质：μ_{r} 略大于 1，顺磁质分子存在固有磁矩.

(2) 抗磁质：μ_{r} 略小于 1，抗磁质分子的固有磁矩为零.

(3) 铁磁质：$\mu_{\mathrm{r}} \gg 1$，铁磁质内部存在磁畴.

2. 顺磁质与抗磁质的磁化

(1) 磁化机理：在外磁场作用下，顺磁质分子固有磁矩转向，抗磁质分子产生附加磁矩，均使磁介质表面出现磁化电流.

(2) 磁化强度：磁场不太强时，对各向同性磁介质，

$$\boldsymbol{M}=\chi_{\mathrm{m}}\boldsymbol{H}.$$

(3) 磁化面电流密度：

$$\boldsymbol{j}_{\mathrm{m}}=\boldsymbol{M}\times\boldsymbol{n}.$$

(4) 磁化电流与磁化强度的关系：

$$I_{\mathrm{m}}=\oint_{L}\boldsymbol{M}\cdot\mathrm{d}\boldsymbol{l}.$$

3. 有磁介质时的安培环路定理

(1) 磁场强度：

$$\boldsymbol{H}=\frac{\boldsymbol{B}}{\mu_{0}}-\boldsymbol{M}.$$

对各向同性磁介质，

$$\boldsymbol{B}=\mu_{0}\mu_{\mathrm{r}}\boldsymbol{H}=\mu\boldsymbol{H}.$$

(2) 有磁介质时的安培环路定理：

$$\oint_{L}\boldsymbol{H}\cdot\mathrm{d}\boldsymbol{l}=\sum I_{0}.$$

4. 铁磁质

(1) 铁磁质磁化的微观机理：在外磁场作用下，磁畴壁移动，使磁畴体积发生变化；磁畴转向，使磁畴尽可能指向外磁场的方向.

(2) 居里点：铁磁质失去铁磁性的临界温度.

(3) 磁场的边界条件：

$$H_{1\tau}=H_{2\tau}；\ B_{1\mathrm{n}}=B_{2\mathrm{n}}.$$

5. 磁路定理

$$\Phi_{\mathrm{m}}=\frac{NI}{\sum\limits_{i}\frac{1}{\mu_{\mathrm{r}i}\mu_{0}}\frac{l_{i}}{S_{i}}}.$$

拓展与探究

16.1 将顺磁样品(如硝酸铈镁)在低温下磁化,其固有磁矩沿磁场排列时要放出能量并以热量的形式向周围环境排出. 如果在绝热的情况下撤去外磁场,样品温度就要降低,实验中顺磁样品温度可降低到 10^{-6} K. 为什么样品绝热退磁时会降温?

16.2 把一个磁铁悬挂在一个装有液态空气的容器上方,空气液滴会被吸引到磁铁两极. 虽然氮是空气的主要成分,但实验中发现被吸引的液滴只含有液态氧没有液态氮,这是为什么? 在普通室温条件下,为什么磁铁并没有吸引空气中的氧分子?

16.3 查阅相关资料,深入了解磁性纳米粒子在生物医学方面的研究与应用.

16.4 储气罐和家用煤气罐都属于高压容器,在工业和民用领域都有着非常广泛的应用. 高压容器由于长期使用、运行,局部区域受到腐蚀、磨损或机械损害,从而会形成潜在的威胁. 因此世界各国对于高压容器的运行都制定了严格的在役无损检测标准,以确保高压容器的安全运行. 请根据所学知识,探索一种利用铁磁材料实现无损检测的方法.

阅读材料

液氧被强磁铁吸引

习题 16

16.1 氢原子若按玻尔模型处理,基态下电子的轨道半径为 $r = 0.53 \times 10^{-10}$ m,速度为 $v = 2.2 \times 10^{6}$ m/s,求此轨道运动产生的磁场在圆心处的磁感应强度大小.

16.2 一均匀磁化的磁介质棒,其直径为 25 mm,长为 75 mm,总磁矩为 12 000 A · m². 求棒的磁化强度大小 M.

16.3 一均匀磁化棒的直径为 2 cm,长为 50 cm,其磁矩为 1×10^{4} A · cm²,求棒表面上磁化面电流密度.

* **16.4** 一磁铁片长为 9 cm,宽为 1.0 cm,厚为 0.02 cm,已知铁原子的磁矩为 20.4×10^{-24} A · m²,求该磁铁片的磁矩. 当磁铁片垂直于地磁场放置时,求它受到的磁力矩(设地磁场大小为 0.52×10^{-4} T. 已知铁的摩尔质量为 55.85 g/mol,铁的密度为 7.8 g/cm³).

** **16.5** 罗盘,又叫作罗经、罗庚、罗经盘等,是现代指南针的前身. 很早的时候,我们的祖先就发明了指南车和日圭来分辨地平方位,日圭就是最早的罗盘. 如图 16.19 所示,罗盘针长为 2.0 cm,质量为 0.12 g,磁矩为 3.2×10^{-4} A · m²,其形状似均匀的细棒,驱动轴过其中点. 罗盘针可以在水平面内自由转动. 如果罗盘针在方向指北、水平分量为 2.9×10^{-5} T 的地磁场中相对正北方向做小角度摆动,求其摆动频率.

图 16.19 习题 16.5 图

16.6 在螺绕环上密绕线圈 400 匝,螺绕环的平均周长是 40 cm,当导线内通有电流 20 A 时,利用冲击电流计测得螺绕环内的磁感应强度为 1.0 T,试计算螺绕环的磁场强度、磁化强度、磁化率、磁化面电流和相对磁导率.

16.7 一螺绕环中心周长为 $l = 10$ cm,线圈匝数为 $N = 200$ 匝,线圈中通有电流 $I = 100$ mA.

(1) 螺绕环内磁感应强度 B_0 和磁场强度 H_0 为多少?

(2) 设螺绕环内充满相对磁导率为 $\mu_r = 4\,200$ 的铁磁质，螺绕环内的 B 和 H 是多少？

(3) 铁磁质内部由传导电流产生的 B_0 和由磁化电流产生的 B' 各是多少？

16.8 一根无限长的直圆柱形铜导线，外包一层相对磁导率为 μ_r 的圆筒形磁介质，导线半径为 R_1，磁介质外半径为 R_2，导线内有电流 I 通过（I 均匀分布），求磁介质内、外的磁场强度 H 和磁感应强度 B 的分布，并画出 $H-r$，$B-r$ 曲线（r 是场点到圆柱轴线的距离）.

* **16.9** 同轴电缆由两个同轴导体组成. 内层是半径为 R_1 的圆柱，外层是半径分别为 R_2 和 R_3 的圆筒，如图 16.20 所示. 两导体间充满相对磁导率为 μ_{r2} 的均匀不导电的磁介质. 设电流 I 从内圆柱流入，由外圆筒流出，并均匀分布在导体横截面上，导体的相对磁导率为 μ_{r1}. 求 H 和 B 的分布以及 $\boldsymbol{j}_m$ 的大小.

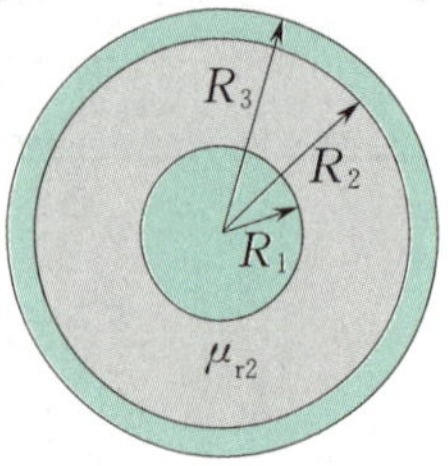

图 16.20 习题 16.9 图

* **16.10** 在平均半径为 0.1 m、横截面面积为 $6\times10^{-4}\ m^2$ 的铸钢环上，均匀密绕 200 匝线圈，当线圈内通有 0.63 A 的电流时，铸钢环中的磁通量为 3.24×10^{-4} Wb，当电流增大到 4.7 A 时，磁通量为 6.18×10^{-4} Wb，求两种情况下铸钢环的磁导率.

16.11 一磁棒的矫顽力为 4.0×10^3 A/m，把它放在每厘米上绕有 5 匝线圈的长直螺线管中退磁，问导线中至少需通入多大的电流？

* **16.12** 一矩磁材料的磁滞回线如图 16.21(a) 所示，反向磁场一超过矫顽力 H_c，磁化方向立即翻转. 用矩磁材料制造的电子计算机中存储元件的环形磁芯，其外径为 0.8 mm，内径为 0.5 mm，高为 0.3 mm. 若磁芯原来已被磁化，方向如图 16.21(b) 所示，现在需使磁芯中从内到外的磁化方向全部翻转，导线中脉冲电流 I 的峰值至少需要多大？设磁性材料的矫顽力为 $H_c = \dfrac{1}{2\pi}\times10^3$ A/m.

16.13 在空气（$\mu_r = 1$）和软铁（$\mu_r = 7\,000$）的交界面上，已知在空气一侧磁感应强度与交界面法线间的夹角为 5.6′. 求在软铁一侧磁感应强度与交界面法线间的夹角.

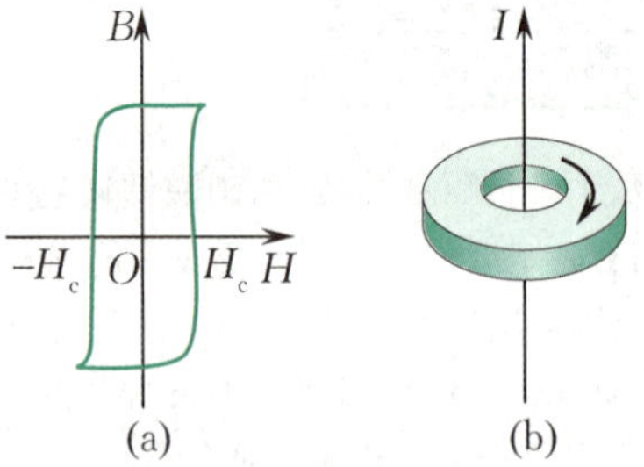

图 16.21 习题 16.12 图

* **16.14** 在相对磁导率为 μ_r 的磁介质与真空交界面的真空一侧的磁场是均匀的，其磁感应强度 $\boldsymbol{B}$ 的方向与交界面法线间的夹角为 θ，如图 16.22 所示. 若在交界面上以某点为中心作一半径为 R 的小球面 S，试问通过此球面的 $\boldsymbol{H}$ 通量是多少？并求磁感应强度 $\boldsymbol{B}$ 沿着如图所示矩形回路的 $\oint \boldsymbol{B}\cdot d\boldsymbol{l}$ 值.

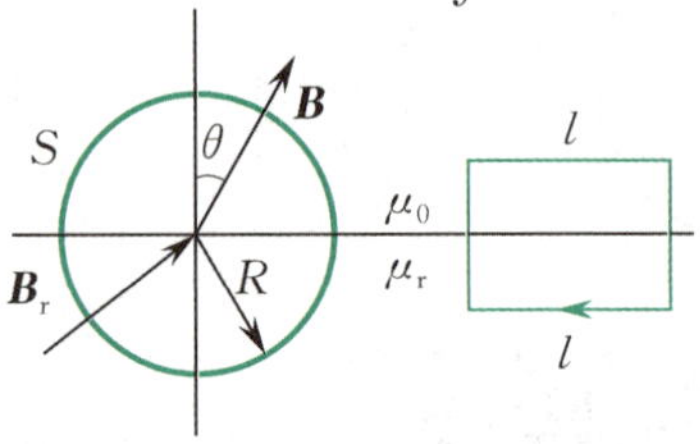

图 16.22 习题 16.14 图

16.15 一平均周长为 91 cm、在一处断开的铁环上绕有线圈 2 000 匝，断开处的空气隙长 1 cm. 当线圈中通有 2 A 的电流时，空气隙中的磁感应强度为 0.47 T. 求铁芯的相对磁导率（忽略空气隙中磁场线的发散）.

* **16.16** 如图 16.23 所示是全自动磁路粘合机，通过治具定位将盆架、华司（弹簧垫片）、磁钢自动粘合，可自动上料、自动点胶、自动贴磁片、自动烘烤、自动收料，流水线式循环作业，实现自动化生产. 若某全自动磁路粘合机中的一机位有一带铁芯的线圈，已知铁芯磁路长 57.6 cm，空气隙长 2.0 mm，铁芯的截面积是 0.6 cm^2，铁芯的相对磁导率是 1 600. 已知通过空气隙截面的磁通量为 4.8×10^{-6} Wb，试求线圈的磁动势. 若线圈两端的电压为 220 V，消耗功率为 2 W，求线圈的匝数.

图 16.23 习题 16.16 图

第 17 章

电磁场

在手机、心脏起搏器、电动汽车等领域，高效、安全、方便的无线充电技术值得期待和深入研究．不直接接触，怎么充电呢？

电与磁通常相伴而生，电可生磁，磁能否生电呢？对此展开研究就是研究电磁感应.本章首先由电磁感应现象入手，以探求产生感应电动势的原因为切入点，引入“感生电场”或“涡旋电场”的概念，阐述“变化的磁场能产生电场”这一物理理论；然后，基于“对称”的物理思想，引出“变化的电场应该也能产生磁场”的合理假说，得出“变化的电场相当于某种电流”的结论并提出“位移电流”的概念，由此给出了变化的电场与磁场的联系.在此基础上，我们将电磁场的基本规律概括为四个相互关联的方程——麦克斯韦方程组，建立起麦克斯韦电磁场理论，并对该理论预言的电磁波的性质、能量、产生和传播做简要介绍.

电磁感应与电磁场理论的应用十分广泛，从各种家用电器、电力与电子仪器设备到发电、电力传输、无线电与网络通信、信息存储处理、机器控制等，无一不与其相关.

本章目标

1. 利用法拉第电磁感应定律计算闭合回路中的感应电动势.
2. 分析产生感应电动势的非静电力，计算动生、感生电动势，计算具有典型对称分布的涡旋电场.
3. 分析与研究线圈自身以及线圈之间的电磁感应现象，计算线圈的自感与互感系数.
4. 计算位移电流，利用麦克斯韦方程组分析电磁波的产生与传播.
5. 计算电磁场与电磁波的能量.

17.1 法拉第电磁感应定律

科学家简介

法拉第

在奥斯特发现了电流的磁效应之后，英国物理学家法拉第开始了其逆过程“磁生电”的研究，经过十年的努力，他终于在 1831 年获得成功并得出如下结论：**当穿过闭合导体回路的磁通量随时间发生变化时，闭合导体回路中有电流产生.** 这种现象称为**电磁感应**（electromagnetic induction），产生的电流称为**感应电流**（induced current）.

1833 年，物理学家楞次总结出判断感应电流方向的法则，称为**楞次定律**，其表述如下：**感应电流具有这样的方向，即感应电流产生的磁场总是阻碍引起感应电流的磁通量的变化.**

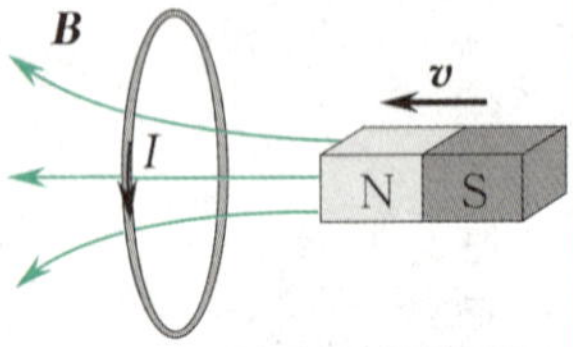

图 17.1 楞次定律的实例

楞次定律是电磁感应过程中能量守恒定律的反映. 如图 17.1 所示，使条形磁铁靠近某闭合导体回路，按楞次定律，回路中将产生如图所示的感应电流. 若违反楞次定律，回路中产生与图中所示方向相反的感应电流，该电流产生的磁场将使磁铁向左加速运动，这样，只需稍微拨动一下磁铁，磁铁的动能将越来越大，导体回路中的电流也持续增加，而外界没有任何进一步的能量供应，这显然是违背能量守恒定律的. 所以，感应电流的方向必须服从楞次定律，以使图 17.1 中感应电流产生的磁场阻碍磁铁向左运动. 要使磁铁继续靠近回路，外界必须克服磁铁与回路间的排斥力做功以提供能量，从而维持回路中的感应电流.

在电磁感应过程中，回路中出现了感应电流，这说明回路中存在电动势，这种电动势称为**感应电动势**（induction electromotive force），以 $\mathscr{E}$ 表示. 实验发现，**回路中的感应电动势与穿过回路的磁通量的时间变化率成正比**，即

$$\mathscr{E}=-\frac{\mathrm{d}\Phi_{\mathrm{m}}}{\mathrm{d}t}. \tag{17.1}$$

式(17.1)称为**法拉第电磁感应定律**，在国际单位制中，式中的比例系数为 1，而式中的负号正是楞次定律的数学表述，反映了回路中感应电流或感应电动势的方向. 用数学语言描述感应电动势的方向时，应先规定回路绕行的正方向. 如图 17.2(a) 所示，设虚线箭头所示为回路绕行的正方向，按右手螺旋定则，此时回路所围面积的法线方向向右，由 $\Phi_{\mathrm{m}}=\iint_S \boldsymbol{B}\cdot\mathrm{d}\boldsymbol{S}$ 知，$\Phi_{\mathrm{m}}>0$，因磁铁向右运动，回路所在位置的磁场增强，故 $\frac{\mathrm{d}\Phi_{\mathrm{m}}}{\mathrm{d}t}>0$，则 $\mathscr{E}<0$，即回路中的感应电动势方向与回路绕行正方向相反，如图中实线箭头所示. 图 17.2(b) 中仍取虚线箭头所示为回路绕行的正方向，仍有 $\Phi_{\mathrm{m}}>0$，但因磁铁向左运动，回路所在位置的磁场减弱，$\frac{\mathrm{d}\Phi_{\mathrm{m}}}{\mathrm{d}t}<0$，故 $\mathscr{E}>0$，即回路中的感应电动势方向与回路绕行正方向一致. 图 17.2 中还有两种情况，读者可逐一分析.

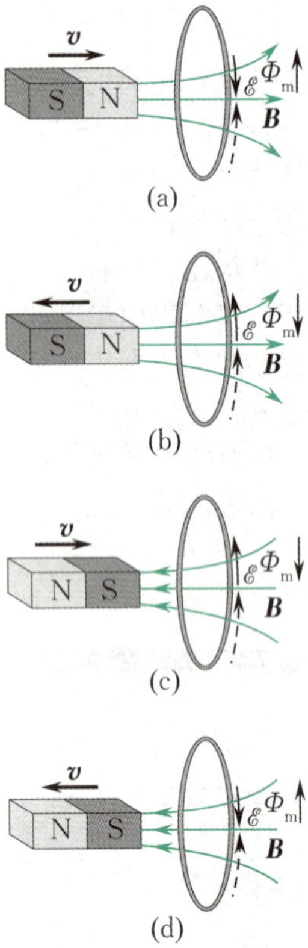

图 17.2 法拉第电磁感应定律中 $\mathscr{E}$ 和 Φ_{m} 的符号关系

应该指出，闭合导体回路只是为感应电流的形成提供了条件. 即使

不是导体回路,甚至仅是一假想回路,当回路中的磁通量随时间变化时,回路中仍可以有感应电动势.

利用式(17.1),还可计算出一段时间内通过回路导体横截面的感应电量.设 t_0,t_1 时刻,穿过回路所围面积的磁通量分别为 Φ_{m0} 和 Φ_{m1},那么,在这一段时间间隔内,通过回路中导体横截面的感应电量为

$$q=\left|\int_{t_0}^{t_1} I\mathrm{d}t\right|.$$

因 $I=\dfrac{\mathscr{E}}{R}=-\dfrac{1}{R}\dfrac{\mathrm{d}\Phi_m}{\mathrm{d}t}$,代入上式得

$$q=\left|-\frac{1}{R}\int_{t_0}^{t_1}\frac{\mathrm{d}\Phi_m}{\mathrm{d}t}\mathrm{d}t\right|=\left|\frac{1}{R}\int_{\Phi_{m0}}^{\Phi_{m1}}\mathrm{d}\Phi_m\right|,$$

故

$$q=\left|\frac{1}{R}(\Phi_{m0}-\Phi_{m1})\right|, \tag{17.2}$$

式中 R 为回路的电阻.上式说明,通过回路中导体横截面的感应电量 q 与穿过闭合回路的磁通量的改变量成正比,与回路的电阻成反比,而与磁通量的变化快慢无关.根据式(17.2),可设计出磁通计,用于测量磁路中的磁通量和磁感应强度.

实际中用到的线圈通常是多匝线圈串联而成的,此时,整个线圈中的感应电动势应是各匝线圈产生的感应电动势之和.当穿过各匝线圈的磁通量分别为 Φ_{m1},Φ_{m2},… 时,总感应电动势为

$$\mathscr{E}=-\left(\frac{\mathrm{d}\Phi_{m1}}{\mathrm{d}t}+\frac{\mathrm{d}\Phi_{m2}}{\mathrm{d}t}+\cdots\right)=-\frac{\mathrm{d}}{\mathrm{d}t}\left(\sum_i\Phi_{mi}\right)$$

或

$$\mathscr{E}=-\frac{\mathrm{d}\Psi}{\mathrm{d}t}, \tag{17.3}$$

式中 $\Psi=\sum\limits_i\Phi_{mi}$ 是穿过各匝线圈的磁通量的总和,称为穿过线圈的**全磁通**或**磁链**(magnetic flux linkage).

例 17.1 如图17.3所示的矩形导体回路 $abcda$,ab 段长为 l,以速率 v 匀速向右滑动,均匀磁场与回路平面垂直,磁感应强度的大小随时间的变化关系为 $B=B_0\cos\omega t$,求当 ab 离 cd 边的距离为 x 时回路中的感应电动势.

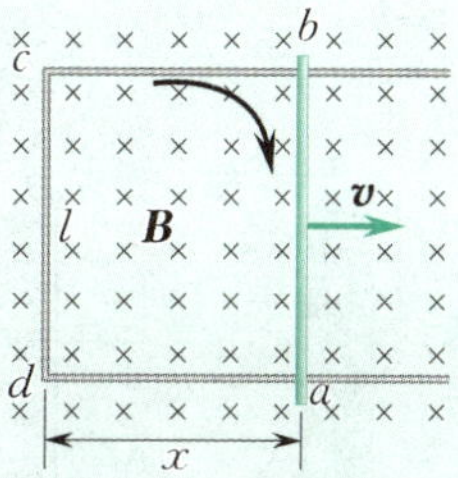

图 17.3 例 17.1 图

解 取顺时针方向为回路绕行正方向,则通过回路 $abcda$ 的磁通量为

$$\Phi_m=Blx=B_0lx\cos\omega t.$$

回路中的感应电动势为

$$\begin{aligned}\mathscr{E}&=-\frac{\mathrm{d}\Phi_m}{\mathrm{d}t}=-B_0l\cos\omega t\cdot\frac{\mathrm{d}x}{\mathrm{d}t}+B_0lx\omega\sin\omega t\\&=-vB_0l\cos\omega t+\omega B_0lx\sin\omega t.\end{aligned}$$

$\mathscr{E}$ 的符号反映了回路中感应电动势的方向与选定的正方向的关系,由于磁场按余弦函数规律

变化，$\mathscr{E}$的符号也相应变化，因此回路中感应电动势的方向时而沿顺时针方向（$\mathscr{E}>0$），时而沿逆时针方向（$\mathscr{E}<0$）.

思考

1. 将磁铁插入非金属环中，环内有无感应电动势？有无感应电流？环内将发生何种现象？

2. 让一块磁铁在一根很长的竖直铜管内顺着铜管下落，若不计空气阻力，试分析磁铁的运动并解释.

17.2 动生电动势

根据法拉第电磁感应定律，只要穿过回路中的磁通量发生变化，回路中就会产生感应电动势. 但是引起磁通量变化的原因未必相同. 从根源上看，可以分为两类：一类是磁场恒定不变，导体回路（或其一部分）在磁场中运动，引起磁通量变化，由此产生的感应电动势称为**动生电动势**（motional electromotive force）；另一类是导体回路不动，磁场随时间发生变化，引起磁通量变化，由此产生的感应电动势称为**感生电动势**（induced electromotive force）. 本节讨论动生电动势及其本质.

17.2.1 动生电动势

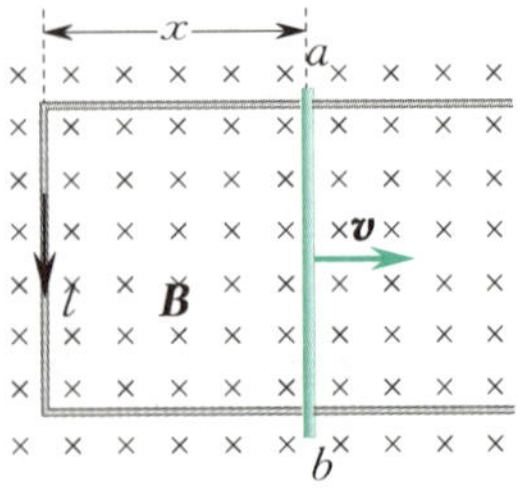

图 17.4 动生电动势

考虑一段导体在恒定均匀磁场中的运动，如图 17.4 所示，两轨相距 l 的 U 形导轨上放一根导体棒，构成一右边活动的矩形闭合回路，导体棒 ab 以速度 $\boldsymbol{v}$ 在垂直于磁场 $\boldsymbol{B}$ 的平面内沿 U 形导轨向右运动，导体棒到导轨左端的距离设为 x，磁场方向垂直纸面向里. 取顺时针方向为回路绕行正方向，由法拉第电磁感应定律容易算得回路中的感应电动势为

$$\mathscr{E}=-\frac{\mathrm{d}\Phi_{\mathrm{m}}}{\mathrm{d}t}=-\frac{\mathrm{d}}{\mathrm{d}t}(Blx)=-Blv,$$

式中负号表明回路中的感应电动势方向与选定的正方向相反，即回路中感应电动势的方向为逆时针方向（亦可由楞次定律得到）. 由于磁场未变，回路中磁通量的变化仅由导体棒 ab 运动引起，因此，有理由认为感应电动势只存在于导体棒 ab 中. 进一步研究发现，导体棒 ab 向右运动时，棒内的自由电子被带着以同一速度 $\boldsymbol{v}$ 运动，自由电子因受到洛伦兹力作用沿棒由 a 向 b 运动，从而使棒 b 端聚集负电荷，电势低，a 端剩余正电荷，电势高. 这样，导体棒 ab 相当于一个电源. 与该电源电动势所对应的非静电力为洛伦兹力. 棒 ab 中的动生电动势方向由 b 指向 a，如图 17.5 所示.

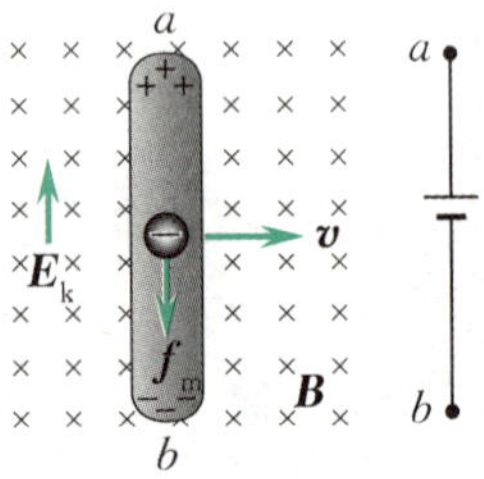

图 17.5 导体等效为一个电源

导体棒 ab 中，一个电子所受的洛伦兹力为 $\boldsymbol{f}_{\mathrm{m}}=-e(\boldsymbol{v}\times\boldsymbol{B})$，相应的非静电场强为

$$\boldsymbol{E}_k = \frac{\boldsymbol{f}_m}{-e} = \boldsymbol{v} \times \boldsymbol{B}.$$

根据电动势定义式(15.10)可知,导体棒 ab 中的动生电动势为

$$\mathscr{E} = \int_b^a (\boldsymbol{v} \times \boldsymbol{B}) \cdot \mathrm{d}\boldsymbol{l}. \tag{17.4}$$

式(17.4)是动生电动势的普遍计算式,它说明动生电动势的产生本质是运动电荷受到洛伦兹力作用的结果. 不难理解,式(17.4)对于在非均匀磁场中做任意运动的任意形状的导体皆成立.

特别地,如果整个导体回路 L 都在磁场中运动,则回路中产生的总的动生电动势为

$$\mathscr{E} = \oint_L (\boldsymbol{v} \times \boldsymbol{B}) \cdot \mathrm{d}\boldsymbol{l}. \tag{17.5}$$

例 17.2 一长为 L 的金属棒 OM,和无限长载流直导线在同一平面内,金属棒绕过其一端 O 的轴线在竖直平面内逆时针转动,转动角速度为 ω,如图 17.6 所示. 试求金属棒转到与水平方向成 θ 角时,棒内感应电动势的大小和方向. 设无限长直导线中的电流为 I,电流不随时间变化,O 点到无限长载流直导线的距离为 x.

解 磁场不随时间变化,金属棒在磁场中转动时产生动生电动势,该电动势可由下式计算:

$$\mathscr{E} = \int_L (\boldsymbol{v} \times \boldsymbol{B}) \cdot \mathrm{d}\boldsymbol{l}.$$

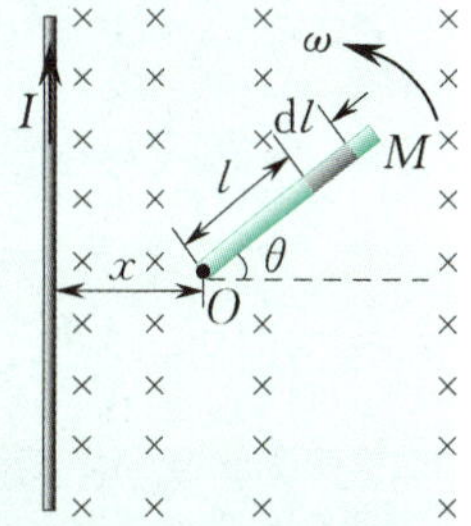

图 17.6 例 17.2 图

以 O 端指向 M 端的方向为正方向,在金属棒上与 O 端相距 l 处取一线元 $\mathrm{d}\boldsymbol{l}$,线元 $\mathrm{d}\boldsymbol{l}$ 的速度 $\boldsymbol{v}$ 垂直于磁场 $\boldsymbol{B}$,$\mathrm{d}\boldsymbol{l}$ 与 $(\boldsymbol{v} \times \boldsymbol{B})$ 的夹角为 π,故

$$\mathscr{E} = \int_0^L vB\cos \pi \mathrm{d}l = -\int_0^L vB\mathrm{d}l,$$

式中 $v = \omega l, B = \dfrac{\mu_0 I}{2\pi(x + l\cos\theta)}$,代入并积分得

$$\mathscr{E} = -\int_0^L \frac{\mu_0 I}{2\pi} \frac{\omega l}{x + l\cos\theta} \mathrm{d}l = -\frac{\mu_0 I\omega}{2\pi\cos^2\theta}\left(L\cos\theta - x\ln\frac{x + L\cos\theta}{x}\right).$$

金属棒中感应电动势的方向由 M 端指向 O 端.

若将题中的金属棒换作铜盘,将磁场改为均匀磁场,因铜盘可以看作是无数个并联的金属棒,故铜盘中心与边缘的电势差等于金属棒中感应电动势的大小. 将 O 端和 M 端与外电路接通,实际上就是法拉第发电机.

发电机是将机械能转化为电能的装置,是动生电动势在技术上的一个重要应用. 在图 17.4 中,导体棒 ab 的运动会产生动生电动势,从而在回路中引起感应电流. 这样一来,感应电动势就要做功,这部分能量从何而来呢? 实际上这是外力做功的结果. 设回路中的感应电流为 I,则感应电动势做功的功率为

$$P = I\mathscr{E} = BIlv.$$

导体棒 ab 所受的磁力大小为 $F_m = BIl$,方向向左. 为使导体棒 ab

匀速向右运动，则必须施加与之反向而大小相等的外力 $\boldsymbol{F}$，即 $\boldsymbol{F}=-\boldsymbol{F}_{\mathrm{m}}$，此外力的功率为

$$P' = Fv = BIlv,$$

正好与感应电动势做功的功率相等，这表明电路中感应电动势提供的电能是由外力所做机械功转换而来的，这正是发电机内能量的转换过程.

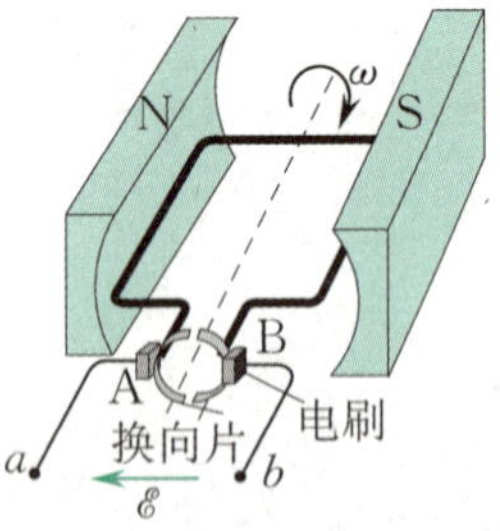

图 17.7　直流发电机原理图

图 17.7 所示为简化的直流发电机的工作原理图. 设发电机只有一对磁极，电枢绕组只有一个线圈，线圈两端分别连在两个换向片上，换向片上压着电刷 A 和 B. 电枢由原动机（蒸汽机、柴油机等）驱动而在磁场中旋转，电枢线圈的两根有效边因切割磁场线而产生动生电动势. 显然，每一有效边中的电动势方向都是交变的，即在 N 极时是一个方向，转到 S 极时是另一个方向. 但由于电刷 A，B 轮流与两个换向片接触，因此电刷上就会出现一个极性不变的端电压. 当两电刷间接有负载时，负载上将会有一个方向不变的电流通过. 实际的直流发电机结构要复杂很多，磁极不止一对，电枢有多组线圈，换向器也有多个换向片，因此能输出较稳定的直流电压.

17.2.2　动生电动势与洛伦兹力

动生电动势是洛伦兹力对导体中的载流子做功而引起的，但我们曾指出：洛伦兹力总是垂直于运动电荷的速度方向，是不做功的. 两者显然矛盾，如何解释这一矛盾？原来，导体在磁场中运动时，导体中的载流子（如金属导体中的自由电子）不但具有导体本身的速度 $\boldsymbol{v}$，而且还具有相对于导体的定向运动速度 $\boldsymbol{u}$（这种运动形成感应电流）. 电子的总速度为 $\boldsymbol{v}+\boldsymbol{u}$，电子受到的总洛伦兹力为

$$\boldsymbol{F}_{\mathrm{m}} = -e(\boldsymbol{v}+\boldsymbol{u})\times\boldsymbol{B},$$

它始终垂直于电子的总速度 $\boldsymbol{v}+\boldsymbol{u}$，不做功，如图 17.8 所示.

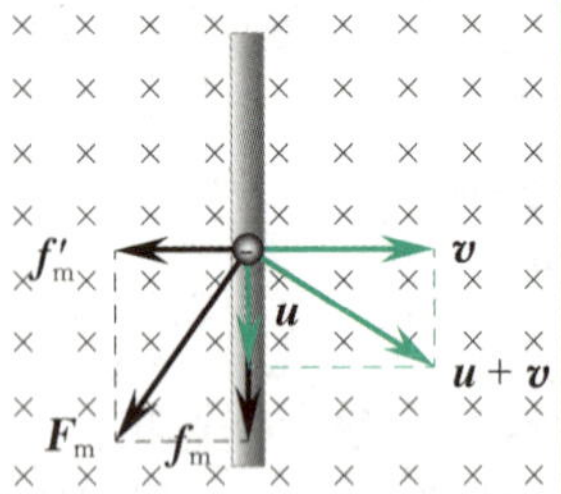

图 17.8　动生电动势与洛伦兹力

总洛伦兹力 $\boldsymbol{F}_{\mathrm{m}}$ 可分解为两个分力，即

$$\boldsymbol{F}_{\mathrm{m}} = -e\boldsymbol{v}\times\boldsymbol{B} - e\boldsymbol{u}\times\boldsymbol{B} = \boldsymbol{f}_{\mathrm{m}} + \boldsymbol{f}'_{\mathrm{m}},$$

式中 $\boldsymbol{f}_{\mathrm{m}}=-e\boldsymbol{v}\times\boldsymbol{B}$，$\boldsymbol{f}'_{\mathrm{m}}=-e\boldsymbol{u}\times\boldsymbol{B}$.

由式(17.4)知，正是 $\boldsymbol{f}_{\mathrm{m}}$ 引起了动生电动势，而另一个分力 $\boldsymbol{f}'_{\mathrm{m}}$ 总垂直于导线，它是形成安培力的微观根源. 这两个分力做功时的功率分别为

$$P = \boldsymbol{f}_{\mathrm{m}}\cdot(\boldsymbol{v}+\boldsymbol{u}) = -e(\boldsymbol{v}\times\boldsymbol{B})\cdot\boldsymbol{u} = e(\boldsymbol{u}\times\boldsymbol{B})\cdot\boldsymbol{v},$$

$$P' = \boldsymbol{f}'_{\mathrm{m}}\cdot(\boldsymbol{v}+\boldsymbol{u}) = -e(\boldsymbol{u}\times\boldsymbol{B})\cdot\boldsymbol{v} = -P.$$

可见，引起动生电动势的分力 $\boldsymbol{f}_{\mathrm{m}}$ 做正功，而形成安培力的另一分力 $\boldsymbol{f}'_{\mathrm{m}}$ 做等值负功，总的洛伦兹力 $\boldsymbol{F}_{\mathrm{m}}$ 是不做功的. 形成安培力的分力做负功时，吸收外界的其他能量，而同时引起动生电动势的分力做正功，将从外界吸收的能量转化为感应电流的能量. 可见，洛伦兹力并不提供能量，而只是传递能量.

思考

1. 能直接用$\mathscr{E}=BLv$或$\mathscr{E}=BLv/2$(求平均的方法)计算例17.2金属杆中的电动势吗?为什么?
2. 绝缘材料做成的棒在磁场中切割磁场线时,棒中有无动生电动势?

17.3 感生电动势

17.3.1 感生电动势 涡旋电场

上节讨论了动生电动势,其非静电力是洛伦兹力,本节将讨论感生电动势.

考虑如图17.9所示情况,无限长载流螺线管内有一随时间变化的均匀磁场$B(t)$,在管中垂直于磁场的平面内置一半径为r的环形导体回路,取逆时针方向为闭合回路的参考正方向,由法拉第电磁感应定律算得回路中的感生电动势为

$$\mathscr{E}=-\frac{\mathrm{d}}{\mathrm{d}t}\iint_S \boldsymbol{B}\cdot\mathrm{d}\boldsymbol{S}=\pi r^2\frac{\mathrm{d}B}{\mathrm{d}t}. \tag{17.6}$$

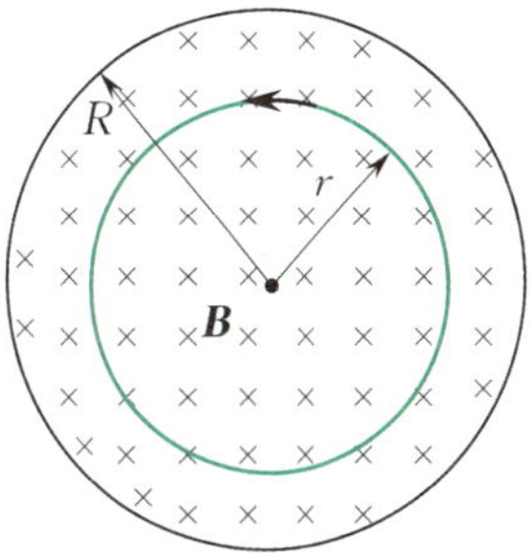

图17.9 涡旋电场

产生感生电动势的非静电力是什么呢?由于导体环没有运动,因此环中的非静电力不可能是洛伦兹力.进一步分析发现,即使回路是由绝缘材料做成的,甚至是一假想的"几何回路",只要磁场随时间发生变化,回路中仍会有感生电动势,若磁场不随时间变化,则感生电动势将不复存在.可见,磁场的变化是产生感生电动势的根本原因,由此可以推断,磁场变化将产生某种非静电场,这一非静电场对导体中的电荷有力的作用,使之做定向运动而形成感应电流.

麦克斯韦在分析了这一问题之后,提出一个新的假设:无论导体回路存在与否,变化的磁场都会在其周围空间激发一种非静电场,称为**感生电场**(induced electric field).感生电场对电荷有作用力,是电荷所受的非静电力的来源,也正是形成感生电动势的"非静电场".如果用$\boldsymbol{E}_\mathrm{k}$表示感生电场的场强,即作用于单位正电荷上的非静电力,则由电动势的定义可得某一回路上的感生电动势为

$$\mathscr{E}=\oint_L \boldsymbol{E}_\mathrm{k}\cdot\mathrm{d}\boldsymbol{l}=-\frac{\mathrm{d}}{\mathrm{d}t}\iint_S \boldsymbol{B}\cdot\mathrm{d}\boldsymbol{S},$$

因回路不动,故

$$\mathscr{E}=\oint_L \boldsymbol{E}_\mathrm{k}\cdot\mathrm{d}\boldsymbol{l}=-\iint_S \frac{\partial\boldsymbol{B}}{\partial t}\cdot\mathrm{d}\boldsymbol{S}. \tag{17.7}$$

式(17.7)是关于感生电场和磁场关系的一个基本规律,式中S为回路L所包围的面积.显然,感生电场沿闭合回路的积分一般不等于零$\left(\oint_L \boldsymbol{E}_\mathrm{k}\cdot\mathrm{d}\boldsymbol{l}\neq 0\right)$,这表明感生电场与静电场不同,而与磁场类似,所以又称之为**涡旋电场**(vortex electric field).

微课视频

感生电动势
涡旋电场

涡旋电场与静电场的共同点是它们对电荷都有力的作用，不同之处在于：首先，涡旋电场不是由电荷激发，而是由变化的磁场所激发；其次，描述涡旋电场的电场线是闭合曲线，而静电场的电场线不是闭合曲线；再者，涡旋电场是一种非保守场，不能引入电势概念，而静电场是保守场，可引入电势与电势差的概念.

例 17.3 在半径为 R 的无限长螺线管内有一均匀磁场，其磁感应强度大小随时间变化$\left(\frac{\mathrm{d}B}{\mathrm{d}t}>0\right)$，如图 17.9 所示. 试求管内、外感生电场的分布.

解 由磁场分布的对称性，可以判定感生电场的电场线是与螺线管同轴的同心圆. 任意选取一条电场线作为闭合回路（回路参考正方向为逆时针方向，见图 17.9），设其半径为 r，根据式(17.7) 可得

$$\oint_L \boldsymbol{E}_\mathrm{k}\cdot\mathrm{d}\boldsymbol{l}=2\pi rE_\mathrm{k}=-\iint_S\frac{\partial\boldsymbol{B}}{\partial t}\cdot\mathrm{d}\boldsymbol{S}.$$

在螺线管内($r<R$)，

$$-\iint_S\frac{\partial\boldsymbol{B}}{\partial t}\cdot\mathrm{d}\boldsymbol{S}=\pi r^2\frac{\mathrm{d}B}{\mathrm{d}t},$$

于是可得

$$E_\mathrm{k}=\frac{r}{2}\frac{\mathrm{d}B}{\mathrm{d}t}.$$

在螺线管外($r>R$)，

$$-\iint_S\frac{\partial\boldsymbol{B}}{\partial t}\cdot\mathrm{d}\boldsymbol{S}=\pi R^2\frac{\mathrm{d}B}{\mathrm{d}t},$$

则有

$$E_\mathrm{k}=\frac{R^2}{2r}\frac{\mathrm{d}B}{\mathrm{d}t}.$$

根据题设$\frac{\mathrm{d}B}{\mathrm{d}t}>0$，可得 $E_\mathrm{k}>0$，这表示感生电场的方向为逆时针方向，即与回路参考正方向一致，这和用楞次定律判断得到的结果相同.

17.3.2 涡旋电场的应用

各种变压器的工作原理都是以涡旋电场或感生电动势为依据的. 此外，涡旋电场还有两种重要应用.

1. 电子感应加速器

电子感应加速器是高能物理实验中的重要设备，主要用于电子的末级加速，其构造原理如图 17.10 所示. 在电磁铁两极间有一环形真空室，电磁铁由强大的交变电流来励磁，电子做圆周运动所需的向心力由洛伦兹力提供，而沿切向加速所需之力则由涡旋电场提供. 电子由前级加速器加速后射入环形真空室，在交变电流的四分之一周期内可绕行几十万圈. 在此过程中，大型的电子感应加速器可将电子的动能加速到

数百 MeV(1 MeV = 1.602 × 10^{-13} J).

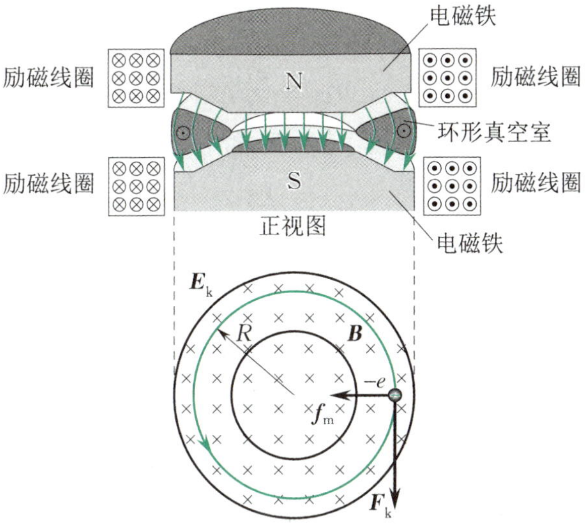

图 17.10 电子感应加速器示意图

电子在电子感应加速器中沿圆周轨道绕行,速度不断增加,轨道半径却保持不变,这就使得电子感应加速器中的磁场径向分布必须满足一定的要求,现分析如下.

电子做圆周运动所需之向心力由洛伦兹力提供,由此有

$$evB_R = m\frac{v^2}{R},$$

式中 R 为环形真空室中电子做圆周运动的轨道半径,B_R 为电子轨道处的磁感应强度,v 为电子的运动速度. 故

$$B_R = \frac{mv}{eR},\ mv = eRB_R.$$

使电子沿环形轨道切向加速的涡旋电场为 $\boldsymbol{E}_k$,由$\oint_L \boldsymbol{E}_k \cdot \mathrm{d}\boldsymbol{l} = -\iint_S \frac{\partial \boldsymbol{B}}{\partial t} \cdot \mathrm{d}\boldsymbol{S}$,得

$$E_k \cdot 2\pi R = \pi R^2 \frac{\mathrm{d}\overline{B}}{\mathrm{d}t},$$

整理得

$$E_k = \frac{R}{2}\frac{\mathrm{d}\overline{B}}{\mathrm{d}t},$$

式中 $\overline{B} = -\frac{1}{\pi R^2}\iint_S \boldsymbol{B} \cdot \mathrm{d}\boldsymbol{S}$(以图中逆时针方向为参考正方向)为电子环形轨道内的平均磁感应强度. 涡旋电场力使电子沿切向加速,于是有

$$eE_k = \frac{\mathrm{d}(mv)}{\mathrm{d}t},$$

将 $mv = eRB_R$,$E_k = \frac{R}{2}\frac{\mathrm{d}\overline{B}}{\mathrm{d}t}$ 代入上式得

$$e\frac{R}{2}\frac{\mathrm{d}\overline{B}}{\mathrm{d}t}=eR\frac{\mathrm{d}B_R}{\mathrm{d}t},$$

即

$$\mathrm{d}B_R=\frac{\mathrm{d}\overline{B}}{2}.$$

对上式两边同时积分，并考虑 B_R 与 $\overline{B}$ 同时由零开始增长，则有

$$B_R=\frac{1}{2}\overline{B}.$$

这就是磁场的径向分布必须满足的要求.

2. 涡电流

当块状导体处在交变磁场中或在磁场中运动时，导体内将产生感应电流，这种电流呈闭合的涡旋状，故称之为**涡电流**(eddy current). 在变压器、电动机等电器铁芯内的涡电流是非常有害的，它是铁芯内两种电能损耗之一(另一种为磁滞损耗)，这种涡电流会使设备的温度升高，妨碍设备正常运转. 故变压器、电动机等电器的铁芯常用相互绝缘的硅钢片叠合而成，并使硅钢片表面与磁场线平行，以减小涡流，如图 17.11 所示.

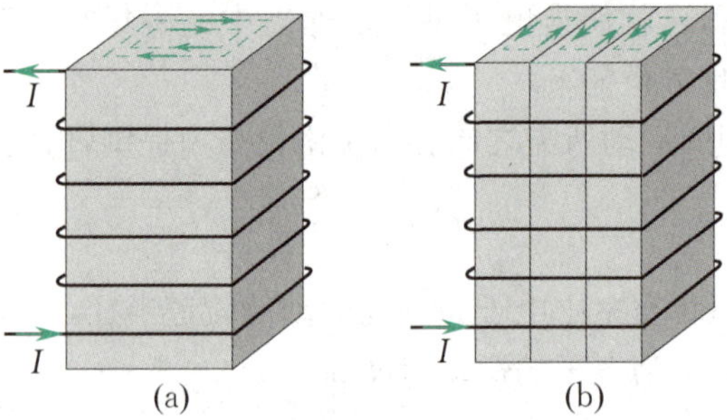

图 17.11　电器铁芯中的涡流(a) 和减小涡流的措施(b)

利用涡电流强大的热效应，可制成高频感应炉来冶炼金属，如图 17.12 所示. 用耐火材料做成冶炼炉，炉内放有待冶炼金属，炉身置于很粗的导线绕成的线圈中，线圈中的高频交流电使炉中产生很强的涡旋电场，从而在金属中产生涡电流，涡电流产生的热量使金属熔化，便于进一步分离和提纯等. 高频感应炉具有加热效率高、升温快，并可实现真空无接触加热等多项独特优点，故广泛地用于冶炼特种合金钢以及高熔点或化学性质活泼的金属如钨、钛等，也应用于高纯半导体材料的提炼等工艺中.

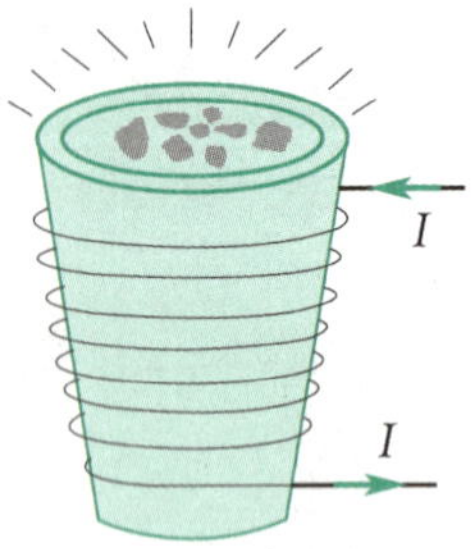

图 17.12　高频感应炉示意图

涡电流淬火与电磁阻尼

涡电流的热效应还可用于齿轮等工件表面的快速加热，再经淬火之后可使工件表面得到强化.

利用导体中动生电动势所产生的涡电流制成的电磁阻尼和制动器(因在磁场中运动的导体中的涡电流所受的安培力总是做负功，进而阻碍导体运动)，广泛用于仪表、设备及车辆中.

思考

1. 一绝缘材料做成的闭合回路置于随时间变化的磁场中，回路中没有电流，有电动势吗？若换作导体回路，在回路上任取两点，这两点间有无电势差？

2. 一导体直杆置于图 17.9 所示的螺线管内（直杆长度小于螺线管直径），螺线管内的磁场均匀分布，其大小随时间变化．直杆方向与磁场垂直．直杆沿不同方向放置在螺线管内不同位置时，其感生电动势都相同吗？为什么？

3. 在图 17.2 中，条形磁铁向左、右运动时，导体回路中将产生感生电动势；反过来，当条形磁铁保持不动，而导体回路向左、右运动时，导体回路中将产生动生电动势．显然，由于运动的相对性，在不同的参考系中观察，感生电动势可变成动生电动势，动生电动势也可变为感生电动势．基于以上讨论，请谈谈你对感应电动势这两种分类的看法．

4. 电磁炉是利用涡电流来加热锅底的家用电器，结合你对涡电流的理解，试回答为什么铜锅和铝锅不能被电磁炉加热？

17.4 自感与互感

自感与互感是两种重要的电磁感应现象，在实践中有广泛应用．

17.4.1 自感

如图 17.13 所示，回路中通有电流时，该电流激发的磁场在回路中产生磁通量，电流发生变化时，磁通量亦发生变化，从而在回路中产生感生电动势，这一现象称为**自感**(self-induction)．自感产生的感生电动势称为**自感电动势**(self-induction electromotive force)．

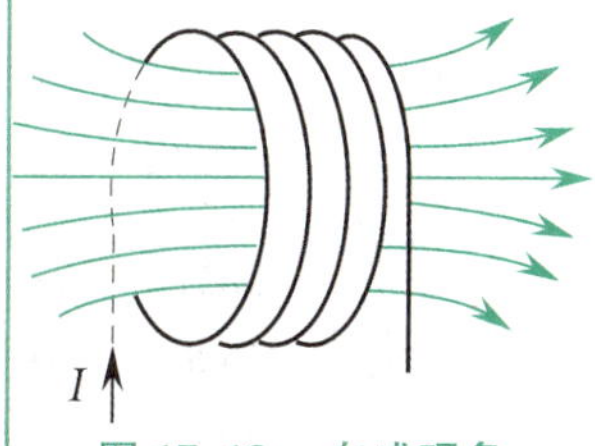

图 17.13 自感现象

由毕奥-萨伐尔定律可知，电流产生的磁场正比于电流 I，因此，线圈自身电流产生的磁场所引起的通过线圈自身的全磁通 Ψ 也应和 I 成正比，即

$$\Psi = LI, \tag{17.8}$$

式中的比例系数 L 称为此线圈的**自感系数**(self-inductance)，简称自感．L 的数值决定于线圈的大小、形状、匝数以及周围磁介质的性质与分布．

由法拉第电磁感应定律，自感电动势为

$$\mathscr{E}_L = -\frac{\mathrm{d}\Psi}{\mathrm{d}t} = -\frac{\mathrm{d}\Psi}{\mathrm{d}I}\frac{\mathrm{d}I}{\mathrm{d}t} = -L\frac{\mathrm{d}I}{\mathrm{d}t}. \tag{17.9}$$

式(17.8) 和式(17.9) 都可作为自感系数的定义式，但其表述形式是不同的①．

在国际单位制中，自感系数的单位称为亨[利](H)，

$$1\ \mathrm{H} = 1\ \mathrm{Wb/A} = 1\ \mathrm{V \cdot s/A}.$$

由式(17.9) 可知，自感电动势总是试图阻碍原电流的变化，故自感系数 L 是线圈“电磁惯性”大小的量度．

① 对线性介质，L 与 I 无关，两种定义等价；对非线性介质，两种定义有区别．

在电子线路中，自感线圈也被称为电感器(inductor)，自感线圈的自感系数即电感器的电感(inductance). 如同电容器常被简称为电容一样，在不引起歧义的情况下，电感器也可简称为电感.

利用自感，可制成电子线路中常用的扼流圈、滤波器、振荡电路. 自感有时是有害的，如当断开含有较大自感系数和较大电流的电路时，电路中将产生很大的自感电动势(断电高压)，它可能损坏电路中的器件，击穿绝缘层，并在断开的开关中产生强烈的电弧，这是具有较大电流的电路和电器设备的设计中需注意的一个重要问题.

例 17.4 计算螺绕环的自感系数. 设螺绕环的截面积为 S，其轴线形成的圆周的半径为 R，沿轴线单位长度上的匝数为 n，且螺绕环中充满相对磁导率为 μ_r 的磁介质. 已知螺绕环截面线度远小于 R.

解 设螺绕环通有电流 I，由安培环路定理可得螺绕环内的磁感应强度大小为

$$B = \mu_0 \mu_r n I.$$

螺绕环的全磁通为

$$\Psi = N\Phi_m = 2\pi R n B S = 2\pi \mu_0 \mu_r R n^2 S I,$$

所以自感系数为

$$L = \frac{\Psi}{I} = 2\pi \mu_0 \mu_r R n^2 S = \mu_0 \mu_r n^2 V = \mu n^2 V,$$

式中 $V = 2\pi R S$ 为螺绕环的体积. 显然，螺绕环内充满磁介质时，自感系数增大为真空时的 μ_r 倍.

例 17.5 试计算相距为 d 的两平行长直导线单位长度的自感系数.

解 如图 17.14 所示，设两平行长直载流导线中的电流大小为 I、方向相反，沿导线方向取长为 l 的矩形，此矩形所围区域内的磁场是由两长直载流导线共同产生的. 先考虑左边载流导线所引起的磁通量，取如图中所示的矩形条面元，则

$$d\Phi_{m左} = B_{左}\, dS = \frac{\mu_0 I}{2\pi r} l\, dr,$$

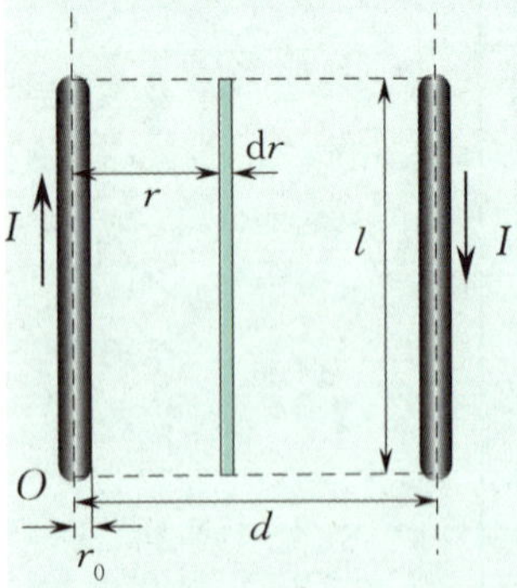

图 17.14 例 17.5 图

于是有

$$\Phi_{m左} = \int d\Phi_{m左} = \frac{\mu_0 I l}{2\pi} \int_{r_0}^{d-r_0} \frac{dr}{r} = \frac{\mu_0 I l}{2\pi} \ln \frac{d-r_0}{r_0},$$

式中 r_0 为导线的半径. 本题中我们忽略导线内部的磁通量(因 $r_0 \ll d$).

因 $\Phi_{m右} = \Phi_{m左}$，故

$$\Phi_m = 2\Phi_{m左} = \frac{\mu_0 I l}{\pi} \ln \frac{d-r_0}{r_0},$$

所以

$$L = \frac{\Phi_m}{I} = \frac{\mu_0 l}{\pi} \ln \frac{d-r_0}{r_0}.$$

于是单位长度平行长直导线的自感系数为

$$L_0 = \frac{L}{l} = \frac{\mu_0}{\pi} \ln \frac{d-r_0}{r_0}.$$

17.4.2 互感

对两个邻近的载流回路 L_1 和 L_2，其中每一个载流回路所产生的磁场，不仅会影响自身回路中的磁通量，还会影响邻近回路的磁通量，如图 17.15 所示. 故当其中某一个回路中的电流发生变化时，将会在另一个回路中产生感生电动势. 这一现象称为**互感**(mutual induction)，所产生的感生电动势称为**互感电动势**(mutual induction electromotive force).

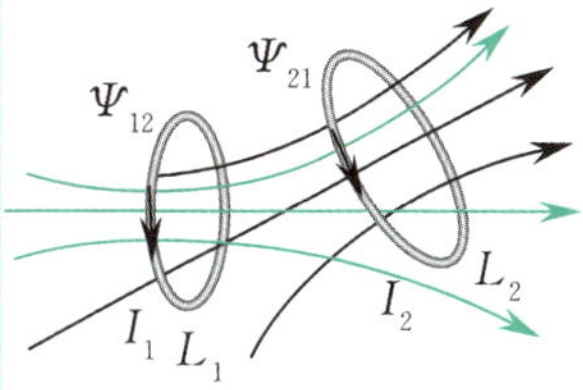

图 17.15 互感现象

回路 L_1 中的电流 I_1 产生的磁场在回路 L_2 中引起的全磁通 Ψ_{21} 正比于电流 I_1，即

$$\Psi_{21}=M_{21}I_1,$$

回路 L_2 中的电流 I_2 产生的磁场在回路 L_1 中引起的全磁通 Ψ_{12} 正比于电流 I_2，即

$$\Psi_{12}=M_{12}I_2,$$

式中 M_{21} 称为回路 L_1 对回路 L_2 的**互感系数**(mutual inductance)，M_{12} 称为回路 L_2 对回路 L_1 的互感系数，在不引起歧义的情况下，互感系数也常简称为互感.

由法拉第电磁感应定律，回路 L_2 中的互感电动势为

$$\mathscr{E}_{21}=-\frac{\mathrm{d}\Psi_{21}}{\mathrm{d}t}=-\frac{\mathrm{d}\Psi_{21}}{\mathrm{d}I_1}\frac{\mathrm{d}I_1}{\mathrm{d}t}=-M_{21}\frac{\mathrm{d}I_1}{\mathrm{d}t}. \tag{17.10}$$

同理，回路 L_1 中的互感电动势为

$$\mathscr{E}_{12}=-\frac{\mathrm{d}\Psi_{12}}{\mathrm{d}t}=-\frac{\mathrm{d}\Psi_{12}}{\mathrm{d}I_2}\frac{\mathrm{d}I_2}{\mathrm{d}t}=-M_{12}\frac{\mathrm{d}I_2}{\mathrm{d}t}. \tag{17.11}$$

对于给定的一对线圈，可以证明

$$M_{21}=M_{12}=M=\frac{\Psi_{12}}{I_2}=\frac{\Psi_{21}}{I_1}. \tag{17.12}$$

M 的数值取决于线圈的大小、形状、匝数、两线圈的相对位置以及周围磁介质的性质与分布情况.

互感系数 M 的单位与自感系数 L 的单位相同.

互感系数是两个线圈之间“电磁耦合”程度的量度. 可以证明，自感系数分别为 L_1，L_2 的任意两个彼此邻近的线圈，它们之间的互感系数 M 与 L_1，L_2 的关系为

$$M=K\sqrt{L_1L_2}, \tag{17.13}$$

式中 $0\leqslant K\leqslant 1$，称为**耦合系数**(coupling coefficient)，它取决于两线圈的相对位置.

例 17.6 绕于磁导率为 μ 的环形铁芯上的两线圈，其匝数分别为 N_1，N_2，铁芯截面积为 S、周长为 l，如图 17.16 所示(图中每个螺绕环线圈都只示意性地画出一部分). 求两线圈之间的互感系数以及互感系数与自感系数之间的关系.

解 设线圈 C_1 中流过电流 I_1，则铁芯内的磁感应强度和每匝线圈中的磁通量分别为

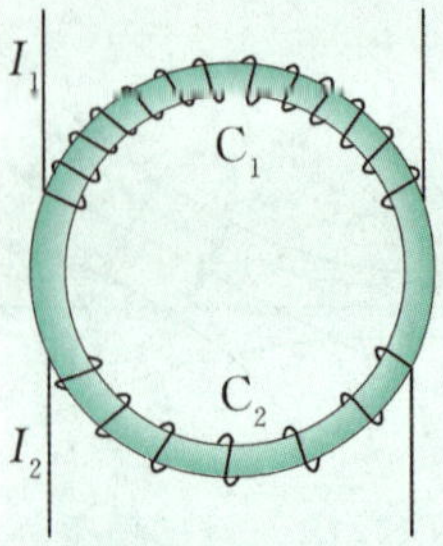

图 17.16　例 17.6 图

$$B=\mu\frac{N_1I_1}{l},\ \Phi_m=BS=\mu\frac{N_1I_1}{l}S.$$

因铁芯磁导率远大于空气,故漏磁通可忽略,任一线圈中电流所产生的磁通量都将全部通过另一线圈. 此时线圈 C_1 中电流产生的磁场通过线圈 C_2 的全磁通为

$$\Psi_{21}=N_2\Phi_m=\mu\frac{N_1N_2I_1}{l}S.$$

按互感系数定义式 $M=\frac{\Psi_{21}}{I_1}$,有

$$M=\frac{N_2\Phi_m}{I_1}=\mu\frac{N_1N_2}{l}S. \quad ①$$

此时,线圈 C_1 中的电流产生的磁场通过线圈 C_1 的全磁通为

$$\Psi_1=N_1\Phi_m=\mu\frac{N_1^2I_1}{l}S.$$

据自感系数定义式 $L_1=\frac{\Psi_1}{I_1}$,有

$$L_1=\mu\frac{N_1^2}{l}S. \quad ②$$

同理可得

$$L_2=\mu\frac{N_2^2}{l}S. \quad ③$$

比较式 ①、②、③,可知

$$M=\sqrt{L_1L_2}.$$

与式(17.13)比较可知,此题中的耦合系数 $K=1$.

互感较之自感有更为广泛的应用,如各种变压器,包括强电中的电力变压器,弱电中的输入、输出变压器,中周变压器等的工作原理都是互感. 电工技术中测量大电流的"钳形表"、电表工作时电流取样、正在使用和发展之中的无线充电等,都与互感密切相关. 互感的弊端是会引起电路之间的电磁干扰,实际中常采用电磁屏蔽或调整两线圈的相对位置的方法来消除或减轻互感.

思考

1. 如何绕制线圈才可能使其自感系数为零?
2. 自感系数和互感系数可能与电流有关吗?

17.5　磁场的能量

随着回路中电流的产生或消失,对应的磁场也跟着产生或消失. 在此过程中,总是伴随着电磁感应现象. 根据电磁感应定律,在建立电流及相应磁场的过程中,电源将克服感应电动势做功,其结果是电源所提供的能量转化为回路的磁能. 在电流与相应磁场消失的过程中,回路中的磁能将释放出来,给电源充电或转化为焦耳热等. 下面我们通过含有自感线圈或互感线圈的电路建立电流及相应磁场的过程,来推导磁能的公式.

17.5.1 自感磁能

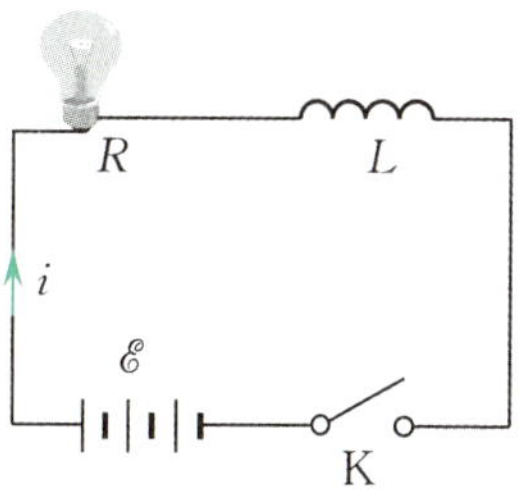

图 17.17 自感线圈的磁能

设有如图 17.17 所示的含自感线圈的回路(电源电动势为 $\mathscr{E}$,t 时刻回路中的电流为 i,灯泡电阻为 R,线圈自感系数为 L),当接通开关 K 后,回路中电流开始增加,在电流增加过程中,线圈中将出现自感电动势 $\mathscr{E}_L$. 根据闭合回路的欧姆定律有

$$\mathscr{E} - L\frac{\mathrm{d}i}{\mathrm{d}t} = iR,$$

两边同乘以 i,移项后可得

$$\mathscr{E}i = i^2R + Li\frac{\mathrm{d}i}{\mathrm{d}t}.$$

上式为一能量转换关系式,等式左边 $\mathscr{E}i$ 为电源的供电功率;等式右边第一项 i^2R 为回路中消耗的焦耳热功率;第二项 $Li\frac{\mathrm{d}i}{\mathrm{d}t}$ 为电源克服自感电动势做功的功率,它使电源输出的一部分能量转换成线圈中磁场的能量,称为自感磁能. 当回路中的电流 i 由零增至 I 时,线圈的自感磁能为

$$W_{\mathrm{m}} = \int_0^t Li\frac{\mathrm{d}i}{\mathrm{d}t}\mathrm{d}t = \int_0^I Li\,\mathrm{d}i = \frac{1}{2}LI^2. \tag{17.14}$$

我们可将自感磁能改写为用磁场场量 $\boldsymbol{B}$ 和 $\boldsymbol{H}$ 表示的形式. 设自感线圈为一螺绕环,由例 17.4 可知,螺绕环的自感系数为

$$L = \mu n^2 V,$$

式中 n 为螺绕环单位长度上的线圈匝数,V 为螺绕环的体积. 因螺绕环内的磁感应强度为 $B = \mu nI$,$H = nI$,故

$$W_{\mathrm{m}} = \frac{1}{2}LI^2 = \frac{1}{2}\mu n^2 VI^2 = \frac{1}{2}HBV.$$

由于螺绕环的磁场都集中在螺绕环内部,因此 V 亦为磁场占有的体积. 由此可得单位体积内磁场的能量,即磁场的能量密度(magnetic energy density)为

$$w_{\mathrm{m}} = \frac{W_{\mathrm{m}}}{V} = \frac{1}{2}BH.$$

考虑到 $\boldsymbol{B}$ 和 $\boldsymbol{H}$ 同向,上式可写成

$$w_{\mathrm{m}} = \frac{1}{2}\boldsymbol{B}\cdot\boldsymbol{H}, \tag{17.15}$$

式(17.15)虽是从螺绕环与各向同性均匀介质这一特例得出的，但它是计算磁场能量密度的一般公式. 利用它可求出储存在任一体积为 V 的区域中的磁场能量为

$$W_m = \iiint_V w_m \mathrm{d}V = \iiint_V \frac{1}{2}\boldsymbol{B}\cdot\boldsymbol{H}\mathrm{d}V. \tag{17.16}$$

17.5.2 互感磁能

如图 17.18 所示，两个邻近的线圈组成两回路，当左、右两线圈中的电流分别为 I_1 和 I_2 时，其磁场能量为多少呢?

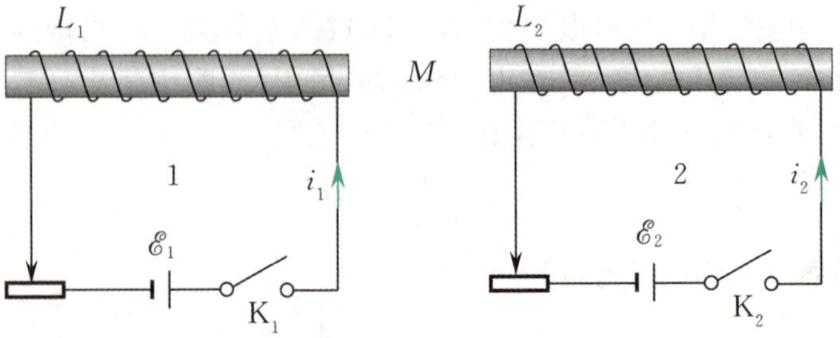

图 17.18 互感线圈的磁能

因磁场能量仅由磁场的分布决定，为状态量，而与建立的过程无关，故我们可设想电流 I_1，I_2 按下述两种方式建立.

(1) 断开 K_2、合上 K_1，使回路 1 中的电流 i_1 由零增至 I_1. 在这一过程中，由于自感线圈 L_1 的存在，电源 $\mathscr{E}_1$ 需反抗自感电动势做功，因此回路 1 获得的自感磁能为

$$W_{m1} = \frac{1}{2}L_1 I_1^2.$$

再合上 K_2，并调节 R_1 使 I_1 保持不变，这时回路 2 中的电流 i_2 由零增至 I_2. 在这一过程中，由于自感线圈 L_2 的存在，电源 $\mathscr{E}_2$ 也需反抗自感电动势做功，因此回路 2 中的自感磁能为

$$W_{m2} = \frac{1}{2}L_2 I_2^2.$$

当 i_2 增大时，回路 1 中产生的互感电动势为

$$\mathscr{E}_{12} = -M_{12}\frac{\mathrm{d}i_2}{\mathrm{d}t}.$$

此时对于回路 1，$\mathscr{E}_1 = I_1R_1 + \mathscr{E}_{12}$，在电流 I_1 保持不变的情况下，电源 $\mathscr{E}_1$ 反抗互感电动势所做的功为

$$A = -\int_0^t \mathscr{E}_{12} I_1 \mathrm{d}t = \int_0^t M_{12} I_1 \frac{\mathrm{d}i_2}{\mathrm{d}t}\mathrm{d}t = \int_0^{I_2} M_{12} I_1 \mathrm{d}i_2 = M_{12} I_1 I_2.$$

电源 $\mathscr{E}_1$“输出”的这一部分能量也变成了磁场的能量，称为**互感磁能**，其值为

$$W_{m12} = M_{12} I_1 I_2. \tag{17.17}$$

经上述两个步骤后，两回路中的电流分别为 I_1，I_2，此时系统具有的总磁能为

$$W_m = W_{m1} + W_{m2} + W_{m12}$$
$$= \frac{1}{2}L_1 I_1^2 + \frac{1}{2}L_2 I_2^2 + M_{12} I_1 I_2. \tag{17.18}$$

(2) 若把建立电流 I_1 和 I_2 的“顺序”颠倒，可得总磁能为

$$W'_m = \frac{1}{2}L_1 I_1^2 + \frac{1}{2}L_2 I_2^2 + M_{21} I_1 I_2.$$

因上述两种建立电流 I_1 和 I_2 的方式均达到同一电流状态，对应同一磁场，故其磁场能量应相同(能量为状态量)，即有

$$W'_m = W_m.$$

由此可得

$$M_{12} = M_{21} = M.$$

若维持回路 1 中的电流方向为逆时针方向，而让回路 2 中的电流改为顺时针方向，则图 17.18 所示两回路中的电流产生的磁场方向相反，由楞次定律可知，在电流 i_2 增加的过程中，线圈 L_1 中互感电动势 $\mathscr{E}_{12}$ 的方向将和电路中电流(由电源 $\mathscr{E}_1$ 提供)的方向相同，互感电动势做正功，向电路提供能量，而不是将电源提供的能量转化为磁场能量. 在这种情况下，互感磁能将为负.

利用式(17.16)，可将式(17.18)写成场量表示的形式. 根据磁场叠加原理，空间任一点处的磁场 $\boldsymbol{B}$ 应为各回路电流 I_1 和 I_2 单独存在时所产生的磁场 $\boldsymbol{B}_1$ 和 $\boldsymbol{B}_2$ 的矢量和，即

$$\boldsymbol{B} = \boldsymbol{B}_1 + \boldsymbol{B}_2,$$

则磁场总能量可写成$\left(\text{磁场的能量密度 } w_m = \frac{1}{2}\boldsymbol{B}\cdot\boldsymbol{H} = \frac{B^2}{2\mu}\right)$

$$W_m = \iiint_V \frac{B^2}{2\mu}\mathrm{d}V = \iiint_V \frac{B_1^2}{2\mu}\mathrm{d}V + \iiint_V \frac{B_2^2}{2\mu}\mathrm{d}V + \iiint_V \frac{\boldsymbol{B}_1\cdot\boldsymbol{B}_2}{\mu}\mathrm{d}V.$$

由于 B_1 正比于 I_1 且与 I_2 无关，B_2 正比于 I_2 且与 I_1 无关，因此将上式与式(17.18)比较得

$$\begin{cases} \frac{1}{2}L_1 I_1^2 = \iiint_V \frac{B_1^2}{2\mu}\mathrm{d}V, \\ \frac{1}{2}L_2 I_2^2 = \iiint_V \frac{B_2^2}{2\mu}\mathrm{d}V, \\ M I_1 I_2 = \iiint_V \frac{\boldsymbol{B}_1\cdot\boldsymbol{B}_2}{\mu}\mathrm{d}V = \iiint_V \frac{B_1 B_2\cos\theta}{\mu}\mathrm{d}V. \end{cases} \tag{17.19}$$

由上式可看出，自感磁能恒为正，为每个通电线圈的固有磁能；而互感磁能在 $\boldsymbol{B}_1$ 与 $\boldsymbol{B}_2$ 间的夹角 $\theta < \pi/2$ 时为正，$\theta > \pi/2$ 时为负，是相互作用能量.

根据式(17.14)与式(17.16)，可得出计算自感系数的第二种方法：首先利用式(17.16)计算出磁场能量，该能量就是线圈的自感磁能，然后结合式(17.14)求得自感系数，即

$$W_m = \iiint_V \frac{B^2}{2\mu}\mathrm{d}V,\quad L = \frac{2W_m}{I^2}.$$

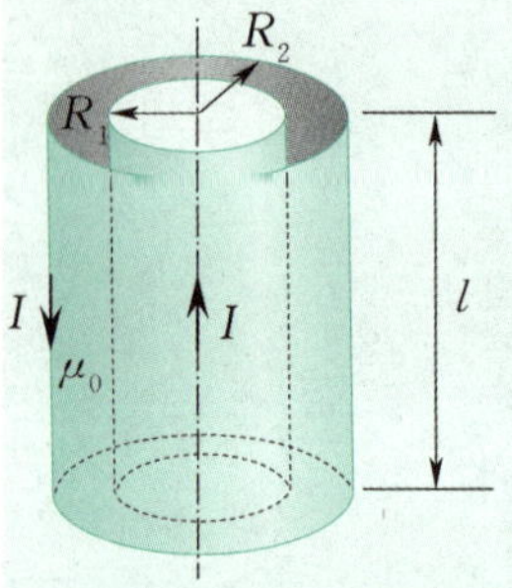

图 17.19　例 17.7 图

例 17.7　求长为 l 的一段同轴电缆的自感. 设同轴电缆由半径为 R_1 的实心导体圆柱和半径为 R_2 的导体圆筒(厚度不计)组成,中间充以绝缘磁介质,如图 17.19 所示. 设导体及绝缘磁介质的磁导率皆为 μ_0.

解　设电流 I 由导体圆柱流入,沿导体圆筒返回.

由安培环路定理可求得同轴电缆磁场的径向分布为

$$B(r)=\begin{cases}\dfrac{\mu_0 I}{2\pi R_1^2}r & (r<R_1),\\[2mm] \dfrac{\mu_0 I}{2\pi r} & (R_1<r<R_2),\\[2mm] 0 & (r>R_2).\end{cases}$$

长为 l 的一段同轴电缆所储存的磁能

$$W_m=\iiint_V \frac{B^2}{2\mu_0}\mathrm{d}V=\int_0^{R_1}\frac{\mu_0 I^2}{8\pi^2 R_1^4}r^2 2\pi rl\,\mathrm{d}r+\int_{R_1}^{R_2}\frac{\mu_0 I^2}{8\pi^2 r^2}2\pi rl\,\mathrm{d}r$$

$$=\frac{\mu_0 I^2 l}{4\pi R_1^4}\int_0^{R_1}r^3\,\mathrm{d}r+\frac{\mu_0 I^2 l}{4\pi}\int_{R_1}^{R_2}\frac{\mathrm{d}r}{r}=\frac{\mu_0 l}{16\pi}I^2+\frac{\mu_0 l}{4\pi}\ln\frac{R_2}{R_1}I^2,$$

故由式(17.14)可得长为 l 的一段同轴电缆的自感系数为

$$L=\frac{2W_m}{I^2}=\frac{\mu_0 l}{8\pi}+\frac{\mu_0 l}{2\pi}\ln\frac{R_2}{R_1}.$$

思考

1. 式(17.15)是由螺绕环中的均匀磁场导出的,为什么对非均匀磁场也成立?

2. 图 17.18 中电流 I_1 为逆时针方向,I_2 为顺时针方向时,系统的互感磁能为负,该如何理解互感磁能为负这一物理状况?试分析 K_2 闭合及断开后系统能量的转换情况(期间通过调节 R_1 使 I_1 始终保持不变).

3. 图 17.17 所示电路,当开关 K 断开后,之前线圈中储存的自感磁能去哪了?

微课视频
位移电流

17.6　位移电流

位移电流假说是麦克斯韦为解决安培环路定理在非恒定电流情况下所出现的矛盾于 1861 年提出的.

在安培环路定理中,闭合回路所包围的电流是指穿过以闭合回路为边界的任意曲面的电流. 但是,以闭合回路为边界的曲面不是唯一的,原则上有无穷多个. 对于恒定电流,因其连续性,若它通过以闭合回路为边界的某一曲面,则必将通过以此闭合回路为边界的所有曲面. 如图 17.20 所示,以闭合回路 L 为边界线,任作两个不同曲面 S_1 与 S_2,通过这两个曲面的电流 I 总相同.

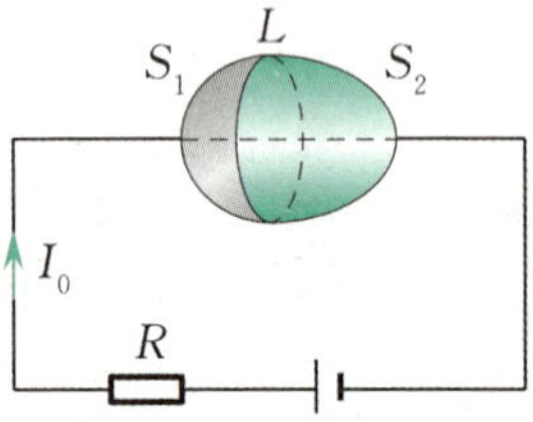

图 17.20　恒定磁场中的安培环路定理

对于非恒定电流,情况有所不同. 下面以电容器的充、放电为例来说明. 如图 17.21 所示,在充电过程中,导线和电容器极板内有传导电流,而在两极板之间则无传导电流存在. 对于以闭合回路 L 为边界的曲面 S_1,有传导电流 I 通过,根据安培环路定理有

$$\oint_L \boldsymbol{H} \cdot \mathrm{d}\boldsymbol{l} = I.$$

若取以 L 为边界的经过两极板之间的另一曲面 S_2,因 S_2 上无传导电流通过,同样根据安培环路定理有

$$\oint_L \boldsymbol{H} \cdot \mathrm{d}\boldsymbol{l} = 0.$$

上两式显然矛盾. 由此可见,恒定电流产生的磁场的安培环路定理对非恒定电流情况不成立.

如何解决这一矛盾,找到普适性的安培环路定理? 一般而言,通过分析出现矛盾的原因即可找到解决矛盾的办法. 上述矛盾是由于传导电流在电容器两极板间不连续引起的. 进一步研究发现,虽然电容器两极板间的真空区域阻断了传导电流,但是极板上的电荷积累使两极板间有了随时间发生变化的电场,导线上的传导电流、极板上的电荷量、极板间随时间变化的电场之间的关系值得研究,也许这个随时间发生变化的电场可以将极板两边导线上的电流"连接起来",图 17.21 所示似乎也预示了这一点.

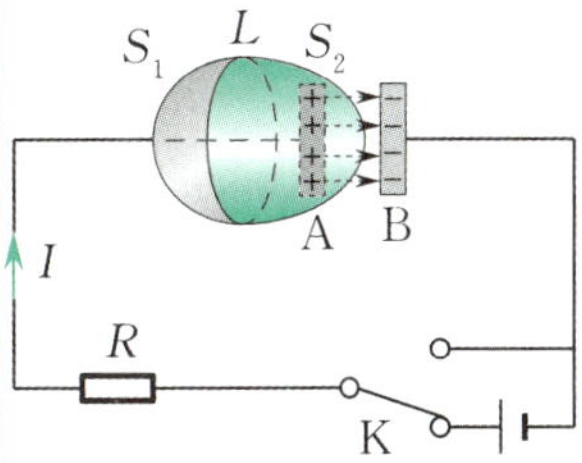

图 17.21 非恒定磁场中的安培环路定理

设在电容器充电过程中的某一时刻,极板 A 上的面电荷密度为 $+\sigma$,若极板面积为 S,则 A 板上所带的电量为 $q = S\sigma$,B 板上所带的电量为 $-q$. 在充电过程中,q 随时间增大,极板内的传导电流(亦为导线中的传导电流) 为

$$I = \frac{\mathrm{d}q}{\mathrm{d}t} = \frac{\mathrm{d}(S\sigma)}{\mathrm{d}t} = \frac{\mathrm{d}\sigma}{\mathrm{d}t} \cdot S,$$

传导电流密度的大小为

$$j = \frac{\mathrm{d}\sigma}{\mathrm{d}t}.$$

在电容器两极板之间,传导电流为零,传导电流不连续,但是,极板上的面电荷密度和总电荷量随时间发生变化,因此,两极板间电场的电位移 $\boldsymbol{D}$ 也随时间变化(在平行板电容器两极板空间内,$D = \sigma$). 在两极板间取一截面,与极板平行,面积和极板面积相等,该截面上的电位移通量 $\Phi_D = DS$(也等于曲面 S_2 上的电位移通量) 随时间发生变化,且 $\frac{\mathrm{d}\Phi_D}{\mathrm{d}t} = S\frac{\mathrm{d}D}{\mathrm{d}t} = S\frac{\mathrm{d}\sigma}{\mathrm{d}t}$,恰好等于导线中的传导电流 I. 为了使电流在电路中保持连续性,麦克斯韦设想:一个截面(或曲面) 上穿过去的电位移通量随时间变化时,相当于某种电流,称为**位移电流**(displacement current). 由此得位移电流定义式:

$$I_\mathrm{d} = \frac{\mathrm{d}\Phi_D}{\mathrm{d}t} = \frac{\mathrm{d}}{\mathrm{d}t}\iint_S \boldsymbol{D} \cdot \mathrm{d}\boldsymbol{S} = \iint_S \frac{\partial \boldsymbol{D}}{\partial t} \cdot \mathrm{d}\boldsymbol{S}, \tag{17.20}$$

即通过电场中任意截面的位移电流 I_d 等于通过该截面的电位移通量的

时间变化率. 将式(17.20)与式(15.5)比较,得电场中某点处的位移电流密度为

$$\boldsymbol{j}_{\mathrm{d}}=\frac{\partial \boldsymbol{D}}{\partial t}, \tag{17.21}$$

即电场中某点处的位移电流密度等于该点处电位移的时间变化率.

对于平行板电容器,两极板间位移电流密度的大小为 $j_{\mathrm{d}}=\frac{\mathrm{d}\sigma}{\mathrm{d}t}$,与极板上传导电流密度的大小相等. 位移电流密度的方向就是 $\frac{\partial \boldsymbol{D}}{\partial t}$ 的方向. 在充电时,$\boldsymbol{D}$ 的方向由A板指向B板,极板上面电荷密度增大,两极板间场强增大,$\frac{\partial \boldsymbol{D}}{\partial t}$ 的方向与 $\boldsymbol{D}$ 的方向一致,即位移电流密度的方向与传导电流密度的方向一致(电容器放电时的情况,读者可自行讨论). 因而,电容器极板间的位移电流密度与极板中传导电流密度大小相等,方向一致,即

$$\boldsymbol{j}_{\mathrm{d}}=\boldsymbol{j}.$$

根据式(17.20),在电容器两极板间的空间内,总位移电流大小为

$$I_{\mathrm{d}}=\frac{\mathrm{d}\Phi_D}{\mathrm{d}t}=S\frac{\mathrm{d}D}{\mathrm{d}t}=S\frac{\mathrm{d}\sigma}{\mathrm{d}t},$$

它与极板中的传导电流 I 相等,即

$$I_{\mathrm{d}}=I.$$

可见,在电容器极板表面中断的传导电流 I 由位移电流 I_{d} 接替下去,使电路中的电流保持连续.

在一般情况下,位移电流、传导电流可能同时通过某一截面,据此,麦克斯韦提出了**全电流**的概念,通过某截面的全电流等于通过该截面的位移电流 I_{d} 与传导电流 I 的代数和,即

$$I_{全}=I+\frac{\mathrm{d}\Phi_D}{\mathrm{d}t}=I+\frac{\mathrm{d}}{\mathrm{d}t}\iint_S \boldsymbol{D}\cdot\mathrm{d}\boldsymbol{S}. \tag{17.22}$$

显然,全电流总是连续的. 在此基础上,麦克斯韦把恒定磁场中的安培环路定理推广到非恒定情况:

$$\oint_L \boldsymbol{H}\cdot\mathrm{d}\boldsymbol{l}=I+\frac{\mathrm{d}}{\mathrm{d}t}\iint_S \boldsymbol{D}\cdot\mathrm{d}\boldsymbol{S}. \tag{17.23}$$

上式表明,位移电流与传导电流一样,都能产生磁场. 在图17.21中,流过曲面 S_1 的全电流就是导线中的传导电流 I,而流过曲面 S_2 的全电流只有位移电流,但其大小也等于 I,因此,图17.21中的矛盾得到了解决. 式(17.23)称为**全电流定律**. 实践证明,全电流定律完全正确.

变化的电场激发涡旋磁场是麦克斯韦位移电流的中心思想. 但位移电流和传导电流毕竟是两个不同的概念. 传导电流是电荷的定向运动形成的,而位移电流是电场的变化产生的. 传导电流通过导体时放出焦耳热,在真空中的位移电流不放出热量,在电介质中位移电流也会产生热效应,但是不服从焦耳定律.

例 17.8 半径 $R=0.10\ \mathrm{m}$、极板间距 $d=0.01\ \mathrm{m}$ 的圆形平行板电容器置于真空中，如图 17.22 所示(图未按比例). 给电容器加上频率 $\nu=10^6\ \mathrm{Hz}$、幅值 $U_\mathrm{m}=10^4\ \mathrm{V}$ 的高频余弦交流高压. 忽略边缘效应，求：

(1) 两极板间的位移电流幅值；

(2) 极板间距两极板中心连线为 r 处(分 $r\leqslant R$ 和 $r>R$) 的磁感应强度大小 B；

(3) $r=R$ 处 B_R 的幅值.

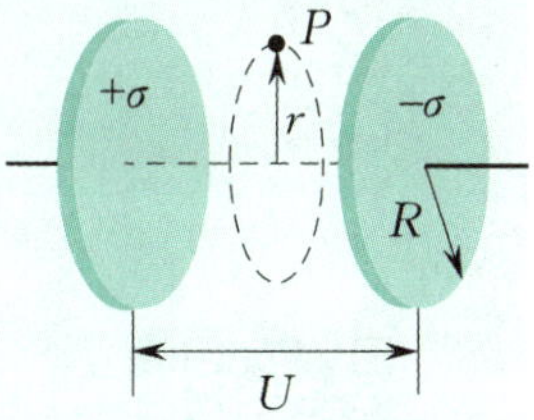

图 17.22 例 17.8 图

解 (1) 根据题意可设 $U=U_\mathrm{m}\cos 2\pi\nu t$，因为 $E=\dfrac{U}{d}$，所以

$$E=E_\mathrm{m}\cos 2\pi\nu t,$$

式中 $E_\mathrm{m}=\dfrac{U_\mathrm{m}}{d}$. 由 $I_\mathrm{d}=\dfrac{\mathrm{d}\Phi_D}{\mathrm{d}t}$，$\Phi_D=SD$，$D=\varepsilon_0 E$，得

$$I_\mathrm{d}=S\frac{\mathrm{d}D}{\mathrm{d}t}=\pi R^2\varepsilon_0\frac{\mathrm{d}E}{\mathrm{d}t}=-2\pi^2\nu R^2\varepsilon_0\frac{U_\mathrm{m}}{d}\sin 2\pi\nu t.$$

故两极板间的位移电流幅值为

$$I_\mathrm{dm}=2\pi^2\nu R^2\varepsilon_0\frac{U_\mathrm{m}}{d}=2\times(3.14)^2\times10^6\times10^{-2}\times8.85\times10^{-12}\times10^6\ \mathrm{A}\approx1.75\ \mathrm{A}.$$

(2) 因极板间电场具有轴对称性，相应的磁场也具有轴对称性.

当 $r\leqslant R$ 时，

$$H\cdot 2\pi r=S\frac{\mathrm{d}D}{\mathrm{d}t}=\pi r^2\varepsilon_0\frac{\mathrm{d}E}{\mathrm{d}t},$$

由上式求出 H，再利用 $B=\mu_0 H$ 可得

$$B=\frac{\varepsilon_0\mu_0}{2}r\frac{\mathrm{d}E}{\mathrm{d}t}=-\pi\varepsilon_0\mu_0 r\nu\frac{U_\mathrm{m}}{d}\sin 2\pi\nu t.$$

当 $r>R$ 时，

$$H\cdot 2\pi r=\pi R^2\varepsilon_0\frac{\mathrm{d}E}{\mathrm{d}t},$$

同理可得

$$B=\mu_0 H=\frac{\varepsilon_0\mu_0}{2}\frac{R^2}{r}\frac{\mathrm{d}E}{\mathrm{d}t}=-\frac{\pi\varepsilon_0\mu_0R^2\nu}{r}\frac{U_\mathrm{m}}{d}\sin 2\pi\nu t.$$

(3) 当 $r=R$ 时，

$$B_R=-\pi\nu\varepsilon_0\mu_0R\frac{U_\mathrm{m}}{d}\sin 2\pi\nu t,$$

故 B_R 的幅值为

$$B_{R\mathrm{m}}=\pi\nu\varepsilon_0\mu_0R\frac{U_\mathrm{m}}{d}=3.14\times10^6\times8.85\times10^{-12}\times4\times3.14\times10^{-7}\times0.1\times10^6\ \mathrm{T}$$

$$\approx3.49\times10^{-6}\ \mathrm{T}.$$

思考

1. 传导电流、位移电流、全电流之间有何关系？为什么把变化的电场所对应的电流称为位移电流？

2. 图 17.21 中，电容器两极板间横截面（面积与极板面积一样大）上的电位移通量等于曲面 S_2 上的电位移通量，为什么？

17.7 麦克斯韦方程组

科学家简介

麦克斯韦

至此，我们已讨论了电磁场的所有规律. 1865 年，麦克斯韦在此基础之上，将电磁学的基本规律概括为 4 个基本方程，称为麦克斯韦方程组(Maxwell's equations)，从而建立了宏观电磁场理论体系.

本书只讨论麦克斯韦方程组的积分形式，它由 4 个相互联系的方程组成.

(1) 电场的高斯定理.

电荷激发有源电场，设 $\boldsymbol{D}_1$ 为其电位移，则有

$$\oiint_S \boldsymbol{D}_1 \cdot \mathrm{d}\boldsymbol{S} = q_0.$$

变化的磁场激发的涡旋电场是无源场，电位移线是连续的闭合曲线，其电位移用 $\boldsymbol{D}_2$ 表示，对任意闭合曲面，

$$\oiint_S \boldsymbol{D}_2 \cdot \mathrm{d}\boldsymbol{S} = 0.$$

在一般情况下，电场由电荷和变化的磁场共同激发. 设空间任一点总的电位移为 $\boldsymbol{D}$，则

$$\boldsymbol{D} = \boldsymbol{D}_1 + \boldsymbol{D}_2,$$

所以

$$\oiint_S \boldsymbol{D} \cdot \mathrm{d}\boldsymbol{S} = q_0, \tag{17.24}$$

即在任何电场中，通过任意闭合曲面的电位移通量等于闭合面内自由电荷的代数和.

(2) 磁场的高斯定理.

传导电流（含带电体在空间中做机械运动产生的所谓运流电流）和位移电流都能激发涡旋磁场，磁场是无源场，其磁场线是连续的闭合曲线，故有

$$\oiint_S \boldsymbol{B} \cdot \mathrm{d}\boldsymbol{S} = 0, \tag{17.25}$$

即在任何磁场中，通过任意闭合曲面的磁通量均等于零.

(3) 电场的环路定理.

电荷所激发的电场是无旋的（保守场），其电场线不闭合. 设其场强为 $\boldsymbol{E}_1$，则 $\boldsymbol{E}_1$ 沿任一闭合曲线的线积分为零，即

$$\oint_L \boldsymbol{E}_1 \cdot \mathrm{d}\boldsymbol{l} = 0.$$

变化的磁场所激发的电场是有旋场，其电场线为闭合曲线. 设其场强为 $\boldsymbol{E}_2$，则 $\boldsymbol{E}_2$ 的环流为

$$\oint_L \boldsymbol{E}_2 \cdot \mathrm{d}\boldsymbol{l} = -\frac{\mathrm{d}\Phi_{\mathrm{m}}}{\mathrm{d}t} = -\iint_S \frac{\partial \boldsymbol{B}}{\partial t} \cdot \mathrm{d}\boldsymbol{S}.$$

在一般情况下，电场由电荷和变化的磁场共同激发，设 $\boldsymbol{E}$ 为空间某点处总的场强，则

$$\boldsymbol{E} = \boldsymbol{E}_1 + \boldsymbol{E}_2,$$

所以

$$\oint_L \boldsymbol{E} \cdot \mathrm{d}\boldsymbol{l} = -\iint_S \frac{\partial \boldsymbol{B}}{\partial t} \cdot \mathrm{d}\boldsymbol{S}, \tag{17.26}$$

即在任何电场中，场强沿任意闭合回路的线积分等于通过闭合回路的磁通量的时间变化率的负值.

(4) 全电流定律.

传导电流和位移电流都能激发涡旋磁场，其总磁场强度 $\boldsymbol{H}$ 的环流为

$$\oint_L \boldsymbol{H} \cdot \mathrm{d}\boldsymbol{l} = I + \frac{\mathrm{d}\Phi_D}{\mathrm{d}t} = \iint_S \left(\boldsymbol{j} + \frac{\partial \boldsymbol{D}}{\partial t}\right) \cdot \mathrm{d}\boldsymbol{S}. \tag{17.27}$$

方程式(17.24)，(17.25)，(17.26)，(17.27) 称为麦克斯韦方程组的积分形式.

为了研究带电粒子在电磁场中的运动，需要补充带电粒子在电磁场中的受力公式：

$$\boldsymbol{F} = q(\boldsymbol{E} + \boldsymbol{v} \times \boldsymbol{B}).$$

研究物质和电磁场的相互作用时，还需知道物质的有关性质.

麦克斯韦方程组是对宏观电磁场规律的完整总结概括. 它可解释所有的宏观电磁现象，得出电磁场的各种性质. 已知电荷分布、电流分布、电磁场的初始条件与边界条件，由该方程组可得出电磁场的唯一解及此后变化的全部过程. 麦克斯韦方程组与狭义相对论也是完全相容的.

思考

1. 麦克斯韦方程组中各方程的物理意义是什么？将式(17.24) 和式(17.25) 分别与式(14.5) 及式(15.15) 相比，可以看到它们在形式上是完全一样的，但它们的内涵一样吗？

2. 如果有磁单极子存在，麦克斯韦方程组的形式可能会有什么变化？

17.8 电磁波

麦克斯韦电磁场理论最伟大的成就之一是预言了电磁波(electromagnetic wave) 的存在及其性质(1865 年)，后经赫兹用实验证实(1888 年)，这促使马可尼首先研制出无线电电报装置(1895 年)，从而开辟了无线电的新纪元.

根据麦克斯韦电磁场理论，当空间某处存在变化率随时间变化的电场(或磁场)时，在邻近的区域就要引起随时间变化的磁场(或电场)，变化的磁场(或电场)在较远的区域引起新的变化的电场(或磁场)，这种变化的电场和变化的磁场交替产生、由近及远并以有限速度在空间传播开去，就形成了电磁波.

17.8.1　电磁波的性质

由麦克斯韦方程组可导出电磁波的波动方程，从中可得出平面简谐电磁波的基本性质.

(1) 电磁波的传播速度. 由麦克斯韦方程组可推导出：在无限大、各向同性的均匀介质中，沿 x 轴传播的平面简谐电磁波波动方程的微分形式为

$$\frac{\partial^2 E_y}{\partial x^2} = \varepsilon\mu\frac{\partial^2 E_y}{\partial t^2},\quad \frac{\partial^2 H_z}{\partial x^2} = \varepsilon\mu\frac{\partial^2 H_z}{\partial t^2},$$

与平面简谐波微分方程的标准形式

$$\frac{\partial^2 y}{\partial x^2} = \frac{1}{u^2}\frac{\partial^2 y}{\partial t^2}$$

相比较，可得出

$$\varepsilon\mu = \frac{1}{u^2},$$

故电磁波的传播速度为

$$u = \frac{1}{\sqrt{\varepsilon\mu}},\tag{17.28}$$

式中 ε 为介质的介电常量，μ 为介质的磁导率.

在真空中，电磁波的传播速度为

$$c = \frac{1}{\sqrt{\varepsilon_0\mu_0}},\tag{17.29}$$

式中 ε_0 可由实验测定，它的值约为 8.854×10^{-12} F/m，而 μ_0 是真空磁导率，它等于 $4\pi\times10^{-7}$ H/m，由此可算出 $c=2.998\times10^8$ m/s，与实验直接测出的光速①极为吻合. 这为光的电磁波理论提供了一个主要依据.

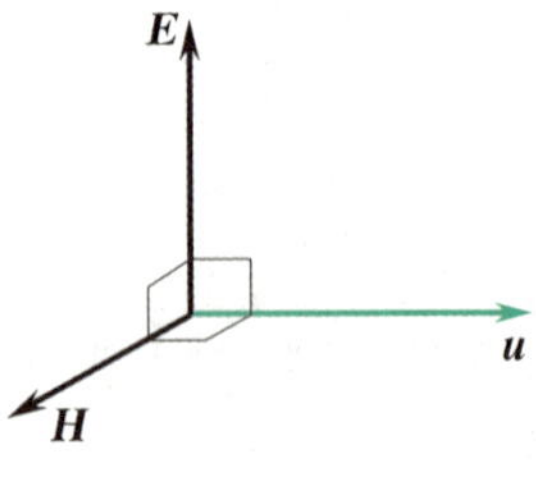

图 17.23　$\boldsymbol{E}$、$\boldsymbol{H}$ 与 $\boldsymbol{u}$ 的关系

(2) 电磁波为横波. 在电磁波中，场强 $\boldsymbol{E}$ 垂直于磁场强度 $\boldsymbol{H}$，两者又都垂直于其传播速度 $\boldsymbol{u}$. $\boldsymbol{E}$，$\boldsymbol{H}$，$\boldsymbol{u}$ 三者之间满足右手螺旋关系，如图 17.23 所示.

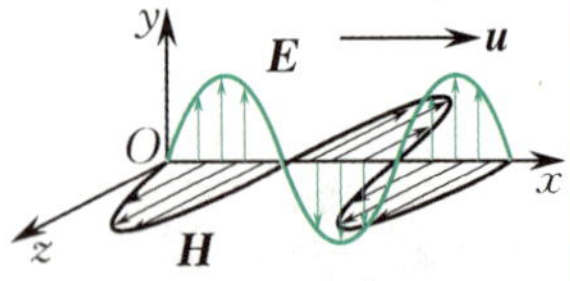

图 17.24　平面简谐电磁波示意图

(3) $\boldsymbol{E}$ 和 $\boldsymbol{H}$ 的相位相同、频率相同. 对于沿 x 轴正向传播的平面简谐电磁波，$\boldsymbol{E}$ 与 $\boldsymbol{H}$ 相位间的关系如图 17.24 所示.

(4) $\boldsymbol{E}$ 和 $\boldsymbol{H}$ 的量值间的关系. 在电磁波传播的空间中的任一处，$\boldsymbol{E}$ 和 $\boldsymbol{H}$ 在量值上有如下正比关系：

$$\sqrt{\varepsilon}E = \sqrt{\mu}H.\tag{17.30}$$

① 光速现被定义为精确值，$c=2.997\,924\,58\times10^8$ m/s.

例 17.9 某一在真空中传播的平面简谐电磁波，其场强的幅值为 0.9 V/m，求其磁感应强度的幅值.

解 因真空中

$$\sqrt{\mu_0}H=\sqrt{\varepsilon_0}E,$$

故

$$B=\mu_0H=\sqrt{\mu_0}\sqrt{\mu_0}H=\sqrt{\varepsilon_0\mu_0}E=\frac{E}{c}$$

$$=\frac{0.9}{3\times10^8}\text{ T}=3.0\times10^{-9}\text{ T}.$$

17.8.2 电磁波的能量

电磁波的能量是其中的电场能量和磁场能量之和. 故电磁波的能量密度为

$$w=w_e+w_m=\frac{1}{2}(\varepsilon E^2+\mu H^2), \tag{17.31a}$$

利用式(17.30)，可将上式改写为

$$w=\varepsilon E^2=\mu H^2. \tag{17.31b}$$

电磁波的传播过程实际上就是能量的传播过程. 单位时间内通过与电磁波传播方向垂直的单位面积的能量称为电磁波的能流密度(其大小又称电磁波的强度)，常用 S 表示.

设电磁波的传播速度为 $\boldsymbol{u}$，垂直于波的传播方向取面元 $\mathrm{d}A$，如图 17.25 所示. $\mathrm{d}t$ 时间内流过该面元的电磁波能量为 $wu\mathrm{d}t\mathrm{d}A$，则电磁波的能流密度的大小为

$$S=\frac{wu\mathrm{d}A\mathrm{d}t}{\mathrm{d}A\mathrm{d}t}=wu=u\varepsilon E^2=\frac{EB}{\mu}=EH,$$

能流密度是矢量，其方向就是电磁波的传播方向. 将能流密度的大小与方向综合起来，其矢量形式为

$$\boldsymbol{S}=\boldsymbol{E}\times\boldsymbol{H}. \tag{17.32}$$

电磁波的能流密度 $\boldsymbol{S}$ 又称为坡印亭矢量(Poynting vector).

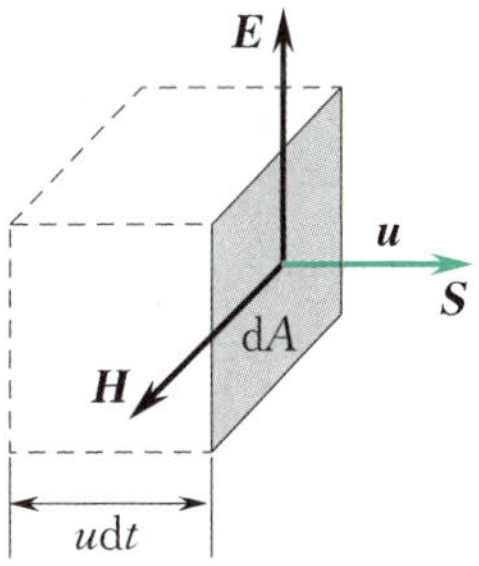

图 17.25 能流密度的推导

前面章节曾指出，电能、磁能是分别储存于电场、磁场中的，并不为电荷、电流所携带，电磁能量也是由电磁场来输送的，电流和运动电荷本身并不传送电磁能量.

如图 17.26 所示，一直流电源与负载电阻组成一回路，导线的电阻忽略不计时，导线内部无电场，因为根据欧姆定律的微分形式 $\boldsymbol{j}=\gamma\boldsymbol{E}$(参见第 15 章 15.1.2“思考”)，当 $\boldsymbol{j}$ 不变而电导率 $\gamma\to\infty$ 时，$\boldsymbol{E}\to0$，进而由式(17.32) 可知，导线内部无能流. 连接电源正极的导线表面带正电荷，连接电源负极的导线表面带负电荷，导线外面既有磁场又有电场，故有能流. 能量的传输是由电源向外辐射，主要经导线外表面的空间传递，再由负载电阻外部空间进入负载电阻. 发电厂发出的强大电

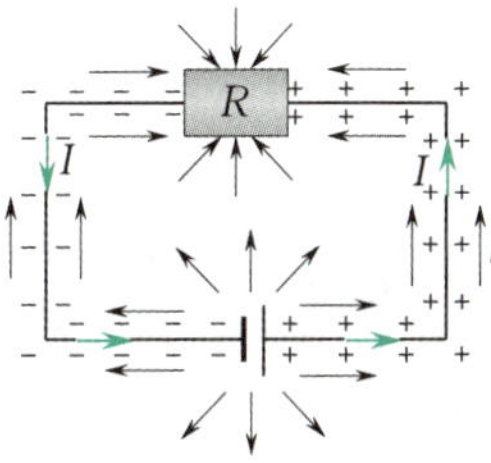

图 17.26 电路里能量传输的途径

能，正是沿高压输电线的外表面空间输送到远处用户的负载上，而输电导线内部是不输送能量的.

例 17.10 如图 17.27 所示，同轴电缆的内导体圆柱半径为 a，外导体圆筒半径为 b（厚度忽略不计），电流由内圆柱流出，由外圆筒流回. 设电缆导体的电阻可忽略，试证明单位时间内通过同轴电缆环形横截面（内、外半径分别为 a 和 b 的环带）绝缘介质的电磁能量正好等于电源提供能量的功率.

证明 设电缆中的电流为 I，电源的端电压为 U（导体圆柱和圆筒间的电压）. 当忽略导体电阻时，导体内无电场，电缆外既无电场也无磁场，故导体中和电缆外皆无能流，能流仅存在于绝缘介质中.

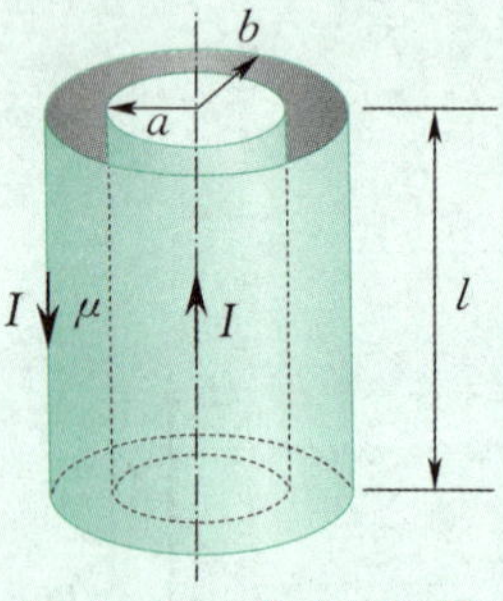

图 17.27 例 17.10 图

绝缘介质中电场分布为

$$E(r)=\frac{\lambda}{2\pi\varepsilon r},$$

式中 r 为场点到电缆中心轴的距离，λ 为内导体圆柱沿轴线方向单位长度所带的电量，ε 为绝缘介质的介电常量，$\boldsymbol{E}$ 的方向沿径向. 因为

$$U=\int_a^b E\mathrm{d}r=\frac{\lambda}{2\pi\varepsilon}\int_a^b\frac{\mathrm{d}r}{r}=\frac{\lambda}{2\pi\varepsilon}\ln\frac{b}{a},$$

所以

$$E=\frac{1}{2\pi\varepsilon r}\frac{2\pi\varepsilon U}{\ln(b/a)}=\frac{U}{\ln(b/a)}\frac{1}{r}.$$

磁场线为与电缆共轴的圆，在绝缘介质中，磁场强度大小为 $H=\frac{I}{2\pi r}$. 由式(17.32)知，坡印亭矢量方向沿轴向，大小为

$$S=EH=\frac{U}{\ln(b/a)}\frac{1}{r}\frac{I}{2\pi r}=\frac{UI}{2\pi\ln(b/a)}\frac{1}{r^2},$$

故单位时间通过绝缘介质中任一环形截面的电磁能量为

$$\frac{\mathrm{d}W}{\mathrm{d}t}=\iint_S EH\mathrm{d}S=\int_a^b\frac{UI}{2\pi\ln(b/a)}\frac{1}{r^2}2\pi r\mathrm{d}r=\frac{UI}{\ln(b/a)}\int_a^b\frac{\mathrm{d}r}{r}=UI.$$

在本题中，绝缘介质是能量传输的通道，导体反而是能量传输的禁区.

*17.8.3 电磁波的动量

电磁波具有能量和动量. 根据能量动量关系（参见第 18 章狭义相对论）：

$$E^2=p^2c^2+m_0^2c^4,$$

由于电磁波的静质量为零，因此电磁波的动量密度（单位体积内的电磁波具有的动量）可以表示为

$$p=\frac{w}{c},$$

其矢量形式为

$$\boldsymbol{p}=\frac{w}{c^2}\boldsymbol{c},$$

电磁波动量密度的方向就是电磁波的传播方向. 结合式(17.31b)我们还可以得到

$$p = \frac{\varepsilon E^2}{c}.$$

由于电磁波具有动量，因此当它入射到一个物体表面上时会对物体表面产生压力. 这种压力称为辐射压强或光压.

思考

电磁场能量是通过什么来传递的？试举例说明.

17.9 电磁振荡 电磁波的辐射和传播

17.9.1 电磁振荡

在含有电容器和电感器的电路中，电流、电压、电量、电场和磁场均做周期性变化，称为电磁振荡(electromagnetic oscillation). 与之对应的电路称为振荡电路. 电磁波的产生与电磁振荡是分不开的.

图 17.28 所示是由电感器 L 与电容器 C 组成的振荡电路. 先对电容器充电使其上极板所带电量为 $+Q_m$，再将电容器与电感器相连，如图 17.28(a) 所示. 此时电容器将通过电感器放电，由于电感器中自感电动势的作用，电流只能逐渐增大，直到电容器极板上所带电量为零而电流达到最大值 I_m，如图 17.28(b) 所示. 此后，电流开始减小，而自感电动势方向变为与电流同向. 在自感电动势的作用下，电容器被反向充电. 在此过程中，电感器中的磁场能又转化为电容器中的电场能. 反向充电结束时，电路中电流为零，电容器上极板所带电量为 $-Q_m$，如图 17.28(c) 所示. 然后，电容器又开始沿相反方向放电，直到完成一个振荡周期. 当电路中无电阻且对外无辐射存在时，电路中能量无损耗，这种电磁振荡称为无阻尼自由振荡.

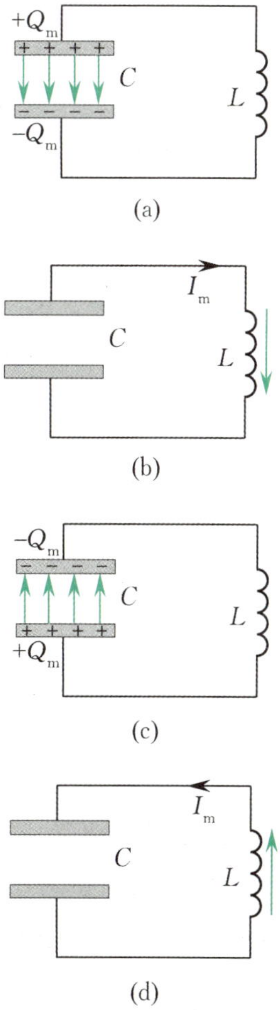

图 17.28 电磁振荡

设电路中电流 i 的方向以顺时针为正方向，t 时刻正向电流所到达的极板上的电量为 q（如以图 17.28(a) 为例，q 为负极板上所带的电量，则 $q<0$，$\frac{dq}{dt}>0$），则有

$$i = \frac{dq}{dt}.$$

由全电路欧姆定律有

$$-L\frac{di}{dt} = \frac{q}{C},$$

联立上两式得

$$\frac{d^2q}{dt^2} + \frac{1}{LC}q = 0.$$

令 $\omega_0^2=\dfrac{1}{LC}$，则有

$$\frac{d^2q}{dt^2}+\omega_0^2q=0,$$

上述微分方程的解为

$$q=Q_m\cos(\omega_0t+\varphi). \tag{17.33}$$

上式两边分别对时间求导可得

$$\frac{dq}{dt}=-\omega_0Q_m\sin(\omega_0t+\varphi),$$

即

$$i=I_m\cos\left(\omega_0t+\varphi+\frac{\pi}{2}\right), \tag{17.34}$$

式中 φ 为初相位，Q_m 为电量振幅，$I_m=\omega_0Q_m$ 为电流振幅. 在无阻尼自由电磁振荡过程中，电流和电量随时间做周期性变化，振幅不变，电流相位超前电量相位 $\pi/2$，振荡周期、频率分别为

$$T_0=2\pi\sqrt{LC}, \tag{17.35a}$$

$$\nu_0=\frac{1}{2\pi}\sqrt{\frac{1}{LC}}. \tag{17.35b}$$

可见，振荡周期和振荡频率由振荡电路本身的性质决定，故分别称为固有周期和固有频率. L 和 C 愈小，周期愈小，频率愈大.

从能量角度来看，当电容器极板上所带电量为 q 时，电容器中的电场能量为

$$W_e=\frac{q^2}{2C}=\frac{Q_m^2}{2C}\cos^2(\omega_0t+\varphi),$$

此时，电路中的电流为 i，电感器中的磁能为

$$\begin{aligned}W_m&=\frac{1}{2}Li^2=\frac{1}{2}LI_m^2\sin^2(\omega_0t+\varphi)\\&=\frac{1}{2}L\omega_0^2Q_m^2\sin^2(\omega_0t+\varphi)\\&=\frac{Q_m^2}{2C}\sin^2(\omega_0t+\varphi).\end{aligned}$$

在任一时刻系统的总能量为

$$W=W_e+W_m=\frac{Q_m^2}{2C}=\frac{1}{2}LI_m^2.$$

由此可见，在无阻尼自由振荡电路中，电场能量和磁场能量都随时间变化，相互转换，但在任一时刻，总的电磁能量保持不变，为一恒量.

当考虑电路中的电阻和电磁辐射的能量损失时，电路中的电磁能量将逐渐减少，电量和电流的振幅将随时间衰减，这种电磁振荡称为阻尼电磁振荡. 阻尼电磁振荡的特征和运动规律与阻尼机械振动相似.

如果在电路中另外加上一个周期性变化的电动势，由于有能量补充，电量和电流振幅可保持不变. 这种在外加周期性电动势作用下的电磁振荡称为受迫电磁振荡. 受迫电磁振荡达到稳定状态后，振荡频率等

于外加周期性电动势的频率；振幅和初相位由电路特征和外加周期性电动势两者共同决定.

17.9.2 电磁波的辐射和传播

在振荡电路中，电感器中的磁场和电容器中的电场做周期性变化. 根据麦克斯韦电磁场理论，变化的电场和磁场将交替地相互激发而形成电磁波，故振荡电路可以用来发射电磁波. 但是，一般 LC 振荡电路的振荡频率 ω 较低，电场和磁场基本集中在电容器和电感器中，不利于发射电磁波（辐射强度正比于 ω^4）. 为了有效地把电路中的电磁能发射出去，必须将 LC 振荡电路按照图 17.29 (a)，(b)，(c)，(d) 所示的顺序逐步加以改造. 先使电容器 C 两极板间的距离逐渐增大，并使极板面积越来越小，再使电感器 L 的匝数越来越少. 这样一来，L 和 C 的数值越来越小，电路的振荡频率就越来越高，电路越来越开放，电场和磁场分布的空间越来越大. 最后，振荡电路完全演化为一根直导线，电流在其中往返振荡，导线两端交替出现等量异号的正、负电荷. 这种电路称为**振荡偶极子**，如图 17.29(d) 所示，振荡偶极子是能有效发射电磁波的振源.

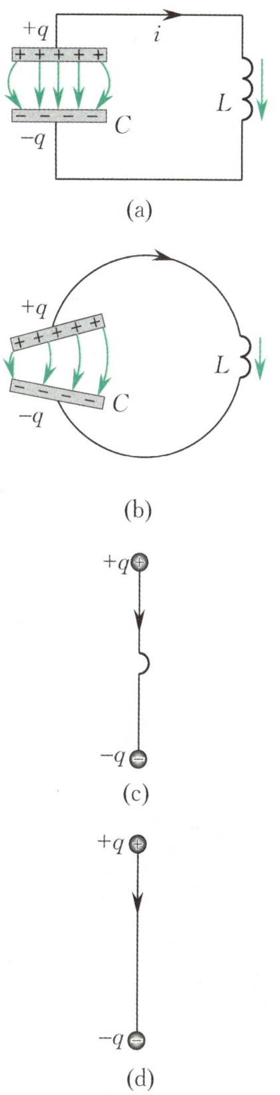

图 17.29 LC 振荡电路演变成振荡偶极子

振荡偶极子的电偶极矩 $p = ql$ 随时间做周期性变化，即

$$p = q_{\mathrm{m}}\cos\omega t \cdot l = p_{\mathrm{m}}\cos\omega t,$$

式中 $p_{\mathrm{m}} = q_{\mathrm{m}}l$ 是电偶极矩振幅，q_{m} 是电量振幅，l 为导线长度，ω 是振荡角频率.

可以证明，在远离振荡偶极子的空间某点 P 处，电场 $\boldsymbol{E}$ 和磁场强度 $\boldsymbol{H}$ 的量值分别为

$$E = \frac{\omega^2 p_{\mathrm{m}}\sin\theta}{4\pi\varepsilon u^2 r}\cos\omega\left(t - \frac{r}{u}\right), \tag{17.36a}$$

$$H = \frac{\omega^2 p_{\mathrm{m}}\sin\theta}{4\pi u r}\cos\omega\left(t - \frac{r}{u}\right), \tag{17.36b}$$

式中 r 为振荡偶极子中心到场点 P 的距离，θ 为径矢 $\boldsymbol{r}$ 与振荡偶极子轴线之间的夹角，$u = 1/\sqrt{\varepsilon\mu}$，为电磁波在介质中的波速. 在距振荡偶极子很远的线度不大的空间区域内，振荡偶极子辐射的电磁波可视为平面简谐波，此时

$$E = E_0\cos\omega\left(t - \frac{r}{u}\right),$$

$$H = H_0\cos\omega\left(t - \frac{r}{u}\right),$$

式中 $E_0 = \dfrac{\omega^2 p_{\mathrm{m}}\sin\theta}{4\pi\varepsilon u^2 r}$，$H_0 = \dfrac{\omega^2 p_{\mathrm{m}}\sin\theta}{4\pi u r}$. 由式(17.36)可知，$P$ 点处振荡偶极子的平均辐射强度为

$$\overline{S} = \overline{EH} = \frac{\mu p_{\mathrm{m}}^2\omega^4\sin^2\theta}{32\pi^2 u r^2}, \tag{17.37}$$

可见，振荡偶极子的平均辐射强度与电偶极矩振幅 p_{m} 的平方成正比，与振荡角频率 ω 的四次方成正比，与距离 r 的平方成反比，还与方向因

子$\sin^2\theta$成正比. 在实际运用中，振荡频率须在几十万赫兹以上才会有显著的辐射.

例 17.11 设广播电台的平均辐射功率为$\overline{P}=15\ \text{kW}$，辐射出来的能流均匀地分布在以电台为中心的半个球面上.

(1) 求在离电台 $r=10\ \text{km}$ 处的平均辐射强度；

(2) 在 $r=10\ \text{km}$ 处的电磁波可看作平面波，求该处电场强度和磁场强度的振幅.

解 (1) 在离电台 $r=10\ \text{km}$ 处，平均辐射强度为

$$\overline{S}=\frac{\overline{P}}{2\pi r^2}=\frac{15\times10^3}{2\pi\times(10\times10^3)^2}\ \text{W/m}^2\approx2.39\times10^{-5}\ \text{W/m}^2.$$

(2) 辐射强度的瞬时值

$$S=EH=E_0H_0\cos^2\omega\left(t-\frac{r}{c}\right),$$

平均辐射强度

$$\overline{S}=E_0H_0\overline{\cos^2\omega\left(t-\frac{r}{c}\right)}=\frac{1}{2}E_0H_0,$$

由关系式 $\sqrt{\varepsilon_0}E_0=\sqrt{\mu_0}H_0$，$c=\dfrac{1}{\sqrt{\varepsilon_0\mu_0}}$，可得

$$E_0=\sqrt{\frac{2\overline{S}}{\varepsilon_0 c}}\approx0.134\ \text{V/m},$$

$$H_0=\sqrt{\frac{2\overline{S}}{\mu_0 c}}\approx3.56\times10^{-4}\ \text{A/m}.$$

思考

1. 在振荡电路中，电路中的电流与电容器上的电压都做简谐振荡，但相位不同，数学上两者能直接相除，物理上可以吗？

2. 安全电磁辐射强度的国际标准是什么？

本章小结

1. 法拉第电磁感应定律

$$\mathscr{E}=-\frac{\mathrm{d}\Phi_{\mathrm{m}}}{\mathrm{d}t}.$$

2. 动生电动势

$$\mathscr{E}=\int_b^a(\boldsymbol{v}\times\boldsymbol{B})\cdot\mathrm{d}\boldsymbol{l}.$$

3. 感生电动势　涡旋电场

$$\oint_L\boldsymbol{E}_{\mathrm{k}}\cdot\mathrm{d}\boldsymbol{l}=-\iint_S\frac{\partial\boldsymbol{B}}{\partial t}\cdot\mathrm{d}\boldsymbol{S}.$$

4. 自感与互感

(1) 自感：

$$\Psi=LI,\quad \mathscr{E}_L=-L\frac{\mathrm{d}I}{\mathrm{d}t}.$$

(2) 互感：

$$M_{21}=M_{12}=M=\frac{\Psi_{12}}{I_2}=\frac{\Psi_{21}}{I_1},$$

$$\mathscr{E}_{21}=-M\frac{\mathrm{d}I_1}{\mathrm{d}t},\quad \mathscr{E}_{12}=-M\frac{\mathrm{d}I_2}{\mathrm{d}t}.$$

5. 磁场的能量

(1) 自感磁能：

$$W_m = \frac{1}{2}LI^2.$$

(2) 互感磁能：

$$W_{m12} = MI_1 I_2.$$

(3) 磁场的能量密度：

$$w_m = \frac{1}{2}\boldsymbol{B}\cdot\boldsymbol{H}.$$

(4) 磁场的能量：

$$W_m = \iiint_V w_m \mathrm{d}V = \iiint_V \frac{1}{2}\boldsymbol{B}\cdot\boldsymbol{H}\mathrm{d}V.$$

6. 位移电流

(1) 位移电流密度：

$$\boldsymbol{j}_d = \frac{\partial \boldsymbol{D}}{\partial t}.$$

(2) 曲面上的位移电流：

$$I_d = \frac{\mathrm{d}\Phi_D}{\mathrm{d}t} = \iint_S \frac{\partial \boldsymbol{D}}{\partial \boldsymbol{t}}\cdot \mathrm{d}\boldsymbol{S}.$$

7. 麦克斯韦方程组

(1) 电场的高斯定理：

$$\oiint_S \boldsymbol{D}\cdot \mathrm{d}\boldsymbol{S} = q_0.$$

(2) 磁场的高斯定理：

$$\oiint_S \boldsymbol{B}\cdot \mathrm{d}\boldsymbol{S} = 0.$$

(3) 电场的环路定理：

$$\oint_L \boldsymbol{E}\cdot \mathrm{d}\boldsymbol{l} = -\iint_S \frac{\partial \boldsymbol{B}}{\partial t}\cdot \mathrm{d}\boldsymbol{S}.$$

(4) 全电流定律：

$$\oint_L \boldsymbol{H}\cdot \mathrm{d}\boldsymbol{l} = I + \frac{\mathrm{d}\Phi_D}{\mathrm{d}t} = \iint_S \left(\boldsymbol{j} + \frac{\partial \boldsymbol{D}}{\partial t}\right)\cdot \mathrm{d}\boldsymbol{S}.$$

8. 电磁波

(1) 电磁波的传播速度：

$$u = \frac{1}{\sqrt{\varepsilon\mu}}.$$

(2) 电磁波为横波：$\boldsymbol{E}$ 垂直 $\boldsymbol{H}$，两者又都垂直于 $\boldsymbol{u}$.

(3) $\boldsymbol{E}$ 和 $\boldsymbol{H}$ 的相位相同、频率相同.

(4) $\boldsymbol{E}$ 和 $\boldsymbol{H}$ 的量值间的关系：

$$\sqrt{\varepsilon}E = \sqrt{\mu}H.$$

(5) 电磁波的能量密度：

$$w = \frac{1}{2}(\varepsilon E^2 + \mu H^2).$$

(6) 电磁波的能流密度：

$$\boldsymbol{S} = \boldsymbol{E}\times\boldsymbol{H}.$$

9. 电磁振荡

(1) LC 振荡电路周期：

$$T = 2\pi\sqrt{LC}.$$

(2) LC 振荡电路频率：

$$\nu = \frac{1}{2\pi}\sqrt{\frac{1}{LC}}.$$

拓展与探究

17.1 在超大规模集成电路设计中，必须考虑连接线对电路的影响，试研究其对集成电路的影响机理及改善办法.

17.2 在日常生活中，电表用来计量整栋楼或每户的用电量. 传统电表是感应式电表，目前正推广和发展的是电子式电表，试研究其设计原理与参数要求.

17.3 感应式电动机的核心部分是旋转磁场，即让磁场绕线圈轴线转动，试研究这种磁场是如何产生的. 若要电机功率为 1 kW，试从原理上分析旋转磁场与电机转子的有关参数.

17.4 人体脑部附近有极其微弱的生物磁场，且对距离变化极为敏感. 研究还发现，正常状态人脑和非正常状态人脑产生的磁场很不相同. 因此医生可通过测量人脑附近生物磁场的方式来评价脑状况和诊断脑病. 然而，人脑磁场远小于地磁场，试分析需要采用什么方法和技术才能获得人脑磁场信息.

17.5 生物有机体的每个部位和细胞都发射电磁波，因而都有自己的振动频率，老化和有病变时，其振动频率必然发生变化，试分析如何利用这一点来对人体进行治疗和保健.

17.6 机场和高铁对人进行安检时，通常是安检员用一工具对人进行前后左右的扫描，其基本原理是什么？如何保证其灵敏度？

习题 17

17.1 如图17.30所示，一长为 $l=0.5$ m的铜棒水平放置，绕距 a 端为 $l/5$ 且与铜棒垂直相交的 OO' 轴在水平面内匀速旋转，每秒转动一周. 铜棒置于竖直向上的均匀磁场中，磁感应强度大小为 $B=0.1$ T. 求铜棒两端 a, b 之间的电势差. 哪端电势高?

17.2 如图 17.31 所示，一无限长载流直导线中的电流为 I，与导线共面的铜棒 ab 长为 l，其 a 端与直导线的距离为 x_a，铜棒 ab 与直导线的夹角为 θ. 当铜棒以速度 $\boldsymbol{v}$ 向右运动时，铜棒中的动生电动势为多大，哪端电势高?

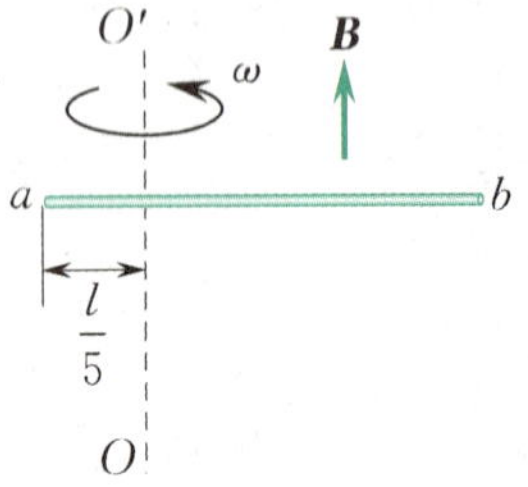

图 17.30　习题 17.1 图

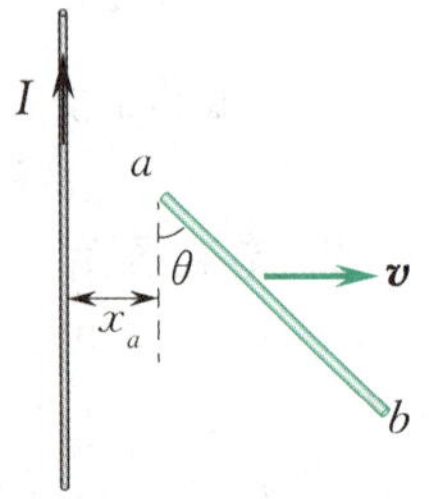

图 17.31　习题 17.2 图

17.3 如图 17.32 所示，水平金属导轨上放置一金属杆 ab，其质量为 m，长为 l. 在导轨一端接有电阻 R，导轨和金属杆的电阻忽略不计. 均匀磁场 $\boldsymbol{B}$ 垂直导轨平面向里. 金属杆以初速度 $\boldsymbol{v}_0$ 向右运动. 求：

(1) 金属杆 ab 能够移动的距离；

(2) 在移动过程中电阻 R 上放出的焦耳热.

17.4 如图 17.33 所示，电阻为 R、质量为 m、长度为 L 的金属棒 ab 从静止开始沿倾斜的绝缘框架下滑，设框架的水平倾斜角为 θ. 磁感应强度 $\boldsymbol{B}$ 的方向竖直向上(忽略金属棒与框架之间的摩擦)，求 t 时刻金属棒中的动生电动势(以金属棒刚开始下滑时为初始时刻). 若金属棒是沿光滑的金属框架下滑，金属框架的电阻忽略不计，则 t 时刻金属棒中的动生电动势又为多少?

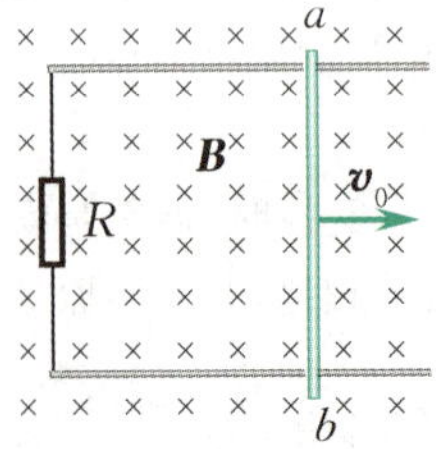

图 17.32　习题 17.3 图

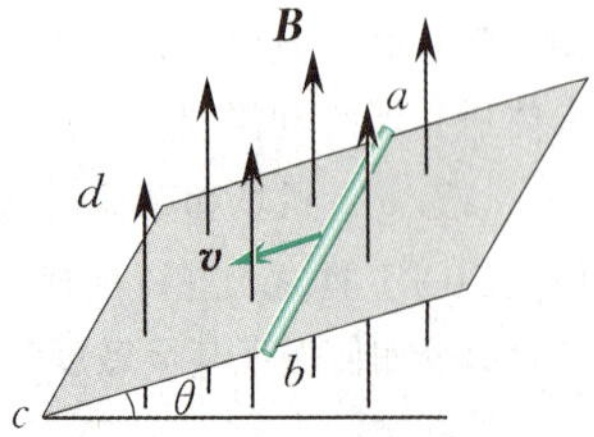

图 17.33　习题 17.4 图

*17.5** 如图 17.34 所示，电磁涡流制动器是一个电导率为 γ、厚度为 t 的圆盘，此圆盘绕通过其中心的垂直轴旋转，且有一覆盖面积为 a^2 的方形均匀磁场 $\boldsymbol{B}$ 垂直于圆盘，磁场区域与转轴距离为 $r(r\gg a)$. 当圆盘角速度为 ω 时，试证此时圆盘受到一阻碍其转动的磁力矩，其大小为 $M_{磁}\approx B^2a^2r^2\omega\gamma t$(提示：只考虑圆盘上磁场所覆盖区域的电阻).

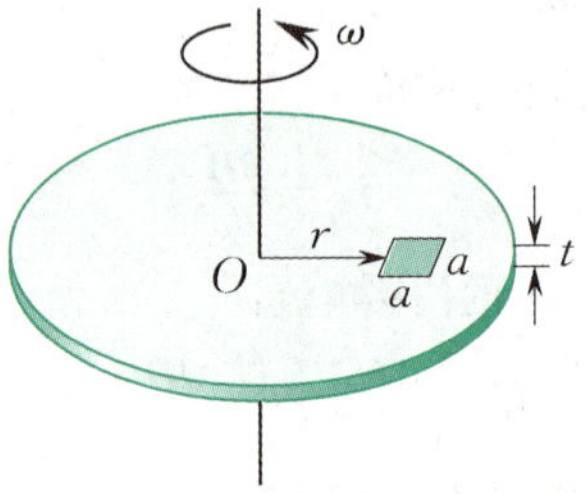

图 17.34　习题 17.5 图

*17.6** 如图 17.35 所示，有一弯成 θ 角的金属架 COD 放在磁场中，磁感应强度 $\boldsymbol{B}$ 的方向垂直于金属架 COD 所在平面，一导体杆 MN 垂直于 OD 边，并在金属架上以恒定速度 $\boldsymbol{v}$ 向右滑动，$\boldsymbol{v}$ 与 MN 垂直. 设 $t=0$ 时，$x=0$. 求下列两种情形下框架内的感应电动势 $\mathscr{E}_i$：

(1) 磁场分布均匀，且 B 不随时间改变；

(2) 磁场为非均匀时变磁场，且 $B=Kx\cos\omega t$，式中 K 为常量，ω 为角频率.

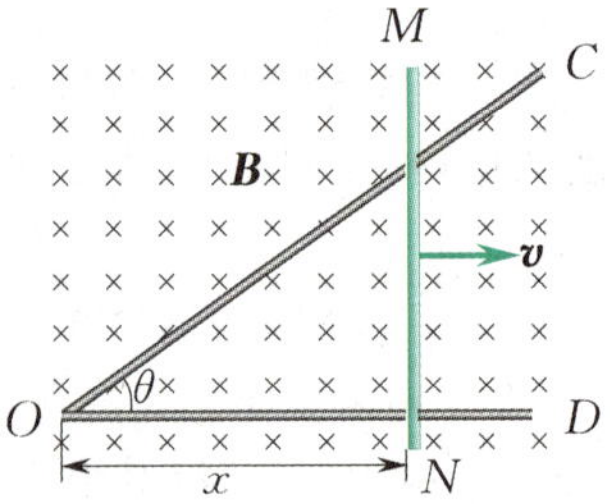

图 17.35　习题 17.6 图

17.7 在如图 17.36 所示的回路中，磁感应强度 $\boldsymbol{B}$ 垂直于回路平面向里，回路中的磁通量按下述规律变化：

$$\Phi_m=3t^2+2t+1,$$

式中 Φ_m 的单位为 mWb，t 的单位为 s. 求：

(1) 在 $t=2$ s 时回路中的感生电动势；

(2) 电阻上的电流方向.

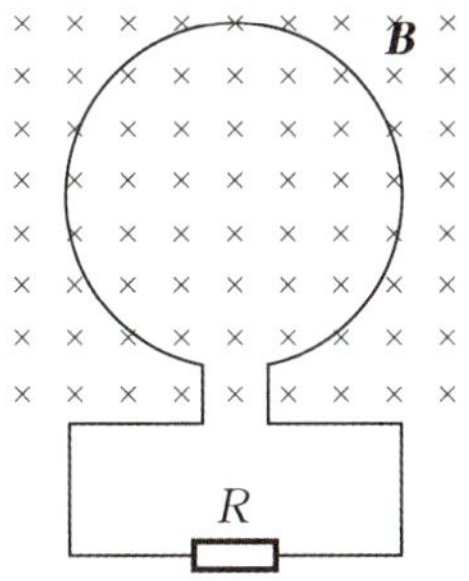

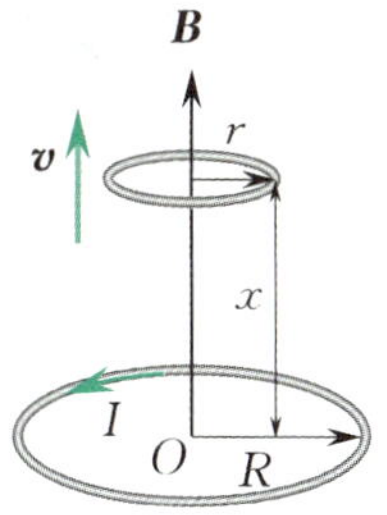

图 17.36 习题 17.7 图　　图 17.37 习题 17.8 图

17.8 如图 17.37 所示的两个同轴圆形导体线圈,小线圈在大线圈上面. 两线圈的距离为 x,设 x 远大于大线圈半径 R. 大线圈中通有电流 I 时,设半径为 r 的小线圈中的磁场可看作是均匀的,且大线圈静止,小线圈以速率 v 向上运动. 当 $x = NR$ 时,小线圈中的感应电动势为多少? 感应电流的方向如何?

17.9 如图 17.38 所示,均匀磁场 $\boldsymbol{B}$ 与矩形导线回路的法线 $\boldsymbol{n}$ 成 60° 角,磁感应强度的大小随时间 t 变化,且有 $B = kt$(k 为大于零的常量). 长为 l 的导体杆 ab 以速度 $\boldsymbol{v}$ 向右平动,求回路中 t 时刻的感应电动势的大小和方向(设 $t = 0$ 时,$x = 0$).

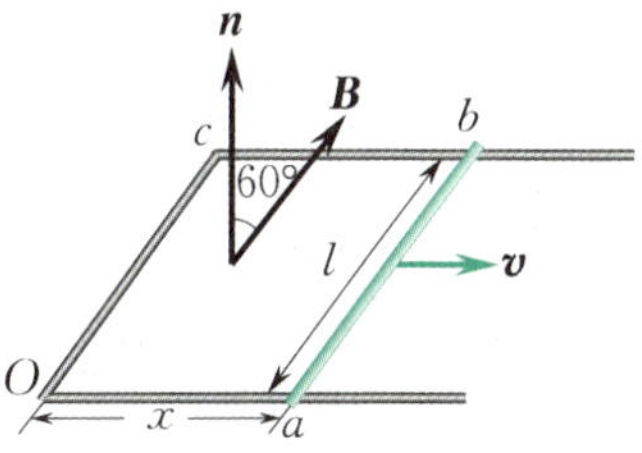

图 17.38 习题 17.9 图

17.10 长为 b、宽为 a 的矩形线圈 $ABCD$ 与无限长载流直导线共面,且线圈的长边平行于长直导线. 线圈以速度 $\boldsymbol{v}$ 向右匀速平动,t 时刻其 AD 边与长直导线相距 x,且长直导线中的电流按 $I = I_0 \cos \omega t$ 的规律随时间变化,如图 17.39 所示. 求 t 时刻回路中的电动势 $\mathscr{E}$.

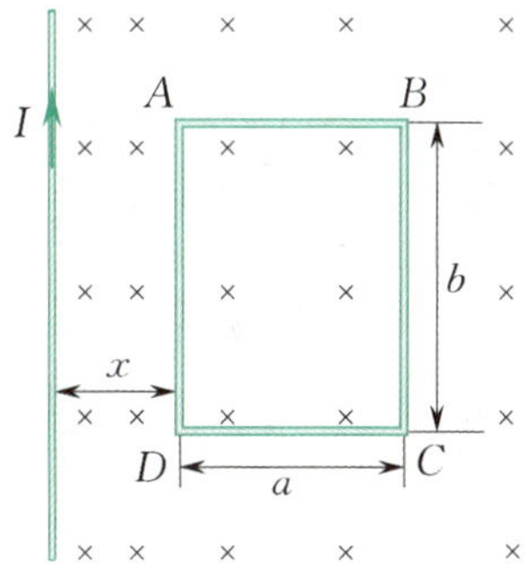

图 17.39 习题 17.10 图

*__17.11__ 如图 17.40 所示,位于 Oxy 平面内的矩形金属线框边长分别为 a 和 b(b 足够长). 金属线框的质量为 m(不考虑重力),自感系数为 L,电阻忽略. 线框的长边与 x 轴平行,初始时刻它以初速度 $\boldsymbol{v}_0$ 沿 x 轴正方向从磁场外进入磁感应强度为 $\boldsymbol{B}_0$ 的均匀磁场中,$\boldsymbol{B}_0$ 位于第一象限且方向垂直矩形线框平面向里. 求矩形线框在磁场中运动时速度与时间的关系式 $v = v(t)$ 及其 x 方向位移与时间的关系式 $x = x(t)$.

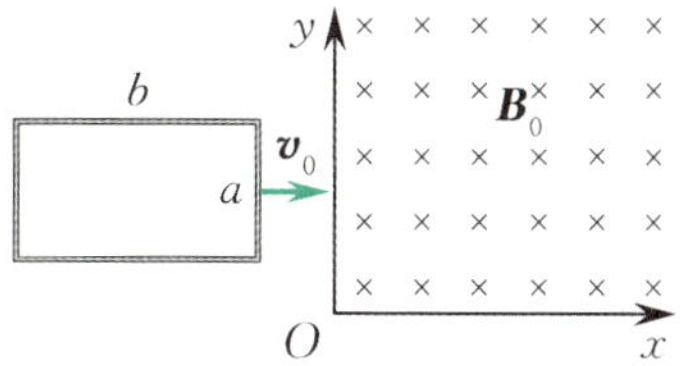

图 17.40 习题 17.11 图

17.12 在如图 17.41 所示的圆形区域内,存在均匀磁场 $\boldsymbol{B}$,方向垂直圆面向里,圆半径 $R = 12$ cm, $\mathrm{d}B/\mathrm{d}t = 10^{-2}$ T/s. 求图中 a,b,c 三点处的涡旋电场(b 点为圆心). 设 $\overline{ab} = 10$ cm, $\overline{bc} = 15$ cm.

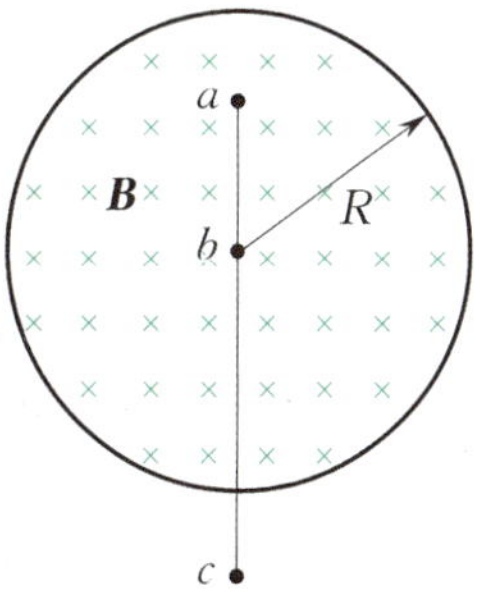

图 17.41 习题 17.12 图

17.13 两个共轴的导体圆筒组成同轴电缆,其内、外半径分别为 r_1 和 r_2,设电流 I 由内筒流入并由外筒流出,如图 17.42 所示. 求长为 l 的一段电缆的自感系数(提示:按定义 $L = N\Phi_m/I$,本题中 $N\Phi_m$ 是图中阴影部分面积上通过的磁通量).

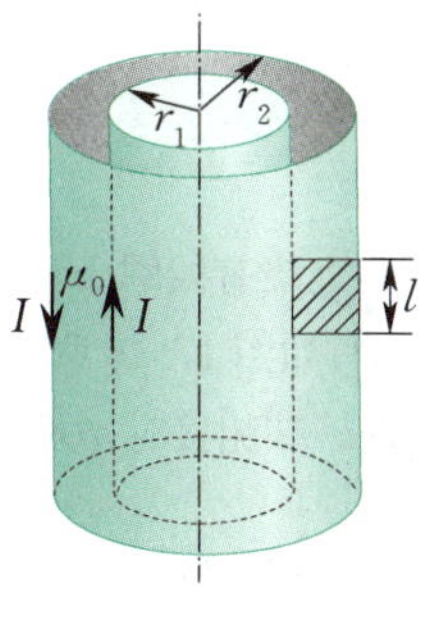

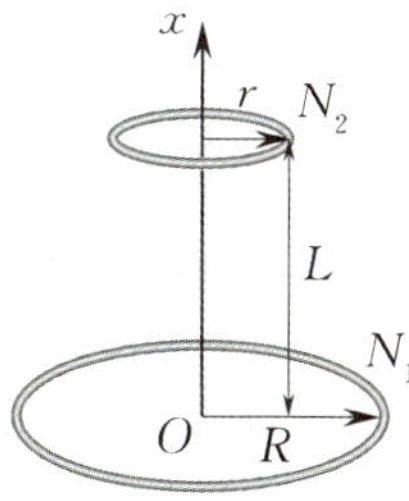

图 17.42 习题 17.13 图　　图 17.43 习题 17.14 图

17.14 如图 17.43 所示，两个共轴圆线圈，半径分别为 R 和 r，匝数分别为 N_1 和 N_2，两者相距 L. 设小线圈的半径很小，因此小线圈处的磁场可近似地视为均匀场，求两线圈的互感系数.

17.15 两个共轴的长直螺线管长为 L，半径分别为 R_1 和 $R_2(R_2>R_1)$，匝数分别为 N_1 和 N_2. 求两个螺线管的互感系数.

17.16 如图 17.44 所示，一圆形线圈 C_1 由表面绝缘的细导线密绕而成，线圈面积 $S=2\ \text{cm}^2$. 将线圈 C_1 放在一个半径 $R=20$ cm 的大圆线圈 C_2 的中心，两线圈共轴，线圈 C_1 为 50 匝，线圈 C_2 为 100 匝. 求：

(1) 两线圈的互感 M；

(2) 线圈 C_2 中的电流以 50 A/s 的速率减小时，线圈 C_1 中的感应电动势.

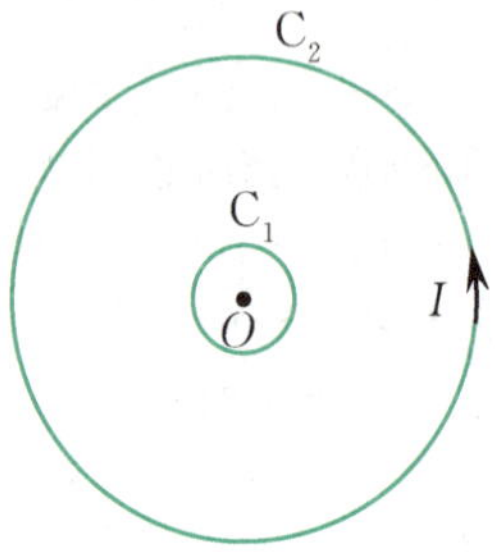

图 17.44　习题 17.16 图

***17.17** 长直导线与矩形单匝线圈共面放置，导线与线圈的长边平行. 矩形线圈的边长分别为 a,b，它到直导线的距离为 c(见图 17.45). 当矩形线圈中通有电流 $I=I_0\sin\omega t$ 时，求直导线中的感应电动势.

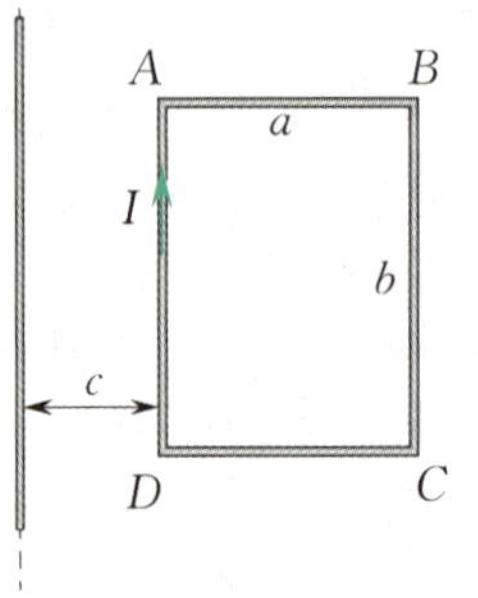

图 17.45　习题 17.17 图

***17.18** 在长圆柱形的纸筒上绕有线圈 1 和线圈 2，每个线圈的自感都是 0.01 H，如图 17.46 所示.

(1) 线圈 1 的 a 端和线圈 2 的 a' 端相接时，b 端和 b' 端之间的自感 L 为多少？

(2) 线圈 1 的 b 端和线圈 2 的 a' 端相接时，a 端和 b' 端间的自感为多少？

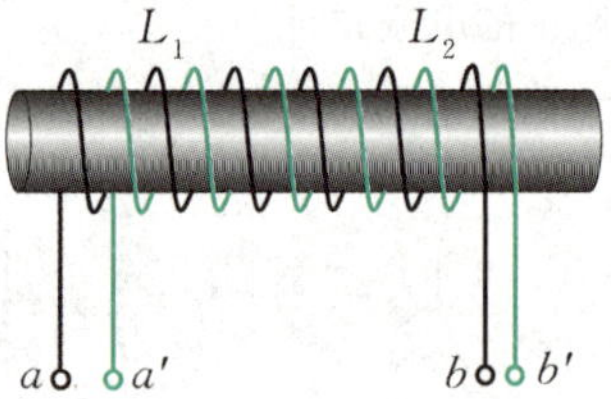

图 17.46　习题 17.18 图

***17.19** 两个线圈的自感分别为 L_1 和 L_2，它们之间的互感为 M.

(1) 将两个线圈顺串联，如图 17.47(a) 所示，求端点 1 和端点 4 之间的自感；

(2) 将两线圈反串联，如图 17.47(b) 所示，求端点 1 和端点 3 之间的自感.

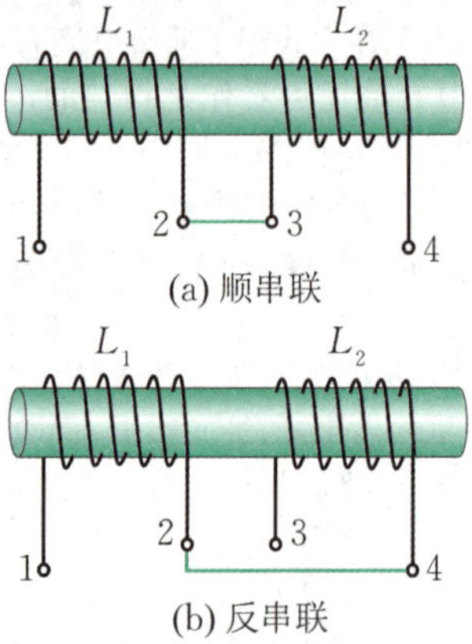

图 17.47　习题 17.19 图

17.20 两个共轴的螺线管 A 和 B 完全耦合，螺线管 A 的自感系数为 $L_1=4\times10^{-3}$ H，通有电流 $I_1=2$ A，螺线管 B 的自感系数为 $L_2=9\times10^{-3}$ H，通有电流 $I_2=4$ A. 求两螺线管内储存的总磁能.

17.21 如图 17.48 所示，一螺绕环中心轴线的周长为 $L=500$ mm，横截面为正方形，其边长为 $b=15$ mm，由 $N=2\,500$ 匝的绝缘导线均匀密绕而成，铁芯的相对磁导率 $\mu_r=1\,000$，当导线中通有电流 $I=2.0$ A 时，求：

(1) 螺绕环内中心轴线处的磁能密度；

(2) 螺绕环中储存的总磁能.

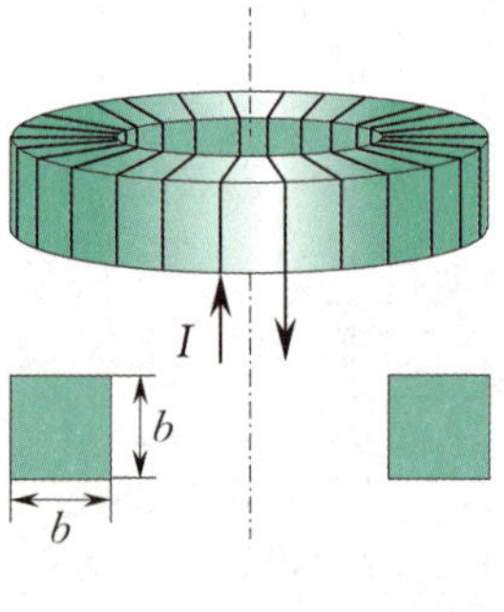

图 17.48　习题 17.21 图

17.22 试证明平行板电容器中的位移电流可写成 $I_d = C\frac{dU}{dt}$ 的形式，式中 C 是电容器的电容，U 是两极板间的电势差. 对于其他电容器，该式也成立吗？

17.23 如果要在一个 1.0 pF 的电容器中产生 1.0 A 的位移电流，加在电容器上的电压的变化率为多少？

17.24 在圆形极板的平行板电容器上，加上频率为 50 Hz、峰值为 2×10^5 V 的正弦交变电压. 电容器电容为 $C = 2$ pF，求极板间位移电流的最大值.

17.25 一平行板电容器两圆形极板的面积均为 S，接在交流电源上，极板上所带电量随时间变化的规律为 $q = q_m \sin\omega t$. 求：

(1) 电容器中的位移电流密度；

(2) 两极板间磁感应强度的分布.

* **17.26** 如图 17.49 所示，电荷 $+q$ 以速度 $\boldsymbol{v}$ 向 O 点运动(电荷到 O 点的距离以 x 表示). 以 O 点为圆心作一半径为 a 的圆，圆面与 $\boldsymbol{v}$ 垂直. 试计算通过此圆面的位移电流.

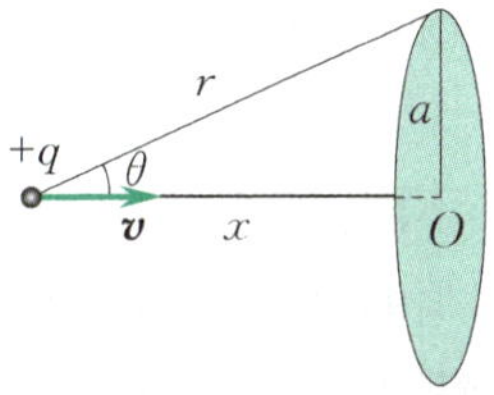

图 17.49　习题 17.26 图

17.27 在真空中，一平面电磁波的电场为 $E_y = 0.3\cos\left[2\pi\times10^7\left(t-\frac{x}{c}\right)\right]$V/m. 求：

(1) 电磁波的波长和频率；

(2) 电磁波的传播方向；

(3) 磁场 B_z 的大小和方向.

17.28 一个长直螺线管，轴线方向上每单位长度有 n 匝线圈，载有随时间增加的电流 i，即 $di/dt > 0$，设螺线管横截面为圆形，求：

(1) 螺线管内距轴线为 r 处某点的涡旋电场大小；

(2) 该点处坡印亭矢量的大小和方向.

17.29 一氦氖激光器发射激光的功率为 1.0×10^{-2} W，设激光为圆柱形光束，圆柱横截面直径为 2.0×10^{-3} m，试求激光的最大电场强度和最大磁感应强度.

17.30 一平行板电容器由相距为 L 的两个半径为 a 的圆形导体板构成，略去边缘效应. 证明：在电容器充电时，能量流入电容器的速率等于电容器静电能增加的速率.

* **17.31** 如图 17.50 所示，半径为 a 的长直圆柱形导体载有沿轴线方向的电流 I，I 均匀地分布在横截面上. 证明：

(1) 在导体表面上，坡印亭矢量 $\boldsymbol{S}$ 的方向垂直导体表面向内；

(2) 导体内消耗的焦耳热等于导体表面上 $\boldsymbol{S}$ 的通量.

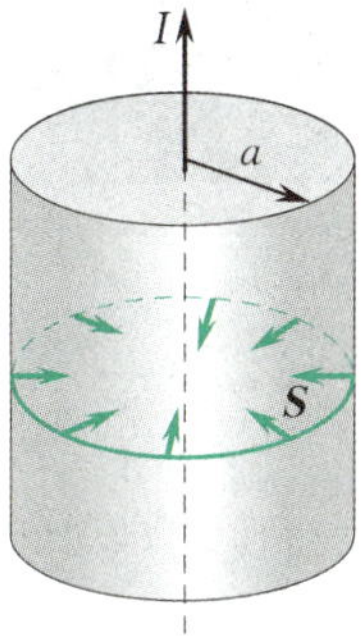

图 17.50　习题 17.31 图

** **17.32** 如图 17.51 所示的电路，在电键 K 接通后，电池中的电流稳定为 10 A(线圈的电阻 $R = 0$).

(1) 当电键断开时，LC 电路中为什么会产生振荡电流？

(2) 求振荡电流的频率.

(3) 求电容器两端的最大电势差.

(4) 若线圈的电阻 $R \neq 0$，电路中能否发生振荡？如能振荡，振荡频率为多少？

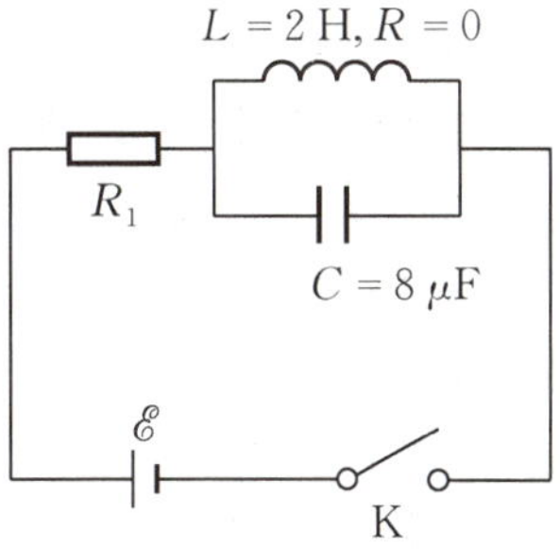

图 17.51　习题 17.32 图

17.33 一飞机在离电台 10 km 处飞行，接收到的信号强度为 1.0×10^{-5} W/m^2.

(1) 求该电台发射的信号在飞机所在处的电场强度的峰值 E_0 和磁场强度的峰值 H_0.

(2) 设电台发射是各向同性的，求电台的发射功率.

第六篇　近代物理基础

19 世纪末，经典物理学已获得了全面发展，形成了以经典力学、电磁场理论以及经典热力学与统计力学为支柱的三大理论体系. 由之而建立的雄伟壮观的理论大厦已然耸立在人们的面前：经典力学在牛顿力学的基础上，发展出一套完整的分析力学理论与方法，它不仅有完美的形式，也更便于分析和解决实际问题，尤其是 1846 年海王星的预言被证实，使得它的正确性和指导能力不容置疑. 电磁学也总结出一套完备的麦克斯韦方程组，作为描述电磁现象的总规律，它把电学、磁学、光学合成一体，并成功地预言了电磁波的存在，奠定了电力、电信工程的基础. 热学方面，物理学家建立了以热力学和统计力学为代表的系统理论. 面对经典物理学在各条战线上所取得的辉煌成就，不少物理学家产生了一种盲目乐观的情绪，他们认为物理学已经充分掌握了理解整个自然界所需的原理和方法.

但是，在 19 世纪末不太长的 10 多年时间里，一系列的科学发现，诸如迈克耳孙-莫雷实验的零结果、黑体辐射、光电效应和原子的线状光谱等实验事实，都表现出与经典物理学理论的尖锐矛盾. 在解决这些问题的过程中，经典物理学思想与观念被突破，由此而建立的相对论和量子力学成为现代物理学的两大重要支柱，开启了物理学发展的新篇章.

1905 年，爱因斯坦创立狭义相对论，揭示了时间、空间和物质运动之间的关系. 1915 年，爱因斯坦建立广义相对论，阐述了引力的本质.

和相对论不同，量子力学则是众多物理学家集体智慧的结晶. 1900 年，普朗克提出“能量子假说”，明确地指出其用于解释黑体辐射的理论中的谐振子所具有的能量是分立的、不连续的，“量子” 概念由此诞生. 1905 年，爱因斯坦进一步发展了普朗克的“量子化” 概念，提出光的“量子” 理论，成功地解释了光电效应的实验规律. 1913 年，玻尔把普朗克的量子概念用于卢瑟福的有核原子模型，提出氢原子的玻尔理论，成功地解释了氢原子线状光谱的实验规律. 1923 年，德布罗意在爱因斯坦关于光的波粒二象性启示下，把光的波粒二象性思想推广到实物粒子上，提出了物质波理论. 这一理论不久就为电子通过晶体的衍射实验所证实. 1926 年，薛定谔把德布罗意的物质波思想发展成为系统的波动力学理论. 与此同时，海森伯于 1928 年建立了与波动力学等价的矩阵力学. 至此，量子力学的理论结构体系已然形成.

量子力学成功地揭示了微观世界的基本规律，使人们认识到波粒二象性是微观世界最基本的特征. 量子力学的创立,加速了原子和分子物理学的发展,还架起了从物理学通向化学和生物学的桥梁,改变了化学和生物学的面貌.

本篇共 4 章:狭义相对论、量子物理学基础、激光与固体电子学简介、原子核和粒子物理简介. 狭义相对论主要介绍相对论时空观和动力学基础. 量子物理学基础侧重从历史发展与逻辑演绎角度介绍量子力学的基本概念、思想、规律及主要结论. 激光与固体电子学、原子核和粒子物理则是量子理论的实际应用,这些应用推动了物理学和其他科学技术的进一步发展.

第 18 章

狭义相对论

共享单车眼下已是我们生活中的亲密伙伴，利用北斗导航卫星对它们进行定位时，卫星上的原子钟测得的时间和地面原子钟测得的时间相同吗?

生活中要定位一个事物的时空位置，显然要涉及时间和空间的测量。爱因斯坦提出的狭义相对论就是关于时间和空间测量的理论.在高速运动领域，基于“光速不变原理”和“相对性原理”两个基本假设，爱因斯坦论证了两个事件是否“同时”发生是相对的，与参考系有关，并进一步证明时间和空间长度的测量也与参考系有关，由此建立起相对论时空观；以此为基础，导出了反映惯性系之间时空基本关系的洛伦兹变换，并对牛顿力学做出了新的解释和阐述.

狭义相对论对经典力学体系下的时空观带来了颠覆性的冲击，极大地改变了人们对自然界的认知和理解.相对论对物理学的几乎所有领域都产生了深远的影响，如电磁理论、原子物理、核物理和高能物理等.尽管本章中许多结论有悖于我们生活的直觉，但这些理论已被众多实验结果所证实.相对论中的诸多原则是所有物理规律必须遵守的共同规范.本章我们主要讨论局限于惯性系中的相对论——狭义相对论.

本章目标

1. 严格按物理学的方法与概念科学地思考问题，而不是只凭日常生活经验和主观印象.
2. 理解固有时、运动时与固有长度、运动长度的概念.
3. 利用洛伦兹变换计算不同事件在不同惯性系中的时间和空间间隔，理解相对速度概念和洛伦兹变换.
4. 理解相对论质速关系、质能关系及能量-动量关系.

18.1 经典力学的相对性原理与时空观

经典力学的研究对象是机械运动，而我们对机械运动的描述与参考系的选择有关，只有选定了参考系，才有可能应用经典力学的基本规律来研究物体的机械运动. 在解决实际问题时，我们往往希望选取比较方便的参考系，这自然带来一个问题：力学基本规律在不同参考系中的形式都相同吗？

由于机械运动中物体位置随时间变化，因此研究物体的机械运动必然离不开时间和空间的测量. 时间和空间的测量是否和参考系有关呢？

18.1.1 经典力学的相对性原理

为了回答第一个问题，我们不妨对经典力学部分做个简单回顾. 经典力学的基本规律可归纳为牛顿三大运动定律，牛顿运动定律对所有惯性系都成立. 换句话说，在所有不同的惯性系中，经典力学基本规律都具有相同的形式. 这一结论称为**经典力学的相对性原理**.

历史上，经典力学的相对性原理并不是在经典力学创立之后才提出的. 早在16世纪，为了解释地球虽然绕日运动但为什么又无法觉察到这一运动时，伽利略曾以大船作比喻指出：在一艘平稳的匀速前进的船内做任何实验，如人的跳跃、水的下落、烟的上升、鱼的游动甚至蝴蝶和苍蝇的飞行，都和船静止不动时的情形完全一样，没有区别. 因此，**无法通过力学实验来判断船本身是静止还是在运动**. 究其深层原因，是因为支配一切力学过程的基本规律在不同的惯性系中都相同，在不同的惯性系中，相同的力学现象必然按相同的方式发生和演化. 因此，上述结论实际上是经典力学的相对性原理的又一表述形式.

18.1.2 经典力学的时空观与伽利略变换

至于时间和空间的测量，日常经验告诉我们：在任何惯性系中测量两件事情的时间和空间间隔，所得到的结果总是完全相同的. 我们“当然”有“足够”的理由认为，时间和空间的测量与参考系无关，两者相互独立，互不影响. 这一关于时间和空间的看法，称为**绝对时空观**.

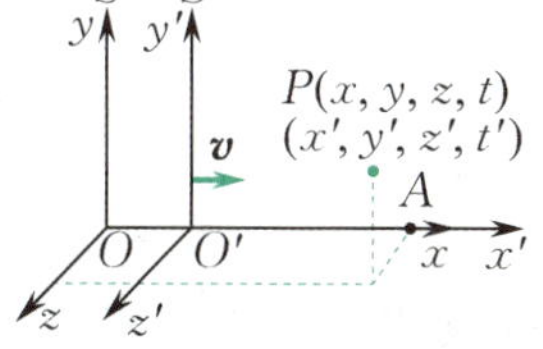

图 18.1 伽利略变换

利用时空测量的绝对性假设，不难找到惯性系之间时空坐标的变换关系. 设有两个不同的惯性系 S 和 S′，S′ 系相对于 S 系做匀速直线运动，速度为 $\boldsymbol{v}$. 取其相对运动方向为公共的 x 或 x' 轴方向，y' 轴与 y 轴相互平行，z' 轴与 z 轴相互平行，记两惯性系完全重合时为 $t=t'=0$，如图 18.1 所示. 我们分别在这两个不同惯性系中来考察某一事件 P.

在 S 系中，描述事件 P 发生的时空坐标设为 (x,y,z,t)；在 S′ 系中，该事件的时空坐标是 (x',y',z',t'). 由于时间间隔测量的绝对性，因此必有 $t=t'$，同时，由于 y，y' 方向及 z，z' 方向无相对运动，因此 $y=y'$，

$z=z'$. 至于 x 和 x' 间的关系,应该这样来考察:S系中测得的 OA 的长度 x,应该等于S系中测得的 OO' 的长度再加上S系中测得的 $O'A$ 的长度. 在S系中,OO' 的长度显然为 vt;而为了得到 $O'A$ 在S系中的长度,先要测量S′系中 $O'A$ 的长度. 在S′系中,$O'A$ 的长度当然是 x'. 按照前面绝对时空观的假设,长度的测量与参考系无关,因此,在S系中测量,$O'A$ 的长度仍为 x',于是有 $x=x'+vt$. 综上所述,我们得到如下关系:

$$\begin{cases} t=t', \\ x=x'+vt', \\ y=y', \\ z=z' \end{cases} \quad 或 \quad \begin{cases} t'=t, \\ x'=x-vt, \\ y'=y, \\ z'=z. \end{cases} \tag{18.1}$$

上述联系两个惯性系S和S′之间时空坐标的数学变换称为伽利略变换(Galilean transformation).

将式(18.1)两边对时间求导可得

$$\begin{cases} u_x=u'_x+v, \\ u_y=u'_y, \\ u_z=u'_z \end{cases} \quad 或 \quad \begin{cases} u'_x=u_x-v, \\ u'_y=u_y, \\ u'_z=u_z, \end{cases} \tag{18.2}$$

式中 $u_x=\dfrac{\mathrm{d}x}{\mathrm{d}t}, u_y=\dfrac{\mathrm{d}y}{\mathrm{d}t}, u_z=\dfrac{\mathrm{d}z}{\mathrm{d}t}; u'_x=\dfrac{\mathrm{d}x'}{\mathrm{d}t'}, u'_y=\dfrac{\mathrm{d}y'}{\mathrm{d}t'}, u'_z=\dfrac{\mathrm{d}z'}{\mathrm{d}t'}$. 式(18.2)称为伽利略速度变换式,等式两边对时间再次求导得

$$a'_x=a_x,\ a'_y=a_y,\ a'_z=a_z,$$

写成矢量式,即

$$\boldsymbol{a}'=\boldsymbol{a}.$$

可见,在不同惯性系中来考察同一对象,其加速度总是相同的.

18.1.3　牛顿运动定律在伽利略变换下的不变性

以牛顿第二定律为例进行说明. 设有前述两个不同的惯性系S和S′,在S系中有 $\boldsymbol{F}=m\boldsymbol{a}$ 成立,经伽利略变换后,参考系由S变至S′,同时 $\boldsymbol{F},m,\boldsymbol{a}$ 相应地分别变成 $\boldsymbol{F}',m',\boldsymbol{a}'$. 由于 $\boldsymbol{F}=\boldsymbol{F}',m=m',\boldsymbol{a}=\boldsymbol{a}'$,因此有 $\boldsymbol{F}'=m'\boldsymbol{a}'$. 可见,牛顿第二定律是伽利略变换的不变式,这一结论通常被认为是经典力学的相对性原理的第三种表述形式.

值得注意的是,前两种表述没有任何附加条件,而这第三种表达方式是以时空测量的绝对性假设为前提推导出来的. 因而,严格说来,第三种表达形式并不与前两种形式等价,这种逻辑上的区别在相对论中更为清楚.

思考

1. 什么是经典力学的相对性原理? 在一个参考系内做力学实验能否测出这个参考系相对于惯性系的加速度?

2. 利用伽利略变换和经典力学的相对性原理证明多普勒效应公式.

18.2 狭义相对论的基本原理

微课视频

狭义相对论原理

时空的测量真的是绝对的吗?虽然在日常生活中我们已经多次证明时空的测量与参考系无关,但日常生活中的所有测量都是在宏观、低速情况下进行的,一旦从低速领域跨进高速领域,我们就没有理由也不应该将低速情况下得到的结论随便推广. 19 世纪末的物理学恰恰碰上了这种情况. 进入 19 世纪末,麦克斯韦完成了对电磁学工作的全面总结并预言有一种称为电磁波的东西,该预言在 1888 年被赫兹的实验证实. 麦克斯韦还指出光波是一种特殊频率的电磁波,并算出光在真空中的速度为 $c=3\times10^8$ m/s,可这一速度是相对于哪个参考系而言的呢?

按照伽利略变换,如果在某惯性系 S 中光在真空中的传播速度是 c,那么在其他与 S 系存在相对运动的惯性系中,光的传播速度不可能仍然是 c. 结果到底是多少,可以通过实验来检测. 人们"理所当然"地认为,实验结果应与伽利略变换保持一致. 然而,出人意料的是,不管在哪个惯性系中,也不管沿着什么方向,我们测得光在真空中的速度大小总是那个恒定不变的常量 c. 这一结果显然与伽利略变换矛盾. 经典物理学被迫在光速不变和伽利略变换之间做出选择,选择的依据当然只能是现有的实验结果. 因此,我们不得不认为:**在任何惯性系中,光在真空中沿任意方向的传播速度都是 c**. 这一假设称为**光速不变原理**(constancy of light speed). 由于光速不变和伽利略变换不相容,而伽利略变换又是绝对时空观的直接结果,因此可以预计,受到光速不变原理的约束,时空的测量很可能不再与参考系无关.

光速不变原理使我们推测时空的测量不再与参考系无关,同时也隐示着电磁学基本原理与参考系无关,因为真空中的光速 $c=3\times10^8$ m/s 是由电磁学基本原理推出的. 如果电磁学的基本原理与参考系有关,一般情况下不会由它们导出一个与参考系无关的结论,除非是一种偶然巧合. 因而,有理由认为:电磁学的基本规律在所有惯性系中的形式都相同. 这样,不仅经典力学的基本规律与参考系无关,电磁学的基本规律也与参考系无关. 我们将这一结论做进一步推广并上升为公设:**所有物理规律在一切惯性系中的形式都相同**,这一结论称为**相对性原理**(principle of relativity).

光速不变原理和相对性原理是爱因斯坦在创立**狭义相对论**(special relativity)时提出的两大基本假设,在此基础上形成的理论体系把物理学带入了一个生机勃勃的新纪元.

18.3 狭义相对论的时空观

科学家简介

爱因斯坦

18.3.1 "同时"的相对性

所谓"同时",意指两事件的时间间隔为零. 由于光速不变原理和时空测量的绝对性假设相互矛盾,因此承认光速不变原理将导致如下结论:在一个惯性系中同时发生的两个事件在另一惯性系中未必仍然同时发生.

考察如下实验:在惯性系 S 中,一车厢沿 x 轴正向以速度 $\boldsymbol{v}$ 高速行驶,车厢中部有一灯泡,从灯泡发出的光信号向前、后两个方向传播并被装在车厢前、后两端的接收器 A 和 B 接收到,如图 18.2 所示. 取 S′ 系固定在车厢上,分别在 S 系和 S′ 系中来考察接收器 A 接收到光信号和接收器 B 接收到光信号这两个事件,看看它们是否是同时发生的.

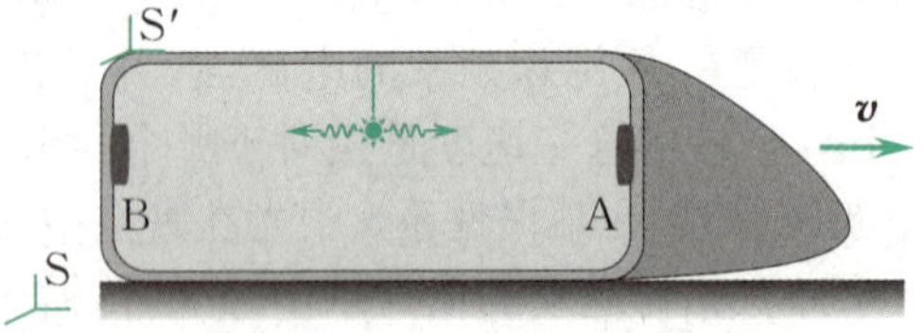

图 18.2 同时的相对性

在 S′ 系中,光信号沿前、后两个方向传播,速度都是 c,传播的距离相同,因而,光信号同时到达接收器 A 和 B,接收器 A 接收到光信号和接收器 B 接收到光信号这两个事件是同时发生的.

在 S 系中,根据光速不变原理,向前、后两个方向传播的光信号,其速度仍然是 c. 但在 S 系中车厢以速度 $\boldsymbol{v}$ 向前运动,因此,向前传播的光信号到达接收器 A 时,光信号实际走过的路程比车厢的半长度长;而向后传播的光信号到达接收器 B 时,光信号实际走过的路程比车厢的半长度短. 显然,在 S 系中,接收器 A,B 分别接收到光信号这两个事件不再是同时发生的.

上述结果正如我们预料的那样,“同时”是相对的!这一结论称为**同时的相对性**(relativity of simultaneity). 因此,当我们说两个事件是同时发生的时候,必须指明是相对于哪个参考系而言.

思考

1. 同时的相对性是什么意思? 为什么会有这种相对性? 如果光速是无限大,是否还会有同时的相对性?

2. 前进中的火车的车头和车尾各遭到一次闪电轰击,据车上的乘客观察,这两次轰击是同时发生的. 试问,在地面上的观察者看来,它们是否仍然同时? 如果不同时,何处先遭到轰击?

18.3.2 时间间隔测量的相对性 时间延缓

“同时”是相对的,时间间隔的测量当然也应该是相对的.

考察如下实验:车厢沿 S 系的 x 轴正向以速度 $\boldsymbol{v}$ 运动,车厢顶部有一反射镜,其正下方装有一个光信号发射兼接收装置 G,G 发出的光信号经镜面反射回来后又被 G 接收到. 取 S′ 系固定在车厢上,如图 18.3

所示.我们分别在 S 系和 S′ 系中考察 G 发出光信号和接收到光信号这两个事件的时间间隔.

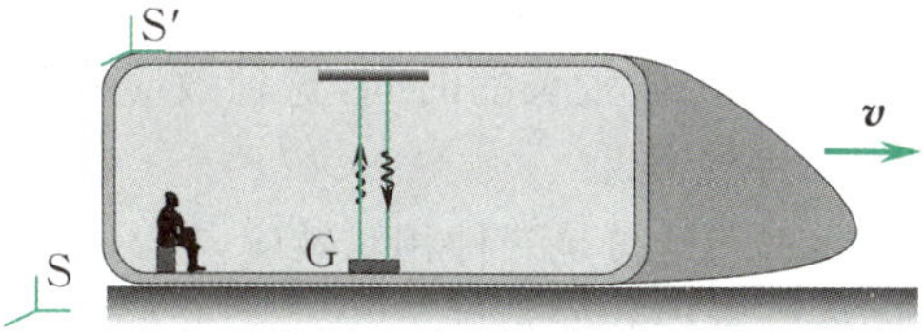

图 18.3 时间间隔测量的相对性(一)

设在 S′ 系中,车厢高度为 h.光沿竖直方向传播,被反射后仍沿竖直方向回到 G.因此,G 发出光信号和接收到光信号这两个事件是在同一地点发生的,其时间间隔为

$$\Delta t' = \frac{2h}{c}.$$

在 S 系中观察,车厢高度仍为 h(因 y 和 y' 方向无相对运动),但由于车厢以速度 $\boldsymbol{v}$ 沿 x 轴正向运动,在 G 发出光信号至接收到光信号的这一段时间间隔里,G 本身已经向前运动了一段距离.因此,G 发出光信号和接收到光信号这两个事件不再是在同一地点发生的,从 G 发出经镜面反射后又能被 G 接收到的光信号也不可能如 S′ 系中观察到的那样沿竖直方向的路径传播,而是沿路径 $A \to B \to C$ 传播,如图 18.4 所示.设 S 系中观察到的 G 发出光信号和接收到光信号这两个事件的时间间隔为 Δt,则 $AC = 2AD = v\Delta t$;又由于光速不变,从而有 $AB = BC = c\dfrac{\Delta t}{2}$;对 $\triangle ABD$,有 $AB^2 = BD^2 + AD^2$,将 AD 及 AB 代入,并考虑到 $BD = h = \dfrac{1}{2}c\Delta t'$,有

$$\left(\frac{1}{2}c\Delta t\right)^2 = \left(\frac{1}{2}c\Delta t'\right)^2 + \left(\frac{1}{2}v\Delta t\right)^2,$$

由此解得

$$\Delta t = \frac{\Delta t'}{\sqrt{1 - \dfrac{v^2}{c^2}}}. \tag{18.3}$$

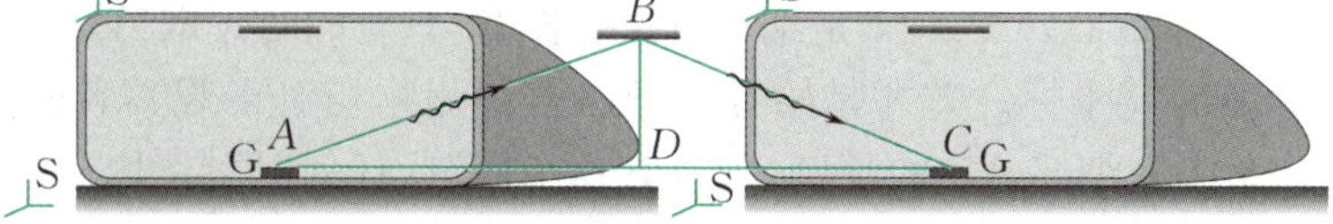

图 18.4 时间间隔测量的相对性(二)

在 S′ 系中,G 发出和接收到光信号这两个事件是在同一地点发生的,这样的时间间隔 $\Delta t'$ 称为**本征时**或**固有时**(proper time).但是,在 S 系中,G 发出和接收到光信号这两个事件发生在不同地点,相应的时间间隔称为**运动时**.由式(18.3)可知,在所有的时间间隔中,本征时最短,

在其他参考系中测得的同样两个事件的时间间隔都比本征时长.若借用钟的快慢来说明这种时间测量上的关系,则 S 系中观察者觉得 S′ 系中的那些钟(相对于 S′ 静止,相对于 S 系运动)变慢了,S′ 系中的一段较短的时间相当于 S 系中一段较长的时间,这种效应称为**时间延缓**(time dilation),也称为"动钟变慢".

值得注意的是,时间延缓是一种相对效应,在 S′ 系中观察那些静止于 S 系中的钟,同样会觉得它们走慢了.

例 18.1 宇宙射线中的 π 介子进入大气层时可衰变并产生称为 μ 子的基本粒子.μ 子相对于地面的速度是 $0.998c$,实验室测得静止 μ 子的平均寿命为 2.2×10^{-6} s,试问:8 000 m 高空中由 π 介子衰变产生的 μ 子能否飞到地面?

解 在地面上测得的 μ 子静止时的寿命即本征时,若 μ 子相对于地球以 $0.998c$ 的速度运动,地球上的观察者测得 μ 子的"存活"时间为

$$\Delta t=\frac{\Delta t'}{\sqrt{1-\dfrac{v^2}{c^2}}}\approx 3.48\times10^{-5}\ \mathrm{s},$$

能通过的距离为

$$\Delta l=v\Delta t=0.998c\times3.48\times10^{-5}\ \mathrm{s}\approx1.04\times10^{4}\ \mathrm{m}>8\ 000\ \mathrm{m},$$

因此,μ 子能够飞到地面.

18.3.3 长度测量的相对性 长度收缩

微课视频

长度测量的相对性

在日常生活中,我们经常进行各种长度测量,长度测量应该遵循什么规则呢?

仍假设有前述两惯性系 S 和 S′,S′ 系固定在待测细棒 AB 上,如图 18.5 所示.

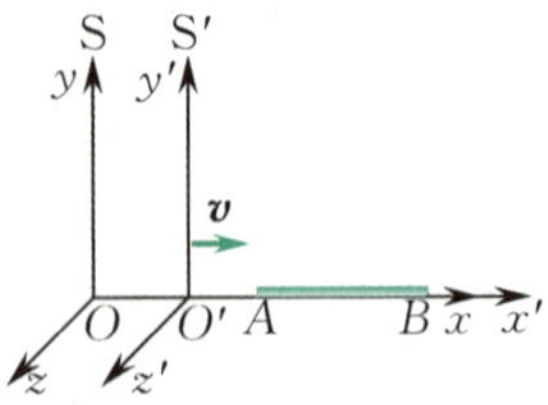

图 18.5 长度测量

在 S 系中测量细棒 AB 的长度,记下 A 和 B 两端的坐标 x_A,x_B,则其差值 x_B-x_A 即为棒长.在这一测量程序中,有一点需要特别注意,即必须同时读取 A,B 两端对应的坐标 x_A 和 x_B.试想,若某时刻 t 读出 A 端对应的坐标 x_A,过了一段时间 Δt 后再去读 B 端对应的坐标,由于细棒在运动,显然 $t+\Delta t$ 时刻读得的 B 端的坐标 $x_B(t+\Delta t)$ 与 t 时刻读得的 A 端的坐标 $x_A(t)$ 之差不是细棒 AB 的长度.只有同时读取 A,B 两端的坐标,其对应坐标之差才是棒长.当然,若待测物相对于观察者静止,如在 S′ 系中测细棒 AB 的长度,则没有这个限制,任何时刻读取 x'_B 和 x'_A,它们的差值总是等于棒长.由此可见,长度测量与同时性密切相关,由于"同时"是相对的,长度的测量也必然是相对的.

先在 S 系中测细棒 AB 的长度.设 t 时刻细棒 B 端经过 x 轴上 P 点(坐标为 x_1),如图 18.6(a) 所示.Δt 时间间隔后,A 端也经过 P 点,即 $t+\Delta t$ 时刻,细棒 A 端的坐标为 $x_A(t+\Delta t)=x_1$;此时,B 端必在 $x_2=x_1+v\Delta t$ 处,即 $t+\Delta t$ 时刻 B 端的坐标为 $x_B(t+\Delta t)=x_1+v\Delta t$,如图 18.6(b) 所示.显

然，S系中测得细棒 AB 的长度为

$$\Delta l = x_B(t+\Delta t) - x_A(t+\Delta t) = v\Delta t.$$

由于 P 点在S系中是固定的，因此，在S系中，这两个事件的时间间隔是固有时.

细棒 AB 在 S′ 系中静止，而在 S 系中以速度 $-\boldsymbol{v}$ 向左运动，P 点相继通过细棒 B，A 两端（在 S′ 系中观察，P 点恰如一只蚂蚁，以速度 $-\boldsymbol{v}$ 从细棒的 B 端爬至 A 端），设两个事件的时间间隔为 $\Delta t'$（注意：在 S′ 系中，两个事件不是在同一地点发生的，$\Delta t'$ 不是固有时），若测得细棒长为 $\Delta l'$，显然有

$$\Delta l' = v\Delta t'.$$

因 Δt 和 $\Delta t'$ 是同样两个事件的时间间隔，故根据时间延缓关系，有

$$\Delta t' = \frac{\Delta t}{\sqrt{1-\frac{v^2}{c^2}}}.$$

综上可得

$$\Delta l = \Delta l' \sqrt{1-\frac{v^2}{c^2}}. \qquad (18.4)$$

式(18.4) 表明，长度测量也不是绝对的，而是与参考系密切联系在一起. 式中 $\Delta l'$ 是观察者在 S′ 系中测得的长度，此时，被测对象相对于观察者是静止的，这种情况下测得的长度称为**本征长度**或**固有长度**(proper length). 在 S 系中，细棒 AB 是运动的，此时测得的长度称为**运动长度**. 由式(18.4) 可知，在所有测得的长度中，本征长度最长，在其他惯性系中测得的长度都比本征长度短，这种现象称为**长度收缩**(length contraction). 由于式(18.4) 中的 $\boldsymbol{v}$ 是沿测长方向的速度，因此，长度收缩只发生在相对运动方向上.

同样，这种长度收缩效应也是相对的. 若有一物体静止于S系中，则在 S′ 系中测得的该物体的长度比在 S 系中测得的长度短.

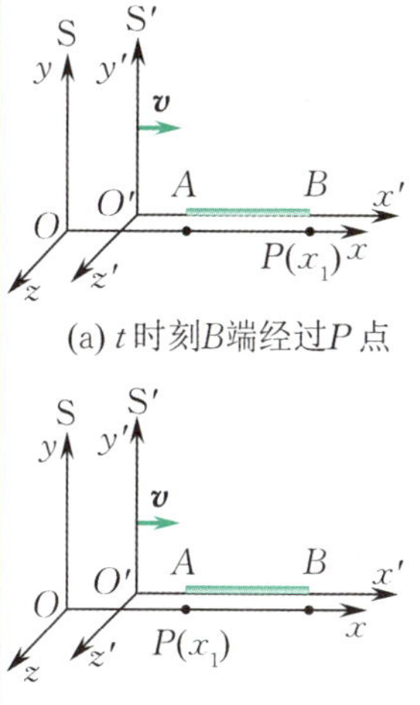

(a) t 时刻 B 端经过 P 点

(b) $t+\Delta t$ 时刻 A 端经过 P 点

图 18.6 在 S 系中测量细棒的长度

思考

1. 在本节长度测量相对性的分析中，S和 S′ 系中分别测量的时间 Δt 和 $\Delta t'$ 哪个是本征时？为什么？

2. 相对论的时间和空间概念与经典力学的有何不同？有何联系？

例 18.2 在地面上观察，宇宙射线中的 μ 子以 $0.998c$ 的速度穿越厚 8 000 m 的大气层到达地面，若在 μ 子参考系中观察，大气层的厚度为多少？

解 在 μ 子参考系中，地球和大气层以 $0.998c$ 的速度相对于 μ 子运动. 由于大气层相对地球静止，因此原来在地球上测得的大气层厚度为本征长度. 在 μ 子参考系中测量时，大气层的厚度为运动长度，由长度收缩公式(18.4) 可得

$$\Delta l=\Delta l'\sqrt{1-\frac{v^2}{c^2}}\approx 506\ \text{m}.$$

18.4 洛伦兹变换 速度变换

18.4.1 洛伦兹变换

本章18.1节中导出的伽利略变换是以时空测量的绝对性假设为前提的. 在承认光速不变之后，时空的测量不再与参考系无关，那么，联系两惯性系的时空坐标变换将会是什么呢？

仍设有两个不同的惯性系S和S′，S′系沿S系的x轴正向以速度$\boldsymbol{v}$运动，取它们坐标原点重合时为计时起点，如图18.7所示. 我们分别在这两个不同的惯性系中来考察同一事件P.

在S系中，事件P于t时刻发生在点(x,y,z)处，其时空坐标记为(x,y,z,t)；在S′系中，该事件的时空坐标为(x',y',z',t'). 因y与y'，z与z'方向上无相对运动，故$y'=y$，$z'=z$. 下面我们来推导x'和x之间的关系.

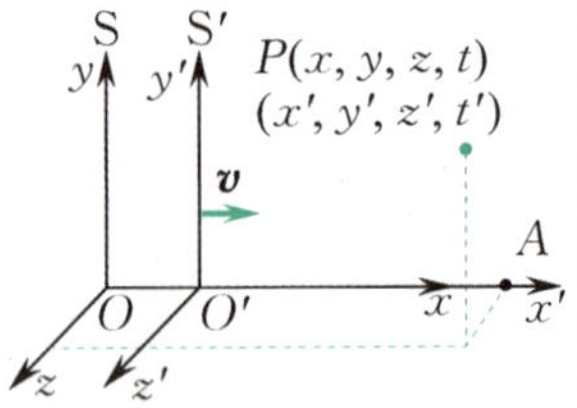

图 18.7 洛伦兹变换

如图18.7所示，事件P发生的空间位置在运动方向上的投影为A点，在S系中观察，x即为S系中测得的OA的长度，记为$(OA)_S$. 由图18.7知，$(OA)_S=(OO')_S+(O'A)_S$，式中$(OO')_S$和$(O'A)_S$分别是在S系中测得的OO'和$O'A$的长度. 显然，$(OO')_S$是O'点在t时间内相对于O点运动的距离，即$(OO')_S=vt$. 而$(O'A)_S$则不能想当然地认为就是x'. 确实，在S′系中观察，$O'A$的长度是x'，但在S系中观察，结果未必如此. 为了得到S系中$O'A$的长度，可将$O'A$看成是一根细杆，S′系就固定在这根细杆上，在S′系中测得的这根细杆的长度x'是本征长度，而在S系中测量时，因该细杆以速度v沿杆长方向运动，故在S系中测得的长度$(O'A)_S$是运动长度，由长度收缩公式(18.4)有

$$(O'A)_S=(O'A)_{S'}\sqrt{1-\frac{v^2}{c^2}}=x'\sqrt{1-\frac{v^2}{c^2}}.$$

综上可得

$$x=x'\sqrt{1-\frac{v^2}{c^2}}+vt. \tag{18.5a}$$

若在S′系中考察，S′系中测得的$O'A$，OO'，OA的长度分别记为$(O'A)_{S'}$，$(OO')_{S'}$，$(OA)_{S'}$，则有

$$(O'A)_{S'}=(OA)_{S'}-(OO')_{S'},$$

根据长度收缩公式同理可得

$$(OA)_{S'}=(OA)_S\sqrt{1-\frac{v^2}{c^2}}=x\sqrt{1-\frac{v^2}{c^2}},$$

但$(OO')_{S'}$却不等于vt，因为在S′系中，O相对于O'向左以速度$-\boldsymbol{v}$运动的时间是t'，所以$(OO')_{S'}=vt'$，于是有

$$x' = x\sqrt{1-\frac{v^2}{c^2}} - vt'. \tag{18.5b}$$

联立式(18.5a) 和式(18.5b),消去 x' 得

$$t' = \frac{t - \frac{v}{c^2}x}{\sqrt{1-\frac{v^2}{c^2}}}. \tag{18.6}$$

将式(18.5a) 改写成 $x' = \frac{x - vt}{\sqrt{1-\frac{v^2}{c^2}}}$,并综合 $y' = y, z' = z$ 及式(18.6) 有

$$\begin{cases} x' = \dfrac{x - vt}{\sqrt{1-\frac{v^2}{c^2}}}, \\ y' = y, \\ z' = z, \\ t' = \dfrac{t - \frac{v}{c^2}x}{\sqrt{1-\frac{v^2}{c^2}}}. \end{cases} \tag{18.7a}$$

式(18.7a) 给出了相对论中不同惯性系间的时空坐标变换关系,因它最先是由洛伦兹得到的,故又称为**洛伦兹变换**(Lorentz transformation).同样利用式(18.5a) 和式(18.5b) 消去 x 可得洛伦兹逆变换为

$$\begin{cases} x = \dfrac{x' + vt'}{\sqrt{1-\frac{v^2}{c^2}}}, \\ y = y', \\ z = z', \\ t = \dfrac{t' + \frac{v}{c^2}x'}{\sqrt{1-\frac{v^2}{c^2}}}. \end{cases} \tag{18.7b}$$

显然,在 $v \ll c$ 的情况下,式(18.7a) 和式(18.7b) 过渡到伽利略变换,因此,伽利略变换是洛伦兹变换在低速情况下的近似.

思考

如果在 S′ 系中同时发生的两个事件的位置坐标也相同,那么,在 S 系中观察,它们是否也同时发生?S 系和 S′ 系均指惯性系.

洛伦兹变换来源于“长度收缩”与“时间延缓”,利用洛伦兹变换分析时间和长度测量问题,所得到的结果必将与 18.3 节所得到的结果保持一致.

仍取前述两惯性系 S 和 S′，假设 S′ 系沿 S 系的 x 轴正向以速度 $\boldsymbol{v}$ 运动，取其原点重合时为计时起点. 设有两个事件 P_1 和 P_2，在 S 系中，其时空坐标分别为 (x_1, y_1, z_1, t_1)，(x_2, y_2, z_2, t_2). 在 S′ 系中，同样两个事件的时空坐标分别为 (x'_1, y'_1, z'_1, t'_1)，(x'_2, y'_2, z'_2, t'_2). 设 $x'_1 = x'_2, y'_1 = y'_2, z'_1 = z'_2, t'_1 \neq t'_2$，即在 S′ 系中，两个事件发生在同一地点但不同时，则在 S′ 系中测得两个事件的时间间隔 $\Delta t' = t'_2 - t'_1$ 为本征时. 由于 $x_1 \neq x_2$，因此 S 系中测得的时间间隔 $\Delta t = t_2 - t_1$ 是运动时. 利用洛伦兹逆变换中 $t = \dfrac{t' + \dfrac{v}{c^2}x'}{\sqrt{1-\dfrac{v^2}{c^2}}}$，并考虑到 $\Delta x' = x'_2 - x'_1 = 0$，有

$$\Delta t = \frac{\Delta t'}{\sqrt{1-\dfrac{v^2}{c^2}}},$$

这正是我们在前面利用光速不变原理得到的运动时和固有时之间的关系式.

仍设有前面的两惯性系 S 和 S′，S′ 系固定在一待测细棒 AB 上(见图 18.5). 在 S 系中同时读得细棒 AB 两端在 x 轴上的坐标分别为 x_A，x_B，则 $x_B - x_A = \Delta x$ 为细棒的运动长度；在 S′ 系中读得细棒 AB 两端在 x' 轴上的坐标分别为 x'_A，x'_B，则 $x'_B - x'_A = \Delta x'$ 是细棒的本征长度. 由洛伦兹变换 $x' = \dfrac{x - vt}{\sqrt{1-\dfrac{v^2}{c^2}}}$ 并考虑到 $t_B = t_A$，有

$$\Delta x' = \frac{\Delta x}{\sqrt{1-\dfrac{v^2}{c^2}}},$$

即

$$\Delta x = \Delta x' \sqrt{1-\frac{v^2}{c^2}},$$

这正是前面得到的长度收缩公式.

思考

1. 根据时间延缓效应，动钟和静钟分别测得的两个事件的时间间隔的定量关系一定满足式(18.3)吗？如果不是，请分析它们和哪些因素有关，并给出定量关系.

2. 假设一平面电磁波在 S 系中沿 x 轴正向传播，其波动方程的微分形式为 $\dfrac{\partial^2 E(x,t)}{\partial x^2} - \dfrac{1}{c^2}\dfrac{\partial^2 E(x,t)}{\partial t^2} = 0$，试通过洛伦兹变换验证此平面电磁波在 S′ 系中具有相同的微分形式，即 $\dfrac{\partial^2 E(x',t')}{\partial x'^2} - \dfrac{1}{c^2}\dfrac{\partial^2 E(x',t')}{\partial t'^2} = 0$(S′ 系和 S 系均为如图 18.1 所示的惯性系).

例 18.3 如图 18.8 所示，设火车对地以速度 $\boldsymbol{v}$ 做匀速直线运动，某时刻，火车上的观察者发现路旁建筑物顶部避雷针上溅起一电火花，电光先后到达与建筑物等高、等距的两铁塔顶部. 设在地面上观察，两铁塔与建筑物间的水平距离均为 l_0. 问在火车上的观察者看来，电光到达两铁塔的时间差是多少？

解 取惯性系 S 和 S′ 分别固定在地面和火车上，如图 18.8 所示. 取两惯性系重合时为各自的计时起点. 考察电光到达左、右两铁塔这两个事件. 在 S 系中，其时空坐标分别为 (x_1, t_1)，(x_2, t_2)；在 S′ 系中，其对应的时空坐标分别为 (x_1', t_1')，(x_2', t_2'). 由洛伦兹变换 $t' = \dfrac{t - \dfrac{v}{c^2}x}{\sqrt{1-\dfrac{v^2}{c^2}}}$，并考虑到 $\Delta t = t_2 - t_1 = 0$，$\Delta x = x_2 - x_1 = 2l_0$，有

$$\Delta t' = t_2' - t_1' = \frac{\Delta t - \dfrac{v}{c^2}\Delta x}{\sqrt{1-\dfrac{v^2}{c^2}}} = \frac{-\dfrac{2vl_0}{c^2}}{\sqrt{1-\dfrac{v^2}{c^2}}} = \frac{-2vl_0}{c\sqrt{c^2-v^2}},$$

式中负号表示在火车上的观察者看来，电光先到达 x_2 处的铁塔.

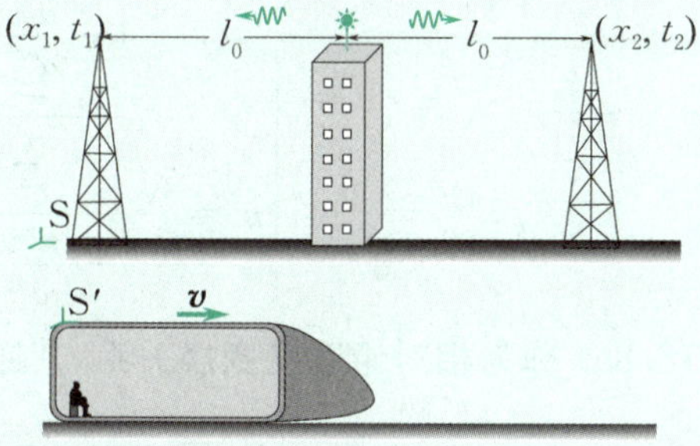

图 18.8 例 18.3 图

18.4.2 速度变换

考察质点 P 的机械运动. 在 S 系中，质点 P 在各坐标轴上的速度分量分别为 $u_x = \dfrac{\mathrm{d}x}{\mathrm{d}t}$，$u_y = \dfrac{\mathrm{d}y}{\mathrm{d}t}$，$u_z = \dfrac{\mathrm{d}z}{\mathrm{d}t}$；在 S′ 系中，同一质点 P 在各坐标轴上的速度分量分别为 $u_x' = \dfrac{\mathrm{d}x'}{\mathrm{d}t'}$，$u_y' = \dfrac{\mathrm{d}y'}{\mathrm{d}t'}$，$u_z' = \dfrac{\mathrm{d}z'}{\mathrm{d}t'}$. 为寻找它们之间的变换关系，对洛伦兹变换式(18.7a) 两边同时微分得

$$\begin{cases} \mathrm{d}x' = \dfrac{\mathrm{d}x - v\mathrm{d}t}{\sqrt{1-\dfrac{v^2}{c^2}}}, \\ \mathrm{d}y' = \mathrm{d}y, \\ \mathrm{d}z' = \mathrm{d}z, \\ \mathrm{d}t' = \dfrac{\mathrm{d}t - \dfrac{v}{c^2}\mathrm{d}x}{\sqrt{1-\dfrac{v^2}{c^2}}}, \end{cases}$$

即

$$\begin{cases} dx' = \dfrac{\left(\dfrac{dx}{dt}-v\right)dt}{\sqrt{1-\dfrac{v^2}{c^2}}} = \dfrac{(u_x-v)dt}{\sqrt{1-\dfrac{v^2}{c^2}}}, \\ dy' = dy, \\ dz' = dz, \\ dt' = \dfrac{\left(1-\dfrac{v}{c^2}\dfrac{dx}{dt}\right)dt}{\sqrt{1-\dfrac{v^2}{c^2}}} = \dfrac{\left(1-\dfrac{u_x v}{c^2}\right)dt}{\sqrt{1-\dfrac{v^2}{c^2}}}, \end{cases}$$

将此方程组的前三个方程两边分别除以最后一个方程的两边得

$$\begin{cases} u'_x = \dfrac{u_x - v}{1-\dfrac{u_x v}{c^2}}, \\ u'_y = \dfrac{\sqrt{1-\dfrac{v^2}{c^2}}\,u_y}{1-\dfrac{u_x v}{c^2}}, \\ u'_z = \dfrac{\sqrt{1-\dfrac{v^2}{c^2}}\,u_z}{1-\dfrac{u_x v}{c^2}}. \end{cases} \tag{18.8a}$$

式(18.8a) 称为**相对论速度变换关系**. 其逆变换为

$$\begin{cases} u_x = \dfrac{u'_x + v}{1+\dfrac{u'_x v}{c^2}}, \\ u_y = \dfrac{\sqrt{1-\dfrac{v^2}{c^2}}\,u'_y}{1+\dfrac{u'_x v}{c^2}}, \\ u_z = \dfrac{\sqrt{1-\dfrac{v^2}{c^2}}\,u'_z}{1+\dfrac{u'_x v}{c^2}}. \end{cases} \tag{18.8b}$$

很显然，它们都不同于伽利略速度变换，但由式(18.8) 不难看出，在速度 v 远低于光速的情况下，它们又都回到了伽利略速度变换.

思考

1. 在长度收缩效应中，动尺长度和静尺长度的定量关系由方程(18.4) 给出. 当直尺以不同速度运动时，相应“动尺长度”之间的定量关系是怎样的？

2. 在相对论中，垂直于两个参考系的相对速度方向的长度的量度与参考系无关，而为什么在该方向上的速度分量却又与参考系有关？

18.4.3 因果关系与相互作用传播速度的有限性

设有A,B两个事件,事件A是引起事件B的原因,事件B是事件A的结果,这样的一对事件具有因果关系.比如利用粒子做“轰击”实验.粒子发射器发射粒子是粒子击中标靶的因,“粒子中靶”是“发射粒子”之果,“发射粒子”和“粒子中靶”这一对事件具有因果关系.可以合理地假设:这样的因果关系不应随参考系的选择而发生变化,即在任何惯性系中总是观察到“发射粒子”先于“粒子中靶”.承认这一假设将会有如下结论:**光速是自然界的极限速度**.下面我们用反证法来证明这一点.

考察有因果关系的两个事件,如上述粒子轰击实验.设有如图18.1所示的两惯性系S和S′,又设“发射粒子”与“粒子中靶”这两个事件在S系和S′系中的时空坐标分别为(x_1,t_1),(x_2,t_2)和(x_1',t_1'),(x_2',t_2').由洛伦兹变换有

$$t_2'-t_1'=\frac{t_2-t_1-\dfrac{v}{c^2}(x_2-x_1)}{\sqrt{1-\dfrac{v^2}{c^2}}}=\frac{t_2-t_1}{\sqrt{1-\dfrac{v^2}{c^2}}}\left(1-\frac{v}{c^2}\times\frac{x_2-x_1}{t_2-t_1}\right),$$

式中$\dfrac{x_2-x_1}{t_2-t_1}=u$是S系中观察到的粒子的运动速度.若自然界有某种粒子的运动速度(或某因果作用的传递速度)超过光速,使得$uv>c^2$,于是有$t_2'-t_1'<0$.这样,如果在S系中观察,$t_2>t_1$,即“粒子中靶”这个事件发生在“发射粒子”这个事件之后;而在S′系中,因$t_2'-t_1'<0$,故观察者将观察到“粒子中靶”这个事件发生在“发射粒子”这个事件之前,这与因果关系的绝对性假设相矛盾.因此,**光速必是自然界的极限速度,任何物理实体、能量及相互作用等的传播速度都不能超过光速.**

例18.4 地面上的观察者测得甲、乙两飞船分别以$+0.8c$和$-0.6c$的速度沿相反的方向飞行.试计算甲飞船相对于乙飞船的速度.

解 高速情况下,应严格按相对论速度变换关系求速度.

取地面为S系,其x轴正向与甲飞船的速度方向相同.取乙飞船为S′系,其坐标轴方向与S系的相同,则S′系相对于S系的速度为

$$v=-0.6c.$$

此时求甲飞船相对于乙飞船的速度等于在S′系中求甲飞船的速度.在S系中甲飞船的速度为$u_x=0.8c$,由相对论速度变换关系可求得其在S′系中的速度为

$$u_x'=\frac{u_x-v}{1-\dfrac{u_xv}{c^2}}=\frac{0.8c-(-0.6c)}{1-\dfrac{0.8c\times(-0.6c)}{c^2}}\approx0.95c.$$

思考

1. 一辆火车每节车厢的本征长度都是 10 m，它正相对于地面以 0.6c 的速度行驶. 有甲、乙两人分坐在车厢尾、首两端. 当火车通过站台时，站台上的人发现甲突然向乙开枪，过了 12.5 ns 后，乙举枪还击，因而，站台上的人作证，枪战是由甲挑起的. 而车上的乘客作证说，是乙先开枪，过了 10 ns 后，甲才向乙开枪. 这一桩枪战案摆到了你这位学过相对论的"法官"面前，你打算如何结案？

2. 已知一直隧道的本征长度为 l，火车的本征长度为 $L(L>l)$，现火车以速度 $\boldsymbol{v}$ 匀速驶入隧道，使得在地面的观察者看来，火车正好与隧道等长. 当火车到达隧道出口时，地面上的人将隧道的出、入口同时关闭，然后立即打开，那么在地面的观察者看来，有某个时刻，火车正好被完全关在隧道中. 而在火车上的观察者看来，由于长度收缩，隧道的长度小于火车的长度，火车不可能被完全关在隧道中. 如何解释这种矛盾的现象？

18.5 相对论动力学

18.5.1 质速关系

在经典力学中，质量是恒定不变的（与速度无关）. 根据牛顿第二定律，若给物体施加一不为零的合外力，只要该力维持足够长的时间，则物体的运动速度总能超过光速. 然而在自然界中，任何物体的运动速度都不可能超过光速. 这样，我们就不得不对"质量恒定不变"这一看法提出质疑，即质量很可能和速度有紧密的联系.

为了寻找质量和速度之间的关系，先考察一个既与速度有关又与质量有关的物理量——动量. 在相对论中，物体的动量仍然定义为质量和速度的乘积，即 $\boldsymbol{p}=m\boldsymbol{u}$，且动量守恒定律仍应成立①. 由此出发，我们有可能得到质量与速度的关系.

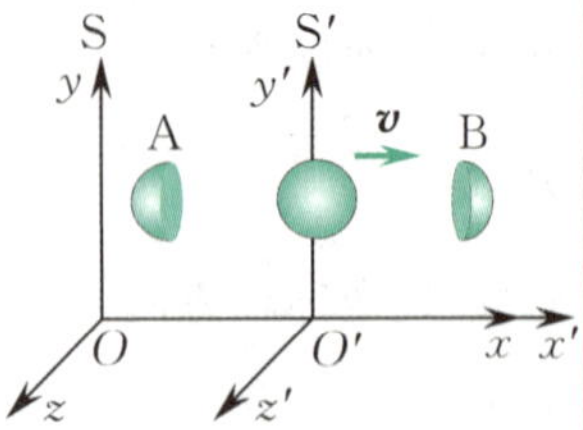

图 18.9 质量与速度的关系

考虑两惯性系 S 和 S′，S′ 系沿 S 系的 x 轴正向以速度 $\boldsymbol{v}$ 运动，取其原点相互重合时为各自的计时起点. 设 S′ 系中有一静止物体，其质量为 M_0. 某时刻，该物体分裂成**静质量**（rest mass）相同的两块 A 和 B，记为 $m_{A0}=m_{B0}$，A，B 分别朝左、右两个水平方向飞行，速度大小都是 v（相对于 S′ 系），如图 18.9 所示.

现在在 S 系中考察这一分裂过程. 分裂前，物体的速度为 v，质量为 M（未必等于 M_0），动量为 $p=Mv$. 分裂后，A 的速度 u_A 为零，质量为 m_{A0}；B 的速度可由相对论速度变换关系算得，即 $u_B=\dfrac{2v}{1+\dfrac{v^2}{c^2}}$，质量为

① 动量守恒的深层原因是空间均匀性，由于洛伦兹变换为线性变换，不破坏空间均匀性，因此若在一个惯性系中系统动量守恒，则在另一个惯性系中系统动量将仍然守恒.

m_B(未必等于 m_{B0}). 分裂后A和B的总动量为 $m_B u_B + m_{A0} u_A = m_B u_B$. 由于分裂过程中动量守恒,因此有

$$Mv = \frac{2m_B v}{1+\frac{v^2}{c^2}}. \tag{18.9}$$

分裂过程不仅动量守恒,其质量也应守恒. 在S系中,分裂前的总质量为 M,分裂后的总质量为 $m_{A0} + m_B$. 因而有 $m_{A0} + m_B = M$. 将其代入式(18.9)得

$$(m_{A0} + m_B)v = \frac{2m_B v}{1+\frac{v^2}{c^2}}.$$

利用 $u_B = \dfrac{2v}{1+\frac{v^2}{c^2}}$,将上式整理得

$$m_B = \frac{m_{A0}}{\sqrt{1-\frac{u_B^2}{c^2}}}. \tag{18.10}$$

由于 $m_{A0} = m_{B0}$,记 $m_{B0} = m_0$,$m_B = m$,$u_B = u$,得

$$m = \frac{m_0}{\sqrt{1-\frac{u^2}{c^2}}}. \tag{18.11}$$

式(18.11)表明,以速度 u 运动的物体,其质量 m 不再等于其静质量 m_0. 速度越大,质量也越大. 当速度远小于光速时,m 和 m_0 差得很小,可以认为质量不变,这正是我们在日常生活中观察到的现象.

18.5.2 相对论中的能量

1. 动能

动能的变化和做功联系在一起,而功又与力有关. 在经典力学中,合外力 $\boldsymbol{F}$ 定义为动量随时间的变化率. 在相对论中,这一定义仍然有效,即仍有 $\boldsymbol{F} = \dfrac{\mathrm{d}\boldsymbol{p}}{\mathrm{d}t} = \dfrac{\mathrm{d}(m\boldsymbol{u})}{\mathrm{d}t}$. 在合外力 $\boldsymbol{F}$ 的作用下,静质量为 m_0 的物体从 A 点运动到 B 点,其速度由零变成 $\boldsymbol{u}$,在这一过程中,合外力 $\boldsymbol{F}$ 所做的功为

$$\begin{aligned} W &= \int_A^B \boldsymbol{F}\cdot \mathrm{d}\boldsymbol{r} = \int_A^B \frac{\mathrm{d}(m\boldsymbol{u})}{\mathrm{d}t}\cdot \mathrm{d}\boldsymbol{r} = \int_0^u \boldsymbol{u}\cdot \mathrm{d}(m\boldsymbol{u}) \\ &= \int_0^u (u^2 \mathrm{d}m + m\boldsymbol{u}\cdot \mathrm{d}\boldsymbol{u}). \end{aligned} \tag{18.12}$$

对质速关系式(18.11)两边微分①,得

$$\mathrm{d}m = \frac{m_0 \boldsymbol{u}\cdot \mathrm{d}\boldsymbol{u}}{c^2\left(1-\frac{u^2}{c^2}\right)^{\frac{3}{2}}} = \frac{m\boldsymbol{u}\cdot \mathrm{d}\boldsymbol{u}}{c^2\left(1-\frac{u^2}{c^2}\right)},$$

① $\mathrm{d}(u^2) = \mathrm{d}(\boldsymbol{u}\cdot\boldsymbol{u}) = 2\boldsymbol{u}\cdot \mathrm{d}\boldsymbol{u}$.

故

$$m\boldsymbol{u}\cdot \mathrm{d}\boldsymbol{u}=(c^2-u^2)\mathrm{d}m. \tag{18.13}$$

将式(18.13)代入式(18.12)中，考虑到物体速率由零增至 u 时，其质量由 m_0 增至 m，因而有

$$W=\int_{m_0}^{m}c^2\mathrm{d}m=mc^2-m_0c^2. \tag{18.14}$$

根据质点的动能定理，合外力所做的功等于其动能的增量. 物体静止时没有动能，故对于初始时刻静止的物体，合外力所做的功全部变成物体的动能. 因此，在相对论中，速度为 u 的物体，其动能为

$$E_\mathrm{k}=mc^2-m_0c^2. \tag{18.15}$$

由式(18.15)可知，在相对论中，物体的动能不再等于$\frac{1}{2}mu^2$，但当 $u\ll c$ 时，$\frac{1}{\sqrt{1-\frac{u^2}{c^2}}}\approx 1+\frac{u^2}{2c^2}$，式(18.15)变为

$$E_\mathrm{k}=mc^2-m_0c^2\approx\frac{1}{2}m_0u^2,$$

即在低速情况下，相对论力学过渡到经典力学.

2. 相对论总能量

式(18.14)中右边的每一项都具有能量的量纲，因此，有理由认为其中的每一项都与某种能量对应. 由于 c^2 是常量，m_0 和 m 分别对应于物体静质量和以速度 u 运动时的质量，因此，可以认为 m_0c^2 是物体静止时的能量，而物体以速度 u 运动时，其总能量为

$$E=mc^2. \tag{18.16}$$

式(18.16)也称为爱因斯坦**质能关系**(mass-energy relation)，这一结论是相对论独有的，没有经典对应. 由式(18.16)可知，能量守恒必然导致质量守恒，反之亦然. 因此，在相对论中，质量守恒和能量守恒和谐地统一在一起.

考虑在一个封闭系统中发生的一次变化过程或反应过程，系统满足能量守恒或质量守恒. 根据式(18.16)，有 $m_1c^2=m_2c^2$，式中 m_1，m_2 分别表示反应前、后系统中所有粒子的运动质量之和. 显然，与能量守恒定律对应的质量守恒定律代表的是运动质量保持不变. 如果再利用相对论的动能表示式，能量守恒定律则可以写成 $E_{\mathrm{k}1}+m_{01}c^2=E_{\mathrm{k}2}+m_{02}c^2$，即 $E_{\mathrm{k}2}-E_{\mathrm{k}1}=(m_{01}-m_{02})c^2$，式中 $E_{\mathrm{k}1}$，$E_{\mathrm{k}2}$ 分别表示反应前、后系统的总动能，m_{01}，m_{02} 则分别指反应前、后系统所有粒子的总静质量. 静质量的减少 $\Delta m_0=m_{01}-m_{02}$，又称为**质量亏损**，它会引起一个巨大的动能的增量 $\Delta E=E_{\mathrm{k}2}-E_{\mathrm{k}1}$. 因此，若有某种内部过程使物体的静质量变小，则必然伴随有巨大的能量释放. 比如，在太阳内部发生的典型的核聚变过程为4个氢核聚变为一个氦核($4{}_1^1\mathrm{H}\longrightarrow{}_2^4\mathrm{He}+2{}_1^0\mathrm{e}$)，释放的能量为 $\Delta E=\Delta m_0c^2=(4m_\mathrm{p}-m_\mathrm{He}-2m_\mathrm{e})c^2\approx 25.9\ \mathrm{MeV}$，非常可观. 正是这一推论，直接导致了核能时代的到来.

例 18.5 设有静质量皆为 m_0 的两粒子，一个静止不动，另一个以速度 v 与静止的粒子发生完全非弹性碰撞，碰撞后组成一复合粒子，试求该复合粒子的速度和质量.

解 设复合粒子的速度为 u，静质量为 M_0，由于碰撞过程中系统的动量和能量都守恒，因此有

$$\frac{m_0 v}{\sqrt{1-\frac{v^2}{c^2}}}=\frac{M_0 u}{\sqrt{1-\frac{u^2}{c^2}}},\quad m_0c^2+\frac{m_0c^2}{\sqrt{1-\frac{v^2}{c^2}}}=\frac{M_0c^2}{\sqrt{1-\frac{u^2}{c^2}}},$$

由上述两方程解得

$$u=\frac{v}{1+\sqrt{1-\frac{v^2}{c^2}}},\quad M_0=\left(2m_0^2+\frac{2m_0^2}{\sqrt{1-\frac{v^2}{c^2}}}\right)^{\frac{1}{2}}.$$

3. 相对论能量-动量关系

由式(18.11)及式(18.16)有

$$E^2-E_0^2=\frac{m_0^2c^4}{1-\frac{u^2}{c^2}}-m_0^2c^4=\frac{m_0^2u^2c^2}{1-\frac{u^2}{c^2}}=m^2u^2c^2=p^2c^2,$$

整理得

$$E^2=p^2c^2+m_0^2c^4. \tag{18.17}$$

上式称为相对论能量-动量关系(relativistic energy-momentum relation). 由式(18.17)可知，若自然界中某种粒子的静质量 $m_0=0$，则有 $E^2=p^2c^2$，即 $p=mc$，这说明该粒子的速度就是光速. 因此，我们有理由将光看成某种静质量为零的粒子流，对应的粒子称为光子.

思考

1. 根据狭义相对论分析粒子的动量和动能与速度的关系，并画出相应的函数曲线.
2. 什么叫质量亏损？它和核能的释放有何关系？

*18.6 相对论中动量-能量变换 力的变换

18.6.1 动量-能量变换

仍设有前述两惯性系 S 和 S′，静质量为 m_0 的粒子在 S′ 系中的速度分量分别为 u'_x, u'_y, u'_z $(u'^2=u'^2_x+u'^2_y+u'^2_z)$，在 S 系中的速度分量分别为 u_x, u_y, u_z $(u^2=u_x^2+$

阅读材料

式(18.18)的证明

$u_y^2+u_z^2$). 粒子在 S′ 系和 S 系中的质量分别为 $m'=\dfrac{m_0}{\sqrt{1-\dfrac{u'^2}{c^2}}}$ 和 $m=\dfrac{m_0}{\sqrt{1-\dfrac{u^2}{c^2}}}$. 设 S′ 系中粒子动量在 x' 轴上的分量为 p'_x，则

$$p'_x=m'u'_x=\frac{m_0u'_x}{\sqrt{1-\dfrac{u'^2}{c^2}}}.$$

由相对论速度变换关系可得

$$\sqrt{1-\frac{u'^2}{c^2}}=\frac{\sqrt{\left(1-\dfrac{v^2}{c^2}\right)\left(1-\dfrac{u^2}{c^2}\right)}}{1-\dfrac{u_xv}{c^2}}. \tag{18.18}$$

将上式和相对论速度变换关系中 u'_x 的变换式代入 p'_x 的表达式有

$$\begin{aligned}p'_x&=\frac{m_0(u_x-v)}{\sqrt{\left(1-\dfrac{v^2}{c^2}\right)\left(1-\dfrac{u^2}{c^2}\right)}}\\&=\frac{m_0u_x}{\sqrt{\left(1-\dfrac{v^2}{c^2}\right)\left(1-\dfrac{u^2}{c^2}\right)}}-\frac{m_0v}{\sqrt{\left(1-\dfrac{v^2}{c^2}\right)\left(1-\dfrac{u^2}{c^2}\right)}}\\&=\frac{1}{\sqrt{1-\dfrac{v^2}{c^2}}}\left(p_x-\frac{vE}{c^2}\right),\end{aligned}$$

记 $\gamma=\dfrac{1}{\sqrt{1-\dfrac{v^2}{c^2}}}$，$\beta=\dfrac{v}{c}$，则上式又可写成

$$p'_x=\gamma\left(p_x-\frac{\beta E}{c}\right).$$

设 S′ 系中粒子动量在 y' 轴上的分量为 p'_y，则

$$p'_y=m'u'_y=\frac{m_0u'_y}{\sqrt{1-\dfrac{u'^2}{c^2}}}=\frac{m_0u_y\sqrt{1-\dfrac{v^2}{c^2}}}{\sqrt{\left(1-\dfrac{u^2}{c^2}\right)\left(1-\dfrac{v^2}{c^2}\right)}}=\frac{m_0u_y}{\sqrt{1-\dfrac{u^2}{c^2}}}=p_y.$$

同理可得

$$p'_z=p_z.$$

设 S′ 系中粒子的能量为 E'，则

$$\begin{aligned}E'=m'c^2=\frac{m_0c^2}{\sqrt{1-\dfrac{u'^2}{c^2}}}&=\frac{m_0c^2\left(1-\dfrac{u_xv}{c^2}\right)}{\sqrt{\left(1-\dfrac{v^2}{c^2}\right)\left(1-\dfrac{u^2}{c^2}\right)}}\\&=\gamma(E-\beta cp_x).\end{aligned}$$

综上可得 S 系和 S′ 系之间相对论动量-能量变换式：

$$\begin{cases}p'_x=\gamma\left(p_x-\dfrac{\beta E}{c}\right),\\p'_y=p_y,\\p'_z=p_z,\\E'=\gamma(E-\beta cp_x),\end{cases} \tag{18.19a}$$

其逆变换为

$$\begin{cases} p_x = \gamma\left(p_x' + \dfrac{\beta E'}{c}\right), \\ p_y = p_y', \\ p_z = p_z', \\ E = \gamma(E' + \beta c p_x'). \end{cases} \tag{18.19b}$$

18.6.2 相对论中力的变换公式

在相对论中，力仍然定义为动量的时间变化率，即 $\boldsymbol{F} = \dfrac{\mathrm{d}\boldsymbol{p}}{\mathrm{d}t}$，其分量形式是

$$F_x = \frac{\mathrm{d}p_x}{\mathrm{d}t},\ F_y = \frac{\mathrm{d}p_y}{\mathrm{d}t},\ F_z = \frac{\mathrm{d}p_z}{\mathrm{d}t}.$$

利用上述相对论动量-能量变换及洛伦兹变换有

$$F_x = \frac{\mathrm{d}p_x}{\mathrm{d}t} = \frac{\dfrac{\mathrm{d}p_x}{\mathrm{d}t'}}{\dfrac{\mathrm{d}t}{\mathrm{d}t'}} = \frac{\gamma\left(\dfrac{\mathrm{d}p_x'}{\mathrm{d}t'} + \dfrac{v\mathrm{d}E'}{c^2\mathrm{d}t'}\right)}{\gamma\left(1 + \dfrac{v\mathrm{d}x'}{c^2\mathrm{d}t'}\right)} = \frac{F_x' + \dfrac{\beta}{c}\dfrac{\mathrm{d}E'}{\mathrm{d}t'}}{1 + \dfrac{\beta}{c}u_x'}.$$

利用 $E'^2 = p'^2c^2 + m_0^2c^4 = c^2\boldsymbol{p}'\cdot\boldsymbol{p}' + m_0^2c^4$，两边求导可得

$$E'\frac{\mathrm{d}E'}{\mathrm{d}t'} = c^2\boldsymbol{p}'\cdot\frac{\mathrm{d}\boldsymbol{p}'}{\mathrm{d}t'} = c^2\boldsymbol{p}'\cdot\boldsymbol{F}'.$$

考虑到 $E' = m'c^2$ 及 $\boldsymbol{p}' = m'\boldsymbol{u}'$，有

$$\frac{\mathrm{d}E'}{\mathrm{d}t'} = \boldsymbol{F}'\cdot\boldsymbol{u}'.$$

将此结果代入上述 F_x 的表达式中可得 x 方向上分力的变换式. 用类似方法还可以得到 y 方向上和 z 方向上分力的变换式，即

$$\begin{cases} F_x = \dfrac{F_x' + \dfrac{\beta}{c}\boldsymbol{F}'\cdot\boldsymbol{u}'}{1 + \dfrac{\beta}{c}u_x'}, \\ F_y = \dfrac{F_y'}{\gamma\left(1 + \dfrac{\beta}{c}u_x'\right)}, \\ F_z = \dfrac{F_z'}{\gamma\left(1 + \dfrac{\beta}{c}u_x'\right)}. \end{cases} \tag{18.20}$$

以上三式即是相对论中 S 系和 S′ 系之间力的变换公式.

思考

1. 请根据运动的相对性写出式(18.20)的逆变换.
2. 试由式(18.20)推导出式(15.44).
3. 试推导 S 系和 S′ 系之间电场强度 $\boldsymbol{E}$、磁感应强度 $\boldsymbol{B}$ 的变换关系.

*18.7 广义相对论简介 引力波

18.7.1 广义相对论的基本原理

广义相对论也有两条基本原理:一为等效原理,二为广义相对性原理.

1. 等效原理

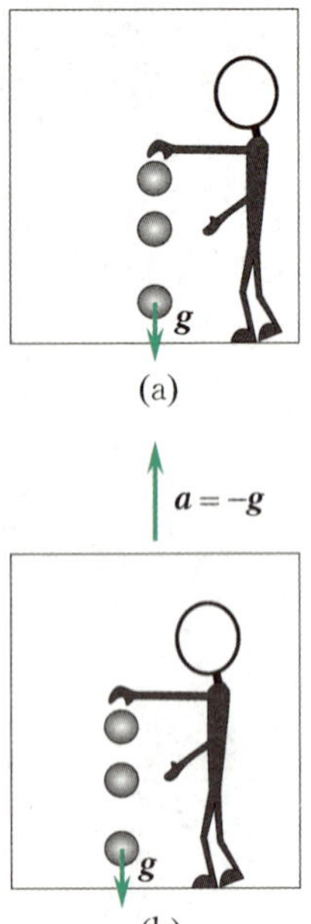

图 18.10 等效原理

在一个密闭的升降机内,观察者做自由落体实验.图 18.10(a) 中,升降机在引力场中静止,图 18.10(b) 则表示在无引力场的空间中,升降机以 $\boldsymbol{a}=-\boldsymbol{g}$ 的加速度运动.观察者将手中的物体释放,物体做自由落体运动.显然,如果不知道升降机外的情况,单凭经验,他不能判断自己所在的参考系究竟是有引力作用的惯性系,还是并无引力作用而只是相对于某个惯性系以加速度 $-\boldsymbol{g}$ 上升(此时小球相对于升降机以加速度 $\boldsymbol{g}$ 下落)的非惯性系.在这两种情形下,他测得物体释放后自由下落的加速度都是 $\boldsymbol{g}$,这表明物体在引力场中的运动等效于物体在非惯性系中的运动,或者说引力场与惯性力场等效.**受均匀恒定引力场影响的惯性系中所发生的一切物理现象,和一个不受引力场影响,但以恒定的加速度运动的非惯性系内发生的物理现象完全相同.**这就是我们通常所说的**等效原理**.由于我们日常所处空间各点处引力的作用不等,因此引力场与惯性力场只是在局部的小区域内等效.

2. 广义相对性原理

根据等效原理,物体在无引力的非惯性系中的运动等效于它在存在引力的惯性系中的运动,惯性系与非惯性系没有原则的区别,它们都可同样地描述物体的运动,没有哪个更优越.爱因斯坦将狭义相对性原理推广为广义相对性原理:**物理定律在非惯性系中可以和局部惯性系中完全相同,但在局部惯性系中要有引力场存在,或者说,所有非惯性系和引力场中的惯性系对于描述物理现象是等价的.**这就是**广义相对性原理.**

18.7.2 引力场和弯曲时空

由于惯性力和引力等效,广义相对论实质上是关于引力场的理论.在广义相对论中,引力的唯一效果即引起了背景时空的弯曲.

欧几里得几何阐述的是平直空间的几何性质,如两点之间直线段最短.而弯曲空间的几何性质则完全不同,如在球面上,连接两点间的最短路径不可能是直线段,而是过此两点的大圆弧,三角形内角之和大于 180°,等等.不同的弯曲空间,几何性质也有所不同.

设想一个时空区域内有两个圆盘 K 和 K′.对于圆盘 K,不存在引力场,圆盘 K 就是惯性系,其中狭义相对论成立.另一个圆盘 K′ 与圆盘 K 周边恰能重合,圆盘 K′ 绕垂直于盘面且过盘心的轴以角速度 ω 旋转,构成一非惯性系.圆盘 K′ 上静止的观察者感受到一沿径向向外的力,并认为这是一种引力效应,引力大小为 $f_{引}=m\omega^2 r$,其中 r 是质量为 m 的受力物体与轴的距离.现有两个结构完全相同的钟,A 钟放在圆盘 K′ 的中心,B 钟放在圆盘 K′ 的边缘.圆盘 K 上静止的观察者看到 B 钟因与圆盘 K′ 一起运动而比 A 钟慢.快慢程度与钟的所在位置有关,r 越大,速度越大,钟就越慢.可见,引力场影响时间性质.下面通过比较圆盘 K′ 及圆盘 K 上静止的观察者测量各自圆盘的半径及周长的结果,来考察圆盘 K′ 的空间性质.设观察者在圆盘K上测得圆盘K的周长为C，在圆盘K′上测得圆盘K′的周长为C'. 由于沿圆盘K′周边放置的尺缩短，因此用它测得的C'必然大于用静尺测同样的周长所得的长度C，即$C'>C$. 在圆盘K′上测量，因尺子沿半径放置无缩短，故测得的圆盘半径为R'，与在圆盘K上测半径得到的R数值相等. 圆盘K中空间平直，$\frac{C}{R}=2\pi$. 在圆盘K′中，或者说在引力场中，$\frac{C'}{R'}=\frac{C'}{R}>2\pi$，欧几里得几何不再成立，空间不再平直，空间变弯曲了.

设某一正在加速上升的飞船内一束光线从飞船的一侧垂直于船壁射向另一侧，由于飞船在加速，因此光线在每段时间间隔里经过的距离随时间而增加. 在飞船内观察时，光是沿抛物线传播的，如图18.11所示. 按照等效原理，我们无法把一个正在加速飞行的飞船舱和一个在引力场中匀速运动的飞船舱区别开来. 因此，光像任何实体物质一样，当它经过大质量的物体的引力场时，将沿曲线行进. 根据爱因斯坦的推想，如果引力和加速度精确等效，则引力就必然使光线弯曲，弯曲的准确数值可以计算出来. 这个结论并不完全出人意料，因为把光看成微粒流的牛顿理论也认为光束会因引力而发生偏折. 但爱因斯坦理论中预言的光线偏折，在数值上正好两倍于牛顿理论计算的值.

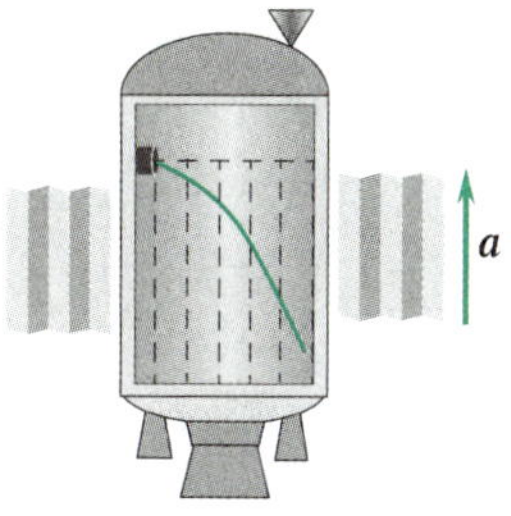

图18.11　光线在引力场中的弯曲

按照广义相对论，引力效应可看成背景时空发生了弯曲，物体在引力场中的运动就是物体在弯曲的背景时空上的运动. 爱因斯坦认为是物质使它附近的时空由平直变为弯曲，而物质的分布及运动影响弯曲时空的几何形态. 为了形象地描绘出爱因斯坦的思想，省去引力概念，而代之以空间的弯曲. 想象在一张紧的橡皮膜上放置一个球，球会使其附近的膜凹陷，而远处仍得以平直. 图18.12画出了一个平展的二维空间，图18.13画出了球形天体放入该二维空间时的情形，此时空间中产生了一个坑. 在这个畸变的二维空间上，两点之间的距离(沿弯曲曲面两点之间的距离)比它们之间的直线距离要长些，由于光速不变，光从球形天体附近空间经过时用的时间自然要长些. 对于某些天体，如中子星、白矮星，由于它们的密度很大，引力场很强，因此它们附近的空间就弯曲得很厉害.

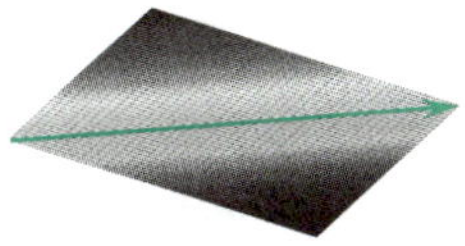

图18.12　平展的二维空间

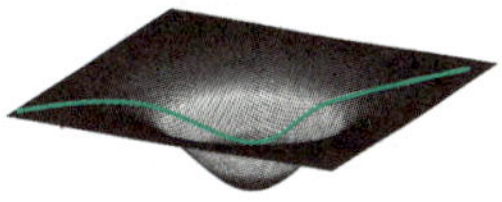

图18.13　弯曲的二维空间

18.7.3　广义相对论的实验验证

爱因斯坦在建立广义相对论时，提出了3个之后很快得到验证的预言：引力红移、光线偏折、水星近日点进动. 验证实验后来又增加了雷达回波的时间延迟和引力波的探测.

1. 引力红移

广义相对论证明引力势能低的地方固有时间流逝速度慢，也就是说，离天体越近，时间越慢. 这样，天体表面原子发出的光的周期变长. 宇宙中有一类恒星，体积很小，质量却很大，称为矮星. 矮星表面的引力很强，其表面物体的引力势能比地球表面低很多，故那里的时间进程要慢很多. 矮星表面原子发光的频率比同种原子在地球上发光的频率低，看起来偏红(红光的频率小，故把频率变小称为偏红，并不是真的变成红色)，这个现象称为**引力红移**. 20世纪60年代初，人们在地球引力场中利用γ射线无反冲核共振吸收效应测量了光垂直传播22.5 m产生的红移，结果与相对论预言一致.

2. 光线在引力场中弯曲

可见光在太阳附近的偏折，只有在日全食时才能被观察到，如图18.14所示. 天文学家对此进行的首次观察是1919年在巴西进行的，测量结果显示，星体视位置

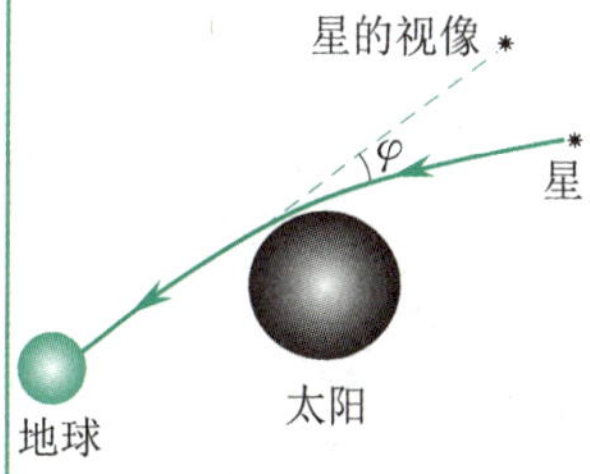

图18.14　光在太阳引力场中弯曲

偏离了它的真实位置，偏离角为$1.5'' \sim 2.0''$. 更加可靠的数据则是来源于射电天文学家利用脉冲星或射电源进行的测量. 1975 年，天文学家对射电源 0116＋08 进行了观测，观测得到的无线电波偏转角为 $1.761'' \pm 0.016''$，这与广义相对论的理论预言值 $1.75''$ 符合得非常好.

3. 水星近日点的进动

水星是离太阳最近的一颗行星，不考虑其他行星的引力作用，按照经典力学很容易求出，在太阳的引力场作用下，水星的轨道是一固定的椭圆. 其近日点与远日点的连线在空间的方向是确定不变的. 1859 年，法国天文学家勒威耶根据多次观测发现，水星绕太阳的轨道并不是固定不变的，而是每转一周，椭圆轨道的长轴便会向东偏过一点. 这就是所谓的“水星近日点的进动”，如图 18.15 所示. 他的这一发现引起了众多天文学家的注意，很多人对这一问题进行了研究和修正. 进一步的测量表明，水星近日点进动的观测值与理论计算值之差为每世纪 $43''$，于是有人怀疑万有引力定律是否普遍适用. 水星近日点的进动长期得不到圆满的解释，直至 1915 年，爱因斯坦根据他创立的广义相对论对水星近日点的进动进行了计算. 他的计算值与按照万有引力定律计算得到的值之差为每世纪 $43.03''$. 这个值与观测值十分接近，从而成功地解释了水星近日点的反常进动.

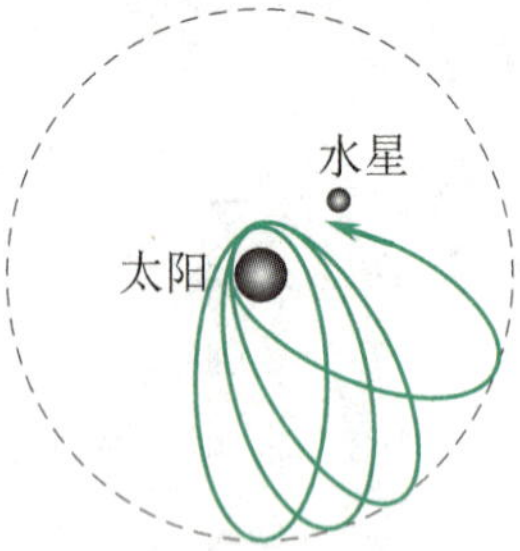

图 18.15　水星近日点的进动

4. 雷达回波延迟效应

雷达波是一种电磁波，它与光一样经过太阳附近时会发生弯曲. 从地球上向某一行星发射一束雷达波，雷达波到达行星表面后被反射回地球，测出来回一次所需的时间，将雷达波经由太阳附近传播的来回时间与远离太阳附近传播的来回时间相比较，就可以得到雷达回波延迟的时间，称为**雷达回波延迟**. 在 20 世纪 70 年代前后，雷达回波的延迟已被一系列实验所证实. 夏皮罗领导的小组先后对水星、金星进行了雷达回波延迟实验. 1968 年，他们对水星测得的雷达回波延迟实验观察值与理论值之比为(0.9 ± 0.02)；1971 年，他们对金星测得的雷达回波延迟实验观察值与理论值之比为(1.02 ± 0.05). 1977 年，安德森等人对“水手”Ⅵ，Ⅶ 号人造卫星测得的雷达回波延迟实验观察值与理论值之比为(1.00 ± 0.04). 可见，理论值与实验观测值符合得相当好，有力地支持了广义相对论理论.

5. 引力波

广义相对论提出引力带来时空的扭曲，爱因斯坦据此预言加速运动的物体会给宇宙时空带来扰动，形成弯曲时空的涟漪，并以波的形式从波源向外传播，即以引力辐射的形式传输能量. 图 18.16 是宇宙中双星体系相互围绕旋转形成引力波的示意图. 引力波既然携带能量，则应是可测量的，但由于其强度较弱，且物质对它的吸收率极低，因此直接探测引力波极为困难. 天文学家很长一段时间主要通过观测双星轨道参数的变化来间接验证引力波的存在.

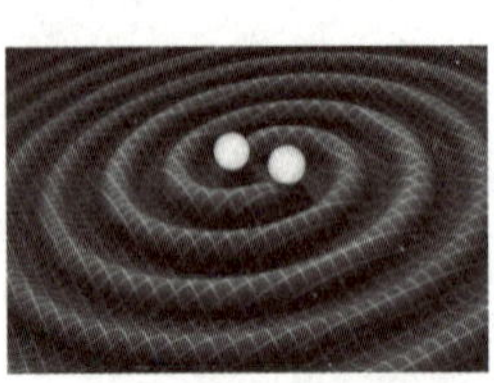
图 18.16　双星运动产生引力波

最近这一领域的研究取得了突破性进展，2016 年 2 月 11 日，物理学家宣布人类首次直接探测到引力波. 在这次探测中，美国的 LIGO 合作研究团队利用位于美国华盛顿的汉福德和路易斯安那州的利文斯顿的两台引力波探测器成功接收到双黑洞系统合并过程（见图 18.17(a) 和(b)）中形成的引力波信号. 这一约 13 亿年前发生的合并过程中约有 3 个太阳质量湮没的能量随引力波辐射出去（见图 18.17(c)），穿过物质、恒星到达地球，使得地球像“果冻”一样发生颤动. 这一时空的波动造成地球上各点相对位置的变动只有10^{-21} 的数量级，因此需要极其精密的测量仪器才能测出这一微小变动. LIGO 的引力波探测器利用迈克耳孙干涉仪原理，是目前世界上测量最精准的装置，它通过测量两条激光束相遇时所形成的干涉图样的变化来探测引力波. 这些图样依赖于激光束的传播距离，当引力波穿过时激光束的传播距离会相应变化. 对于一个臂长为 4 km 的探测器，上述引力波引起的臂长变化仅为 10^{-18} m，相当于质子直径的千分之一. 图 18.18 就是 LIGO 探测器探测到的引力波信号.

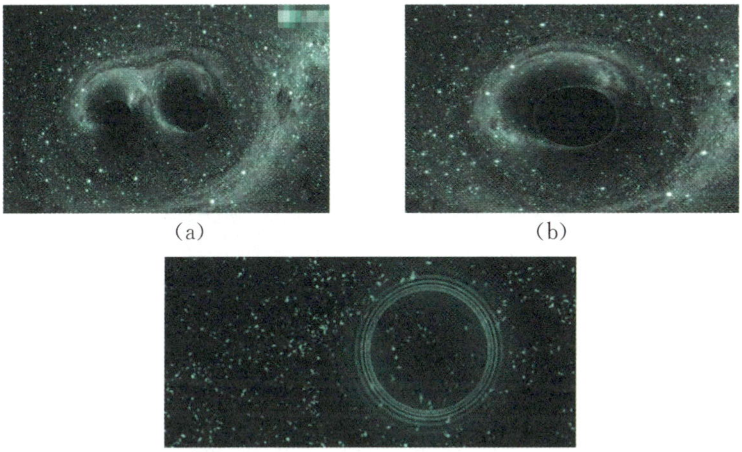

(a) (b) (c)

图 18.17 LIGO 研究团队双黑洞合并形成引力波过程的计算机模拟图

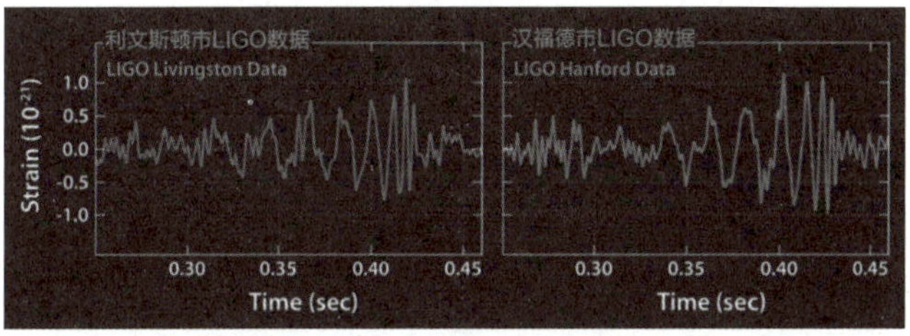

图 18.18 LIGO 引力波探测器探测到的引力波信号

这样，爱因斯坦在广义相对论中关于时空弯曲、水星的绕日进动、引力波等预言都被逐一证实了，但引力波带来的认知革命绝不止步于此. 引力波为我们打开了除电磁辐射、粒子射线之外的一个全新的窗口，我们从未能够以这样的方式观察宇宙. 在引力波这个窗口中，我们不再是以电磁场、物质粒子作为观察宇宙的手段，我们感受的是时空本身的颤动！这一发现开启了引力波天文学的新纪元，具有开创意义，为引力波在其他领域的探索和应用提供了可能，比如探索宇宙的起源、引力波通信等.

我国科学家在引力波领域的研究同样成果丰硕. 牛顿认为万有引力是超距作用，不需要传播时间，爱因斯坦则认为引力传播需要时间，具有传播速度. 因此科学界一直期望通过实验测量引力场的传播速度，这一难题最终被我国科学家攻克. 中国科学院地质与地球物理研究所的汤克云研究员领衔中国地震局和中国科学院有关科研人员组成的科学团组，在实施多次日食期间的固体潮观测后，发现现行地球固体潮公式实际上暗含着引力场以光速传播的假定，从而提出用固体潮测量引力传播速度的方法，最终获得全球“引力场以光速传播”的第一个观测证据. 同时，我国也将开启引力波的探测计划. 比如中山大学前校长、中国科学院院士罗俊提出了“天琴计划”，该计划将以探测双白矮星系统的引力波作为阶段性目标. 还有诸如“阿里计划”“太极计划”等也在进行中.

本章小结

1. 狭义相对论的两个基本假设

（1）相对性原理：一切惯性系中，物理规律遵循相同的形式.

（2）光速不变原理：一切惯性系中，光在真空中沿任意方向的传播速度都为 c.

2. 狭义相对论的时空观

（1）本征时最短：

$$\Delta t=\frac{\Delta t'}{\sqrt{1-\frac{v^2}{c^2}}}.$$

（2）本征长度最长：

$$\Delta l=\Delta l'\sqrt{1-\frac{v^2}{c^2}}.$$

3. 洛伦兹变换和相对论速度变换

（1）洛伦兹变换：

$$\begin{cases} x'=\dfrac{x-vt}{\sqrt{1-\frac{v^2}{c^2}}}, \\ y'=y, \\ z'=z, \\ t'=\dfrac{t-\frac{v}{c^2}x}{\sqrt{1-\frac{v^2}{c^2}}}. \end{cases}$$

（2）相对论速度变换：

$$\begin{cases} u'_x=\dfrac{u_x-v}{1-\frac{u_xv}{c^2}}, \\ u'_y=\dfrac{\sqrt{1-\frac{v^2}{c^2}}\,u_y}{1-\frac{u_xv}{c^2}}, \\ u'_z=\dfrac{\sqrt{1-\frac{v^2}{c^2}}\,u_z}{1-\frac{u_xv}{c^2}}. \end{cases}$$

4. 狭义相对论的质速关系

$$m=\frac{m_0}{\sqrt{1-\frac{u^2}{c^2}}}.$$

5. 狭义相对论的动量和能量

（1）相对论动量：

$$\boldsymbol{p}=\frac{m_0\boldsymbol{u}}{\sqrt{1-\frac{u^2}{c^2}}}.$$

（2）相对论动能：

$$E_{\mathrm{k}}=mc^2-m_0c^2.$$

（3）相对论能量-动量关系：

$$E^2=p^2c^2+m_0^2c^4.$$

拓展与探究

18.1 考虑狭义相对论效应时，波的多普勒效应与经典情形有何差异？讨论它在宇宙大爆炸理论、测速、雷达探测、医疗等领域的应用.

18.2 我国的北斗卫星导航系统于2004年开始建设，实现了区域有源定位；2012 年覆盖亚太地区，实现区域无源定位；2020 年覆盖全球，实现全球无源定位. 这个系统为我国的国民经济建设提供了重要保障. 试讨论相对论效应在北斗卫星导航系统中的应用.

18.3 “超距作用”一度是物理学中的主流观点. 在本章质速关系的阐述中，动量守恒定律仍是一个成立的基本规律. 如果将带电粒子的分裂过程看作是两个相同带电粒子在库仑力作用下分离的过程，两带电粒子还满足动量守恒吗？对系统动量守恒表达式做洛伦兹变换，结合同时性的概念，我们会得到什么差异？试解释之，并对“超距作用”做出新的理解.

18.4 一个短寿命的粒子，我们有办法延长它的寿命吗？

18.5 根据相对论效应，探讨引力驱动概念.

习题 18

18.1 地球虽有自转，但仍可看成一较好的惯性系，设在地球赤道和地球某一极（如南极）上分别放置两个性质完全相同的钟，且这两只钟从地球诞生的那一天便存在。如果地球从形成到现在是 50 亿年，请问那两只钟指示的时间差是多少？

18.2 在 S 系中观察一根直杆，其静止长度为 l，与 x 轴的夹角为 θ，S′ 系沿 S 系的 x 轴正向以速度 v 运动，问 S′ 系中观察到直杆与 x' 轴的夹角是多少？

18.3 在惯性系 S 中同一地点发生的两个事件 A 和 B，事件 B 比事件 A 晚 4 s。在另一惯性系 S′ 中观察，事件 B 比事件 A 晚 5 s 发生，求 S′ 系中 A 和 B 两个事件的空间距离。

18.4 静止时边长为 a 的正方体，当它以速率 u 沿与它的一个边平行的方向相对于 S′ 系运动时，在 S′ 系中测得它的体积将是多大？

18.5 一个"光钟"由两个相距为 L_0 的平面镜 A 和 B 构成，对于相对该光钟静止的参考系来说，一次"滴答"的时间是光从镜面 A 到镜面 B 再回到原处的时间，其值为 $\tau_0 = \dfrac{2L_0}{c}$。若将该光钟横放在一个以速度 $\boldsymbol{v}$ 行驶的火车上，并使两镜面都与 $\boldsymbol{v}$ 垂直，两镜面中心的连线与 $\boldsymbol{v}$ 平行，在铁轨参考系中观察，火车上光钟的一次"滴答"τ 与 τ_0 的关系怎样？

18.6 S 系中观察到两个事件同时发生在 x 轴上，其间距为 1 m，S′ 系中观察到这两个事件的空间距离是 2 m，求 S′ 系中这两个事件的时间间隔。

18.7 一短跑运动员在地球上以 10 s 的时间跑完了 100 m 的距离，在对地飞行速度为 $0.8c$ 的飞船上观察，结果如何？

18.8 天津和北京相距 120 km。某日上午 9 时整，北京有一工厂因过载而断电。同日 9 时 0 分 0.000 3 s，天津有一自行车与卡车相撞。试求在以 $0.8c$ 的速率沿北京到天津方向飞行的飞船中观察到的这两个事件之间的时间间隔。哪个事件发生在前？

18.9 已知 S′ 系以 $0.8\,c$ 的速度沿 S 系 x 轴正向运动，在 S 系中测得两个事件的时空坐标分别为 $x_1 = 20$ m，$t_1 = 4$ s，$x_2 = 40$ m，$t_2 = 8$ s。求 S′ 系中测得的这两个事件的时间和空间间隔。

18.10 一飞船和彗星相对于地面分别以 $0.6c$ 和 $0.8c$ 的速度相向运动，在地面上观察，5 s 后两者将相撞，问在飞船上观察，两者将经历多长时间间隔后相撞？

18.11 一艘装有无线电发射和接收装置的飞船，正以 $\dfrac{4}{5}c$ 的速度飞离地球。当宇航员发射一无线电信号后，信号经地球反射，60 s 后宇航员才接收到返回信号。

(1) 在地球反射信号的时刻，从飞船上测得地球离飞船多远？

(2) 在飞船接收到反射信号的时候，地球测得飞船离地球有多远？

18.12 在太阳参考系中观察，一束星光垂直射向地面，速率为 c，而地球以速率 u 垂直于光线运动。求在地面上测量时，这束星光的速度大小与方向。

18.13 设 S′ 系相对于 S 系以速率 v 沿 x 轴正向运动。一光源在 S′ 系中的原点 O' 处发出一光线，其传播方向在 $O'x'y'$ 平面内并与 x' 轴的夹角为 θ'，试求 S 系中该光线的传播方向，并证明在 S 系中该光线的速率仍是 c。

18.14 一粒子动能等于其非相对论动能的 2 倍时，其速度为多少？其动量是按非相对论算时的 2 倍时，其速度又为多少？

18.15 在北京正负电子对撞机中，电子可以被加速到 2.8×10^9 eV。

(1) 这种电子的速率和光速相差多少？

(2) 这样的电子动量为多大？

(3) 这种电子在周长为 240 m 的存储环内绕行时，它受的向心力多大？需要多大的偏转磁场？

18.16 某快速运动的粒子，其动能为 4.8×10^{-16} J，该粒子静止时的总能量为 1.6×10^{-17} J，若该粒子的固有寿命为 2.6×10^{-6} s，求其能通过的距离。

18.17 质子的静质量为 $m_{\rm p} = 1.672\,65\times10^{-27}$ kg，中子的静质量为 $m_{\rm n} = 1.674\,95\times10^{-27}$ kg，一个质子和一个中子结合成的氘核的静质量为 $m_{\rm D} = 3.343\,65\times10^{-27}$ kg。问结合过程中放出的能量是多少 MeV？该能量称为氘核的结合能，它是氘核静能量的

百分之几？

18.18 试证相对论能量和速度满足如下关系式：

$$\frac{v}{c}=\sqrt{1-\frac{E_0^2}{E^2}}.$$

18.19 用相对论动量-能量变换式证明 $E^2-c^2p^2$ 是一不变量，即在S系和S′系中此式的数值相等（$E^2-c^2p^2=E'^2-c^2p'^2$）.

***18.20** 法国物理学家菲佐第一个准确测量了光速，在著名的菲佐实验中，他测得在实验室参考系中，光通过流水的传播速度为 $v=\frac{c}{n}+kV$，式中 V 是水在实验室参考系中的流速，$n=1.33$ 是水的折射率，k 是阻尼系数，实验测得 $k=0.44$. 试利用相对论速度变换关系计算 k 的理论值.

***18.21** 切连科夫辐射指的是当介质中的带电粒子的运动速度超过介质中光的传播速度时，发出的以短波为主的具有蓝色辉光的电磁辐射. 这种辐射由苏联科学家切连科夫发现，他因此获得了1958年的诺贝尔物理学奖. 一个电子要在折射率为1.52的玻璃中产生切连科夫辐射，该电子最小要以多大的动能运动？

***18.22** 瑞士日内瓦的欧洲核子研究组织汇聚众多物理学家和工程师，建造了世界上最大的粒子加速器 Large Hadron Collider(LHC). 这一加速器可以在直径为27 km的环形隧道内将质子加速至7 TeV. 那么，此时质子的运动质量约为其静质量的多少倍呢？

第19章

量子物理学基础

图片是48个Fe原子在Cu的表面排列成直径为14.3 nm的圆圈而形成的一个“量子围栏”，围栏内的“波纹”是怎么形成的？

虽然量子力学似乎高深莫测，但我们却时刻都在应用其发展成果.各种电器设施(包括家用电器、手机、电脑)中都有的“芯片”，光通信中的光电器件，甚至植物的光合作用，无一不与量子力学有关.若量子信息技术形成突破，通信与“人工智能”将再上台阶.

量子概念是普朗克在研究黑体辐射问题时提出的.1900年，为解释黑体辐射的实验规律，普朗克假设黑体是由能量取值不能连续变化的带电谐振子构成的，电磁辐射与黑体相互作用时所交换的能量不能连续变化，引入量子化概念.爱因斯坦进一步提出光量子理论，揭示出光的“波粒二象性”.德布罗意更进一步认为所有粒子都有波粒二象性.粒子的波是一种概率波，存在不确定关系.薛定谔引入波函数描述粒子的波动性，发现了波函数所满足的数学方程——薛定谔方程，该方程是量子力学的基本方程，本章利用该方程研究了一维势阱、势垒、氢原子等典型问题.本章最后介绍了原子核外电子的壳层结构.

本章目标

1. 应用能量子、光子、波粒二象性等概念和理论，分析与解释黑体辐射、光电效应、康普顿散射等.
2. 计算氢原子能级跃迁所发出的光谱线波长与频率.
3. 利用波粒二象性、波函数、概率波与不确定关系描述微观粒子的运动状态等.
4. 建立微观粒子的薛定谔方程，用其处理一维势阱和势垒等典型问题.
5. 用4个量子数描述原子核外电子的运动状态，分析多电子原子核外电子的排布与壳层结构.

19.1 热辐射 普朗克能量子假说

19.1.1 热辐射

日常生活的印象中，很多物体似乎不能发出电磁辐射，如石头；有的物体在一定条件下能发出电磁辐射，如通电之后的灯泡. 然而，物理学的实验测量与理论研究发现，石头和不通电的灯泡也能发出电磁辐射，只是其电磁辐射主要为不可见光，人眼看不见而已，但实验仪器能“看到”. 进一步的研究发现，这种现象有普遍性，即任何物体在任何温度下都要向外辐射各种波长的电磁波，这种辐射称为**热辐射**(heat radiation). 以铁为例，低温时，其热辐射以不可见的红外光为主，温度升高时，短波长电磁辐射逐渐加强，约500 ℃ 时有暗红色可见光出现，在1 500 ℃ 左右开始发出白光，温度进一步升高时，其颜色由白变蓝. 由此可见，热辐射与温度密切相关. 同一物体在不同温度下的热辐射能量不同，其热辐射能量按波长的分布也不同. 为了定量研究这种分布，我们引入单色辐出度的概念.

单色辐出度(monochromatic radiant exitance) 定义为单位时间内从物体表面单位面积上辐射出的波长在 λ 附近单位波长间隔内的电磁波能量，用 $M_\lambda(T)$ 表示，亦称为**单色辐射本领**，其单位符号为 W/m^3. 对于一个确定的物体，$M_\lambda(T)$ 是温度 T 和波长 λ 的函数.

单位时间内从物体表面单位面积上所辐射出的各种波长的电磁波能量之和，称为物体的**辐出度**(radiant exitance)，亦称**辐射本领**. 显然，对于给定的一个物体，辐出度只是其温度的函数，常用 $M(T)$ 表示，其单位符号为 W/m^2. 温度一定时，物体的辐出度与单色辐出度的关系为

$$M(T) = \int_0^\infty M_\lambda(T)\mathrm{d}\lambda. \tag{19.1}$$

实验表明，在相同温度下，不同物体的 $M_\lambda(T)$ 是不同的，相应的 $M(T)$ 也有所不同.

一定温度下的物体不仅向周围辐射电磁波，同时也吸收外来的电磁波，辐射本领大的物体，其吸收本领也大. 设想有一抽成真空的系统，系统内有多个物体，且彼此之间隔有一定的距离. 实验表明，不管初始情况如何，经过一定的时间后，系统将达到热平衡，各物体的温度相同并维持不变. 因系统已抽成真空，故系统内各物体之间不可能通过传热交换能量，只能通过辐射途径交换能量来维持热平衡，因而辐射本领大的物体，其吸收本领必然也大，反之亦然.

一般物体对外来电磁波只是部分吸收，其吸收本领除了和温度有关外，还和物体的结构及表面情况有关，并且表现出对波长的选择性吸收(对不同波长的电磁波的吸收情况一般不同). 能全部吸收各种外来电磁波的物体称为绝对黑体，简称**黑体**(black body). 显然，黑体只是一

种理想模型，是对实际情况的一种近似，但自然界中有许多物体的行为接近黑体. 如用不透明材料做成一空腔，在腔壁上开一小孔，如图 19.1 所示. 射入小孔的电磁波在空腔内壁被多次反射，每反射一次都有一部分能量被空腔内壁吸收，最后由小孔射出的能量接近于零. 这种空腔上的小孔就可近似看成一黑体，当空腔温度为 T 时，从小孔射出的电磁辐射就相当于面积等于小孔面积的黑体在温度为 T 时的辐射. 由于黑体辐射在热辐射中占有十分特殊的地位，并具有重要的理论与实际应用价值，因此我们在研究热辐射时应特别注意对黑体的辐射情况进行研究.

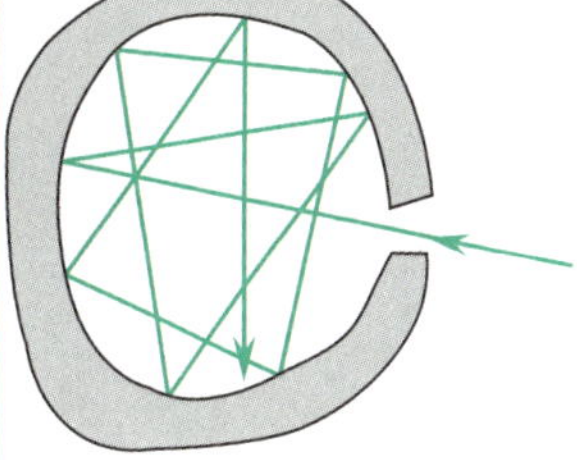

图 19.1 黑体

思考

1. 人体也向外发出热辐射，为什么我们在黑暗中还是看不见人？
2. 电磁波进入图 19.1 中的小孔后，在空腔内壁被多次反射，设每次反射被吸收的能量为 10%，试测算经 100 次反射后，电磁波的能量还剩多少？

19.1.2 黑体辐射的实验规律 普朗克能量子假说

实验测得黑体的单色辐出度和波长 λ 的关系曲线如图 19.2 所示. 根据实验曲线，可得出有关黑体辐射的两条实验规律.

(1) **维恩位移定律**. 从图 19.2 可以看出，在每一条实验曲线上，$M_\lambda(T)$ 都有一个最大值(峰值)，即最大的单色辐出度. 与这一最大值对应的波长 λ_m，称为峰值波长. 随着温度 T 的升高，λ_m 向短波方向移动. 维恩根据实验数据总结出两者的关系为

$$T\lambda_m = b. \tag{19.2}$$

式(19.2) 称为维恩位移定律，式中 $b = 2.898 \times 10^{-3}\ \text{m} \cdot \text{K}$ 称为维恩常量.

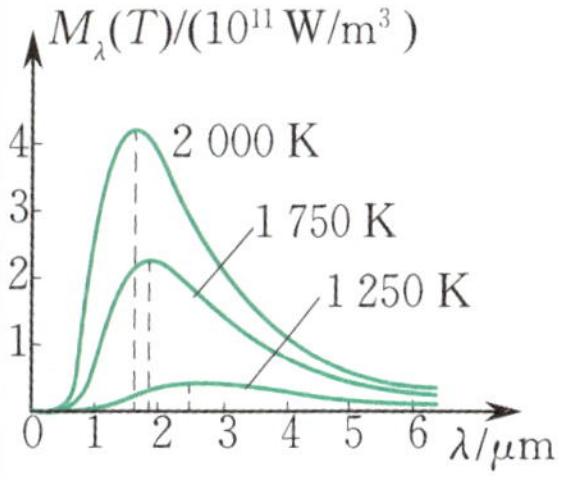

图 19.2 黑体辐射实验曲线

(2) **斯特藩-玻尔兹曼定律**. 图 19.2 中的每一条实验曲线都反映了在相应温度下，黑体的单色辐出度按波长的分布情况. 每一条实验曲线与横轴所包围的面积等于黑体在相应温度下的辐出度，即

$$M(T) = \int_0^\infty M_\lambda(T)\,d\lambda.$$

由图可见，$M(T)$ 随温度的升高而迅速增大. 斯特藩与玻尔兹曼研究归纳出 $M(T)$ 和绝对温度 T 的关系为

$$M(T) = \sigma T^4. \tag{19.3}$$

式(19.3) 称为斯特藩-玻尔兹曼定律，式中 $\sigma = 5.67 \times 10^{-8}\ \text{W/(m}^2 \cdot \text{K}^4)$ 称为斯特藩-玻尔兹曼常量.

斯特藩-玻尔兹曼定律和维恩位移定律反映了黑体辐射的两个基本特征：一是辐射功率随着温度的升高而迅速增加；二是辐射的峰值波长随着温度的升高向短波方向移动. 这两个实验规律在冶金、遥感和红

外测量技术中有十分广泛的应用.

为了找出与实验曲线对应的理论解释，物理学家们做出了不懈的努力，然而，所有在经典物理学范围内进行的种种尝试都不尽人意，其理论预言和实验结果相去甚远. 其中，由维恩及瑞利和金斯所做的两项工作最具代表性.

维恩提出将黑体中的分子或原子看作是带电谐振子[①]，假设黑体辐射能量按波长的分布与理想气体分子按速率的分布类似，他根据热力学理论得出的公式为

$$M_\lambda(T) = C_1\lambda^{-5}e^{\frac{-C_2}{\lambda T}}. \tag{19.4}$$

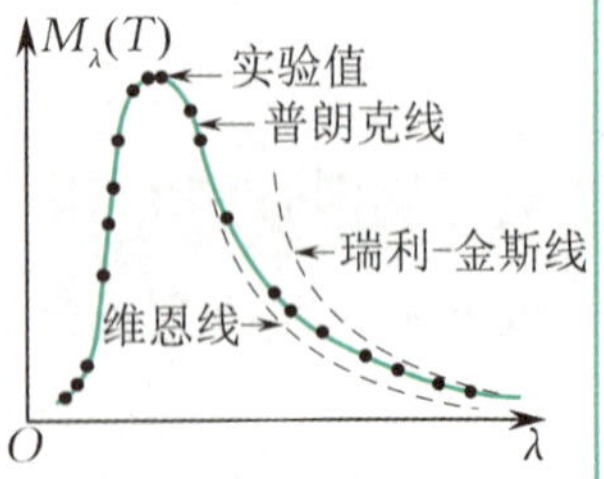

图 19.3　黑体辐射理论公式与实验曲线的比较

式(19.4)称为维恩公式，式中 T 是绝对温度，λ 是波长，C_1，C_2 是两个经验常量，通过与实验数据比较来确定. 这一公式在短波部分与实验曲线符合较好，但在长波部分和实验曲线差异较大，如图 19.3 所示.

瑞利根据能量均分定理，认为黑体中每个谐振子的平均能量都是 kT，结合电磁学理论得到的公式（由金斯略加修正）为

$$M_\lambda(T) = 2\pi c\lambda^{-4}kT. \tag{19.5}$$

式(19.5)称为瑞利-金斯公式，式中 c 是真空中的光速，k 是玻尔兹曼常量. 这一公式给出的结果在长波部分和实验曲线符合得很好，但在短波部分和实验差异巨大，当波长趋近于零时，其差异为无穷大，如图 19.3 所示. 这一经典物理学理论在解释黑体辐射问题上的失败被称为"紫外灾难".

在维恩等人工作的基础上，德国物理学家普朗克对实验曲线做了详细分析与研究，用数学"内插法"找到了与实验曲线对应的数学表达式：

$$M_\lambda(T) = 2\pi hc^2\lambda^{-5}\frac{1}{e^{\frac{hc}{k\lambda T}}-1}, \tag{19.6}$$

式中 c 是真空中的光速，k 是玻尔兹曼常量，$h = 6.63\times10^{-34}$ J·s 称为**普朗克常量**(Planck constant)[②].

式(19.6)与黑体辐射的实验曲线吻合得如此之好，促使普朗克对该式背后蕴含的物理本质进行更深入、仔细地思考. 普朗克发现，为了从理论上导出式(19.6)，必须做出如下假设：

(1) 黑体是由一系列带电谐振子构成的，每个谐振子的能量 E 只能是某最小能量单元 ε（称为**能量子**(quantum of energy)）的整数倍，即

$$E = n\varepsilon \quad (n = 1,2,\cdots). \tag{19.7}$$

对频率为 ν 的谐振子，其最小能量单元为

$$\varepsilon = h\nu. \tag{19.8}$$

(2) 谐振子在一定状态下既不辐射能量，也不吸收能量，只有当其

---

① 做简谐振动的点电荷称为带电谐振子.

② 普朗克常量现已被定义为精确值，$h = 6.626\ 070\ 15\times10^{-34}$ J·s.

状态发生变化时才伴随能量的辐射或吸收，并且每次向外辐射或从外界吸收的能量也只能是最小能量单元 $\varepsilon = h\nu$ 的整数倍.

以能量子假设为基础，普朗克从理论上导出了与实验结果完全吻合的式(19.6).

值得注意的是，能量子假设和经典物理学是格格不入的. 在经典物理学中，谐振子的能量应该连续可变，其吸收或辐射的能量也应连续可变；而能量子假设则认为谐振子的能量及其变化都是不连续的，只能是某最小单元的整数倍. 在两种截然不同的观念面前，许多熟悉和精通经典物理学的物理学家选择了前者，在他们看来，能量子假设仅仅是处理黑体辐射问题的一个有用技巧，在理论上没有什么意义，就连普朗克本人也曾一度发生动摇. 当许多物理学家还在犹疑不决的时候，以爱因斯坦为代表的新一代物理学家勇敢地冲破了经典物理学观念的束缚，在解释光电效应等问题时将普朗克能量子假设往前推进了一大步.

思考

1. 经验丰富的炼钢工人(或砖窑、瓷窑的老窑工)凭眼睛即可判断出炉(或窑)内火候情况，试分析其可能的依据.

2. 科学家"测量"出太阳表面的温度约为 5 700 K，科学家是怎么做到的？

3. 考虑经典的弹簧谐振子，设弹簧的劲度系数为 100 N/m，振子的质量为 100 g，若认为此弹簧谐振子的能量也是量子化的，试计算其能量子的值.

19.2 光的粒子性

19.2.1 光电效应

1. 光电效应的实验规律

光照射到金属表面时，有电子从金属表面逸出的现象称为光电效应(photoelectric effect)，逸出金属表面的电子称为光电子(photoelectron). 光电效应的研究对光本性的认识和量子论的发展产生了非常重要的作用.

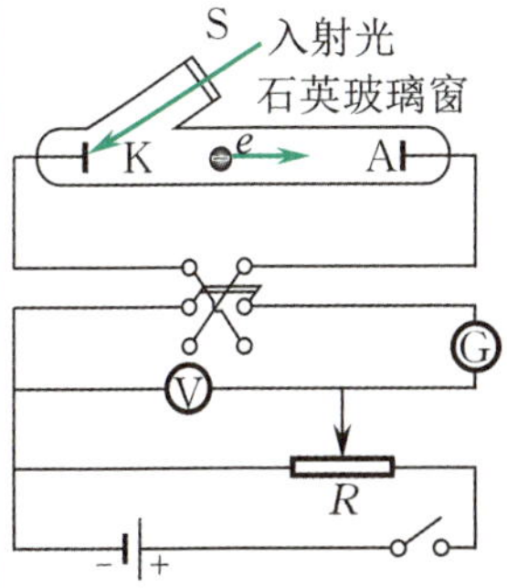

图 19.4 光电效应实验装置示意图

图 19.4 为研究光电效应的实验装置示意图. 当光通过石英窗口照射到真空管内的金属阴极 K 上时，就有光电子从阴极表面逸出，逸出光电子在加速电压 $U = U_A - U_K$ 的作用下向阳极 A 运动，形成光电流. 实验结果归纳如下：

(1) 单位时间内从阴极表面逸出的光电子数和入射光强成正比. 实验发现，当入射光强和频率一定时，光电流 i 和加速电压 U 的关系如图 19.5 所示(图中两条曲线分别对应于入射光强不同而频率相同的两种情况). 由图 19.5 可见，入射光强一定时，光电流随加速电压的增加而增大，当加速电压增加到一定值时，光电流达到某一饱和值 i_m，此时，从阴极表面逸出的光电子全部被阳极捕获. 实验表明，饱和光电流值 i_m 和入射光强成正比，这说明单位时间内从阴极表面逸出的光电子数和入射光强成正比.

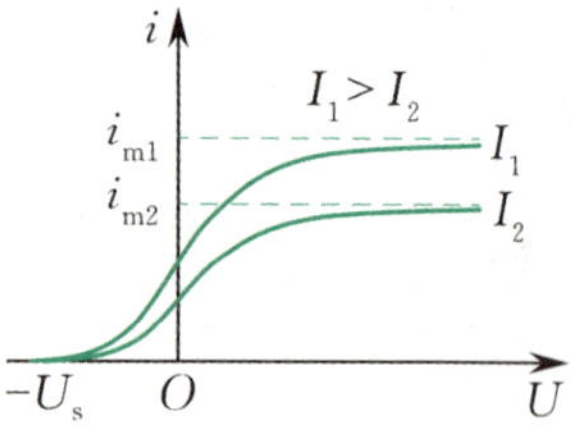

图 19.5 光电流-电压实验曲线（I_1，I_2 均为光强）

(2) 光电效应存在**截止频率**(cutoff frequency)(**红限频率**). 由图 19.5 所示实验曲线可看出，当加速电压逐渐减小至零时，光电流并不随着降至零，只有加上一反向电压且其大小达到某一数值 U_s 时，光电流才等于零. 电压 U_s 称为**截止电压**. 可见，逸出光电子具有初动能，即使加速电压为零，光电子依靠初动能仍可到达阳极形成光电流，而截止电压的存在则说明逸出光电子的初动能有一最大值，当反向电压的数值等于截止电压 U_s 时，初动能最大的光电子也不能克服反向电场的阻碍到达阳极，光电流自然为零. 显然，截止电压和逸出光电子的最大初动能之间满足如下关系：

$$\frac{1}{2}mv_m^2 = eU_s, \tag{19.9}$$

式中 U_s 为截止电压，v_m 为逸出光电子的最大初速度，m 为电子质量，e 为元电荷. 由实验曲线可见，入射光强度不同但频率相同时，对应的截止电压相同，这说明对同一阴极材料而言，截止电压（与逸出光电子的最大初动能对应）与光强无关.

进一步的实验研究发现，截止电压和入射光频率有关，其关系如图 19.6 所示. 由图可见，截止电压和入射光频率呈线性关系，其数学表达式为

$$U_s = K(\nu - \nu_0) \quad (\nu \geqslant \nu_0), \tag{19.10}$$

式中 K 为 U_s-ν 图直线的斜率，因各直线的斜率相同，故 K 是一与金属阴极材料无关的普适常量，ν_0 则是直线与横轴的交点. 将式(19.10)代入式(19.9)得

$$\frac{1}{2}mv_m^2 = Ke(\nu - \nu_0). \tag{19.11}$$

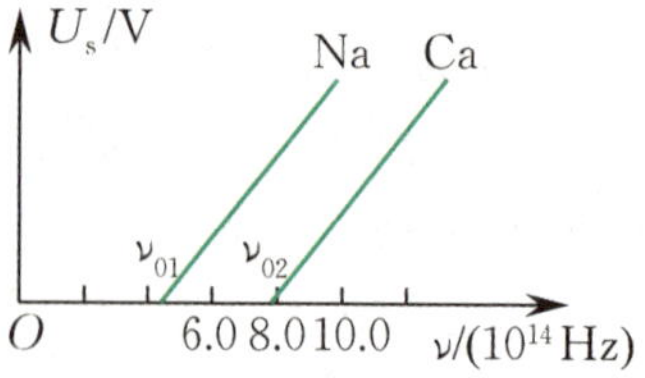

图 19.6 截止电压和频率关系

发生光电效应时，有光电子从金属阴极表面逸出，其初动能 $\frac{1}{2}mv_m^2 \geqslant 0$，由此得 $\nu \geqslant \nu_0$. 可见，ν_0 是产生光电效应的临界频率. 当入射光的频率小于 ν_0 时，不论入射光强度多大都不会产生光电效应，只有当入射光频率大于 ν_0 时，才会有光电效应产生. ν_0 称为截止频率，其对应的波长称为红限波长. 由图 19.6 可知，不同金属材料的截止频率不同.

(3) 光电效应具有“瞬时性”. 实验发现,只要入射光的频率大于截止频率,不论入射光的强度如何,光一照射到金属表面就立即有光电子逸出,其延迟时间不超过 1×10^{-9} s.

2. 光电效应的理论解释 光的粒子性

光电效应所涉及的实际上是光与物质之间的相互作用. 按照经典理论,光入射至金属表面上时,金属中的电子在入射光的交变电磁场中做受迫振动而获得能量,获得的能量大小应与入射光强度(光强度 $I\propto E^2$) 和光照时间有关,不管入射光频率如何,只要光强度足够大或照射时间足够长,金属中的电子总能获得足够的能量逸出金属表面而产生光电效应,可实验结果却迥然不同,经典物理学又一次遇到了无法克服的困难.

为了解释光电效应,在普朗克能量子假说的基础上,爱因斯坦于 1905 年提出辐射射线本身就是由粒子构成的假设. 爱因斯坦认为,黑体辐射中光吸收和发射所表现出来的不连续性是光本性的反映,一束光就是一束以光速运动的粒子流,这种粒子称为**光量子**(light quantum),简称**光子**(photon). 对频率为 ν 的光波而言,其对应光子的能量为

$$\varepsilon=h\nu, \tag{19.12}$$

式中 h 为普朗克常量.

利用爱因斯坦的光量子理论及能量守恒定律,我们可以对光电效应做出如下解释:频率为 ν 的光照射到金属表面上时,金属中的一个电子吸收一个光子的能量而使其动能增加 $h\nu$,动能增大的电子有可能逸出金属表面. 设电子逸出金属表面时克服阻力需做的功为 A(称为**逸出功**),则逸出光电子的最大初动能为

$$\frac{1}{2}mv_{\mathrm{m}}^2=h\nu-A. \tag{19.13}$$

式(19.13) 称为爱因斯坦**光电效应方程**,式中 $\frac{1}{2}mv_{\mathrm{m}}^2$ 是逸出光电子的最大初动能,即电子从金属表面逸出时所具有的最大初动能.

由式(19.13) 可知,逸出光电子的最大初动能(与截止电压对应) 与光强无关,而与入射光频率呈线性关系. 另外,由式(19.13) 还可看出,只有当入射光子的能量 $h\nu\geqslant A$ 时才能产生光电效应,因此,存在截止频率 ν_0,且有

$$\nu_0=\frac{A}{h}. \tag{19.14}$$

光子的能量是一次性地被电子吸收,这一过程需时极短,因此,光电效应具有瞬时性.

饱和光电流与光强的关系可解释如下:入射光强度大表示单位时间内的入射光子数多,发生光电效应时逸出的光电子数也多,因而饱和光电流也大.

将式(19.14) 代入式(19.13),并与式(19.11) 比较,可得

$$h=eK, \tag{19.15}$$

式中 h 是普朗克常量，K 则是 U_s-ν 直线的斜率，其大小完全可以通过实验来测量. 1916 年，对光量子理论尚存疑虑的美国物理学家密立根重新对光电效应进行了仔细、精确的实验研究，他将实验测得的 K 值代入式(19.15) 并算得普朗克常量为

$$h = 6.57 \times 10^{-34}\ \mathrm{J \cdot s}.$$

这一数值和当时用其他方法测得的结果吻合得很好，成为爱因斯坦光量子理论正确性的有力证明.

光是一种波，在物理学史上，这种认识是在 19 世纪完成的. 进入 20 世纪后，物理学家又认识到光具有粒子性. 可见，光是一种既具有波动性又具有粒子性的客观实在，这种波动性和粒子性并存的性质称为波粒二象性.

光的波动性用其波长和频率来描述，而粒子性则通常用能量、动量来反映. 按照光量子理论，光子的能量为 $\varepsilon = h\nu$，而根据相对论能量-动量关系有 $E^2 = p^2c^2 + m_0^2c^4$. 考虑到光子的静质量为零，可得光子动量为

$$p = \frac{E}{c} = \frac{h\nu}{c} = \frac{h}{\lambda}. \tag{19.16}$$

式(19.12) 和式(19.16) 是描述光的性质的基本关系式，式中的左边是描述粒子性的物理量 —— 能量和动量，而其右边则包含描述波动性的物理量 —— 频率和波长，它们通过普朗克常量定量地联系在一起.

例 19.1 钨的光电效应的红限波长为 $\lambda_0 = 2.74 \times 10^{-5}$ cm.

(1) 求钨电子的逸出功；

(2) 在波长为 $\lambda = 2.00 \times 10^{-5}$ cm 的紫外光照射下，截止电压为多少？

解 (1) $A = h\nu_0 = \dfrac{hc}{\lambda_0} = \dfrac{6.63 \times 10^{-34} \times 3 \times 10^8}{2.74 \times 10^{-7}}\ \mathrm{J} \approx 7.26 \times 10^{-19}\ \mathrm{J}.$

(2) 设截止电压为 U_s，逸出光电子的最大初动能为 $\frac{1}{2}mv_m^2$，则有

$$eU_s = \frac{1}{2}mv_m^2.$$

根据爱因斯坦光电效应方程有

$$\frac{1}{2}mv_m^2 = h\nu - A,$$

联立解得

$$U_s = \frac{h\nu - A}{e} = \frac{hc}{e\lambda} - \frac{A}{e} \approx 1.68\ \mathrm{V}.$$

例 19.2 已知某 X 射线的波长为 $\lambda = 7.1$ nm，求与之对应的光子的能量、动量.

解 由爱因斯坦的光量子理论，光子的能量和动量分别为

$$\varepsilon = h\nu = \frac{hc}{\lambda} \approx 2.8 \times 10^{-17}\ \mathrm{J},$$

$$p = \frac{h}{\lambda} \approx 9.3 \times 10^{-26}\ \mathrm{kg \cdot m/s}.$$

思考

1. 用一定波长的光照射金属表面产生光电效应时，为什么逸出金属表面的光电子的速度大小不同？

2. 普朗克的“能量子”与爱因斯坦的“光量子”有何异同？

19.2.2 康普顿散射

光通过不均匀物质时向空间各个方向散开的现象称为光散射. 1922 年到 1923 年间，美国物理学家康普顿及我国物理学家吴有训研究了 X 射线经石墨、金属等物质的散射现象，其实验装置如图 19.7 所示.

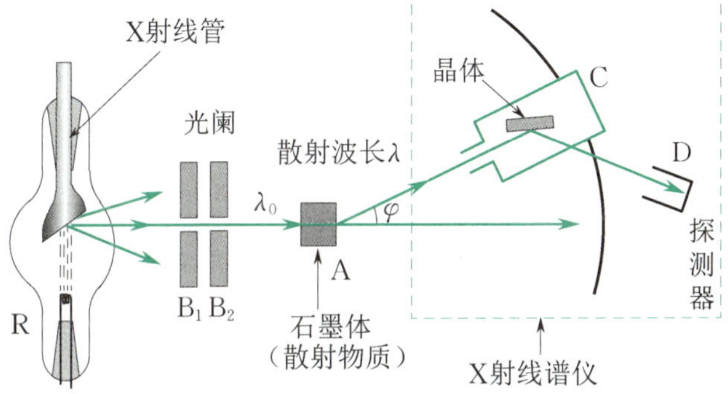

图 19.7 康普顿散射实验简图

图中，R 为 X 射线管，发出 X 射线；A 是石墨（或其他物质），是用来使 X 射线产生散射的物质，称为散射物；B_1，B_2 是两个互相平行的狭缝，用来选择某一方向的 X 射线；晶体 C 和探测器 D 等构成光谱仪，用来测量散射 X 射线的波长. 实验发现，在散射 X 射线中，除了有波长与入射 X 射线波长相同的成分外，还有波长变长的成分，这种波长变长的散射称为**康普顿散射**（Compton scattering）. 实验指出，波长的改变量为

$$\Delta\lambda = \lambda - \lambda_0 = 2\Lambda \sin^2 \frac{\varphi}{2}, \tag{19.17}$$

式中 Λ 称为康普顿波长，其实验值为 2.41×10^{-12} m；φ 为散射方向和入射方向之间的夹角，称为散射角；λ_0 和 λ 分别是入射 X 射线和散射 X 射线（散射角为 φ）的波长. 因 Λ 为一恒量，故 $\Delta\lambda$ 仅随散射角的变化而变化，与散射物质无关. 当散射角增大时，波长的改变量 $\Delta\lambda = \lambda - \lambda_0$ 随之增大（见图 19.8）. 另外，通过实验还发现，相对原子质量大的物质，康普顿散射较弱；相对原子质量小的物质，康普顿散射较强.

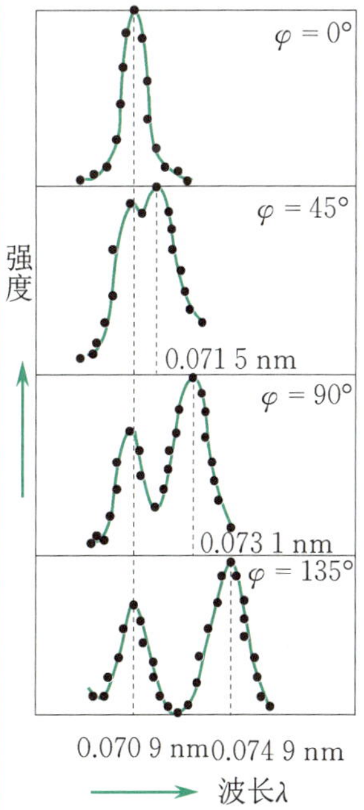

图 19.8 石墨的康普顿散射

康普顿散射只有用光量子理论才能解释. 按光量子理论，X 射线散射是单个光子和散射物质中的单个自由电子相互碰撞的结果. 其分析与计算过程如下.

在石墨等散射物质中，有一部分电子可挣脱原子核的束缚而成为自由电子. 由于这些自由电子的平均热运动动能（通常情况下约 10^{-21} J 数量级）比入射光子的能量（通常约为 10^{-17} J 数量级）小得多，因此在碰

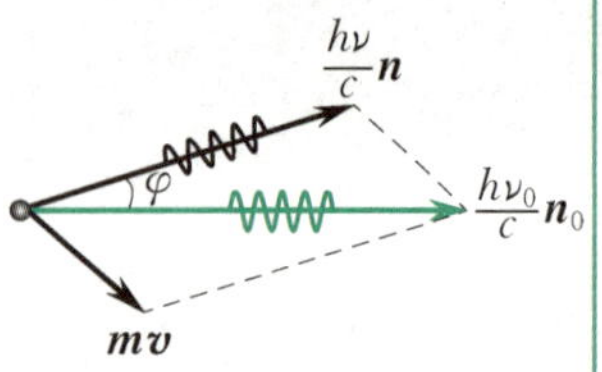

图 19.9 光子与静止自由电子的碰撞

撞之前，散射物质中的自由电子均可看作是静止不动的，其能量为 m_0c^2，动量为零. 设入射光子的能量为 $h\nu_0$，动量为 $\frac{h\nu_0}{c}\boldsymbol{n}_0$（$\boldsymbol{n}_0$ 是入射方向上的单位矢量）；碰撞后，光子的能量为 $h\nu$，动量为 $\frac{h\nu}{c}\boldsymbol{n}$（$\boldsymbol{n}$ 为出射光子运动方向上的单位矢量），$\boldsymbol{n}$ 和 $\boldsymbol{n}_0$ 之间的夹角为 φ，电子的速度为 $\boldsymbol{v}$，动量为 $m\boldsymbol{v}$，能量为 mc^2，如图 19.9 所示. 根据能量和动量守恒定律，有

$$h\nu_0 + m_0c^2 = h\nu + \frac{m_0c^2}{\sqrt{1-\frac{v^2}{c^2}}}, \tag{19.18}$$

$$\frac{h\nu_0}{c}\boldsymbol{n}_0 = \frac{h\nu}{c}\boldsymbol{n} + \frac{m_0}{\sqrt{1-\frac{v^2}{c^2}}}\boldsymbol{v}. \tag{19.19}$$

将式(19.18) 和式(19.19) 分别做移项处理并两边平方，得

$$h^2\nu_0^2 + h^2\nu^2 - 2h^2\nu\nu_0 = \left(\frac{m_0c^2}{\sqrt{1-\frac{v^2}{c^2}}} - m_0c^2\right)^2,$$

$$h^2\nu_0^2 + h^2\nu^2 - 2h^2\nu\nu_0\cos\varphi = \frac{m_0^2c^2v^2}{1-\frac{v^2}{c^2}}.$$

将上两式两边分别相减后整理并结合式(19.18) 得

$$\frac{c}{\nu} - \frac{c}{\nu_0} = \frac{h}{m_0c}(1-\cos\varphi),$$

因 $\frac{c}{\nu} = \lambda$，$\frac{c}{\nu_0} = \lambda_0$，故上式即为

$$\Delta\lambda = \lambda - \lambda_0 = \frac{2h}{m_0c}\sin^2\frac{\varphi}{2}. \tag{19.20}$$

式(19.20) 和式(19.17) 在形式上完全一样. 将两式比较可知，式(19.20) 中的 $\frac{h}{m_0c}$ 应与式(19.17) 中的 Λ 对应，经简单计算得

$$\frac{h}{m_0c} = \frac{6.63\times10^{-34}}{9.106\times10^{-31}\times3\times10^8}\ \mathrm{m} \approx 2.427\times10^{-12}\ \mathrm{m},$$

该结果与实验值吻合得极好，是光量子理论正确性的又一有力证明.

入射光子和散射物质中的自由电子发生碰撞，把一部分能量传给自由电子，导致散射光子的能量减少，频率降低，波长变长，这正是康普顿散射的实质. 当然，在散射物质中，除了束缚较弱的原子的外层电子（它们往往成为自由电子）外，还有被紧紧束缚在原子核周围的内层电子，光子和内层电子碰撞实际上相当于和整个原子碰撞. 由于原子的质量较大，在碰撞过程中，光子的能量几乎没有变化，其频率和波长也维持不变，这就是散射光中还含有波长未变成分的原因. 另外，相对原子质量大的物质，其内层电子多，故其康普顿散射较弱；而相对原子质量小的物质，其内层电子少，因而其康普顿散射较强.

康普顿散射的实验结果与光量子理论给出的解释吻合得非常好，

不仅有力地证明了光量子理论的正确性，而且还证明了单个光子与单个电子之间的相互作用同样严格遵守动量守恒和能量守恒定律.

应该指出，在爱因斯坦的光量子理论中，光子是一个整体，不会分裂，即光子的能量只能被整体吸收，而不是被部分吸收，如此看来，康普顿散射似乎和爱因斯坦的光量子理论矛盾，但其实并非如此. 严格的量子力学分析指出，康普顿散射过程实际分两步，这两步又有两种情况：一种是自由电子先吸收一个入射光子，然后发出一个光子，发出的光子就是散射光子；另一种是自由电子先发出一个光子(散射光子)，然后再吸收一个入射光子. 无论是哪种情况，入射光子都是以一个整体被自由电子完全吸收，而散射出的光子完全是另外一个光子，并非原来的入射光子(光子和经典粒子不一样). 进一步的详细研究发现，虽然整个散射过程的动量与能量都守恒，但在“两步”分过程中，每一步的能量并不守恒，然而，这种“违背”在量子力学中是允许的，此处不再深入讨论.

例 19.3 波长为 $\lambda_0 = 7.08\times10^{-11}$ m 的 X 射线经石墨产生康普顿散射，求 $\varphi=\frac{\pi}{2}$ 方向上的散射 X 射线波长及石墨中电子的反冲动能.

解 由式(19.20)得 $\varphi=\frac{\pi}{2}$ 方向上的散射 X 射线波长为

$$\lambda=\lambda_0+2\Lambda\sin^2\frac{\varphi}{2}\approx7.32\times10^{-11}\ \text{m}.$$

根据能量守恒定律，反冲电子的动能为

$$E_{\text{k}}=h\nu_0-h\nu=hc\left(\frac{1}{\lambda_0}-\frac{1}{\lambda}\right)\approx9.21\times10^{-17}\ \text{J}.$$

思考

1. 推导式(19.20)时，假设散射物质中的电子是“静止不动”和“自由”的，试论证其合理性.
2. 为什么光电效应中不分析动量问题？

19.3 氢原子光谱和玻尔理论

19.3.1 氢原子光谱的实验规律

原子发光是原子的重要现象之一，反映了原子的内部结构及其状态变化. 对原子光谱的研究成为人类探索原子世界的重要手段.

经过长期的实验研究，人们摄得氢原子光谱如图 19.10 所示，并由此总结出如下的实验规律.

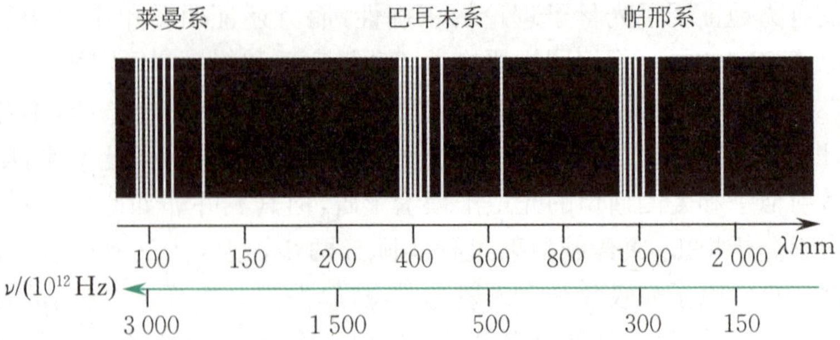

图 19.10　氢原子光谱图

（1）氢原子光谱是一条条分离的谱线，谱线的波数（波长的倒数，以 $\tilde{\nu}$ 表示）不能连续变化；

（2）任意一条谱线的波数都可由下式计算：

$$\tilde{\nu} = R_{\mathrm{H}}\left(\frac{1}{m^2} - \frac{1}{n^2}\right), \tag{19.21}$$

式中 $R_{\mathrm{H}} = 1.096\,776 \times 10^7\ \mathrm{m}^{-1}$，是一实验常量，称为里德伯常量；$m$ 和 n 均为正整数，且 $n > m$. 对给定的 m，当 n 取大于 m 的一切正整数时，式(19.21) 给出一族谱线，称为谱线系. 如 $m = 2$ 时，由所有大于 2 的正整数给出的一族谱线称为巴耳末系（可见光），其余 m 为 1,3,4,5 时所得的谱线系分别称为莱曼系（紫外）、帕邢系（近红外）、布拉开系（中红外）、普丰德系（远红外）等.

19.3.2　氢原子的玻尔理论

为了从理论上解释氢原子光谱的实验规律，我们需要对原子结构有所了解. 早在 1911 年，通过对 α 粒子散射实验的充分研究，卢瑟福(E. Rutherford) 提出了原子结构的核式模型. 卢瑟福认为，原子的全部正电荷和几乎全部质量都集中在中央一个体积很小的范围内，称为原子核，而电子则在原子核外绕核转动. 按经典电磁理论，绕原子核转动的电子将向外辐射电磁波（因转动有加速度），且辐射电磁波的频率应等于电子绕原子核转动的频率. 由于向外辐射能量，电子的能量将逐渐减小，其转动频率亦随着减小. 根据经典物理学，能量减小应是连续的，故电子绕原子核转动的频率及向外辐射的电磁波的频率亦将连续变化，原子光谱应是连续谱. 而实际上，氢原子光谱是分离谱，其频率和波长不能连续变化. 另外，由于向外辐射电磁波，电子能量减小导致其轨道半径减小，最后，电子必将掉到原子核的表面，只剩下原子核. 然而，实际情况并非如此，可见，经典物理学不再适用于原子世界的微观过程.

为了克服经典物理学在氢原子光谱问题上所遇到的困难，丹麦物理学家玻尔(N. Bohr) 以实验事实为基础，借用普朗克能量子假说的思想，建立了氢原子的玻尔理论，成功地解释了氢原子光谱的实验规律. 玻尔理论的主要内容如下.

(1) **定态**(stationary state) 假设. 原子只能具有一系列能量不连续的状态,相应的能量值为 $E_1, E_2, E_3, \cdots$,在这些状态中,原子并不向外辐射能量,这些状态称为定态.

(2) **量子跃迁**(quantum jump) 假设. 只有当原子从一个定态(能量值为 E_n)跃迁至另一个定态(能量值为 E_m)时,才吸收或发出辐射,对应光子的频率 ν 由下式确定:

$$h\nu = |E_n - E_m|, \tag{19.22}$$

式中 h 为普朗克常量.

(3) **轨道角动量量子化** (quantization of orbital angular momentum) 假设. 电子绕原子核运动的轨道角动量 L 等于 $\frac{h}{2\pi}$ 的整数倍,即

$$L = mvr_n = n\frac{h}{2\pi} \quad (n = 1, 2, \cdots), \tag{19.23}$$

式中 m 为电子质量,v 为电子绕原子核运动的线速度,r_n 为电子绕原子核运动的轨道半径,h 为普朗克常量,n 称为量子数. 式(19.23) 称为**量子化条件**.

以上述三大基本假设为基础,玻尔计算了氢原子的定态能量,其过程简述如下:设某定态中,电子绕原子核做圆周运动的轨道半径为 r_n,考虑到向心力由原子核和电子间的静电力提供,有

$$\frac{mv^2}{r_n} = \frac{e^2}{4\pi\varepsilon_0 r_n^2}.$$

利用量子化条件 $L = mvr_n = n\frac{h}{2\pi}$,可得

$$r_n = \frac{\varepsilon_0 h^2}{\pi m e^2} n^2 \quad (n = 1, 2, \cdots), \tag{19.24}$$

对应轨道的定态能量为

$$\begin{aligned} E_n &= \frac{1}{2}mv^2 - \frac{e^2}{4\pi\varepsilon_0 r_n} = -\frac{e^2}{8\pi\varepsilon_0 r_n} \\ &= -\frac{me^4}{8\varepsilon_0^2 h^2} \cdot \frac{1}{n^2} \quad (n = 1, 2, \cdots). \end{aligned} \tag{19.25}$$

式(19.25) 表明,氢原子的能量是量子化的,这种量子化的能量称为能级. $n=1$ 时,$E_1 = -13.58\ \text{eV}$,能量最小,称为基态,n 大于1的其他各态均称为激发态.

根据玻尔的量子跃迁假设,氢原子中的电子从定态 E_n 跃迁至定态 E_m 时,其吸收或放出光子的频率为 $\nu = \frac{|E_n - E_m|}{h}$,将式(19.25) 代入得

$$\nu = \frac{me^4}{8\varepsilon_0^2 h^3}\left|\frac{1}{m^2} - \frac{1}{n^2}\right|,$$

写成波数形式,即

$$\tilde{\nu}=\frac{1}{\lambda}=\frac{\nu}{c}=\frac{me^4}{8\varepsilon_0^2h^3c}\left|\frac{1}{m^2}-\frac{1}{n^2}\right|. \tag{19.26}$$

对比式(19.26)和式(19.21)可得，式(19.26)中的$\frac{me^4}{8\varepsilon_0^2h^3c}$应为里德伯常量，经简单计算有

$$R_{\mathrm{H}}=\frac{me^4}{8\varepsilon_0^2h^3c}=1.097\,373\times10^7\ \mathrm{m}^{-1}.$$

该结果与实验值吻合极好，成为玻尔理论正确性的有力证明. 氢原子能级分布示意图如图 19.11 所示.

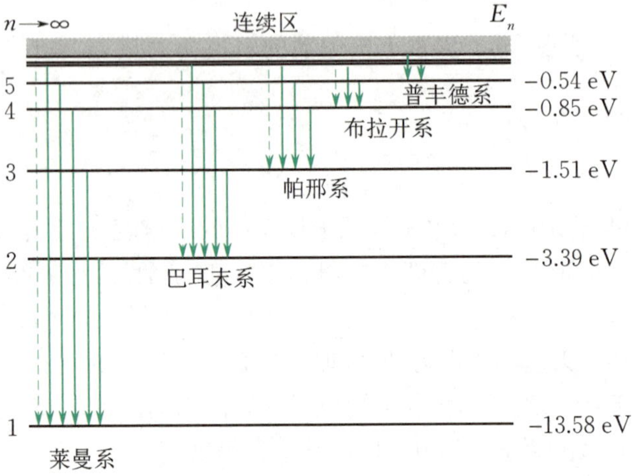

图 19.11　氢原子能级分布示意图

玻尔理论不仅成功地解释了当时已发现的氢原子光谱的实验规律，并对当时尚未发现的氢原子谱线做出准确预言(历史上，氢原子光谱中的莱曼系、布拉开系、普丰德系是由玻尔理论预言(1913 年) 并于1915 ~ 1924 年间被陆续发现的)，而且对类氢离子光谱也能给出很好的说明. 尽管该理论还不能解释谱线强度、偏振和谱线精细结构，甚至对稍微复杂一点的原子(如氦原子) 光谱的解释也无能为力，但仍不失为原子领域内的开拓性理论. 玻尔所提出的定态、量子跃迁以及能量、角动量量子化等概念仍然是现代量子力学中的重要概念，玻尔的工作是人类探索原子世界过程中的重要里程碑.

玻尔理论的缺陷源于未能就微观粒子的运动规律形成统一自洽的认识. 他一方面把微观粒子看作经典力学中的质点，用轨道和坐标描述其运动，用牛顿运动定律进行计算；另一方面，又人为地加上一些与经典物理不相容的量子化条件来限定微观粒子的状态和能量. 因此，玻尔理论是经典理论加上量子化条件的混合物，史称旧量子论.

旧量子论的这些缺点使人们认识到，微观粒子的运动不能用经典物理学来描述，这也促使人们打破传统观念，去寻找描述微观粒子运动的新的理论体系.

思考

1. 试猜测与分析玻尔理论的量子跃迁假设是如何提出的?轨道角动量量子化假设为什么是 $L = mvr_n = n\dfrac{h}{2\pi}$?

2. 式(19.25)给出的显然是电子的能量,为什么又说是原子的能量?

19.4 粒子的波动性

19.4.1 概率波

1. 德布罗意的物质波假设

1924年,法国物理学家德布罗意(L. V. de Broglie)对经典物理学的发展历程和光的波粒二象性进行了深入、仔细的研究. 回顾人类对光本性的认识过程,他提出一个疑问:我们一直认为只具有波动性的光,实际上还具有粒子性,其粒子性直到20世纪初才被人们发现;反过来,一直以粒子性呈现在我们面前的实物粒子(如电子等)是否也有尚未被揭示的波动性呢?由此出发,按照自然界应当和谐、对称的思想,德布罗意大胆假设:实物粒子也应具有波动性. 既然波长为 λ、频率为 ν 的光波与能量为 $\varepsilon = h\nu$、动量为 $p = \dfrac{h}{\lambda}$ 的粒子(光子)相对应,那么,一个以动量 p 运动而能量为 E 的实物粒子,理当对应于一波长为 λ、频率为 ν 的波,且波长 λ 和频率 ν 应分别为

$$\lambda = \frac{h}{p}, \tag{19.27}$$

$$\nu = \frac{E}{h}. \tag{19.28}$$

这种与实物粒子相联系的波称为**德布罗意波**或**物质波**(matter wave),式(19.27)和式(19.28)称为德布罗意公式.

科学家简介

德布罗意

例 19.4 试计算下列3种粒子的德布罗意波长.

(1) 质量为0.01 kg、速率为300 m/s的子弹;

(2) 速率为 2×10^3 m/s 的质子;

(3) 动能为 1.6×10^{-17} J 的电子(不考虑电子的相对论效应).

解 (1) 子弹的德布罗意波长为

$$\lambda = \frac{h}{mv} \approx 2.2\times10^{-34}\ \text{m}.$$

(2) 质子的德布罗意波长为

$$\lambda = \frac{h}{mv} \approx 2.0\times10^{-10}\ \text{m}.$$

(3) 电子的德布罗意波长为

$$\lambda=\frac{h}{mv}=\frac{h}{\sqrt{2mE_k}}\approx 1.2\times 10^{-10}\ \mathrm{m}.$$

由以上计算可知，对子弹这一类宏观粒子而言，其德布罗意波长太短，波动性无从体现，完全可以视作纯粹的粒子，用牛顿运动定律予以处理. 而对质子、电子这样的微观粒子而言，其德布罗意波长与原子本身的线度和原子间距相差不多，因此在研究原子问题时，再也不能将其简单地视作经典物理学中的粒子，而必须考虑其波动性. 这一计算结果也提示我们，可以用内部结构规则的晶体作为光栅，通过衍射来研究微观粒子是否真的具有波动性.

1927 年，戴维孙(C. J. Davison) 和革末(L. H. Germer) 将电子束投射到镍单晶上，观察到了与 X 射线衍射类似的衍射现象，首先证实了电子的波动性. 其实验装置如图 19.12(a) 所示，由电子枪发射出来的电子入射到镍单晶的某晶面上，各散射方向的出射电子流强度可由探测器测出. 实验过程中，入射电子的能量为 54 eV，散射电子流强度与散射方向间的关系如图 19.12(b) 所示，在散射角等于50° 的方向上，出射电子流强度有极大值，这一现象与 X 射线通过晶体衍射时的情况相似. 如果电子确实像 X 射线一样具有波动性，则由图 19.12(c) 可知，当电子束垂直晶面入射时，散射电子流出现极大的方向应满足如下条件：

$$d\sin\varphi=k\lambda. \tag{19.29}$$

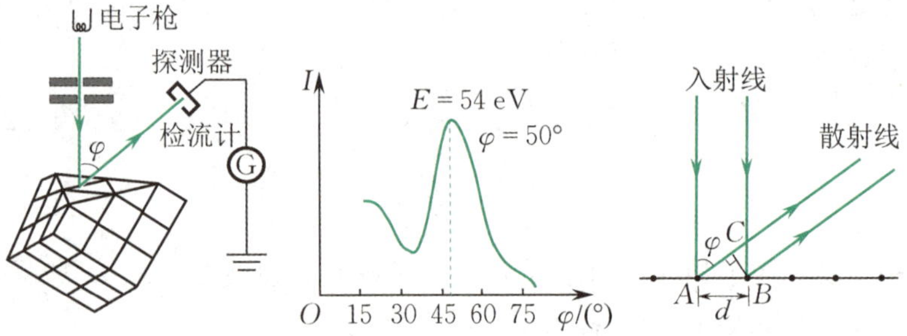

(a) 实验装置示意图　(b) 散射电子流强度与方向的关系　(c) 衍射分析

图 19.12　戴维孙-革末实验

实验中 $d=2.15\times10^{-10}$ m，取 $k=1$，由式(19.29) 可求得波长 $\lambda=d\sin\varphi=2.15\times10^{-10}\times\sin 50^\circ\ \mathrm{m}\approx1.65\times10^{-10}$ m. 而根据德布罗意公式可知，实验中入射电子的德布罗意波长为 $\lambda=\dfrac{h}{p}=\dfrac{h}{\sqrt{2mE_k}}$，将 $E_k=54\times1.6\times10^{-19}$ J，$m=9.31\times10^{-31}$ kg 代入，得 $\lambda=1.67\times10^{-10}$ m. 可见，理论与实验符合得很好.

同年，汤姆孙(G. P. Thomson) 用强电子束穿过多晶薄膜，也得到了与X射线穿越多晶薄膜时极为相似的衍射图样(见图 19.13)，再次证明了电子的波动性.

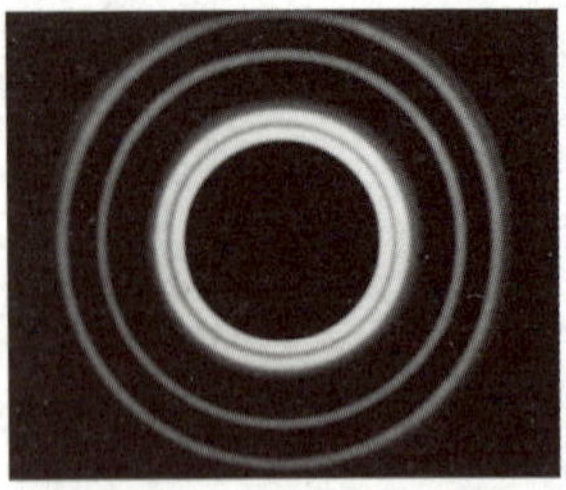

(a) X 射线经晶体的衍射图

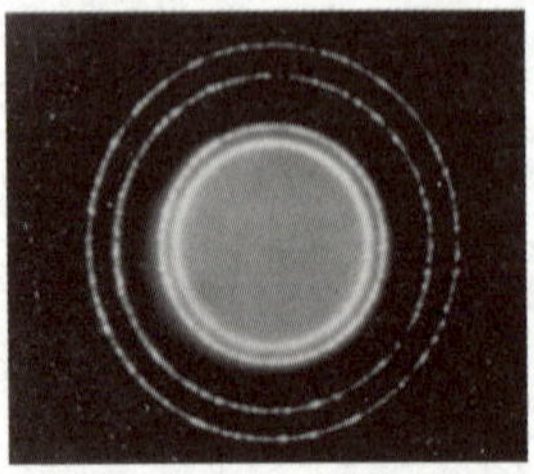

(b) 电子束经晶体的衍射图

图 19.13　X 射线衍射图与电子束衍射图

继电子的波动性被证实之后，其他微观粒子如质子、中子、原子和分子等的波动性也相继得到证实，它们的实测波长与用德布罗意公式算得的结果一致. 可见，微观粒子在具有粒子性的同时，还具有不可忽视的波动性. 波粒二象性是所有微观粒子的固有属性，德布罗意公式是反映波粒二象性的基本公式.

微课视频

波粒二象性

2. 物质波是一种概率波

德布罗意的物质波假设被证实之后，关于物质波的本质是什么的问题很自然地被提了出来. 一种观点认为，与粒子相联系的波是粒子的某种物理量在空间绵延分布而形成的波包(类似于山包)，然而，根据物理学理论，波包在空间传播时通常会变形、扩散并最终解体(波包可看作由不同频率的波叠加而成，不同频率的波的传播速度一般不同，因此，随着时间的演化，波包中的各成分波将会错位)，但实际中观察到的微观粒子(如电子)是稳定而完整的，因此这种解释不能令人满意. 另一种观点认为，单个粒子没有波动性，只有大量粒子集合在一起才有波动性，即粒子的波动性源于粒子间的相互作用，是“集群效应”，但实验证明，单个微观粒子同样具有波动性.

我们以量子力学中著名的双缝干涉实验为例来进行说明. 如图 19.14 所示，实验装置由电子枪、双缝、接收屏构成. 实验方式有两种，一种是一次发射很多电子，此时接收屏上将出现明、暗相间的干涉条纹；另一种方式是电子枪每次发射出一个电子，电子通过双缝后打到接收屏上. 一次发射一个电子的实验发现，每次在接收屏上出现的电子都是一个完整的电子，而不是电子的一部分. 同时，就一个电子的一次行为而言，它究竟出现在接收屏上的什么地方是完全不确定的，似乎毫无规律，但随着时间的延长，某种趋势开始显现，有的地方电子数较多，而有的地方没有电子出现，其他地方出现的电子数介于两者之间，随着时间的进一步延长，这种趋势愈加明显. 最终，出现电子数多的地方，形成明条纹，没有电子出现的地方形成暗条纹. 两种实验方法得到的结果完全一样. 由此可知，单个电子就具有波动性，电子的波动性并不是大量电子在一起时的“集群效应”.

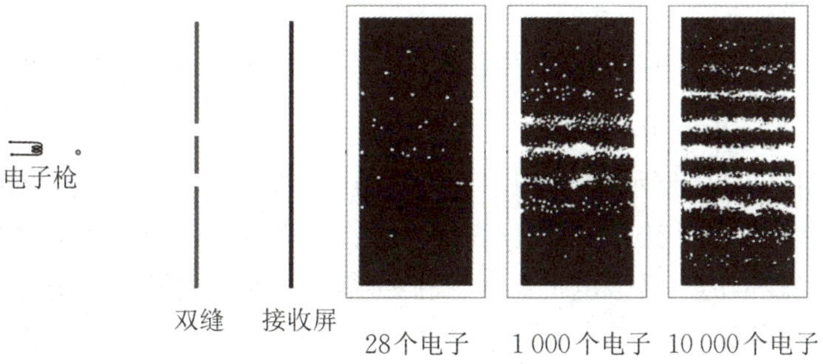

图 19.14　电子通过双缝的干涉

进一步分析上述双缝干涉图样的形成过程可知，干涉条纹实际上是电子在空间各处出现的概率分布的反映. 明条纹处，电子出现的概率大；暗条纹处，电子出现的概率小. 就单个电子的一次行为来说，虽然它打在何处是不确定的，具有偶然性，但打在任意一处的概率是确定的，而打在不同位置处的概率一般不同，电子在空间各位置出现的概率呈一确定分布，从而产生确定的干涉图样. 故物质波是一种**概率波**.

概率波概念将经典观念不能兼容的粒子性和波动性统一于一体. 粒子一旦在某处出现，总是整个粒子，并不是粒子的一部分，这就维护了粒子性，而粒子落点的概率分布又服从波动规律，体现了波动性. 因此，可以说概率波相当完善地表达了实物粒子的波粒二象性，是一个全新的物理概念.

思考

1. 经典物理学中的"波动"与"粒子"有何特点与性质？它们是相容的吗？

2. 物质波有传播速度吗？如果有，物质波的传播速度是否等于粒子的运动速度？物质波是否携带信息？

19.4.2 不确定关系

在经典力学中，粒子在空间中沿着一定的轨道运动，其动量和位置坐标可同时确定，而微观粒子则不然. 由于粒子性，我们仍可引进动量和位置坐标的概念，但由于它们还具有不可忽视的本质上为概率波的波动性，因此其空间位置只能用概率的语言来描述，我们只能给出粒子在空间各处出现的概率，而不能肯定粒子究竟将出现在何处，即粒子的空间位置实际上具有某种不确定性. 与此类似，粒子的动量也具有不确定性. 设粒子位置在 x 轴方向的不确定量为 Δx，该方向上动量的不确定量为 Δp_x，可以证明，Δx 和 Δp_x 的乘积满足一定关系，称为**不确定关系（uncertainty relation）**，该关系式为

$$\Delta x \Delta p_x \geqslant \frac{\hbar}{2},$$

式中 $\hbar = \dfrac{h}{2\pi}$，称为**约化普朗克常量**. 下面，我们借助电子的单缝衍射实验对此做一粗略说明与解释.

如图 19.15 所示，电子束以动量 p 沿水平方向（y 方向）通过宽度为 a 的狭缝时发生衍射，在屏上形成衍射条纹. 现分析一个电子通过狭缝时的位置和动量. 就该电子而言，我们不能肯定它通过狭缝时究竟是经由狭缝中的哪一点，而只能说它是从宽度为 a 的狭缝中过去的，即电子在 x 方向的位置不确定，其不确定量为

$$\Delta x = a.$$

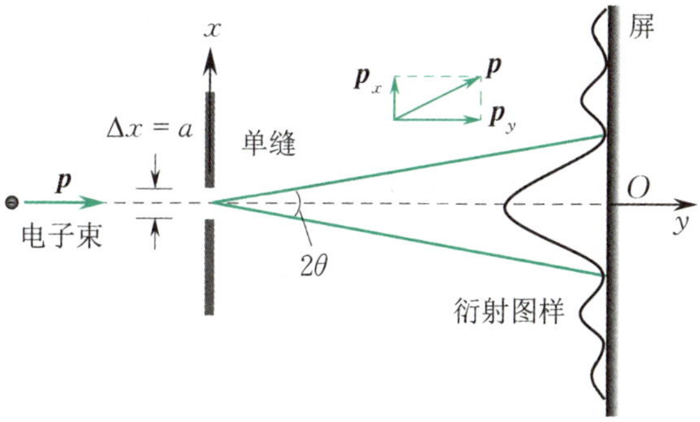

图 19.15 电子单缝衍射示意图

除位置不确定外，电子通过狭缝时其动量在 x 轴方向的分量亦不确定，否则，电子通过狭缝后将始终只打在接收屏的一个确定位置上，不会形成衍射图样. 为估算电子动量的不确定量，不妨只考虑中央明纹. 设单缝衍射图样的中央明纹的半角宽度为 θ（一级暗纹的衍射角），则电子动量（x 轴方向的分量范围）必满足：

$$0 \leqslant p_x \leqslant p\sin\theta.$$

上式说明，在 x 轴方向电子动量的不确定量为

$$\Delta p_x = p\sin\theta.$$

由单缝衍射理论知，$\sin\theta = \dfrac{\lambda}{a}$，将其代入上式并利用德布罗意公式 $\lambda = \dfrac{h}{p}$，得

$$\Delta x \Delta p_x = h.$$

若考虑其他各级衍射条纹，则有 $\Delta p_x \geqslant p\sin\theta$，故

$$\Delta x \Delta p_x \geqslant h.$$

上式是针对单缝衍射这一特例通过粗略讨论得到的. 量子力学严格的理论计算证明，微观粒子动量和位置的不确定量之间满足如下关系：

$$\Delta x \Delta p_x \geqslant \frac{\hbar}{2}. \qquad (19.30)$$

式(19.30) 即为不确定关系. 该式说明，微观粒子的位置和动量不可能同时确定，位置越确定（Δx 越小），其动量便越不确定（Δp_x 越大），反之亦然. 若某时刻微观粒子的位置完全确定（$\Delta x = 0$），则其动量将完全不确定（Δp_x 为无限大），这意味着该粒子以多大速率朝什么方向运动是无法预知的，可见，对微观粒子而言，不存在轨道概念.

不确定关系不仅存在于位置与动量之间，也存在于有相互关联的其他物理量之间，如能量与时间之间就有类似的关系. 设微观粒子处在某一状态的时间不确定量为 Δt，能量不确定量为 ΔE，由量子力学可推出两者之间的关系为

$$\Delta E \Delta t \geqslant \frac{\hbar}{2}. \qquad (19.31)$$

从不确定关系式及德布罗意公式等可以看出，普朗克常量 h 在量子物理中扮演了一个十分重要的角色. 若 $h = 0$，则微观粒子的位置和动

量便可同时确定,微观粒子和宏观粒子将没有区别.固然,h 的绝对数值并不大(其值为 6.63×10^{-34} J·s),但由此引起的量子效应对微观粒子来说不能忽略(如例 19.4 中算得电子波长为 1.2×10^{-10} m),因为微观世界涉及的尺度本来就很小;而宏观粒子则不然,宏观世界涉及的尺度是如此之大,h 实在是一个微不足道的量,可看作零,因而,无须用量子力学理论来处理宏观粒子,用经典理论足够了.

思考

1. 以 Δx 表示 x 轴方向的位置不确定量,Δy 表示 y 轴方向的位置不确定量,试问 $\Delta x\Delta y$ 是否有类似于式(19.30)的关系?
2. 试根据不确定关系论证:微观粒子不可能有轨道.

19.5 薛定谔方程

19.5.1 波函数

正如经典波(如机械波)可用一数学函数来描述一样,与微观粒子对应的概率波(德布罗意波)也可用一数学函数来描述,称为**波函数**(wave function),记为 Ψ. 与经典波类似,Ψ 也是时间和空间坐标的函数,即 $\Psi=\Psi(x,y,z,t)$ 或 $\Psi=\Psi(\boldsymbol{r},t)$. 量子力学的核心问题之一便是如何求得各种不同情况下微观粒子的波函数.

对能量为 E、动量为 p 的自由粒子而言,它相应于一个波长为 $\lambda=\dfrac{h}{p}$、频率为 $\nu=\dfrac{E}{h}$ 的平面简谐波.按波动理论,频率为 ν、波长为 λ、沿 x 轴正方向传播的平面简谐波的波函数为

$$y(x,t)=A\cos2\pi\left(\nu t-\frac{x}{\lambda}\right),\tag{19.32}$$

写成复数形式为

$$y(x,t)=Ae^{-i2\pi\left(\nu t-\frac{x}{\lambda}\right)}.\tag{19.33}$$

式(19.32)实际上是式(19.33)的实部.将 $\lambda=\dfrac{h}{p}$ 和 $\nu=\dfrac{E}{h}$ 代入式(19.33),并将 $y(x,t)$ 记成 $\Psi(x,t)$,A 记成 Ψ_0,得

$$\Psi(x,t)=\Psi_0e^{-\frac{i}{\hbar}(Et-px)},\tag{19.34}$$

式(19.34)即为沿 x 轴正向运动的自由粒子的波函数.

将式(19.34)进行推广,可得三维情况下自由粒子的波函数为

$$\Psi(x,y,z,t)=\Psi_0e^{-\frac{i}{\hbar}[Et-(p_xx+p_yy+p_zz)]}.\tag{19.35}$$

对非自由粒子而言,其波函数不能用上述简单的类比方法求得,而需求解较为复杂的数学方程.

1. 波函数的统计性解释

因波在某处的强度正比于该处波幅度的平方，而强度又正比于粒子在该处出现的概率，故粒子在某处出现的概率与该处波幅度的平方成正比. 考虑到描述概率波的波函数通常为复数，其波幅度的平方可记为$|\Psi|^2=\Psi\cdot\Psi^*$. 玻恩于1926年提出波函数的统计解释如下：波函数模的平方$|\Psi(x,y,z,t)|^2$与t时刻粒子在空间点(x,y,z)附近单位体积内出现的概率成正比，取比例系数为1，则$|\Psi(x,y,z,t)|^2$就是t时刻粒子在空间点(x,y,z)附近单位体积内出现的概率，称为**概率密度**(probability density). 因此，波函数Ψ又称为**概率幅**.

2. 波函数的性质

根据波函数的统计性解释，某一时刻粒子在空间点(x,y,z)附近体积元$d\tau=dxdydz$内出现的概率为$|\Psi|^2d\tau$. 由于粒子总要在空间某处出现，即某时刻粒子在全空间出现的概率为1，因而有

$$\iiint_V|\Psi|^2d\tau=1. \tag{19.36}$$

式(19.36)称为**归一化条件**，积分遍布整个空间.

由于在任一确定时刻，粒子在空间任一点处出现的概率是确定的，不可能为无穷大(因总概率为1)，且空间各处概率的分布应是连续的，不能突变，因而波函数必须满足**单值**、**有限**、**连续**3个条件，称为**标准条件**.

思考

如何进一步论证波函数必须是单值、有限、连续的?

***3. 波函数的叠加原理**

微观粒子的状态用波函数Ψ描述，若$\Psi_1,\Psi_2,\cdots,\Psi_N$是微观粒子的可能状态，那么它们的任意叠加$\Psi=C_1\Psi_1+C_2\Psi_2+\cdots+C_N\Psi_N$也是微观粒子的可能状态，其中，$C_1,C_1,\cdots,C_N$为常数，且$\sum_{i=1}^{N}|C_i|^2=1$. 这一原理称为**波函数(量子态)的叠加原理**(principle of superposition of quantum states)，它在量子力学中占有重要地位，费曼(R. P. Feynman)在他的《物理学讲义》中称之为“量子力学第一原理”.

在叠加波函数$\Psi=\Psi_1+\Psi_2$描述的状态中，粒子既处于Ψ_1描述的状态，又处于Ψ_2描述的状态. 在经典物理和日常生活中，这是不可能的，你能想象一个人既在教室又在宿舍吗?然而，量子力学可以允许这类现象发生.

以电子双缝干涉实验为例(见图19.14)，实验中，电子枪每次发射一个电子，经过足够长时间后，接收屏上形成干涉图样. 也许，你想知道电子究竟是从哪个狭缝中过去的. 但是，很不幸，量子力学不回答这个问题. 只能说，电子通过双缝时，既处在通过狭缝1的状态，又处在通过狭缝2的状态，一个电子是“同时”通过两个狭缝的，就像有分身术一样. 电子通过狭缝时把自己分成两部分，似乎不可思议，其实，从波动角度看，这两个狭缝是从入射电子波中取出两部分，其波函数分别是Ψ_1和

Ψ_2（如此说来，电子波通过多缝时，可把自己分成很多部分），通过狭缝后，电子的波函数就是 $\Psi=\Psi_1+\Psi_2$，而电子在接收屏上各点处出现的概率密度则为 $|\Psi|^2=|\Psi_1|^2+|\Psi_2|^2+\Psi_1^*\Psi_2+\Psi_2^*\Psi_1$，其中 $|\Psi_1|^2$ 是只有狭缝 1 单独存在时，电子通过狭缝 1 后在接收屏上对应点处出现的概率密度，$|\Psi_2|^2$ 是只有狭缝 2 单独存在时，电子通过狭缝 2 后在接收屏上对应点处出现的概率密度. 两狭缝同时存在时，除了有 $|\Psi_1|^2$ 和 $|\Psi_2|^2$ 外，还有 $\Psi_1^*\Psi_2+\Psi_2^*\Psi_1$，称为干涉项，这正是形成干涉图样的根本原因，这一过程就是所谓的一个电子自己与自己干涉.

思考

1. 形成衍射图样的重要原因是干涉，电子通过晶体衍射形成衍射图样时，是一个电子和另外一个电子干涉，还是自己的“一部分”和“另一部分”干涉？电子的“一部分”是什么？电子的双缝干涉实验中，后到达接收屏的电子和先到达接收屏的电子可产生干涉吗？

2. 试分析与猜想，在电子双缝干涉实验中，电子枪发射出的电子数和双缝后接收屏上出现的电子数是否相同？

19.5.2 薛定谔方程

阅读材料

薛定谔方程的建立过程

正如描述经典波的波函数是某微分方程的解一样，我们猜想描述概率波的波函数也应是某微分方程的解. 这一微分方程于 1926 年由奥地利物理学家薛定谔（E. Schrödinger）发现，称为**薛定谔方程（Schrödinger equation）**.

下面我们以一维空间的自由粒子为例，对薛定谔方程的建立过程做一简单介绍.

设有一沿 x 轴正向运动的自由粒子，其波函数为

$$\Psi(x,t)=\Psi_0 e^{-\frac{i}{\hbar}(Et-px)}, \tag{19.37}$$

对式(19.37)两边取 x 的二阶偏导数，得

$$\frac{\partial^2\Psi(x,t)}{\partial x^2}=-\frac{p^2}{\hbar^2}\Psi(x,t), \tag{19.38}$$

对式(19.37)两边取 t 的一阶偏导数，有

$$\frac{\partial\Psi(x,t)}{\partial t}=-\frac{i}{\hbar}E\Psi(x,t), \tag{19.39}$$

将式(19.38)两边乘以 $-\frac{\hbar^2}{2m}$，式(19.39)两边乘以 $i\hbar$ 后比较，注意到低速情况下 $\frac{p^2}{2m}=E$，可得

$$i\hbar\frac{\partial\Psi(x,t)}{\partial t}=-\frac{\hbar^2}{2m}\frac{\partial^2}{\partial x^2}\Psi(x,t). \tag{19.40}$$

式(19.40)即为一维空间中自由粒子的波函数所满足的薛定谔方程.

一般情况下，一维空间中的粒子在势场 $U(x,t)$ 中运动，其总能量为

$$E=\frac{p^2}{2m}+U(x,t). \tag{19.41}$$

将 $p^2=-\hbar^2\frac{\partial^2}{\partial x^2}$(见式(19.38))及 $E=\mathrm{i}\hbar\frac{\partial}{\partial t}$(见式(19.39))代入式(19.41),并使其两边同时作用于波函数 $\Psi(x,t)$,得

$$\mathrm{i}\hbar\frac{\partial}{\partial t}\Psi(x,t)=-\frac{\hbar^2}{2m}\frac{\partial^2}{\partial x^2}\Psi(x,t)+U(x,t)\Psi(x,t), \tag{19.42}$$

式(19.42)就是粒子在一维势场中运动时波函数满足的薛定谔方程.

将式(19.42)推广至三维情况,得

$$\mathrm{i}\hbar\frac{\partial\Psi(x,y,z,t)}{\partial t}=-\frac{\hbar^2}{2m}\nabla^2\Psi(x,y,z,t)+U(x,y,z,t)\Psi(x,y,z,t), \tag{19.43}$$

式中$\nabla^2=\frac{\partial^2}{\partial x^2}+\frac{\partial^2}{\partial y^2}+\frac{\partial^2}{\partial z^2}$称为拉普拉斯算符,式(19.43)即为薛定谔方程的一般形式.

应该指出,薛定谔方程是量子力学中的一个基本方程,它的地位与牛顿运动定律在经典力学、麦克斯韦方程组在电磁学中的地位相当.它不能由任何其他原理导出,而应视作一基本假设,其正确性已被大量实验所证实.上述步骤也并不是方程的严格推导,而只是方程建立过程的简单介绍.

量子力学的核心问题之一是如何由薛定谔方程求得波函数,其中的一种重要类型称为**定态问题**.在定态问题中,势场仅仅是空间坐标的函数,与时间无关,其波函数的求解可用分离变量法予以简化.下面以一维情况为例进行讨论.

设一维势场与时间无关,即$U=U(x)$,则式(19.42)中的波函数可分解成只与空间坐标有关的函数 $\psi(x)$ 和只与时间变量有关的函数 $f(t)$ 的乘积,即$\Psi(x,t)=\psi(x)f(t)$,将其代入方程(19.42)并两边同时除以 $\psi(x)f(t)$,整理得

$$\frac{\mathrm{i}\hbar}{f(t)}\frac{\partial f(t)}{\partial t}=-\frac{\hbar^2}{2m}\frac{1}{\psi(x)}\frac{\partial^2}{\partial x^2}\psi(x)+U(x). \tag{19.44}$$

式(19.44)左边为时间 t 的函数,右边为空间坐标 x 的函数,除非它们均等于某一常量,否则不可能恒等.设该常量为 E,则有

$$\mathrm{i}\hbar\frac{\mathrm{d}f(t)}{\mathrm{d}t}=Ef(t), \tag{19.45}$$

$$-\frac{\hbar^2}{2m}\frac{\mathrm{d}^2\psi(x)}{\mathrm{d}x^2}+U(x)\psi(x)=E\psi(x). \tag{19.46}$$

由式(19.45)解得 $f(t)=C\mathrm{e}^{-\frac{\mathrm{i}}{\hbar}Et}$,其中 C 为常数,由初始条件确定.因指数应为纯数(无量纲量),故 E 必有能量的量纲(E 就是粒子的总能量).由于 E 不随时间变化,因此我们把由 E 所描述的粒子状态称为定态.若把常数 C 归到 $\psi(x)$ 中去,则定态问题的波函数可写为

$$\Psi(x,t)=\psi(x)\mathrm{e}^{-\frac{\mathrm{i}}{\hbar}Et}, \tag{19.47}$$

对应的概率密度 $\Psi^*(x,t)\Psi(x,t)=\psi(x)\psi^*(x)$ 显然亦不随时间变化. 因此，我们将 $\psi(x)$ 称为定态波函数，而将式(19.46) 称为一维定态薛定谔方程.

类似可得三维定态薛定谔方程为

$$-\frac{\hbar^2}{2m}\nabla^2\psi(x,y,z)+U(x,y,z)\psi(x,y,z)=E\psi(x,y,z). \tag{19.48}$$

无论是定态问题还是非定态问题，其薛定谔方程的求解一般均比较复杂，下面仅就一些简单及典型问题的处理做介绍.

思考

定态的特征是什么？定态是否为静止不动的态？该如何理解定态？

19.5.3 薛定谔方程的简单应用

1. 一维无限深方势阱

设有一质量为 m 的粒子在一维势场中运动，其势能函数为

$$U(x)=\begin{cases}0, & 0<x<a,\\ \infty, & x\leqslant 0, x\geqslant a.\end{cases}$$

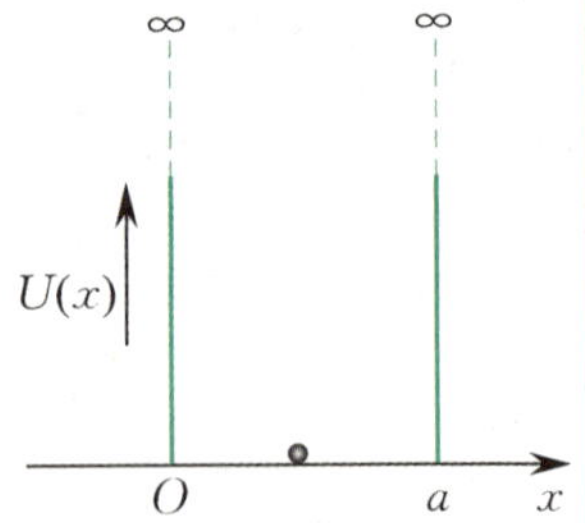

图 19.16　一维无限深方势阱

微课视频

一维势阱

这一理想化势能函数的曲线如图 19.16 所示. 由于图形像井且井深无限，因而形象地称之为一维无限深方势阱.

由于阱壁无限高，粒子只能在阱内运动，不可能到阱外去，因此阱外空间的波函数必为零，即 $\psi(x)=0(x\leqslant 0, x\geqslant a)$. 而阱内空间势能为零，其波函数所满足的定态薛定谔方程为

$$-\frac{\hbar^2}{2m}\frac{\mathrm{d}^2\psi(x)}{\mathrm{d}x^2}=E\psi(x),\quad 即\quad \frac{\mathrm{d}^2\psi}{\mathrm{d}x^2}+\frac{2m}{\hbar^2}E\psi=0. \tag{19.49}$$

令 $\frac{2mE}{\hbar^2}=k^2$，则式(19.49) 可简化为

$$\frac{\mathrm{d}^2\psi}{\mathrm{d}x^2}+k^2\psi=0. \tag{19.50}$$

方程(19.50) 的通解为

$$\psi(x)=A\sin kx+B\cos kx, \tag{19.51}$$

式中系数 A, B 和常数 k 可由波函数的性质确定. 根据波函数的连续性，波函数 $\psi(x)$ 在 $x=0$ 处的取值必须为零，因而有 $B=0$，于是式(19.51) 变为

$$\psi(x)=A\sin kx.$$

同理，波函数在 $x=a$ 处的取值亦应为零，即

$$\psi(a)=A\sin ka=0.$$

因 $A\neq 0$（否则波函数恒为零），故必有

$$ka=n\pi\quad(n=1,2,\cdots).$$

又因 $k^2=\frac{2mE}{\hbar^2}$，故势阱中粒子可能的能量值为

$$E=E_n=\frac{\pi^2\hbar^2}{2ma^2}n^2 \quad (n=1,2,\cdots), \tag{19.52}$$

式中 n 称为**量子数**，其取值不能连续变化，从而 E 的取值也不能连续变化. 可见，势阱中粒子的能量是量子化的，这种量子化的能量分布可用能级图 19.17 表示. 与量子数 n 对应的能量值 E_n 称为**能量本征值**，相应的波函数记为 $\psi_n(x)$，称为**能量本征函数**，由能量本征函数描述的粒子状态称为粒子的**能量本征态**，其中，E_1 对应的能量本征态称为基态（此时，$n=1$，其能量最低），其余 $E_2,E_3,\cdots$ 对应的能量本征态分别称为第一激发态、第二激发态……

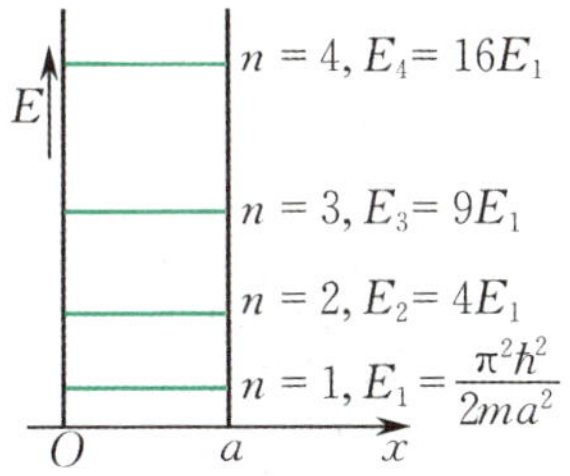

图 19.17 一维无限深方势阱中粒子的能级

与能量本征值 E_n 对应的能量本征函数为

$$\psi_n(x)=A\sin\frac{n\pi}{a}x \quad (0<x<a).$$

利用归一化条件并注意到阱外空间的波函数为零，有

$$\int_{-\infty}^{+\infty}|\psi_n(x)|^2\mathrm{d}x=\int_0^a A^2\sin^2\frac{n\pi}{a}x\,\mathrm{d}x=1,$$

解得 $A=\sqrt{\dfrac{2}{a}}$，故所求粒子的能量本征函数为

$$\psi_n(x)=\begin{cases}0 & (x\leqslant 0, x\geqslant a),\\ \sqrt{\dfrac{2}{a}}\sin\dfrac{n\pi}{a}x & (0<x<a).\end{cases}$$

因此，当粒子处于 E_n 对应的能量本征态时，其在阱内空间各处出现的概率密度为

$$|\psi_n(x)|^2=\frac{2}{a}\sin^2\frac{n\pi}{a}x. \tag{19.53}$$

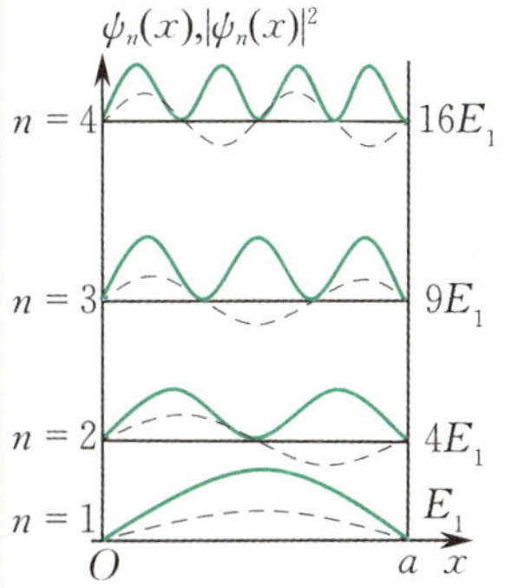

图 19.18 一维无限深方势阱中 $\psi_n(x)$ 及 $|\psi_n(x)|^2$

由式(19.53)可见，粒子在阱内空间各处出现的概率因地点而异，即粒子在有些地方出现的概率大，在另外一些地方出现的概率小，并且概率分布还和整数 n 有关（图 19.18 画出了 $n=1,2,3,4$ 时 $\psi_n(x)$（虚线）及 $|\psi_n(x)|^2$（实线）和位置坐标 x 的关系曲线），这一结果和经典物理学的结论截然不同，按照经典物理学观点，粒子在阱内空间各处出现的概率应完全相同.

思考

在一维无限深方势阱中运动的粒子，其能量本征值为 $E_n=\dfrac{\pi^2\hbar^2}{2ma^2}n^2$，由该式可知，$n$ 越大，两相邻能级间的能量差越大，这是否意味着量子效应越显著而量子力学和经典物理学的差异越大？

2. 势垒穿透 隧道效应

设有一质量为 m 的粒子在一维势场中运动，其势能函数为

$$U(x)=\begin{cases}0, & x<0,\\ U_0, & x\geqslant 0,\end{cases}$$

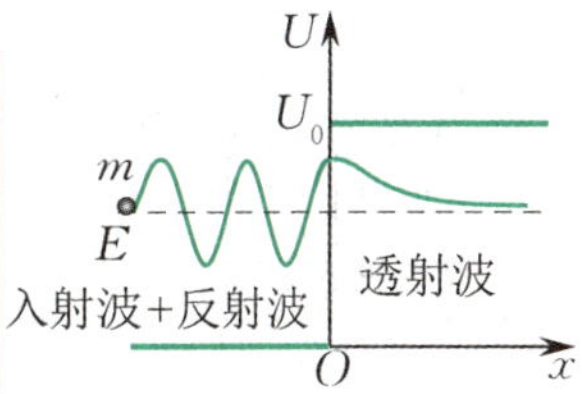

图 19.19 一维有限高势垒

对应的势能曲线如图 19.19 所示，称为一维势垒. 能量为 E 的粒子在该

势场中运动时，其定态薛定谔方程为

$$\begin{cases}\dfrac{d^2\psi}{dx^2}+\dfrac{2mE}{\hbar^2}\psi=0, & x<0,\\[2ex] \dfrac{d^2\psi}{dx^2}+\dfrac{2m(E-U_0)}{\hbar^2}\psi=0, & x\geqslant 0.\end{cases}$$

令 $k_1^2=\dfrac{2mE}{\hbar^2}$ 及 $k_2^2=\dfrac{2m(E-U_0)}{\hbar^2}$，则上述方程可写成

$$\begin{cases}\dfrac{d^2\psi}{dx^2}+k_1^2\psi=0, & x<0,\\[2ex] \dfrac{d^2\psi}{dx^2}+k_2^2\psi=0, & x\geqslant 0.\end{cases}\tag{19.54}$$

阅读材料

扫描隧穿显微镜

方程组(19.54)的通解为

$$\begin{cases}\psi_1(x)=Ae^{ik_1x}+A'e^{-ik_1x}, & x<0,\\ \psi_2(x)=Be^{ik_2x}+B'e^{-ik_2x}, & x\geqslant 0.\end{cases}\tag{19.55}$$

注意到一维定态问题的波函数应为 $\Psi(x,t)=\psi(x)e^{-\frac{i}{\hbar}Et}$，将上面 $\psi_1(x)$ 和 $\psi_2(x)$ 的表达式代入后并结合式(19.34)的物理意义可以看出，式(19.55)中等式右边的第一项代表的是沿 x 轴正向传播的概率波，而第二项代表的是沿 x 轴负向传播的概率波，故 $\psi_1(x)$ 中的 Ae^{ik_1x} 代表入射波，$A'e^{-ik_1x}$ 代表反射波；$\psi_2(x)$ 中的 Be^{-ik_2x} 代表反射波，因在 $x>0$ 的区域中不存在反射波，故 $B'=0$. 又由于入射粒子的能量 E 可以大于 U_0，也可以小于 U_0，因此下面分两种情况讨论.

(1) 当 $E>U_0$ 时，入射粒子的能量大于势垒高度，按经典物理学理论，此时粒子将完全跨越势垒到达 $x>0$ 的区域. 但从量子力学角度看，粒子在 $x=0$ 处发生反射和透射，其反射波和透射波分别为 $A'e^{-ik_1x}$ 和 Be^{ik_2x}，即粒子只有一"部分"跨过去，另一"部分"被反射回来. 当然，观察到的不可能是粒子的一部分，此处的"部分"乃是指粒子在 $x<0$ 和 $x\geqslant 0$ 的区域皆有一定的出现概率.

(2) 当 $E<U_0$ 时，$\psi_1(x)$ 仍维持不变. 但因

$$k_2=\sqrt{\frac{2m(E-U_0)}{\hbar^2}}=i\sqrt{\frac{2m(U_0-E)}{\hbar^2}},$$

故 $\psi_2(x)$ 的表达式如下：

$$\psi_2(x)=Be^{ik_2x}=Be^{-\frac{\sqrt{2m(U_0-E)}}{\hbar}x}.\tag{19.56}$$

式(19.56)表明，当粒子的能量 E 小于势垒高度时，粒子仍能透入势垒达一定深度，如图 19.19 所示. 这种现象是一种纯粹的量子效应，在经典物理学中是不可想象的. 若势能曲线如图 19.20 所示，则称为一维有限高方势垒. 按经典物理学理论，若入射粒子的能量小于势垒的高度，即 $E<U_0$，则粒子不可能穿越势垒到达 $x>a$ 的区域，即粒子不可能在 $x>a$ 的空间出现. 然而，按照量子力学的计算，在 $x>a$ 区域内的波函数不为零，即粒子仍可在 $x>a$ 的空间出现，好像是在势垒中挖了

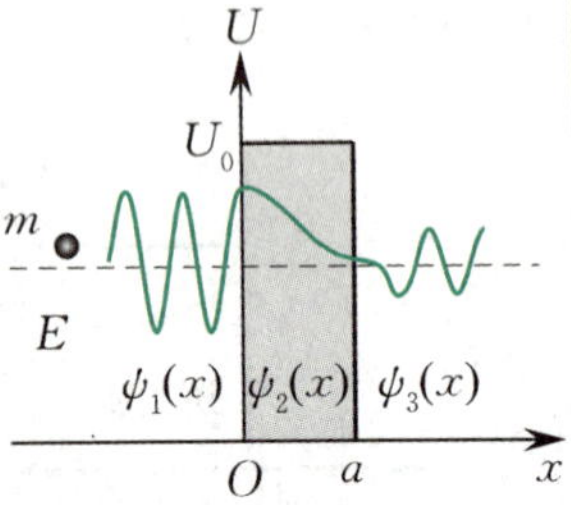

图 19.20　隧道效应

一条隧道，这一量子力学现象称为**隧道效应**(tunnel effect)或**势垒穿透**(barrier penetration).

按量子力学的观点，粒子有波动性，遵从不确定关系，只要势垒区宽度 $\Delta x = a$ 不是无限大，粒子能量就有不确定量 ΔE，当 $\Delta x = a$ 很小时，ΔE 或 Δp 可以很大，当 $E + \Delta E > U_0$ 时，粒子自然能穿越势垒到达 $x > a$ 的区域，于是就有了隧道效应.

隧道效应已被大量的实验事实所证实，冷电子发射(电子在强电场作用下从金属表面逸出)及 α 粒子从放射性核中释放出来均是隧道效应的结果. 隧道效应还在半导体器件、超导和扫描隧道显微镜中有重要应用.

思考

隧道效应与哪些因素有关？粒子是如何跨越势垒的？

19.6 氢原子的量子力学处理

氢原子是由原子核和一个核外电子构成的系统，因原子核质量远大于电子质量，故可认为原子核静止不动，电子在原子核的库仑场中运动，其势能函数(电势能)为

$$U(r) = -\frac{1}{4\pi\varepsilon_0}\frac{e^2}{r},$$

式中 e 为元电荷，r 为电子到原子核的距离. 因势能函数 $U(r)$ 与时间无关，故我们所研究的问题是一定态问题，其定态薛定谔方程为

$$\nabla^2\psi + \frac{2m}{\hbar^2}\left(E + \frac{e^2}{4\pi\varepsilon_0 r}\right)\psi = 0, \tag{19.57}$$

式中 m 为电子质量. 注意到势能函数 $U(r) = \dfrac{-e^2}{4\pi\varepsilon_0 r}$ 具有球对称性，使用球坐标比较方便，引入球坐标系之后，方程(19.57)变为

$$\frac{1}{r^2}\frac{\partial}{\partial r}\left(r^2\frac{\partial\psi}{\partial r}\right) + \frac{1}{r^2\sin\theta}\frac{\partial}{\partial\theta}\left(\sin\theta\frac{\partial\psi}{\partial\theta}\right) + \frac{1}{r^2\sin^2\theta}\frac{\partial^2\psi}{\partial\varphi^2}$$
$$+ \frac{2m}{\hbar^2}\left(E + \frac{e^2}{4\pi\varepsilon_0 r}\right)\psi = 0,$$

式中 $\psi = \psi(r,\theta,\varphi)$ 是球坐标系中的波函数. 设 $\psi = \psi(r,\theta,\varphi) = R(r)\Theta(\theta)\Phi(\varphi)$，式中 $R(r)$，$\Theta(\theta)$，$\Phi(\varphi)$ 分别只是 r,θ,φ 的函数，经过一系列的数学换算后，得到 3 个独立函数 $R(r)$，$\Theta(\theta)$，$\Phi(\varphi)$ 所满足的 3 个常微分方程：

$$\frac{d^2\Phi}{d\varphi^2} + m_l^2\Phi = 0, \tag{19.58}$$

$$\frac{1}{\sin\theta}\frac{\mathrm{d}}{\mathrm{d}\theta}\left(\sin\theta\frac{\mathrm{d}\Theta}{\mathrm{d}\theta}\right)+\left[l(l-1)-\frac{m_l^2}{\sin^2\theta}\right]\Theta=0, \qquad (19.59)$$

$$\frac{1}{r^2}\frac{\mathrm{d}}{\mathrm{d}r}\left(r^2\frac{\mathrm{d}R}{\mathrm{d}r}\right)+\left[\frac{2m}{\hbar^2}\left(E+\frac{e^2}{4\pi\varepsilon_0 r}\right)-\frac{l(l-1)}{r^2}\right]R=0, \qquad (19.60)$$

式中 m_l 和 l 是引入的常数，其物理含义将在后面予以说明. 解上述方程并注意到波函数必须满足单值、有限、连续等标准条件，可得如下所述的结论.

1. 能量量子化

核外电子的能量（即原子的能量）为

$$E=E_n=-\frac{me^4}{32\pi^2\varepsilon_0^2\hbar^2}\cdot\frac{1}{n^2}, \qquad (19.61)$$

式中 n 称为**主量子数**（principal quantum number）. 因 n 的取值不能连续变化，故氢原子的能量也不能连续变化，只能取一系列分离值，即氢原子的能量是量子化的.

式(19.61) 和玻尔理论算得的结果完全一致. 但玻尔理论的计算需要人为地加上量子化条件假设，而此处则是直接求解薛定谔方程自然得到的结果.

2. 角动量量子化

电子绕原子核运动的角动量（“轨道”角动量）为

$$L=\sqrt{l(l+1)}\,\hbar, \qquad (19.62)$$

式中 l 只能取一系列不连续的数值，即 L 的取值也不能连续变化，故角动量也是量子化的. l 称为**角量子数**（angular quantum number）. 对一个确定的能量本征态（其主量子数为 n），l 只能取 $0,1,2,\cdots,n-1$ 共 n 个整数值，分别用 s，p，d，f，g，h 等标记. 如 $n=3$，$l=0,1$ 的电子分别称为 3s，3p 电子.

3. 角动量空间量子化

绕原子核运动的电子具有角动量，而角动量是矢量，必然有一个空间取向的问题. 按经典力学，矢量的空间取向应能连续变化，从而矢量在空间任一方向的投影也将连续变化. 然而，量子力学的计算结果表明，核外电子的“轨道”角动量在空间任意方向（如 z 轴方向）的投影不能连续变化，只能取一系列不连续的分离值：

$$L_z=m_l\hbar \quad (m_l=0,\pm1,\pm2,\cdots,\pm l), \qquad (19.63)$$

即角动量在空间任一方向的投影也是量子化的，称为角动量**空间量子化**. 对于一个确定的 l，m_l 只能取 $0,\pm1,\pm2,\cdots,\pm l$ 共 $2l+1$ 个可能值，m_l 称为**磁量子数**（magnetic quantum number）. 角动量空间量子化可用图 19.21 表示.

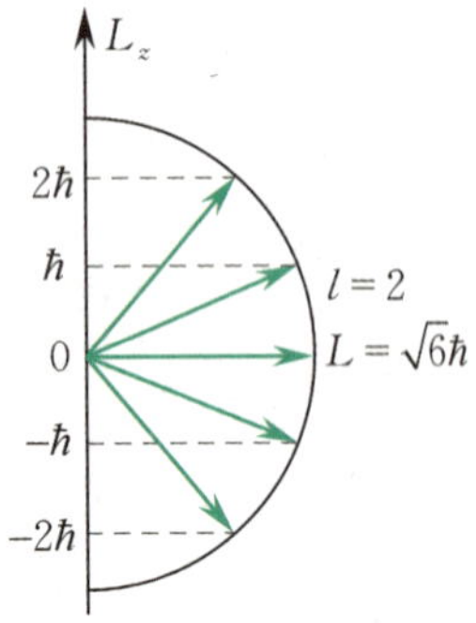

图 19.21　角动量空间量子化

4. 氢原子中电子的概率分布

在量子力学中，没有轨道的概念，取而代之的是粒子在空间各处的概率分布. 在氢原子中，我们求解薛定谔方程得到的电子定态波函数为 $\psi(r,\theta,\varphi)$，对应每一组量子数 (n,l,m_l)，有一确定的定态波函数描述一

个确定的状态，记作

$$\psi(r,\theta,\varphi)=\psi_{n,l,m_l}(r,\theta,\varphi)=R_{n,l}(r)\Theta_{l,m_l}(\theta)\Phi_{m_l}(\varphi). \quad (19.64)$$

电子出现在原子核周围的概率密度为

$$|\psi(r,\theta,\varphi)|^2=|R(r)\Theta(\theta)\Phi(\varphi)|^2. \quad (19.65)$$

在空间点(r,θ,φ)附近体积元$\mathrm{d}V=r^2\sin\theta\mathrm{d}r\mathrm{d}\theta\mathrm{d}\varphi$内，电子出现的概率为

$$|\psi|^2\mathrm{d}V=|R|^2\ |\Theta|^2\ |\Phi|^2r^2\sin\theta\mathrm{d}r\mathrm{d}\theta\mathrm{d}\varphi,$$

它表示电子出现在距原子核为r、方位在θ,φ处的体积元$\mathrm{d}V$中的概率，式中$|\Phi|^2\mathrm{d}\varphi$表示电子出现在$\varphi$和$\varphi+\mathrm{d}\varphi$之间的概率，$|\Theta|^2\sin\theta\mathrm{d}\theta$表示电子出现在$\theta$和$\theta+\mathrm{d}\theta$之间的概率，$|R|^2r^2\mathrm{d}r$表示电子出现在$r$和$r+\mathrm{d}r$之间的概率. 图19.22表示几个量子态的**径向概率密度**$|R|^2r^2$. 由图可知，当氢原子处于基态时($n=1,l=0$)，电子出现在玻尔半径a_0附近的概率最大，这与玻尔理论是相容的.

玻尔理论认为电子具有确定的轨道，量子力学得出的是电子出现在某处的概率，不能断言电子在某处出现. 为了形象地表示电子的空间分布规律，通常采用**电子云**(electron cloud)图，电子云浓密处，电子出现概率大，电子云稀薄处，电子出现的概率小，如图19.23所示. 电子云就是概率密度$|\psi|^2$的具体图像. 必须指出，所谓电子云，并不表示电子真的像一团云雾罩在原子核周围，而只是电子概率分布的一种形象化描述而已.

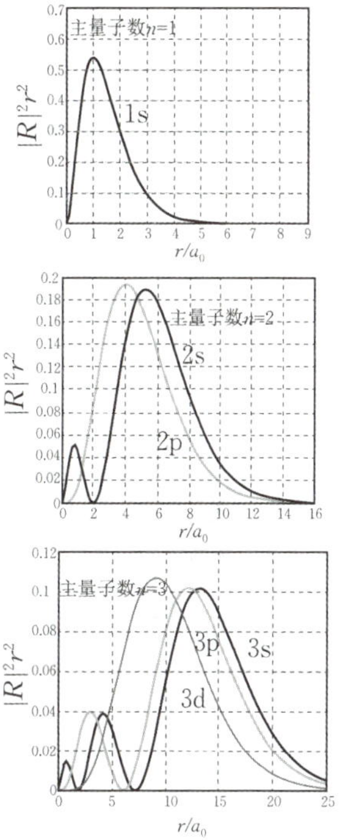

图19.22 氢原子中电子径向概率分布

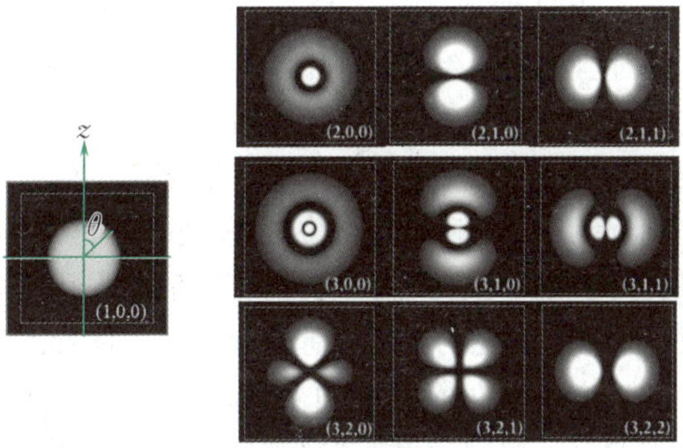

图19.23 氢原子核外电子云

思考

求解氢原子的薛定谔方程所得到结果和玻尔理论有何异同?

19.7 电子自旋 4个量子数

19.7.1 电子自旋

为了观察原子核外电子角动量空间量子化现象，施特恩(O. Stern)和格拉赫(W. Gerlach)于1921年做了如图19.24所示的实验. 图中，O

为原子射线源（实验中使用的是银原子）；D为狭缝；S，N为产生非均匀磁场的磁铁的两极，P为照相底片. 全部实验装置置于真空中.

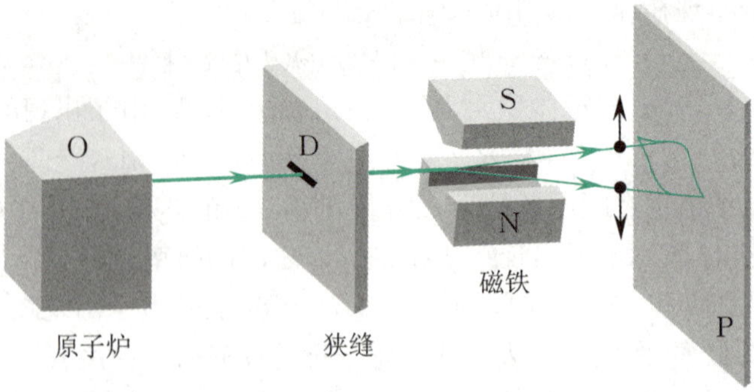

图 19.24　施特恩-格拉赫实验

微课视频

电子自旋　4个量子数

实验所依据的原理如下：电子绕原子核转动相当于一圆电流，从而产生一磁矩 $\boldsymbol{p}_{\mathrm{m}}$，因电子带负电，故磁矩的方向与角动量方向相反. 理论计算结果表明，$\boldsymbol{p}_{\mathrm{m}}=-\frac{e}{2m}\boldsymbol{L}$，式中 e 为元电荷，$\boldsymbol{L}$ 为电子绕原子核运动的角动量，m 为电子质量. 在非均匀磁场中，磁矩 $\boldsymbol{p}_{\mathrm{m}}$ 将受磁力而发生偏转，偏转幅度取决于磁矩在磁场中的空间取向. 若角动量 $\boldsymbol{L}$ 的空间取向可连续变化，则 $\boldsymbol{p}_{\mathrm{m}}$ 的取向亦可连续变化，原子束（由大量原子构成）通过非均匀磁场后将在照相底片上形成一连续沉积带. 若 $\boldsymbol{L}$ 不能连续变化，则 $\boldsymbol{p}_{\mathrm{m}}$ 也不能连续变化，原子束经非均匀磁场后将在照相底片上形成类似于原子光谱的分离形线状沉积. 施特恩和格拉赫在实验中果然得到了分离的沉积线，从而证实了角动量的空间量子化.

然而，该实验尚有令人困惑之处. 因为按“轨道”角动量空间量子化理论，角动量的空间取向应有 $2l+1$ 种可能，所以照相底片上应有奇数条原子沉积线. 而实验出现的沉积线是两条，为一偶数. 这说明对核外电子而言，除了“轨道”运动外，还有自身内部的某种运动.

考虑到电子的这种内部运动与“轨道”运动产生相似的效应（都有磁矩并导致电子在非均匀磁场中受力而偏转），1925 年，古德斯密特和乌伦贝克提出如下假设：电子除有绕核的“轨道”运动之外，还有某种“自旋”运动，“自旋”是电子本身的固有属性. 与自旋对应的角动量为

$$S=\sqrt{s(s+1)}\,\hbar,$$

其中 s 称为**自旋量子数**（spin quantum number），它只能有一个值，即

$$s=\frac{1}{2}.$$

自旋角动量在空间任一方向的投影为

$$S_z=m_s\hbar,$$

式中 m_s 称为**自旋磁量子数**（spin magnetic quantum number），只能取 $\pm\frac{1}{2}$ 两个值，即自旋角动量的空间取向也是量子化的.

引入自旋假说之后，施特恩-格拉赫实验可以获得很好的解释. 银原子核外有 47 个电子，其中 46 个电子在原子核周围形成对称分布，其整体角动量为零，第 47 个电子为 s 态电子，其“轨道”角动量亦为零，因而，整个银原子的角动量就是一个电子的自旋角动量，该自旋角动量及其对应的磁矩在外磁场中只有两个不同取向，故银原子束通过非均匀磁场后只沿两个方向偏转并在照相底片上形成两条沉积线.

阅读材料 量子信息与计算

19.7.2 4 个量子数

微观粒子的运动状态由波函数描述. 氢原子核外电子的定态波函数 $\psi(r,\theta,\varphi)$ 的具体表达式由一组量子数 (n,l,m_l) 决定（详细情况过于复杂，不做讨论），且为保证 $\psi(r,\theta,\varphi)$ 满足单值、有限、连续的标准条件，(n,l,m_l) 只能是一组整数（实际上它们就是分别决定能量、角动量及角动量分量的主量子数、角量子数和磁量子数）. 可见，对核外电子而言，一组量子数 (n,l,m_l) 确定一个波函数，即确定核外电子的一种状态. 值得注意的是，薛定谔方程并未考虑电子内部的运动，而施特恩-格拉赫实验表明，电子实际上还有某种被称为“自旋”的内部运动. 因此，仅有前 3 个量子数 (n,l,m_l) 是不够的，还必须将自旋考虑进去，引进描述自旋空间取向的自旋磁量子数 m_s，即原子核外电子的状态可用 4 个量子数 (n,l,m_l,m_s) 描述.

阅读材料 量子纠缠与量子通信

(1) 主量子数 n. $n=1,2,\cdots$，它基本上确定了核外电子的能量，氢原子核外电子是一个特殊情况，其能量值由 n 唯一确定. 对其他原子而言，核外电子的能量还与角量子数 l 之间有一微弱依赖关系.

(2) 角量子数 l. 对于一个确定的 n，$l=0,1,2,\cdots,n-1$，它决定电子绕核运转的“轨道”角动量. 对多电子原子而言，n 相同而 l 不同的各电子，其能量值也略有不同.

(3) 磁量子数 m_l. 对于一个确定的 l，$m_l=0,\pm1,\pm2,\cdots,\pm l$，$m_l$ 决定“轨道”角动量的空间取向.

(4) 自旋磁量子数 m_s. $m_s=\pm\dfrac{1}{2}$，它决定电子自旋角动量的空间取向.

思考

1. 试论证闭合电流在非均匀磁场中所受的磁力的矢量和一般不为零.
2. 如何理解自旋？如何理解原子核外电子的状态可用 4 个量子数描述？

19.8 原子核外电子的壳层结构

根据量子力学理论，原子核外电子的状态由 4 个量子数 n,l,m_l,m_s

唯一确定，这 4 个量子数可以有多种不同的组合. 对多电子原子而言，必然有一个电子状态的分布和排列问题. 量子力学的计算和实验分析表明，电子在原子核外的排列与分布服从泡利不相容原理和能量最低原理.

19.8.1 泡利不相容原理

在对原子光谱和其他有关实验做了充分分析的基础上，奥地利物理学家泡利(W. Pauli)认为，同一原子中不可能有两个或两个以上的电子处在完全相同的状态，即同一原子中不可能有两个或两个以上的电子具有一组完全相同的量子数(n,l,m_l,m_s)，此即**泡利不相容原理**(Pauli exclusion principle). 按照泡利不相容原理，如果原子中有一些电子的n相同，则其余 3 个量子数必不全同，我们称n相同的电子处在同一**主壳层**(major shell)，对应于$n=1,2,3,\cdots$，分别用 K, L, M, … 来标记. 对同一主壳层，又根据其角量子数l的情况分出若干**支壳层**(subshell)，对于$l=0,1,2,\cdots$的各支壳层，分别用 s, p, d, … 符号来标记. 因n给定时，l可取$0,1,2,\cdots,n-1$共n个整数值；而l给定后，m_l可取$0,\pm1,\pm2,\cdots,\pm l$共$2l+1$个整数值；m_l确定后，m_s还可取$\pm\frac{1}{2}$两个不同值. 故同一主壳层最多可容纳的电子数目为

$$N=\sum_{l=0}^{n-1}2(2l+1)=2n^2.$$

原子内各主壳层与支壳层最多能容纳的电子数如表 19.1 所示.

表 19.1　主壳层与支壳层可容纳的电子数

n \ l		0 s	1 p	2 d	3 f	4 g	5 h	6 i	N
1	K	2	—	—	—	—	—	—	2
2	L	2	6	—	—	—	—	—	8
3	M	2	6	10	—	—	—	—	18
4	N	2	6	10	14	—	—	—	32
5	O	2	6	10	14	18	—	—	50
6	P	2	6	10	14	18	22	—	72
7	Q	2	6	10	14	18	22	26	98

19.8.2 能量最低原理

在正常状态下，原子中的核外电子趋于首先占据能量最低的状态. 这一结论称为**能量最低原理**(principle of lowest energy). 由于能量主要取决于主量子数n，而一般情况下，n愈小，能量愈低，因此，核外电子通常按n由小到大的顺序从 K 壳层开始依次填充各壳层，但由于能量还与角量子数l有关，因此也可能出现n较小的壳层尚未填满，而n较大的壳层上却有电子填入的情况. 关于核外电子能量高低与n和l的关系，

我国科学家徐光宪总结出如下规律：原子核外各电子状态的能量高低由 $n+0.7l$ 的大小来判断. $n+0.7l$ 愈大，其能量愈高，否则，其能量愈低. 例如 4s($n=4, l=0$) 和 3d($n=3, l=2$) 两态，前者的 $n+0.7l=4$，而后者的 $n+0.7l=4.4$，故 4s 态比 3d 态先填入电子，出现了前一壳层尚未填满，却有电子填入下一壳层的现象，钾、钙即属于这种情况，其他原子序数比钾、钙大的原子也出现类似情况.

综上所述，根据泡利不相容原理和能量最低原理以及能量高低的判断公式可知，核外电子的填充次序如下：1s，2s，2p，3s，3p，4s，3d，4p，5s，4d，5p，6s，4f，5d，6p，7s，5f，6d，…. 由此确定的各元素原子核外电子分布与元素周期表的完全一致，从而从理论上阐明了元素周期表的规律. 量子力学的这一成果，使物理和化学这两门不同的学科统一到同一基础上来.

思考

如何理解原子核外电子的壳层结构？

本章小结

1. 黑体辐射

(1) 单色辐出度与辐出度的关系：

$$M(T)=\int_0^{\infty} M_\lambda(T)\,\mathrm{d}\lambda .$$

(2) 维恩位移定律：

$$T\lambda_{\mathrm{m}}=b.$$

(3) 斯特藩-玻尔兹曼定律：

$$M(T)=\sigma T^4.$$

(4) 能量子假设：

$$\varepsilon=h\nu,\ E=n\varepsilon\ (n=1,2,\cdots).$$

(5) 普朗克黑体辐射公式：

$$M_\lambda(T)=2\pi hc^2\lambda^{-5}\frac{1}{\mathrm{e}^{\frac{hc}{k\lambda T}}-1}.$$

2. 光电效应

(1) 光电效应方程：

$$\frac{1}{2}mv_{\mathrm{m}}^2=h\nu-A.$$

(2) 截止频率与逸出功关系：

$$\nu_0=\frac{A}{h}.$$

(3) 截止电压与逸出光电子的最大初动能之间的关系：

$$eU_{\mathrm{s}}=\frac{1}{2}mv_{\mathrm{m}}^2.$$

(4) 光的波粒二象性，光子的动量与能量：

$$p=\frac{h}{\lambda},\ \varepsilon=h.$$

3. 康普顿散射

波长变化量：

$$\Delta\lambda=\lambda-\lambda_0=2\Lambda\sin^2\frac{\varphi}{2}\ (\Lambda=2.41\times10^{-12}\ \mathrm{m}).$$

4. 氢原子的玻尔理论

(1) 定态假设：氢原子能量取值不连续，不向外辐射能量的状态.

(2) 量子跃迁假设：

$$h\nu=|E_n-E_m|.$$

(3) 轨道角动量量子化假设：

$$L=mvr_n=n\hbar\ (n=1,2,3,\cdots).$$

5. 粒子的波动性　德布罗意波

$$\lambda=\frac{h}{p},\ \nu=\frac{E}{h}.$$

6. 不确定关系

$$\Delta x\Delta p_x\geqslant\hbar/2,\quad \Delta t\Delta E\geqslant\hbar/2.$$

7. 薛定谔方程

(1) 波函数 $\Psi(x,t)$：$|\Psi|^2=\Psi\cdot\Psi^*$ 为概率密度. 标准条件：单值、有限、连续.

(2) 薛定谔方程(一维)：

$$\mathrm{i}\hbar\frac{\partial}{\partial t}\Psi(x,t)=-\frac{\hbar^2}{2m}\frac{\partial^2}{\partial x^2}\Psi(x,t)+U(x,t)\Psi(x,t).$$

(3) 定态薛定谔方程(一维):

$$-\frac{\hbar^2}{2m}\frac{\mathrm{d}^2\psi(x)}{\mathrm{d}x^2}+U(x)\psi(x)=E\psi(x).$$

8. 一维无限深方势阱

(1) 能量量子化:

$$E_n=\frac{\pi^2\hbar^2}{2ma^2}n^2\quad(n=1,2,\cdots).$$

(2) 波函数:

$$\psi_n(x)=\begin{cases}\sqrt{\dfrac{2}{a}}\sin\dfrac{n\pi}{a}x & (0<x<a),\\ 0 & (x\leqslant 0,x\geqslant a).\end{cases}$$

9. 势垒穿透　隧道效应

粒子的能量 E 小于势垒高度时,粒子仍能透入或穿透势垒的现象.

10. 自旋

(1) 自旋是电子本身的固有属性.

(2) 自旋角动量:

$$S=\sqrt{s(s+1)}\hbar,\ s=\frac{1}{2}.$$

(3) 自旋角动量在空间 z 方向的投影:

$$S_z=m_s\hbar,\ m_s=\pm\frac{1}{2}.$$

11. 4 个量子数

(1) 主量子数 $n=1,2,3,\cdots$,核外电子的能量主要由其确定. 对氢原子,$E_n=-\dfrac{me^4}{32\pi^2\varepsilon_0^2\hbar^2}\cdot\dfrac{1}{n^2}$.

(2) 角量子数 $l=0,1,2,\cdots,n-1$;绕核运动角动量 $L=\sqrt{l(l+1)}\hbar$.

(3) 磁量子数 $m_l=0,\pm1,\pm2,\cdots,\pm l$;绕核运动角动量的 z 方向分量 $L_z=m_l\hbar$.

(4) 自旋磁量子数 $m_s=\pm\dfrac{1}{2}$,$S_z=m_s\hbar$.

12. 原子核外电子排布

(1) 泡利不相容原理:同一原子中不可能有两个或两个以上的电子具有一组完全相同的量子数(n,l,m_l,m_s).

(2) 能量最低原理:原子中的核外电子趋向于首先占据能量最低的状态.

(3) 主壳层:n 相同的电子.

(4) 支壳层:n 相同且 l 相同的电子.

拓展与探究

19.1　有的生物昼伏夜出,它们有卓越的夜视能力. 人类虽然夜视能力非常弱,但利用夜视仪,人们在夜间的"视力"也非常出色. 试探究夜视镜设计的原理,要"看清"1 000 m 外的目标,夜视镜的技术参数有什么要求?

19.2　摩尔定律是由英特尔创始人之一戈登·摩尔(G. Moore) 提出来的. 其内容如下:当价格不变时,集成电路上可容纳的元器件的数目,每隔 18 ~ 24 个月便会增加一倍,性能也将提升一倍. 直到目前为止,摩尔定律一直有效. 但摩尔定律并非物理规律,试从物理上分析摩尔定律是否会一直有效.

19.3　酶可显著加速或减慢化学反应. 生物有机体内部有各种酶,在一个活细胞中同时进行的几百种不同的反应都是借助于细胞内的酶完成的. 在实验室中需几天或几个月才能完成的复杂反应,借助酶的催化作用,能在数秒钟之内完成. 从物理上看,催化过程必然涉及酶和底物(被催化对象) 间电子层级的影响与作用,而且这种作用似乎快得不可思议. 试从物理上研究之.

19.4　信息技术应用中,信息在逻辑上用二进制(0,1) 来编码,在物理上一般利用磁介质的磁化状态来表示,在电路中则是通过高、低电位进行信息处理. 在量子物理中,微观粒子的量子态也可表征信息,如电子自旋向上和向下即可表示 0,1. 试探究量子信息处理的优势、不足和发展前景.

习 题 19

19.1 夜间地面降温主要是由于地面的热辐射. 如果晴天夜里地面温度为 -5 ℃,按黑体辐射计算,每平方米地面失去热量的速率多大?

19.2 在地球表面,太阳光的强度是 $1.0\times10^3\ \mathrm{W/m^2}$. 地球公转轨道半径以 1.5×10^8 km 计,太阳半径以 7.0×10^8 m 计,并视太阳为黑体,试估算太阳表面的温度.

19.3 宇宙大爆炸遗留在宇宙空间的均匀背景热辐射相当于 $T=3$ K 的黑体辐射,试求:

(1) 其单色辐出度的峰值波长;

(2) 地球表面接收这一辐射的功率(地球半径取 6.4×10^3 km).

19.4 铝表面电子的逸出功是 4.2 eV,今有波长为 $\lambda=200$ nm 的光照射铝表面,求:

(1) 光电子的最大初动能;

(2) 截止电压;

(3) 铝的红限波长.

19.5 康普顿散射中,入射 X 射线的波长是 $\lambda=0.070$ nm,散射 X 射线与入射 X 射线垂直. 求:

(1) 反冲电子的动能 E_k;

(2) 散射 X 射线的波长;

(3) 反冲电子的运动方向和入射 X 射线方向间的夹角 θ.

19.6 求波长为 $\lambda_1=7.0\times10^{-7}$ m 的红光和波长为 $\lambda_2=0.25\times10^{-10}$ m 的 X 射线光子的能量、动量和质量.

19.7 处于第四激发态($n=5$)上的大量氢原子,最多可发射几个线系的谱线?共几条谱线?哪一条波长最长?

19.8 将氢原子中的电子从 $n=2$ 的轨道上电离出去,需多少能量?

19.9 德布罗意关于玻尔角动量量子化的解释. 以 r 表示氢原子绕核运行的轨道半径,以 λ 表示电子波的波长,如图 19.25 所示. 氢原子的稳定性要求电子在轨道上运行时电子波应沿整个轨道形成整数波长. 试由此并结合德布罗意公式导出电子轨道运动的角动量应为 $L=mrv=n\hbar$,$n=1,2,\cdots$. 这正是当时已被玻尔提出的电子轨道角动量量子化的假设.

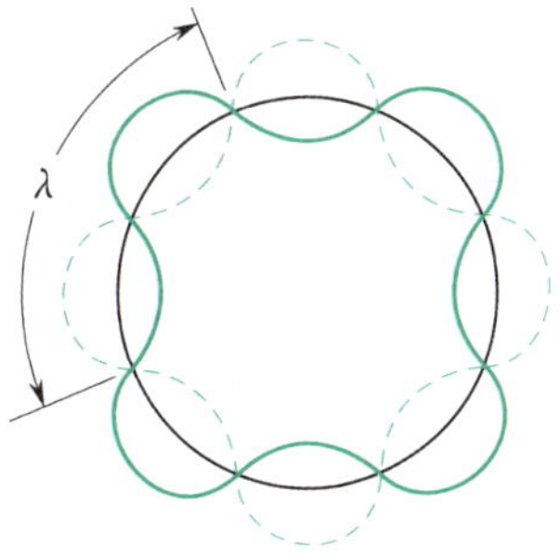

图 19.25 习题 19.9 图

***19.10** 质量为 m 的卫星在半径为 r 的轨道上环绕地球运动,线速度为 v.

(1) 假定玻尔理论关于轨道角动量的假设对该卫星同样成立,试证明该卫星的轨道半径与量子数的平方成正比,即 $r=kn^2$(式中 k 为比例系数).

(2) 应用(1)的结果探讨卫星两个相邻容许“轨道”间的距离,由此进一步说明宏观问题中轨道半径在实验上可认为是连续变化的(设地球质量 $M=6\times10^{24}$ kg,地球半径 $R=6.4\times10^3$ km).

19.11 电子和光子的波长都是 2.0×10^{-10} m,它们的动量和总能量各是多少?

19.12 室温下($T=300$ K)的中子称为热中子,试计算热中子的平均德布罗意波长.

19.13 假定对粒子动量的测定可以精确到千分之一,试确定下述粒子位置的不确定量:

(1) 质量为 5.0×10^{-3} kg、以 200 m/s 的速率运动的子弹;

(2) 以 1.8×10^8 m/s 的速率运动的电子.

***19.14** 一束动量为 p 的电子通过宽度为 a 的狭缝发生单缝衍射,设缝与屏之间的距离为 R,试求屏上所观察到的衍射条纹的中央明纹宽度.

19.15 电视机显像管中电子的加速电压为 9 kV,电子枪枪口直径取 0.5 mm,枪口到荧光屏的距离为 0.30 m,求荧光屏上一个电子形成的亮斑直径. 这样大小的亮斑影响电视图像的清晰度吗?

19.16 设有一宽度为 a 的一维无限深方势阱,试用不确定关系估算阱中质量为 m 的粒子的最低能量.

19.17 设有一宽度为 a 的一维无限深方势阱,粒子处在第一激发态,求在 $x=0$ 至 $x=\frac{a}{3}$ 之间找到粒子的概率.

19.18 设粒子在宽度为 a 的一维无限深方势阱中运动时，其德布罗意波在阱内形成驻波，试利用这一关系导出粒子在阱中的能量计算式.

19.19 设有某线性谐振子处于第一激发态，其波函数为

$$\psi_1(x)=\sqrt{\frac{2a^3}{\pi^{1/2}}}\,x\mathrm{e}^{-\frac{a^2x^2}{2}},$$

式中 $a=\sqrt[4]{\frac{mk}{\hbar^2}}$，$k$ 为常量，试问该谐振子在何处出现的概率最大？

19.20 做一维运动的粒子处于如下波函数所描述的状态：

$$\psi(x)=\begin{cases}Ax\mathrm{e}^{-\lambda x}, & x\geqslant 0,\\ 0, & x<0,\end{cases}$$

式中 $\lambda>0$，A 为待定常量.

(1) 将此波函数归一化；

(2) 求粒子位置的概率分布；

(3) 粒子在何处出现的概率最大？

19.21 求氢原子处于基态时，电子到原子核的平均距离.

19.22 求氢原子处于基态时，电子的电势能的平均值，并由此计算电子动能的平均值. 若按经典力学计算，电子的方均根速率是多少？

***19.23** 设氢原子核外电子的波函数为 $\psi_{2,1,0}(r,\theta,\varphi)=\frac{1}{4\sqrt{2\pi}}a_0^{-5/2}r\mathrm{e}^{-\frac{r}{2a_0}}\cos\theta$，试求对应核外电子的能量、角动量及角动量在 z 方向的分量.

****19.24** 在施特恩-格拉赫实验中，磁极的长度为 4.0 cm. 垂直方向上，磁场的梯度为 1.5 T/mm. 如果银原子炉的温度为 2 500 K，试求：

(1) 银原子在磁场中所受的力；

(2) 接收屏上两条银原子沉积线间的距离.

***19.25** 求基态银原子在外磁场中，其角动量和外磁场方向的夹角以及磁势能（设外磁场的磁感应强度为 $B=1.2$ T）.

19.26 设氢原子核外电子的角量子数为 $l=3$，则其角动量为多少？角动量在 z 方向上的投影 L_z 可有哪几个取值？

19.27 原子核外电子的量子态由 n,l,m_l,m_s 共 4 个量子数表征，则当 n,l,m_l 给定时，不同量子态有几个？若给定的只有 n,l，则结果又如何？若只给定 n，又可以有多少个不同的量子态？

19.28 分别写出硼（B，$Z=5$）、氩（Ar，$Z=18$）、铜（Cu，$Z=29$）在基态时的核外电子排布.

第20章

激光与固体电子学简介

左图是发光二极管(LED)整齐排列构成的超大屏幕，你知道LED的核心结构是什么吗?

20世纪初量子力学的建立，使物理学理论发生了一次大飞跃，人们对客观世界的认识也从宏观深入到微观领域.1927年，量子力学开始用于固体物理领域，促进了对固体材料、半导体、激光、超导等的研究，大大推动了新技术的发明，促进了生产力的发展.例如我们使用的每一台收音机、电视、袖珍计算器和电脑等，都含有半导体器件.

激光是20世纪60年代出现的一种新型光源.1960年美国人梅曼(T.H. Maiman)制造出世界上第一台激光器，之后激光技术得到了迅猛发展.激光的出现也极大地促进了其他科学技术的发展，形成了一系列新的交叉学科和应用技术领域.激光在生物、物理、化学、材料加工、精密测量、信息处理、医疗卫生等方面有着极为广泛的应用.生活中激光应用也司空见惯，如激光打印机、激光打标、激光投影、激光手电、孩童用的激光画笔和激光枪等.光缆信息传输也利用了激光技术，日常手机通信也与此相关.激光已经成为人类现代生活的重要组成部分.

本章通过氦氖激光器简要介绍激光的产生原理和主要特性，并简要介绍非线性光学；随后介绍导体、绝缘体和半导体的能带理论与半导体导电的性质和应用；最后简单介绍超导电性.

本章目标

1. 了解受激辐射与光放大，激光产生的条件，激光的特点与应用.
2. 分析能带的形成过程，根据能带结构区分导体、绝缘体和半导体.
3. 分析强激光作用于某些物体时产生的非线性现象.
4. 分析p型和n型半导体的导电机制，分析pn结的形成.
5. 了解超导电性及其基本特点.

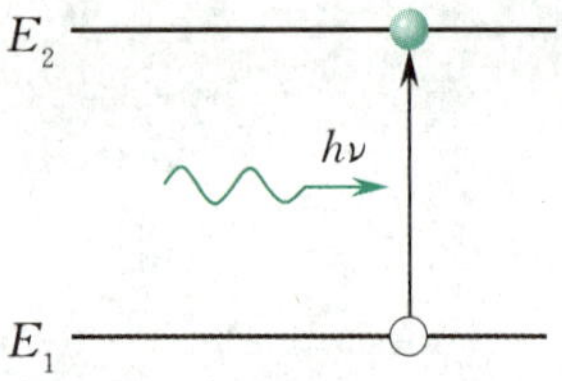

(a) 受激吸收

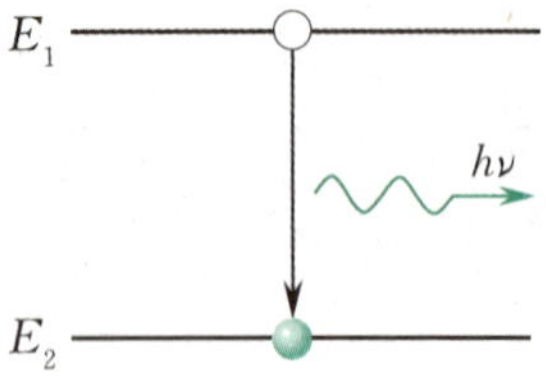

(b) 自发辐射

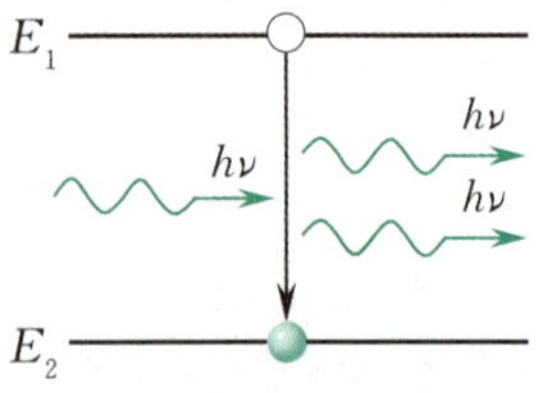

(c) 受激辐射

图 20.1　受激吸收、自发辐射和受激辐射

20.1　激光

20.1.1　原子的激发与辐射

激光是受激辐射光放大(light amplification by stimulated emission of radiation, laser)的简称，其产生过程与原子（或其他微观粒子）的激发、辐射有非常密切的联系.

向原子提供能量，使其从基态（能量最低的状态）跃迁到激发态（能量较高的状态）的过程，称为原子的激发. 原子的激发方式有很多种，其中常用的有光激发和电激发. 光激发是以适当频率的光子射入原子系统中，原子吸收光子的全部能量后跃迁到激发态，这一过程又称光的**受激吸收**(stimulated absorption)，简称光吸收（见图 20.1(a)）. 电激发则通常采用气体放电的方式进行，经高电压加速的电子和工作物质中的原子或分子发生碰撞，将能量传递给分子或原子，使其激发到高能态.

处在高能态的原子是不稳定的，即使不受外界的影响，也会自发地向低能态跃迁，并在跃迁过程中辐射出一个光子，这一发光过程称为**自发辐射**(spontaneous radiation)（见图 20.1(b)）. 由于各原子的自发辐射彼此独立、互不相关，因此不同原子自发辐射所产生的光子的频率、相位、传播方向及偏振态均可不同. 若高能态 E_2 上的原子在自发辐射前受某一特定频率($h\nu = E_2 - E_1$)外来光子的诱导，它也会向低能态 E_1 跃迁，在跃迁过程中辐射出一个光子，这一发光过程称为**受激辐射**(stimulated radiation)（见图 20.1(c)）. 受激辐射所产生的光子与外来光子具有完全相同的特性，即其频率、相位、偏振态、传播方向等均与外来光子完全相同. 这样，受激辐射使 1 个光子变成 2 个完全相同的光子，2 个光子再变成 4 个完全相同的光子…… 由此，很快获得大量性质完全相同的光子，这一现象称为**光放大**(light amplification). 受激辐射导致的光放大正是产生激光的根本原因.

20.1.2　产生激光的条件

1. 粒子数反转

动画视频

粒子数反转

光与原子系统相互作用时，同时存在受激吸收、自发辐射和受激辐射 3 种不同过程. 其中，自发辐射不能形成激光，受激吸收使光减弱，只有受激辐射使光放大，故要形成激光，务必使受激辐射超过受激吸收占主导地位. 而受激辐射和受激吸收究竟谁占主导地位则取决于系统内高能态和低能态上原子数的多少. 若单位体积中处于低能态上的原子数 N_1 大于单位体积中处于高能态上的原子数 N_2，则受激吸收将超过受激辐射，总的效果是光吸收；反之，若 $N_2 > N_1$，则受激辐射压倒受激吸收，总的效果是光放大. 因此，要产生激光，必须使单位体积中处于高能态上的原子数 N_2 大于处在低能态上的原子数 N_1，这正好与热平衡时各能级上原子数分布情况相反(热平衡时,原子在各能级上的分布服从玻尔兹曼分布,即 $N_n \propto e^{-\frac{E_n}{kT}}$. 能级越高,相应能级上的原子数越少),称为**粒子数反转**(population inversion). 粒子数反转是产生激光的必要条件.

能否实现粒子数反转,与工作物质的能级结构及其性质有关. 一般情况下,原子激发到高能级后,会自发地朝低能级跃迁,原子停留在高能级上的平均时间称为该能级的平均寿命. 各能级的平均寿命不尽相同,一般情况下都较短,约为10^{-7} s 数量级. 但对于某些特殊材料而言,有些能级的平均寿命可达 1×10^{-3} s. 这些寿命较长的能级称为**亚稳态能级**,简称**亚稳态**(metastable state). 只有选用具有亚稳态能级结构的材料作工作物质才可能实现粒子数反转. 通常选用的工作物质有红宝石、二氧化碳、某些染料等. 以红宝石为例(在白宝石Al_2O_3 中掺入适量铬离子Cr^{3+} 即成红宝石),其能级结构(实际上是Al_2O_3 环境中的Cr^{3+} 的能级)如图 20.2 所示. 图中 E_1 为基态能级,E_2 即为亚稳态能级.

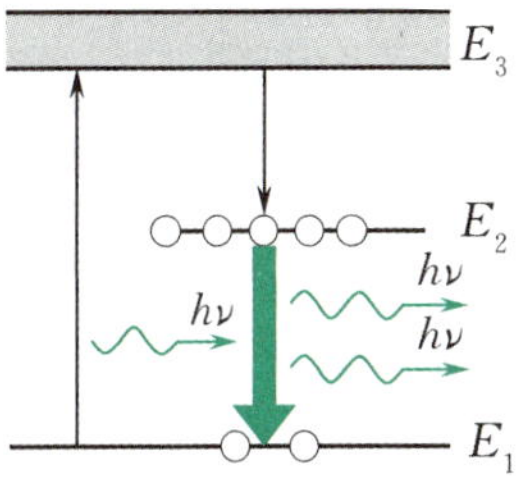

图 20.2 红宝石能级结构及粒子数反转示意图

另外,还必须设法给工作物质(又称激活介质)提供能量,以便有足够多的粒子被激发到高能态,这一过程称为"泵浦"(亦称"抽运"或"激励"). 常用的抽运方法有光照、放电等. 以红宝石为例,工作时以氙灯作激励源(氙灯发出光子的能量为 $h\nu = E_3 - E_1$),采用光照的办法将粒子(铬离子)激发到高能级 E_3 上,因在高能级 E_3 上的寿命很短,粒子会快速朝 E_2 跃迁(另有一部分粒子跃迁至 E_1 上),又因粒子在 E_2 上停留的时间较长,故只要抽运的能量足够大(如氙灯的光强足够大,包含足够多的入射光子),就会有足够数量的粒子从 E_1 跃迁到 E_3,并通过朝 E_2 快速跃迁的过程在能级 E_2 和 E_1 间形成粒子数反转. 实现粒子数反转后,虽然 E_2 上的粒子仍会朝 E_1 自发跃迁,但由于粒子在 E_2 上停留的时间较长,因此,若受外来频率为 $\nu = \dfrac{E_2 - E_1}{h}$ 的光子的诱导,将在能级 E_2 和 E_1 之间产生受激辐射为主的光放大.

固体激光器(工作物质为固体)的激励方式通常为光照(如上述红宝石激光器),而气体激光器(工作物质为气体)则多用放电形式予以激励. 下面以氦氖激光器为例,对气体激光器的激励过程和粒子数反转的实现进行分析. 图 20.3 所示为外腔式氦氖激光器结构示意图.

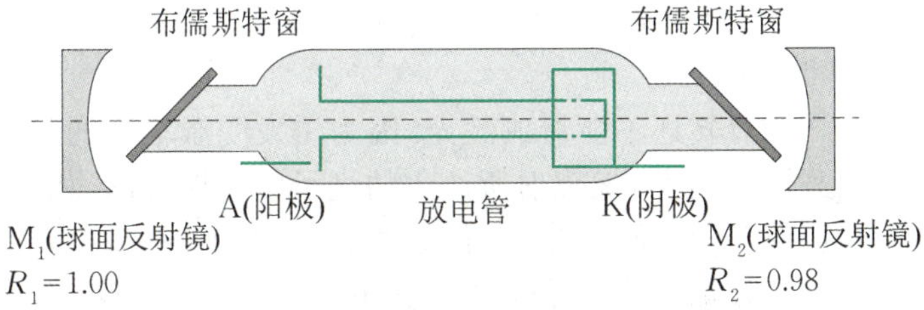

图 20.3 外腔式氦氖激光器结构示意图

在一预先被抽成真空的玻璃管内封入一定量的氦(He)、氖(Ne)混合气体,其气压为 $2.66\times10^2 \sim 3.99\times10^2$ Pa,两种气体的气压比为

5∶1～10∶1. He原子与Ne原子部分能级结构如图20.4所示. Ne原子的4S与5S能级均为亚稳态能级,与3P及4P能级相比,Ne原子在4S和5S能级上停留的时间要长得多,因此,可设法不断地将Ne原子从基态激发到4S和5S能级上,实现4S,5S对3P,4P能级的粒子数反转.然而,实验证明,基态Ne原子吸收电子能量激发至亚稳态4S与5S的概率极小,故仅有Ne原子是很难通过放电形式实现粒子数反转的.而He原子有与Ne原子对应的基态和亚稳态能级1^1S,2^3S与2^1S(见图20.4),并且He原子吸收电子能量从基态跃迁亚稳态的概率较大,因此,在Ne中混入一定量的He.加电时,放电管(He,Ne混合气体充入其中)中的游离电子在电场作用下加速,经电场加速的电子通过碰撞先将He原子激发到两个亚稳态,然后,亚稳态上的He原子跟基态Ne原子发生碰撞将能量传递给Ne原子,使Ne原子激发到亚稳态4S或5S上.由于亚稳态寿命较长,且放电管中He原子密度比Ne原子密度大,因此,有较多的He原子和Ne原子发生碰撞,使较多的Ne原子被激发到亚稳态4S和5S上,从而实现了4S,5S能级对3P,4P能级的粒子数反转.此时,如果受到外来适当频率光子的诱导,就会产生相应能级间的受激辐射光放大,分别发出3.39 μm,1.15 μm,632.8 nm波长的激光.若采用适当的措施抑制其中的两种辐射,则可输出单一波长的激光.

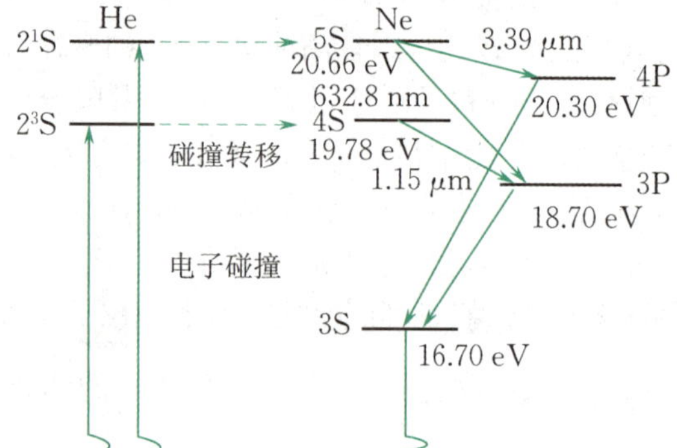

图 20.4　He, Ne原子部分能级结构示意图

综上所述,实现粒子数反转的条件有两个:

(1) 具备亚稳态能级的工作物质;

(2) 必须有能量输入系统.

2. 光学谐振腔

动画视频

光学谐振腔

仅有粒子数反转还不能形成激光.因为诱发受激辐射的最初光子通常源于自发辐射,而自发辐射所产生的光子的传播方向、相位、偏振态、频率等往往各不相同,所以,光虽被放大,但光的传播方向仍然杂乱无章,且其相位和偏振态五花八门,其单色性和自发辐射亦无多大区别.

为了获得单色性、方向性和偏振性均很好的激光束,必须设法选择特定种类的光子(光子的种类用频率、相位、传播方向和偏振态来区别)

进行优先放大，而将其他种类的光子抑制. 为此，可在工作物质的两端设置两块反射镜并使反射镜的轴线和工作物质的轴线平行，这对反射镜和工作物质一起构成所谓“**光学谐振腔**”，简称**谐振腔**. 反射镜可以是平面镜也可以是凹面镜，本节仅讨论平面镜情形，如图 20.5 所示.

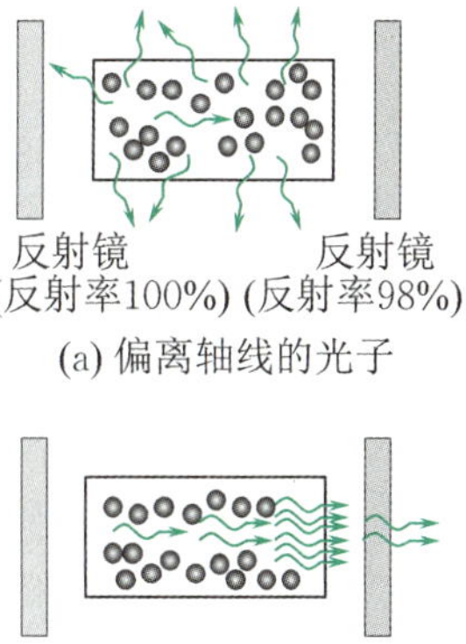

(a) 偏离轴线的光子

(b) 沿轴线的光子

图 20.5 光学谐振腔

谐振腔的主要功能是选频和择向. 由图 20.5 可见，凡是偏离轴线方向传播的光子均逸出腔外，而沿轴线方向运动的光子经平面镜反射后不断地在工作物质内往返运行，于是，沿轴线方向运动的光子不断增加，产生连锁式的光放大，形成方向性很好的强光束. 为了提高输出激光的单色性(选频)，常在谐振腔反射镜表面镀有多层反射膜，并使每层膜的厚度等于所需输出激光在膜内波长的 1/4，这样，所需波长的光在反射中加强，其他波长的光因得不到加强而减弱. 另外，两反射镜之间的距离也需精心设计并使光波在两镜面间的光程恰为所需激光半波长的整数倍，这样，所需波长和频率的光由于能在腔内沿轴向来回往返，满足谐振条件而不断加强，其他波长和频率的光因不满足谐振条件而逐渐减弱. 于是，只剩下特定频率、波长、相位和传播方向的光波. 最后，为了控制输出激光的偏振态，常在谐振腔中设置布儒斯特窗(见图 20.3)，使振动方向在谐振腔轴线和布儒斯特窗法线所张平面内的光振动得到放大(与该方向垂直的光振动因反射损耗大而被抑制)，并通过部分反射、部分透射(将谐振腔中的一个反射镜做成具有部分反射和部分透射功能) 将光引出腔外，形成性能优良的激光.

3. 阈值

粒子数反转以及谐振腔的存在还不一定能真正出光，因为在腔内还存在着损耗，如反射、透射、吸收、工作物质的不均匀所引起的散射等. 固然，粒子数反转后所进行的受激辐射使光放大，但损耗会导致光减弱，只有当光在谐振腔中来回一次所得到的增益超过同一过程中的损耗时，才会形成实际的光放大而输出激光，为此，要求粒子数反转密度必须大于某一最小值，该反转密度称为阈值反转密度. 相应地，对外界提供的能量大小也存在一最小值的限制，称为能量阈值，其他还有功率阈值、电流阈值等. 只有当相应的量分别超过自身阈值时，才会真正输出激光.

综上所述，形成激光必须具备以下 3 个条件：

(1) 要有具备亚稳态能级结构的工作物质，这是实现粒子数反转并产生光放大的必要条件；

(2) 要有光学谐振腔，利用谐振腔完成选频与择向任务并维持光振荡；

(3) 要有合适的激励能源，激励能源的能量需满足阈值条件.

20.1.3 激光的特性与应用

与普通光源相比，激光有如下特性和相关的应用.

1. 单色性和相干性好

光的单色性用其谱线宽度表示，谱线宽度越大，其单色性越差，反之，单色性越好. 对单色性较好的普通光源而言，其谱线宽度约为 $1\times10^{7}\sim1\times10^{9}$ Hz，而经过稳频的激光（如氦氖激光），其谱线宽度可达 0.1 Hz，和普通光源相比，激光的单色性可提高 $1\times10^{8}\sim1\times10^{10}$ 倍. 单色性好的激光其相干性好，在长度、时间等精密测量中具有广泛的应用，其测量精度是其他方法无法比拟的. 激光在信息处理中的应用亦得到快速发展.

2. 方向性好

激光束的发散角很小，可达 $1\times10^{-3}\sim1\times10^{-5}$ rad，这意味着激光具有很好的方向性，因而广泛应用于高精度定向、准直、制导和测距等技术之中. 如用激光测定月球与地球之间的距离（约 3.8×10^{5} km），误差仅为几十厘米.

3. 高亮度

激光能量可以在时间、空间上高度集中，形成高能量激光束或激光脉冲. 对输出功率较大的激光器，其亮度可达 1×10^{19} W/(sr·m^{2})，是太阳亮度的数百亿倍，激光束会聚后可在微小面积上产生上万摄氏度的高温，足以熔化或汽化对激光具有一定吸收能力的金属和非金属材料. 激光的这一特性，常用于进行精密打孔、切割和激光焊接. 激光还可用作手术刀（见图 20.6）. 激光手术刀不仅具有普通手术刀的功能，同时还具有高度选择性，特别设计的激光手术刀可以对人体内部器官实施手术而外部不受任何损伤. 另外，激光在受控核聚变、激光武器和非线性光学等领域也有重要应用.

图 20.6　激光手术刀

思考

1. 自发辐射和受激辐射各有什么特点？
2. 激光器主要由哪几个部分构成？各部分分别起什么作用？

20.2　激光与非线性光学

非线性光学又称强光光学，是激光出现之后发展起来的一门新型学科，主要研究强激光和物质相互作用时所产生的新现象、规律和有关应用.

此处光的强弱用光波场强 E 与构成物质之分子和原子内的平均电场 E' 之间的相对大小来衡量. 对普通光源发出的光波而言，其光波场强远小于原子、分子内的平均电场 E'，即 $E\ll E'$，此时光与物质相互作用时表现出来的效应为线性效应，光的独立传播原理和叠加原理成立，因而，激光出现之前的光学常称为线性光学或弱光光学. 激光出现之后，

由于激光光波场强 E 可达 $1\times10^{10}\sim1\times10^{12}$ V/m，与原子、分子内的平均电场 E'（一般约为10^{11} V/m 数量级）相当，此时将产生一系列新的非线性光学效应，如倍频、混频、自聚焦、受激拉曼散射、多光子吸收、光学参量放大与振荡等，这些新效应的发现和研究不仅使光学本身获得更进一步发展，同时也为其他有关科学技术的发展提供了重要手段和实现途径.

1. 倍频与混频

非线性光学的突破性进展始于对倍频现象的研究. 在红宝石激光器问世之后的 1961 年，弗兰肯（Franken）等人将波长为 $\lambda=694.3$ nm 的激光脉冲聚焦于石英晶体上，在对出射光光谱进行研究时，发现了 $\lambda=347.15$ nm 的倍频光线，由此揭开了非线性光学发展的新篇章. 倍频效应涉及光波场 E（电场）与物质的相互作用，现将其机理简述如下.

电场作用于电介质时将引起电介质极化，电介质极化情况用电极化强度 P 描述，电极化强度 P 和电场 E 之间的关系反映了电场和电介质极化之间的关系并决定极化后的一切电效应.

在一般情况下，当 E 较小时，P 和 E 之间成简单线性关系（各向同性线性电介质）；当 E 较大时，P 和 E 之间的关系比较复杂，不再满足线性关系. 为简单与清晰起见，仅考虑一维情况. 由电磁学理论可证明，P 和 E 间关系如下：

$$P=\chi^{(1)}E+\chi^{(2)}E^2+\chi^{(3)}E^3+\cdots, \tag{20.1}$$

式中 $\chi^{(1)}$ 称为线性极化率$\left(\text{通常的极化率}\chi_e=\dfrac{\chi^{(1)}}{\varepsilon_0}\right)$，$\chi^{(2)}$ 称为二次非线性极化率，$\chi^{(3)}$ 称为三次非线性极化率……

理论计算结果表明，它们之间满足如下关系：

$$\frac{\chi^{(2)}E^2}{\chi^{(1)}E}=\frac{\chi^{(3)}E^3}{\chi^{(2)}E^2}\approx\frac{E}{E'}, \tag{20.2}$$

式中 E' 即为分子、原子内的平均电场.

可见，当 $E\ll E'$ 时，$P-E$ 关系式中的二次及二次以上非线性项均可忽略不计，$P-E$ 关系演化为 $P=\chi^{(1)}E=\varepsilon_0\chi_e E$. 当 E 和 E' 可以比拟时，非线性项不能忽略不计，由此将引发一系列与它有关的非线性效应，强激光与物质相互作用即属此种情形. 下面以倍频和混频效应为例进行研究.

设有强激光射入电介质中，其光波场为

$$E=E_0\cos\omega t,$$

将其代入上述 $P-E$ 关系式并只考虑到二次项，得

$$\begin{aligned}P&=\chi^{(1)}E_0\cos\omega t+\chi^{(2)}E_0^2\cos^2\omega t\\&=\frac{1}{2}\chi^{(2)}E_0^2+\chi^{(1)}E_0\cos\omega t+\frac{1}{2}\chi^{(2)}E_0^2\cos2\omega t,\end{aligned} \tag{20.3}$$

式中第一项不随时间变化，称为直流项. 若其他各项均不存在，则 P 将不随时间变化，P 产生的电场将为一恒定电场. 可见，该项与一恒定电场对应，这种由交变电场得到一个恒定电场的现象称为光学整流. 第二项随时间做周期性变化，变化频率与入射光频率相同，称为基频项，这表明电介质极化后存在与入射光频率相同的偶极振荡，由此将产生频率与入射光频率相同的出射光. 第三项的频率是入射光频率的 2 倍，称为倍频项，该项表明电介质极化后存在频率为入射光频率 2 倍的偶极振荡，由此将产生频率为入射光频率 2 倍的出射光，此即光学倍频现象的根源.

若有两种不同频率的强激光射入电介质中，设其光波场强分别为

$$E_1 = E_{10}\cos\omega_1 t,\ E_2 = E_{20}\cos\omega_2 t,$$

则总光波场强为 $E = E_1 + E_2$，代入 P-E 关系（同样只考虑到二次项）有

$$\begin{aligned}P &= \chi^{(1)}(E_{10}\cos\omega_1 t + E_{20}\cos\omega_2 t) + \chi^{(2)}(E_{10}\cos\omega_1 t + E_{20}\cos\omega_2 t)^2\\ &= \frac{1}{2}\chi^{(2)}(E_{10}^2 + E_{20}^2) + \chi^{(1)}E_{10}\cos\omega_1 t + \chi^{(1)}E_{20}\cos\ \omega_2 t\\ &\quad + \frac{1}{2}\chi^{(2)}E_{10}^2\cos 2\omega_1 t + \frac{1}{2}\chi^{(2)}E_{20}^2\cos 2\omega_2 t\\ &\quad + \chi^{(2)}E_{10}E_{20}[\cos(\omega_1 + \omega_2)t + \cos(\omega_1 - \omega_2)t],\end{aligned} \tag{20.4}$$

式中，除出现了直流、基频和倍频项外，还出现了和频项（$\omega_1 + \omega_2$）和差频项（$\omega_1 - \omega_2$），偶极振荡将辐射出相应频率为（$\omega_1 + \omega_2$）和（$\omega_1 - \omega_2$）的光，这种现象称为光学混频.

显然，若考虑 P 和 E 关系中三次及其以上的非线性项，将可得到更多不同频率的倍频和混频光.

利用光学倍频和混频技术，可以由 1 种或 2 种频率的光（称为基频光）获得其他多种不同频率的激光输出，从而有效地拓宽了激光的波段范围，为激光的进一步应用奠定了基础.

为了获得倍频和混频激光输出，需要选用合适的非线性材料，常用的非线性晶体材料有 ADP（磷酸二氢氨），KDP（磷酸二氢钾），$LiNbO_3$（铌酸锂）等.

2. 受激拉曼散射

对一般光学介质而言，一定频率的光从外界射入后，除产生反射和折射外，还将产生散射，散射光的频率和入射光频率相同，这种散射称为瑞利散射.

1928 年，拉曼（C. V. Raman）通过实验发现，对某些光学介质（如硝基苯、金刚石等）而言，单色光射入其中并被散射后，散射光中除有频率不变的成分外，还出现了一些新的频率成分 $\nu = \nu_0 \pm \Delta\nu$（式中 ν_0 为入射光的频率），且频率改变量 $\Delta\nu$ 与入射光的频率无关，只与组成光学介质的分子结构和运动状态有关，这种散射称为拉曼散射.

通常情况下，对大多数光学介质而言，拉曼散射光十分微弱，若使

用普通单色光入射(其强度较小),则拉曼散射很难观察到. 激光出现之后,拉曼散射才得到更深入仔细的研究和发展. 实验发现,强激光射入光学介质后所产生的拉曼散射具有受激辐射的特点,即散射光强度大且具有高度的方向性、单色性,因而称为受激拉曼散射.

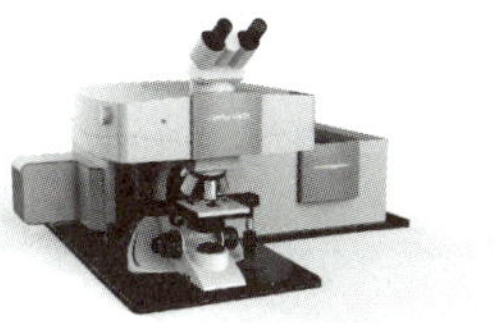

图 20.7 激光聚焦拉曼光谱仪

量子力学的研究表明,拉曼散射与构成散射物质的分子、原子的振动与转动能级密切相关,因而拉曼散射是了解原子、分子运动状态和物质结构分析的一项有用技术,并得到了广泛应用. 图 20.7 所示是实验室常用的激光聚焦拉曼光谱仪.

3. 自聚焦

人们通过实验发现,强激光射入介质中时,光束能量有向光传播轴线方向集中而导致光能量密度增大的现象,因这种现象与光通过透镜后向焦点会聚的现象相似,故称自聚焦. 自聚焦现象的严格分析极其复杂,现仅以一维情况为例对其物理机制进行粗略说明.

光在介质中的传播情况与介质折射率有关,根据电磁学理论,介质折射率 $n=\sqrt{\varepsilon_r}$(其中 ε_r 为介质相对介电常量),而 $\varepsilon_r=\dfrac{D}{\varepsilon_0 E}$(其中 E 为介质中的光波场强大小,D 为电位移的大小),又根据$\boldsymbol{D}=\varepsilon_0\boldsymbol{E}+\boldsymbol{P}$,并利用前述 P 与 E 关系有

$$\begin{aligned}D&=\varepsilon_0 E+P=\varepsilon_0 E+\chi^{(1)}E+\chi^{(2)}E^2+\chi^{(3)}E^3+\cdots\\&=\left[\left(1+\frac{\chi^{(1)}}{\varepsilon_0}\right)+\frac{\chi^{(2)}}{\varepsilon_0}E+\frac{\chi^{(3)}}{\varepsilon_0}E^2+\cdots\right]\varepsilon_0 E.\end{aligned}$$

由此得

$$\varepsilon_r=(1+\chi_e)+\frac{\chi^{(2)}}{\varepsilon_0}E+\frac{\chi^{(3)}}{\varepsilon_0}E^2+\cdots. \tag{20.5}$$

当入射光波场强 E 很小时,式(20.5)右边与 E 有关的项均可忽略,而只剩下与场强无关的第一项,介质的介电常量和折射率均为常量,这就是通常的弱光(或线性光学)情况. 当入射光波场强 E 较大时(强激光入射情况),式中与 E 有关的项将不能忽略,从而折射率将不再是常量,而与场强 E 有关. 由于激光在空间传播时,在垂直于光传播方向横截面上的光强分布不均匀,中心(即传播方向轴线上)强度最大,从中央往两边伸展,其强度逐渐减弱(强度分布曲线呈高斯曲线状),因而轴线位置上对应的折射率较大,对应光线的传播速度较小;离轴线越远,其折射率越小,光线的传播速度越大. 因不同部位光线传播速度不同,光波面将发生畸变. 若以原激光束波面为平面,则因中心光线速度小,边缘光线速度大,波面将逆着光传播方向发生凹陷并逐步向轴线集中,最后形成一极细的光丝,从而出现"自聚焦"现象.

自聚焦使激光束的能量进一步高度集中,这往往会导致激光物质或晶体的永久性破坏,一般应该避免.

20.3 固体电子能带

20.3.1 能带及其形成

固体是物质的一种重要聚集形态. 根据其内部结构的规则程度，固体可分为晶态固体和非晶态固体两类. 晶态固体简称**晶体**(crystal)，是由一些基本单元在空间周期性重复排列而形成的，基本单元的空间位置代表点称为格点，格点的集合称为晶体点阵，晶体点阵的不同形状反映晶体结构的不同周期性.

晶体中原子的能级和孤立原子的情况不同，形成所谓的能带. 能带及其成因简述如下.

晶体中的原子、分子、离子等集结紧密，因而原子的各内、外层电子"轨道"均有不同程度的重叠. 显然，最外层电子的轨道重叠得最厉害，这样，电子将不再局限在一个确定的原子上，而可以由一个原子转移到其他邻近的原子上去，甚至可以在整个晶体内运动，成为"共有化"电子. 由于内、外层电子轨道的重叠程度不同，因此其共有化程度亦有较大差异，最外层电子的共有化程度最高，而内层电子则和孤立原子的情况差不多.

值得注意的是，这种共有化是指电子在各原子间相应轨道上的转移，而不是在不同轨道间的转移. 设用 1s，2s，2p，… 来标记电子轨道，则共有化指的是一个原子的 1s 电子可以转移到其他原子的 1s 轨道上去，而一个原子的 1s 电子转移到另一个原子的 2p 轨道上去实现共有化是不大可能的. 因为在不同原子的相应轨道上，电子能量基本相同，在非相应轨道上，能量差别较大，所以这种共有化是相应能级上电子的共有化. 由于电子的共有化，原来的孤立原子能级因邻近原子间的相互作用而发生改变. N 个原子形成晶体时，原来的孤立原子能级将分裂成 N 个量值略有差别的子能级，这些子能级的能量分布在原能级附近一个很小的范围内（约 10^{-9} J 数量级），形成如图 20.8 所示的**能带**(energy band). 由于 N 很大，因此能带中相邻子能级的能量值差异极小（约 10^{-41} J），几乎可以看成是连续的. 能带的宽度与组成晶体的原子数 N 无关，主要取决于晶体中相邻原子间的距离 r，距离减小时能带变宽.

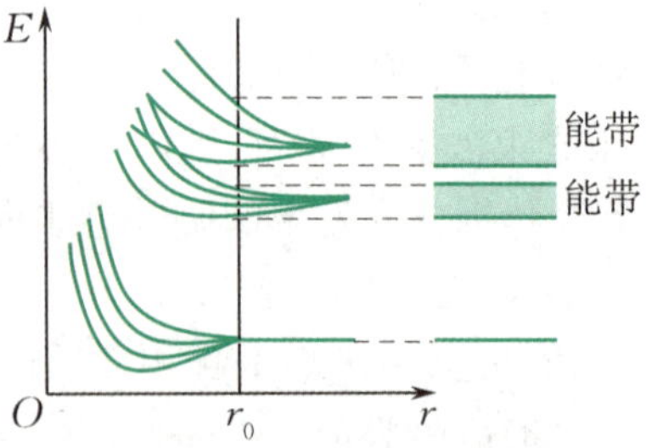

图 20.8　能级分裂成能带

N 个原子集结成为晶体时，单个电子的能级演变成具有 N 个子能级的能带. 能带中可容纳的电子数是对应孤立原子能级上可容纳电子数目的 N 倍. 如 2s 能级上可容纳两个自旋相反的电子，则与之对应的能带中可容纳 $2N$ 个电子(N 为晶体中的原子数)；而 2p 能级上可容纳的电子数为 6 个，与之对应的能带中可容纳的电子数目为 $6N$.

由于能带均有一定宽度，能带与能带间有可能出现一定程度的重叠，这种情况以外层电子的能带为甚. 当然，也可能在相邻两个能带间出现一个能量间隔(下能带顶和上能带底之间的距离)，这一能量间隔称为**禁带**(forbidden band).

20.3.2 能带中电子的填充和运动

微课视频

能带中电子的填充和运动

用能带理论讨论晶体导电问题时，常根据电子的填充情况把能带分成满带、不满带和空带. 全部被电子填满的能带称为**满带**(filled band)；完全没有电子填充的能带称为**空带**(empty band)；部分被电子填充而未填满的能带称为**不满带**(partially filled band).

一般而言，原子的内层能级都填满电子，形成晶体后，对应能带被电子填满成为满带；而最外层能级可能被电子填满，亦可能未被填满，形成晶体后，其对应能带亦将成为满带(对应于孤立原子能级被填满)或不满带(对应于孤立原子能级未被填满)；与各原子激发态对应的能带往往没有电子填入，因而成为空带. 满带中的能级都已被电子占据，在外电场(设外电场不太强)作用下，若有某电子从某子能级转移至能带中另一子能级，则必有另一电子沿相反的方向转移，两者互相补偿，不能形成定向电流，故满带不导电.

不满带的情况则不同. 不满带中有些子能级是空着的，电子在外电场中获得能量之后，可进入本带中未被电子占据的稍高的子能级，而且这种转移不一定有反向的电子转移与之抵消，因此形成电流. 故不满带具有导电作用，称为**导带**(conduction band). 空带中没有电子，在通常情况下无导电可言. 若有某种因素使电子受激而进入空带，则空带亦将参与导电，此时，空带也称为导带.

利用能带理论，可揭示绝缘体、导体在本质上的区别(此前人们曾认为绝缘体和导体只有量的区别，即其电导率量值不同)，此外，能带理论还预言了半导体的存在，为微电子学和有关技术的发展奠定了基础，现简述如下.

(1) **绝缘体**(insulator). 绝缘体的能带结构如图 20.9(a) 所示，其基带(与孤立原子基态对应的能带) 已被电子填满而成为满带，该满带与它上面空带之间的禁带宽度较大(约 3 ~ 6 eV). 在一般的热激发、光照或电场的作用下，满带中的电子很少能被激发到空带中去，因而，在一般情况下没有能参与导电的电子，成为不能导电的绝缘体.

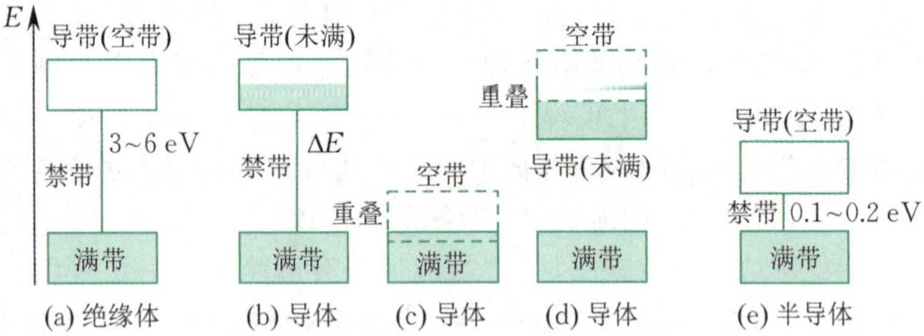

图 20.9　绝缘体、导体、半导体能带结构示意图

（2）**导体**（conductor）. 导体的能带结构一般可分为 3 种类型，如图 20.9(b)，(c)，(d) 所示. 图 20.9(b) 中存在只被部分电子填充的导带；图 20.9(c) 中满带和空带紧密相连或部分重叠，形成一整体上未被电子填满的导带；图 20.9(d) 中导带和空带重叠. 在这 3 种情况下，导带中的电子很容易从外电场中获得能量，从一个子能级跃迁至另一个子能级而形成电流，显示出很强的导电能力. 部分单价金属如 Li 的能带结构如图 20.9(b) 所示，某些二价金属如 Ca，Mg，Zn 等的能带结构如图 20.9(c) 所示，另外一些金属如 Na，K，Cu 等的能带结构则如图 20.9(d) 所示.

值得注意的是，晶体的能带和孤立原子能级间有时并不存在简单的对应关系，并且也不总是能够用原来孤立原子能级是否填满来判断晶体的导电性质，而应根据组成晶体后的能带来分析. 以碳原子组成的金刚石为例，孤立碳原子外层的 4 个价电子分别处在 2s，2p 能级上，2s 能级是满的，而 2p 能级却未满. 若孤立原子能级和形成晶体后的能带有简单的对应关系，则 2s 的相应能带虽满，但与 2p 对应的能带却未满，金刚石将成为导体. 而实际上，金刚石是绝缘体. 这一事实就需用晶体能带结构来解释. 如图 20.10 所示，当原子间距 r 等于 r_n 时，2s 能带和 2p 能带互相重叠；当原子间距 r 小于 r_n 时，这两个原来互相重叠的能带又分裂成两个新的能带，每个能带均包含 $2N$ 个子能级，各可容纳 $4N$ 个电子. 因金刚石中碳原子间距 r_0 小于 r_n，故晶体中的 $4N$ 个价电子填满下面能量较低的那个能带，而上面的能带却是空的，且禁带较宽（禁带宽度 E_g 约为 5.33 eV），故金刚石是绝缘体.

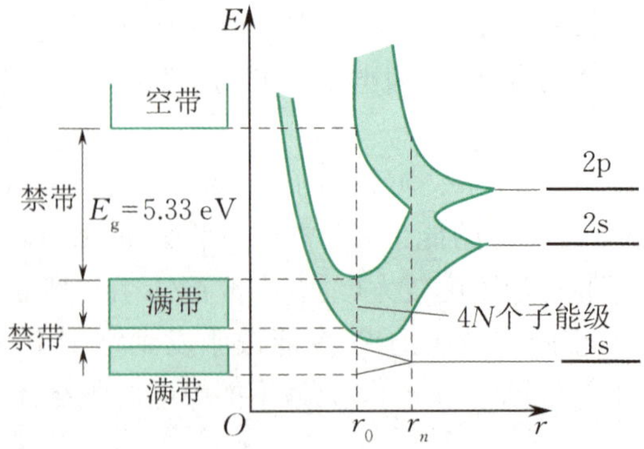

图 20.10　金刚石能带结构示意图

（3）**半导体**（semiconductor）. 能带理论预言，自然界应该有一种晶体的能带结构介于导体和绝缘体之间，其基带填满电子，激发带为空带，像绝缘体，但禁带宽度较小（约 0.1 ～ 0.2 eV），如图 20.9(e) 所示. 用不太大的能量（可通过热、光和电场等形式供给能量）就可将满带中的电子激发到上面的空带中去，进入空带中的电子和在原满带中留下的空位皆可参与导电，其导电性能介于导体和绝缘体之间，称为半导体. 后来的实验和进一步的研究令人信服地证明了这一结论. 硅和锗等半导体材料的出现和应用便是其典型的例证.

思考

1. 孤立原子中电子的运动和形成晶体后电子的运动有何不同？
2. 如何根据能带结构区分绝缘体、导体和半导体？

20.4 半导体及其应用

20.4.1 半导体的导电机制

微课视频

半导体导电机制

半导体中满带和空带间的禁带较窄，用不大的能量就可将满带中的电子激发到上面的空带中去（如热运动便可产生这种效果）. 进入空带中的电子在外场作用下可直接参与导电，称为**电子导电**（electronic conduction）. 满带失去电子后留下未被电子填充的能态称为**空穴**（hole）. 在外电场作用下，满带中的其他电子可填入这些空穴，但同时又留下新的空穴，新空穴又可被满带中别的电子所填充 …… 如此下去，空穴就像一个带正电的粒子一样参与导电（空穴的移动方向和电子的移动方向恰好相反），称为**空穴导电**（hole conduction）. 在没有杂质和缺陷的半导体材料中，参与导电的是电子-空穴对，这种导电机制称为**本征导电**（intrinsic conduction），参与导电的电子和空穴称为**本征载流子**（intrinsic carrier），纯净而无缺陷的半导体称为**本征半导体**（intrinsic semiconductor）.

在本征半导体中掺入其他元素的原子后所形成的半导体称为**杂质半导体**. 掺入的原子称为杂质，被掺杂的纯净半导体称为基体. 由于杂质原子的核外电子数和基体原子的核外电子数不一样，因而，必有“剩余”电子不能被共有化（注意：在一般情况下，“剩余”电子的能级和基体原子的电子能级不同），正是“剩余”电子在改善半导体的导电性能上起了重要的作用. 因杂质原子和基体原子不同，其能级（称为杂质能级，即杂质原子电子的能级）不在基体能带中，而是处于禁带中. 杂质能级在禁带中的位置与杂质原子的种类有关.

1. n 型半导体

在四价元素硅或锗中掺入少量五价元素（如磷或砷等）所形成的半导体称为 **n 型半导体**（n-type semiconductor），掺进去的磷或砷取代基体中的部分硅或锗原子，其 5 个价电子中有 4 个和邻近的硅或锗原子形成共价键，多出来的第 5 个价电子因无法参与共价键而被束缚在杂质离子周围. 量子力学的计算表明，该电子能级处在禁带中且靠近导带底部，如图 20.11(a) 所示. 因杂质能级靠近导带（离导带约 10^{-2} eV），受到激发时，杂质原子很容易释放出该电子，故这种杂质能级称为施主能级. 由于只需微弱的激发（如普通热激发）便可将施主能级上的电子激发到导带中去，因而在一般情况下，杂质半导体导带中的电子数比本征半导体中的多得多，与本征半导体相比，杂质半导体的导电性能大为改善. 可见，n 型半导体主要靠多余的电子导电，故亦称**电子型半导体**.

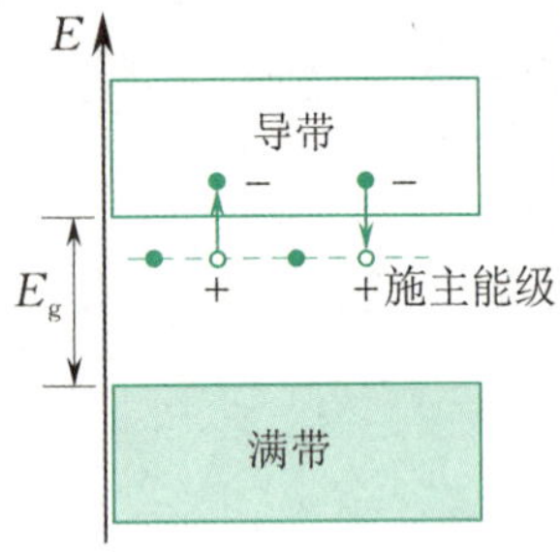

(a) n型半导体

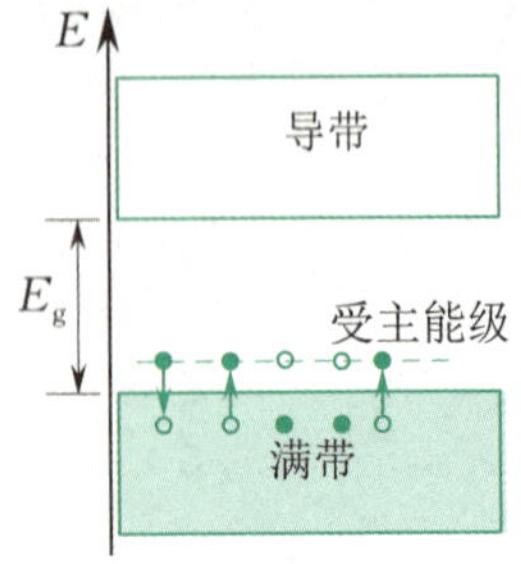

(b) p型半导体

图 20.11 杂质能级与杂质半导体能带结构示意图

2. p 型半导体

若在本征半导体硅或锗中掺入三价杂质元素（如硼或镓），则因杂质原子只有 3 个价电子，杂质原子取代基体原子并与之形成共价键时将缺少一个电子而留下一个空穴，空穴能级也在禁带中但靠近满带顶部，如图 20.11(b) 所示. 满带中的电子很容易被激发到这种杂质能级上去而在满带中留下空穴，因此，这种杂质能级称为受主能级. 与 n 型半导体相似，在常温下便有大量电子从满带中通过热激发途径跃至杂质能级上，同时在满带中留下空穴. 因此，与本征半导体相比较，这种杂质半导体中的空穴将大幅度增加，其导电性能亦大为改善. 因这种杂质半导体主要靠空穴来导电，故称**空穴型半导体**，亦称 **p 型半导体**（p-type semiconductor）.

在一定温度下，总会或多或少地有本征热激发，故 n 型半导体的满带中可有少量空穴，而 p 型半导体的导带中亦有少量电子. 它们均是对应类型半导体中的少数载流子.

20.4.2 pn 结

将一块半导体材料的两半分别做成 p 型和 n 型，则在两半的交界面处形成一个 **pn 结**（pn junction）. 因 p 型半导体中的空穴浓度大，而 n 型半导体中的电子浓度大，故 n 区中的电子将向 p 区扩散，而 p 区中的空穴则向 n 区扩散，结果在交界面处两侧形成一定的电荷积累，p 区一侧有负电荷，而 n 区一侧则有正电荷，这些电荷称为空间电荷. 空间电荷在交界处形成一电偶层，其厚度约为 1×10^{-7} m，如图 20.12(a) 所示. 该电偶层产生的电场由 n 区指向 p 区，其效果是阻碍空穴和电子进一步扩散. 当扩散与阻碍机制达到动态平衡时，pn 结间便形成一稳定电场和电势差. 其中，p 区电势低，而 n 区电势高. 电子在 n 区时电势能较低，在 p 区时电势能较高. 由于 pn 结中的电势是连续变化的，因而，从 p 区到 n 区，电子的电势能也将连续变化，形成一弯曲形状的势能曲线. 因其形状似一斜坡，故称为势垒，如图 20.12(b) 所示. 该势垒将阻碍 n 区中的电子

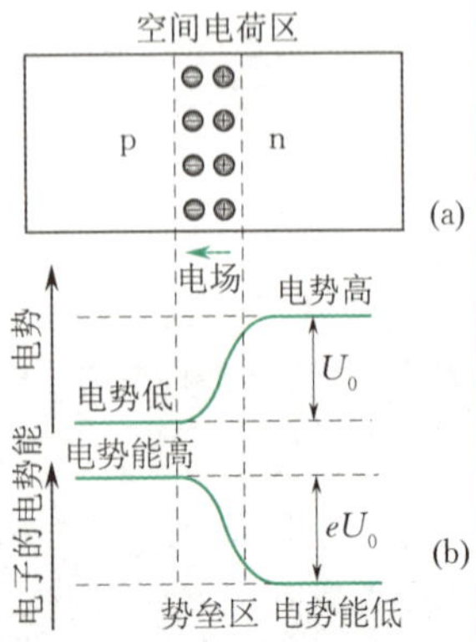

图 20.12 pn 结及其势垒

进入 p 区，同时也阻碍 p 区中的空穴进入 n 区，故称阻挡层.

与势能曲线的弯曲相对应，在 pn 结处，半导体的能带亦出现弯曲，如图 20.13 所示.

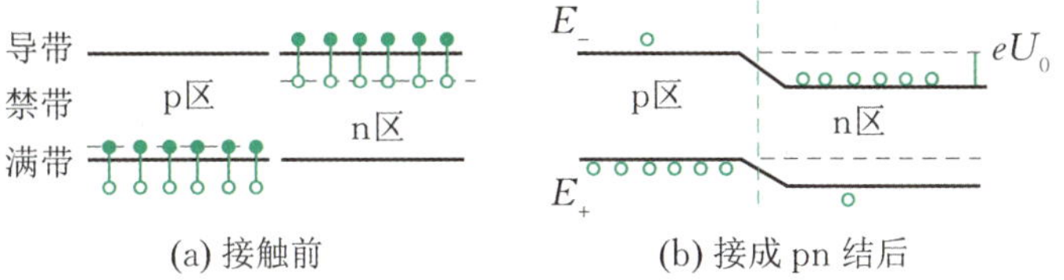

图 20.13 pn 结形成前后的能带示意图

加上外电场后，阻挡层的电势差将发生变化，其变化情况与外场方向有关. 如图 20.14(a) 所示，将 p 区接电源正极，n 区接电源负极，因外场的方向与阻挡层电场方向相反，阻挡层势垒降低，故 n 区中的电子和 p 区中的空穴将连续通过阻挡层向对方区域中扩散，形成正向电流，pn 结导通. 正向导通电流随外加电压的增加而迅速增大，相应于图 20.14(c) 中 $I-U$ 曲线正电压那段曲线. 若像图 20.14(b) 那样，将 p 区接电源负极，而 n 区接电源正极，则外场方向和阻挡层方向相同，阻挡层势垒升高，电子和空穴的扩散将受到强烈阻碍而难以进行，几乎没有电流. 只有原来 p 区的少数载流子电子和 n 区的少数载流子空穴通过 pn 结形成微弱的反向电流，这一反向电流随反向电压的升高而很快达到饱和，如图 20.14(c) 中 $I-U$ 曲线负电压那段曲线.

由于反向电流很弱，因此，pn 结具有单向导电性，可做成晶体二极管用于整流.

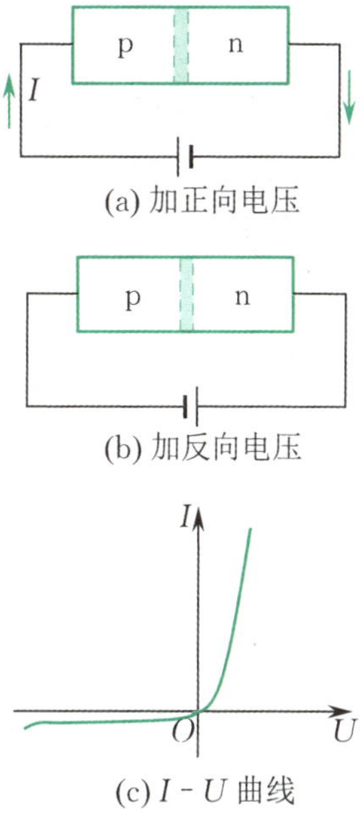

图 20.14 pn 结加正向、反向电压及 $I-U$ 曲线

20.4.3 半导体器件及应用

通过对 pn 结的特殊设计和组合，我们可制成各种不同类型的半导体器件，如发光二极管(LED)、光电池、结型激光器、三极管、可控硅集成电路、电荷耦合器件(CCD) 等，它们在太阳能利用、通信、计算机、雷达、电视等现代科学技术和生活中有着极为重要的应用.

赤崎勇、天野浩和中村修二因发明“高效蓝色发光二极管(LED)”获得了 2014 年诺贝尔物理学奖. 蓝光 LED 的出现使得我们可以用全新的方式创造白光. LED 灯的诞生，让我们有了更加持久、更加高效的新技术替代古老的光源. 图 20.15 所示为利用太阳能光电池作为能源的路灯. 俄罗斯的阿尔费罗夫和美国的克勒默因在异质结半导体激光器理论和实验上的开创性工作而获得 2000 年诺贝尔物理学奖. 图 20.16 所示为结型激光器和装有结型激光器的光盘驱动器.

图 20.15 利用太阳能光电池作为能源的路灯

图 20.16 结型激光器和装有结型激光器的光盘驱动器

博伊尔和史密斯由于发明 CCD 而获得 2009 年诺贝尔物理学奖. 近 20 年来，CCD 广泛应用在摄像头、照相机、摄像机上(见图 20.17)，终结了摄影史上的胶片时代.

半导体的特殊能带结构和导电性能，使其在工程技术中也有着十分广泛的应用，下面仅就一些常见应用进行简单介绍.

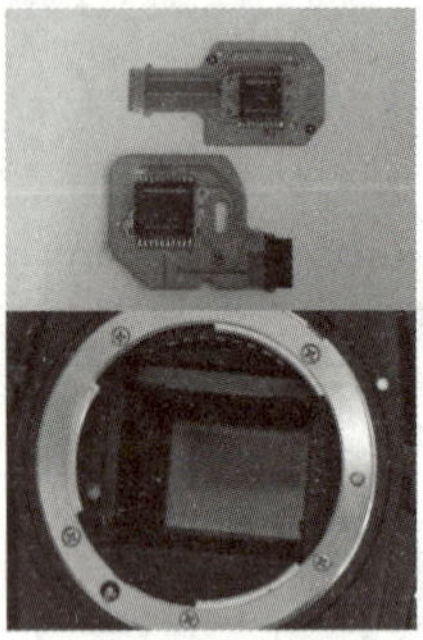

图 20.17　CCD 及其在数码相机中的应用

(1) 热敏电阻. 因半导体的禁带宽度很窄，热激发便可将满带中的电子激发到空带中去，产生导电电子和空穴，故半导体的导电能力随温度的增加而迅速提高. 特别是杂质半导体，其杂质能级和满带顶或空带底之间的距离很小，所需激发能也很小，因而其载流子电阻率与温度的关系十分敏感. 可利用半导体的这一特点制成热敏电阻，热敏电阻在自动控制中有十分广泛的应用.

(2) 光敏电阻. 一些半导体(如硒) 在光照的情况下，其载流子浓度迅速增加，电阻率急剧减小. 利用这一性质可制成光敏电阻，目前光敏电阻已广泛应用于自动控制和遥感等技术中.

(3) 霍尔元件. 霍尔效应表明，霍尔系数与载流子浓度成反比. 由于半导体中的载流子浓度远小于金属中载流子(电子) 的浓度，因此半导体的霍尔系数大，霍尔电压也大. 由半导体制成的霍尔元件在磁场和电流的测量以及传感器中均有广泛应用.

思考

1. 本征半导体、n 型半导体和 p 型半导体在导电性能上有何区别?
2. pn 结中，阻挡层是怎样形成的?它是如何受外界电场影响并进而影响 pn 结导电能力的?

*20.5　超导电性

1911 年，荷兰物理学家昂内斯(Onnes) 首次发现，汞在 4.2 K 附近时其电阻突然消失. 此后的进一步研究发现，当温度低于某一值时，有许多物体会出现零电阻现象. 物体呈现零电阻的特性称为**超导电性**，这时物体的状态称为**超导态**. 物体从正常态(有电阻) 转变为超导态(零电阻) 的临界温度 T_c 称为**超导转变温度**. 寻找各种新的超导材料，提高超导体的超导转变温度，引起了科技界的极大关注. 但直到 1986 年之前，新发现的超导材料的超导转变温度仅仅比汞的 T_c 提高了 19 K.

1986 年，人类对超导体的研究取得了重大突破，美国 IBM 公司首先发现 T_c 为 35 K 的超导材料，将超导转变温度一下提高了 11.8 K. 此后，在世界范围内相继掀起了研制高 T_c 超导材料的热潮，旧的记录不断被改写. 从 1986 年到 1988 年短短的两年多时间里，超导体的 T_c 被提高至 132 K，创造了人类科技史上的奇迹.

下面对超导体的基本特性、微观机理及应用前景予以简介.

1. 超导体的基本特性

(1) 零电阻.

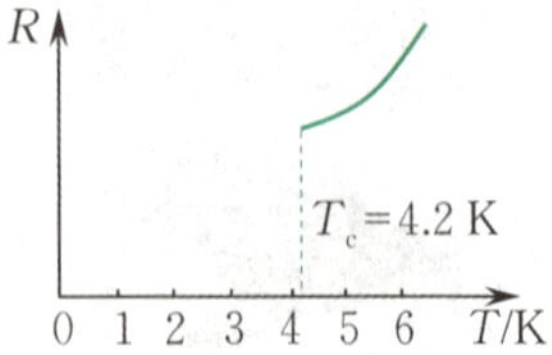

图 20.18　4.2 K 附近汞的电阻-温度曲线

图 20.18 给出的是汞在 4.2 K 附近的电阻-温度曲线，由图可见，当温度低于 4.2 K 时，汞的电阻突然消失. 研究表明，各种超导材料均有一超导转变温度 T_c. 当温度低于 T_c 时，由于电阻为零，超导体内电流无热损耗，导体内任意两点间虽有电流流动，但没有电势差，整个超导体是个等势体.

(2) 临界磁场.

处于超导态的物体($T < T_c$)，当外磁场 H 大于某临界值时，电阻突然出现，超导态转变成正常态，能破坏超导态的外磁场的临界值 H_c 称为临界磁场. 实验表明，

$$H_c(T)=H_0\left[1-\left(\frac{T}{T_c}\right)^2\right],$$

式中 H_0 为绝对零度时的临界磁场强度，图 20.19 所示为 H_c-T 曲线. 临界磁场的存在限制了超导体中能够通过的电流. 因为在一根超导线中有电流通过时，该电流也会在超导线中产生磁场，当该磁场足够强时，导线的超导电性就会被破坏.

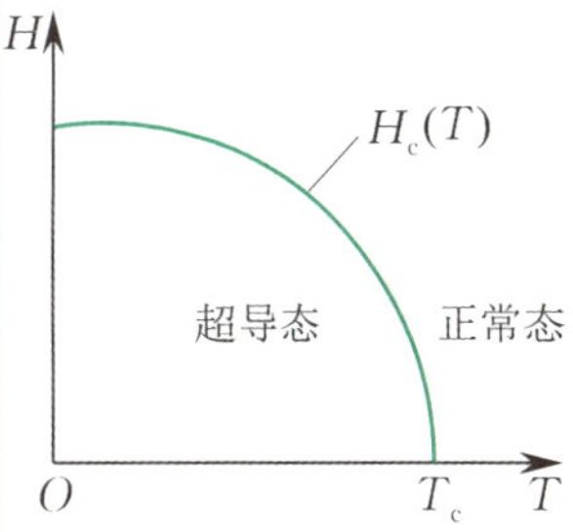

图 20.19 临界磁场与温度关系

(3) 迈斯纳效应.

1933 年，迈斯纳(Meissner) 发现，不论超导体内原来是否有磁场，只要低于临界温度，超导体处于超导态时，就会把磁场完全排出，使其内部磁场变为零. 这一现象称为迈斯纳效应或完全抗磁性. 利用超导体的完全抗磁性，可以实现超导磁悬浮，如图 20.20 所示.

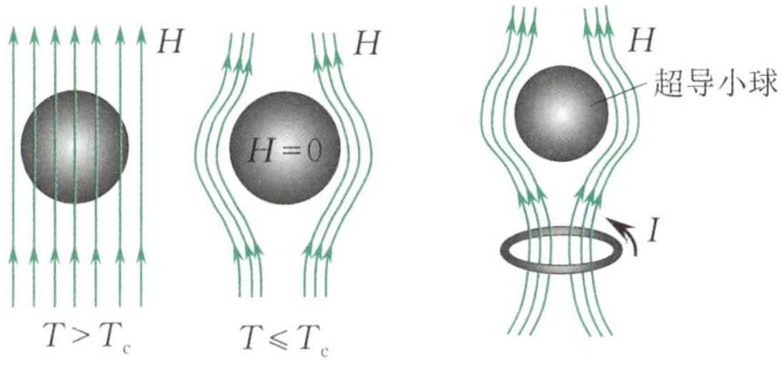

(a) 超导体的完全抗磁性　　(b) 超导磁悬浮实验

图 20.20 迈斯纳效应

(4) 超导能隙.

实验发现，超导基态与激发态之间存在一个能量差，这个能量差称为超导能隙，其宽度约为 1×10^{-4} eV 的数量级. 超导能隙随温度升高、磁场增加而急剧变小.

2. 超导体的应用前景

由于超导体独特的性质，其应用范围十分广泛. 下面介绍超导体在几个主要方面的应用.

(1) 直流传输.

用超导材料制成的输电线，由于线路上损耗极小，因此可进行直流输电，进而省去整流、变压器等一系列复杂过程及设备，这样既可大大地节省电能，又可简化输电设备. 此外，用超导材料制造的电机体积小、内耗少，这些都将促使电力工业发生重大变革. 目前这方面的部分研究成果已进入实用阶段.

(2) 超导强磁体.

由超导材料绕制成线圈，可制造磁感应强度达 40 T 以上的强电磁铁，其体积小、能耗低，是现代大型加速器和受控热核反应的磁约束的理想设备，也是储存电能的理想装置，在军事上可用作激光武器等的脉冲大电流源. 图 20.21 所示是中国科学院下属合肥物质科学研究院的超导磁体 SM3 及配套核磁共振系统，可测定蛋白质和核酸溶液的三维结构，进行与重大疾病相关的生物大分子结构生物学研究及药物筛选和设计研究.

图 20.21 超导磁体 SM3 及配套核磁共振系统

(3) 磁悬浮列车.

利用超导体的抗磁性可制造磁悬浮列车，将超导材料安装在列车底部，由于超导强磁场，可使列车悬浮于轨道上(悬浮高度可达 10 mm)，这种列车行驶不会受到轨道摩擦，故运行速度可达 500 km/h 以上.

(4) 超导电子学的应用.

超导电子学主要是指约瑟夫森效应的各个应用领域，超导量子干涉仪(SQUID)就是一个约瑟夫森结的并联装置. 利用 SQUID(见图 20.22) 测量电信号、磁信号，其

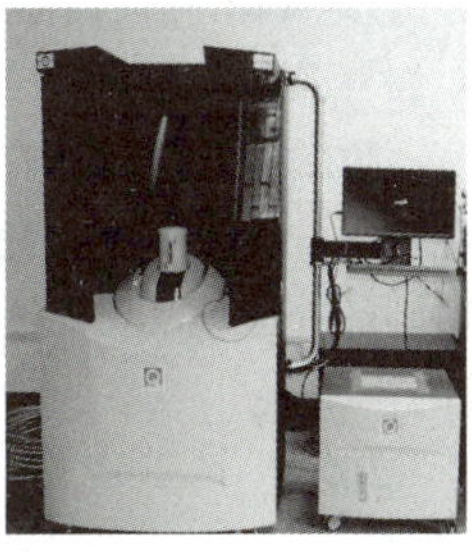

图 20.22 超导量子干涉仪

精密度和灵敏度都大大地高于常规检测仪器. 约瑟夫森效应还在高频领域、计量技术、计算机、自动检测、天体物理、医学、勘探、测量等多方面有着广泛的应用.

本章小结

1. 激光

(1) 激光由原子的受激辐射产生.

(2) 形成激光必须具备3个条件：

① 要有具备亚稳态能级结构的工作物质，保证实现粒子数反转并产生光放大；

② 要有光学谐振腔；

③ 要有合适的激励能源.

(3) 激光的特性：

单色性好、相干性好、方向性好、亮度高.

2. 固体电子能带

(1) 能带：N个原子形成晶体，孤立原子能级分裂成N个量值略有差别的子能级，称为能带.

满带：全部被电子填满的能带.

空带：完全没有电子填充的能带.

不满带：部分被电子填充而未填满的能带.

导带：电子受激进入的空带、不满带都具有导电作用，称为导带.

(2) 能带中电子的填充.

绝缘体：基带是满带，满带与空带之间的禁带宽度较大.

导体：有未填满电子的导带；或是满带和空带紧密相连或部分重叠，形成一整体上未被电子填满的导带；抑或是导带和空带重叠.

半导体：基带填满电子，激发带为空带，但禁带宽度较小.

3. 半导体及其应用

(1) 半导体的导电机制：n型半导体主要靠多余的电子导电，p型半导体主要靠空穴导电.

(2) pn结：n型半导体和p型半导体形成pn结.

pn结具有单向导电性，可做成晶体二极管用于整流.

(3) 半导体器件应用.

发光二极管、光电池、结型激光器、三极管、可控硅集成电路、电荷耦合器件等. 热敏电阻、光敏电阻、霍尔元件等.

拓展与探究

20.1 为了得到线偏振光，激光器谐振腔两端各安有一个玻璃制的“布儒斯特窗”(见图20.3)，使其法线与管轴的夹角为布儒斯特角. 根据光的偏振知识，请解释为什么这样射出的光就是线偏振光. 光振动沿何方向?

20.2 有人说，在极低温度下硅和锗都能成为很好的绝缘体，在极高温度下它们又能成为很好的导体. 你是否同意这种说法?为什么?

20.3 电视机遥控是通过红外线实现的，在遥控器和电视机内部都使用了半导体器件. 电视机里是哪种器件?遥控器里又是哪种器件?又是如何实现遥控的?

20.4 图20.23所示为M2A微型内窥镜，它可以像药丸一样被服下，故又称作“装在药丸里的相机”. 用M2A微型内窥镜做检查不会给病人带来痛苦，还可以帮助医生看见人体小肠内发生的病变. 请查阅相关资料，深入了解半导体器件在生物医学方面的研究进展及应用.

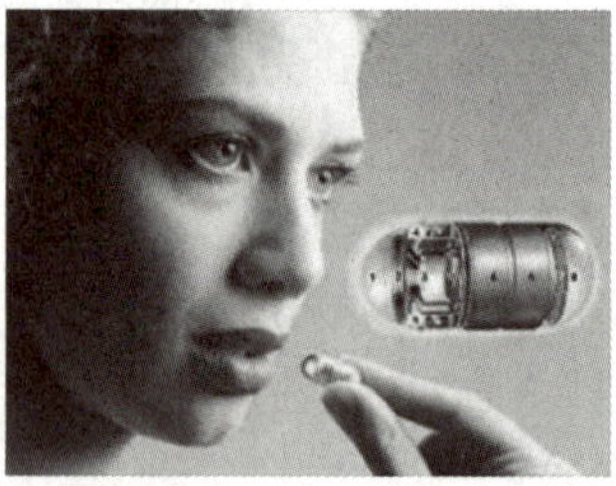

图20.23 M2A微型内窥镜

习题 20

20.1 简述光与物质的三种相互作用过程，并指出其影响因素.

20.2 激光器中谐振腔的主要功能是什么？简要说明谐振腔是如何实现其功能的.

20.3 如图20.24所示的激光笔是一种小型激光器，它们能发出相对低功率的激光，被广泛应用于教学、演示、指示等方面. 常见的激光有红光、绿光、蓝光. 请以激光笔为例，说明激光器的基本结构以及产生激光的基本条件.

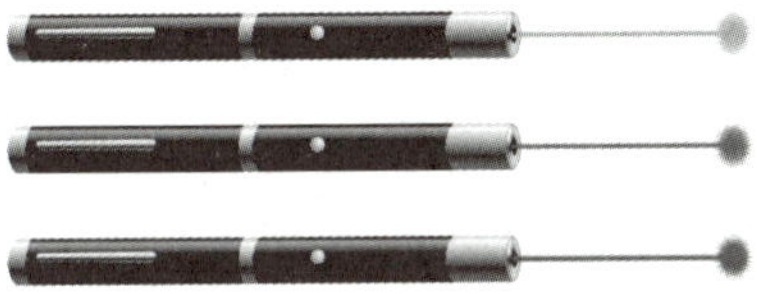

图 20.24　习题 20.3 图

20.4 CO_2 激光器发出的激光波长是 10.6 μm，和此波长相应的 CO_2 能级差是多少？

***20.5** 简述激光在某个方面的应用，说明原理并注明应用了激光的哪个特性.

20.6 N 个 Mn 原子集合形成晶体时，由孤立原子的 3d 能级演化而成的能带中有几个子能级？最多可容纳多少个电子？

20.7 测得锗晶体产生光电效应的红限波长是 1.85×10^3 nm，求锗的禁带宽度.

***20.8** 已知硅晶体的禁带宽度 $E_g = 1.8\times10^{-19}$ J，掺入适量五价元素后，施主能级和上面空带底的能量差为 1.6×10^{-21} J，试计算施主能级释放电子至空带中时所需吸收光子的最大波长.

20.9 硅晶体的禁带宽度为 1.2 eV. 适量掺入磷后，施主能级和硅的导带底的能级差为 0.045 eV. 试计算此杂质半导体能吸收的光子的最大波长.

***20.10** 已知 CdS 和 PbS 的禁带宽度分别为 2.42 eV 和 0.3 eV，试计算电子跨越禁带至导带所需吸收光子的最大波长.

20.11 根据霍尔效应测磁场时，用杂质半导体片比用金属片更为灵敏，为什么？

20.12 水平地放置一片矩形的 n 型半导体，使其长边沿东西方向，再自西向东通入电流. 当在半导体片上加一竖直向上的磁场时，半导体片内霍尔电场的方向如何？如果改用 p 型半导体片，而电流和磁场方向不变，半导体片内霍尔电场的方向又如何？

20.13 室温下 n 型半导体的霍尔系数为 $R_H = 100\ \mathrm{cm^3/C}$，其载流子浓度是多少？

****20.14** 如图20.25所示的LED全彩显示屏已被广泛应用于广告传媒、体育场馆、舞台背景、市政工程等. 全彩显示屏中的发光二极管采用半导体化合物材料制成，其禁带宽度为 1.9 eV，这种发光二极管发出的光的波长是多少？是什么颜色的光？

图 20.25　习题 20.14 图

第21章 原子核和粒子物理简介

我们每天都沐浴在阳光之下，太阳的能量之源是什么呢？这些能量是怎么产生的？

在上个世纪里，核物理给人类带来了巨大的影响，既有痛彻心扉的灾难，也有鼓舞人心的快乐.在本章中，我们将抛开情感来理性地了解原子核的基本性质和核力.核力决定了原子核的稳定与否，不稳定的原子核会如何演变呢？原子核间或原子与粒子的相互作用会产生什么样的结果呢？诸如此类问题的答案带来了核理论研究的重大成就——核能和核技术的广泛应用，这两项应用已成为当今科技现代化的主要标志之一.

对于原子核的研究又进一步推动人们去探索物质世界的更深层次，这就是粒子物理.它是当前人类探索物质结构最前沿的学科，是研究基本粒子内部结构及其相互作用、相互转化规律的科学.通过大量的科学实验，人们对基本粒子的性质和行为积累了许多知识.相信不久的将来，人类社会必然又将跃入一个更加先进的科学技术时代中.

本章目标

1. 了解原子核的基本性质和组成，原子核的结合能如何依赖于核内包含的质子和中子数.
2. 了解原子核的放射性衰变定律.
3. 分析几种典型核反应特征.
4. 获得对基本粒子谱系的基本认识，了解夸克模型和穆斯堡尔效应的应用.

21.1 原子核的基本性质

21.1.1 原子核的大小和形状

实验表明，原子核的形状接近于球形，常用其半径表示核的大小. 由于测量方法的不同，核的大小有两种不同的含义：一是指核力作用范围，即核力的作用半径；另一种是指核内电荷的分布范围，即**质子**(proton)的分布半径. 采用不同方法测量得到的结果表明，原子核大小的数量级都是 $10^{-14} \sim 10^{-15}$ m，且核体积都与其质量数 A（核内质子和**中子**(neutron)的总数）近似成正比，即核半径 R 近似正比于 $A^{1/3}$，用经验公式可表示为

$$R = r_0 A^{\frac{1}{3}}, \tag{21.1}$$

式中比例系数 r_0 为一经验常量. 在做粗略的计算时，$r_0 = 1.2$ fm，1 fm $= 10^{-15}$ m.

设原子核的质量为 M，体积为 V，密度为 ρ，原子质量单位为 u（1 u $= 1.66 \times 10^{-27}$ kg)，则有

$$\rho = \frac{M}{V} = \frac{M}{\frac{4}{3}\pi R^3} \approx \frac{A}{\frac{4}{3}\pi r_0^3 A}\text{u} = \frac{3}{4\pi r_0^3}\text{u} \approx 2.3 \times 10^{17}\ \text{kg/m}^3.$$

上述计算过程表明，原子核的密度与原子核的种类无关，同时计算结果显示，原子核内的质子和中子排列得相当紧密.

21.1.2 原子核的组成

1932 年查德威克(Chadwick)发现中子后，海森伯和伊凡宁柯独立地提出了原子核结构的质子-中子模型，认为原子核是由质子和中子组成的. 其后许多实验也都证实了原子核的基本构造单元是质子和中子.

质子是稳定粒子，自由中子却是不稳定的，它将衰变为 1 个质子、1 个电子和 1 个反电子中微子，平均寿命为 877.75 s.

质子与中子都是组成原子核的基本单元，所以又称为**核子**(nucleon). 在中性原子中，质子数用 Z 表示，中子数用 N 表示，核子总数称为**质量数**(mass number)，用 A 表示. 可见，对任一原子核，3 个参数之间的关系为

$$A = Z + N. \tag{21.2}$$

应该指出，严格地说，“原子核由质子和中子组成”的结论只是近似正确. 近年来，有许多证据表明，原子核内除有质子和中子外，还含有一定成分的介子和其他强相互作用粒子. 原子核的组成问题，至今仍是核物理研究的一个前沿和热点.

21.1.3 原子核的电荷与质量

原子核带有正电荷. 原子序数为 Z 的元素，其原子核的带电量为

Ze. 质子数 Z 也称为**核电荷数**.

应用现代质谱仪和核反应技术，可以精确地测定原子的质量. 在原子物理和核物理等领域，通常用原子质量单位 u 来量度原子质量，

$$1\ \mathrm{u} = 1.660\ 54 \times 10^{-27}\ \mathrm{kg}.$$

实验测得的质子和中子的质量分别为

$$m_p = 1.007\ 276\ \mathrm{u} = 1.673 \times 10^{-27}\ \mathrm{kg},$$

$$m_n = 1.008\ 665\ \mathrm{u} = 1.675 \times 10^{-27}\ \mathrm{kg}.$$

除了用原子质量单位表示原子质量外，有时还用相应的能量值表示：1 u 相当于 931.48 MeV.

质子数 Z 相同而质量数 A 不同的元素称为**同位素**(isotope)，如碳的质量数 A 一般为 12，但也有同位素 ${}^{13}_{6}C$ 存在，即质子数仍为 6，但质量数却为 13.

21.1.4 原子的自旋和磁矩

实验和理论都证明，原子核也像电子那样具有自旋和磁矩.

根据量子力学，原子核的角动量为

$$J = \sqrt{I(I+1)}\ \frac{h}{2\pi}, \tag{21.3}$$

式中 I 为原子核的自旋量子数，简称**自旋**(spin)，以区别于电子自旋 s. 质量数为奇数的原子核，其自旋为 $\frac{1}{2}$ 的奇数倍；质量数为偶数的核，其自旋为 $\frac{1}{2}$ 的偶数倍，即为整数.

原子核带有电荷且有自旋，也具有磁矩，称为核磁矩. 在原子物理学中，电子的自旋量子数为 $\frac{1}{2}$，磁矩为

$$\mu_e = \mu_B = \frac{eh}{4\pi m_e} = 9.274 \times 10^{-24}\ \mathrm{A \cdot m^2},$$

式中 μ_B 称为**玻尔磁子**，m_e 为电子质量，h 为普朗克常量.

核磁矩可用和电子磁矩相似的方法来表示，将上式中的电子质量 m_e 换为质子质量 m_p，就得到

$$\mu_p = \frac{eh}{4\pi m_p}, \tag{21.4}$$

式中 μ_p 称为**核磁子**. 因为质子质量为电子质量的 1 836 倍，所以核磁子为玻尔磁子的 $\frac{1}{1\ 836}$ 倍，即

$$\mu_p = \frac{1}{1\ 836}\mu_B = 5.051 \times 10^{-27}\ \mathrm{A \cdot m^2}. \tag{21.5}$$

实验测得质子的磁矩为 2.793 倍核磁子，中子的磁矩等于 -1.913 倍核磁子，负号表示其自旋角动量与磁矩方向相反. 中子的磁矩不为零，说明中子内也有一定的电荷分布，但其中正、负电荷的代数和为零，所以整个中子对外显出电中性.

原子核内所有核子自旋和轨道磁矩的矢量和就是原子核的磁矩.但习惯上把这个矢量在外场方向的最大投影值算作核磁矩,因为实验上测得的正是这个值.

21.1.5 原子核的结合能和比结合能

原子核由质子和中子所组成,但实验表明,原子核的静质量总是小于核子质量之和,差额 Δm 称为原子核的**质量亏损**(mass defect),一般可表示为

$$\Delta m = Zm_{\mathrm{p}} + (A-Z)m_{\mathrm{n}} - M_{核}. \tag{21.6}$$

按相对论质能关系,系统的质量改变 Δm 时,一定伴有能量改变,且 $\Delta E = \Delta mc^2$. 由此可知,当若干个质子和中子结合成原子核时,必有 ΔE 的能量放出,并且

$$\Delta E = [Zm_{\mathrm{p}} + (A-Z)m_{\mathrm{n}} - M_{核}]c^2. \tag{21.7}$$

该能量称为原子核的**结合能**(binding energy). 如果要使一个原子核分裂为单个的质子和中子,就必须供给与结合能等值的能量. 大多数稳定核的结合能约为几十到几百兆电子伏. 不同的同位素,稳定程度不同. 我们可用原子核中每个核子的**平均结合能**(又称**比结合能**,specific binding energy) $\dfrac{\Delta E}{A} = \dfrac{\Delta mc^2}{A}$ 来表示核的稳定程度. 比结合能越大,核就越稳定. 图 21.1 所示为比结合能随质量数变化的曲线.

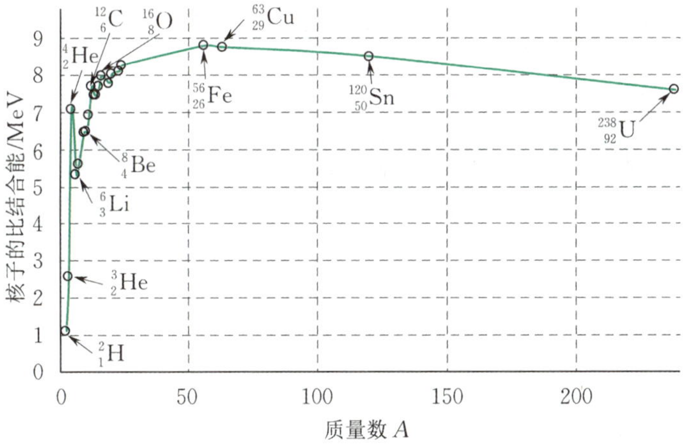

图 21.1 比结合能曲线

由比结合能曲线可以看出以下结论.

(1) 在 $A \leqslant 30$ 的原子核中,$\Delta E/A$ 的数值就其总的趋势来说是随 A 的增大而增大,但有明显的起伏. 质子数和中子数相等的那些偶-偶核(如 $^{4}_{2}$He,$^{8}_{4}$Be,$^{12}_{6}$C,$^{16}_{8}$O 等)的比结合能极大,原子核比较稳定;质子数和中子数相等的奇-奇核(如 $^{6}_{3}$Li,$^{10}_{5}$B,$^{14}_{7}$N 等)的比结合能极小,原子核的稳定性较差.

(2) 在 $A > 30$ 的原子核中,$\Delta E/A$ 随 A 的变化不大,近似为一常量,表明这些原子核的结合能 ΔE 大致与核子数 A 成正比.

(3) 轻核和重核的比结合能都比较小,而 A 为 40 ~ 120 的各种中等

核的比结合能约为 8.6 MeV. 这一事实表明，使重核分裂为两个中等质量的核，或使两个轻核聚变为一个稍重的原子核是获得核能的两种重要途径.

我国在核能开发利用方面取得了巨大成就. 早在 1964 年 10 月就成功地爆炸了第一颗原子弹，接着在 1967 年 6 月又成功地爆炸了氢弹，大大地加强了我国的国防力量，提高了我国的国际地位. 20 世纪 90 年代初秦山和大亚湾两座核电站相继投入运行，标志着我国在利用核能技术方面又迈进了一大步.

例 21.1 $^4_2$He 原子的相对原子质量为 4.002 603 u，试计算$^4_2$He 核的结合能.

解 电子质量 $m_e = 9.110\times10^{-31}$ kg $= 5.486\times10^{-4}$ u，每个$^4_2$He 核的质量

$$m_{He} = 4.002\ 603\ \text{u} - 2m_e = 4.001\ 506\ \text{u},$$

每个$^4_2$He 核中有两个中子和两个质子，形成$^4_2$He 核后其质量亏损为

$$\Delta m = 2\times1.007\ 276\ \text{u} + 2\times1.008\ 665\ \text{u} - 4.001\ 506\ \text{u} = 0.030\ 376\ \text{u}.$$

其结合能为

$$\Delta E = \Delta mc^2 = 0.030\ 376\times1.660\ 6\times10^{-27}\times(3\times10^8)^2\ \text{J} \approx 28.28\ \text{MeV}.$$

所以，质子和中子聚合成 1 mol $^4_2$He 核时，放出的能量为

$$6.022\times10^{23}\times28.28\ \text{MeV} \approx 2.734\times10^{12}\ \text{J},$$

这相当于燃烧 100 t 煤所发出的热量.

思考

1. 若存在一个乒乓球大小的原子核，试估算其质量(乒乓球直径取 4 cm).

2. 试根据图 21.2 所示原子核的核子比结合能曲线，判断下列各过程哪些是放能的，哪些是吸能的.

(1) $^8_4\text{Be} \longrightarrow 2\,^4_2\text{He}$;

(2) $^6_3\text{Li} + ^2_1\text{H} \longrightarrow 2\,^4_2\text{He}$;

(3) $^1_0\text{n} + ^{12}_6\text{C} \longrightarrow 3\,^4_2\text{He} + ^1_0\text{n}$;

(4) $\gamma + ^3_1\text{H} \longrightarrow ^2_1\text{H} + ^1_0\text{n}$.

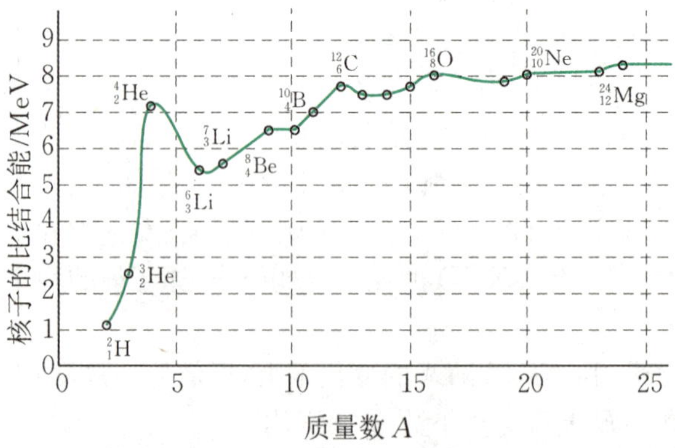

图 21.2 部分元素原子核的比结合能曲线

3. 试判断 $^{2}_{1}H$ 核与 $^{3}_{2}He$ 核哪个核的结合能大，并说明理由.

21.2 核力和核的结构模型

21.2.1 核力

在原子核中，虽然质子之间有库仑斥力作用，然而质子之间的结合却是非常紧密的，因而能够结合成一个稳定的核. 可见，核子间必定存在着很强的吸引力. 存在于核子间的这种特殊相互吸引力称为核力(nuclear force). 核力不是自然界的基本相互作用，其主要成分属于强相互作用.

经实验和理论的研究，已可确认核力具有以下一些特性.

(1) 核力是吸引力，与电荷无关.

(2) 在核的线度内，核力比库仑斥力大得多，其强度约为库仑斥力的 100 倍，因而可以克服库仑斥力而使核子牢牢地结合在一起.

(3) 核力是短程力，其有效力程小于 3 fm，超过这个范围就没有核力的作用. 由于核力能使质子与中子交换地位，故称为交换力(exchange force).

(4) 核力与核子的自旋有关. 通过实验发现，自旋方向相同或相反时，中子和质子间的作用力是不同的.

21.2.2 原子核的结构模型

为了进一步描述核的结构，说明核的性质，常借助于一些核的模型. 目前已经提出的核结构模型有好几种，下面简要介绍几种有代表性的模型.

1. 液滴模型

核力具有饱和性，核物质密度及核的比结合能都差不多是常量. 这些性质都和液体相似. 据此，有人提出了核结构的液滴模型(liquid-drop model)，认为原子核类似于一个具有极大密度(10^{17} kg/m^{3} 量级)的不可压缩的液滴，而核子则可看作是液滴的分子. 液滴模型最成功之处是从它出发，再加上一些其他的修正方法，可以得出原子核基态结合能的半经验公式. 这种模型虽是早期的经典模型，但至今仍在应用，并还在不断发展. 这种模型的局限性在于它只反映了原子核作为一个整体时的特性，并没有反映核内核子可能存在的独立运动的性质，因而无法解释原子核的性质具有某种周期性变化的事实.

2. 壳层模型

进一步的实验发现，原子核的许多性质都显示出周期性变化. 例如，凡核内质子数 Z 或中子数 N 为 2，8，14，20，28，50，82，126 的核都比其附近的核稳定得多. 这一事实使人们联想到原子核内也应该存在与原子核外电子壳层相似的壳层结构,这种原子核模型称为壳层模型(shell model). 壳层模型不仅能够说明核的稳定性周期变化情况,还可以解释核的一系列性质,如核磁矩、核自旋等. 然而,这种模型同样也是有局限性的,它只反映了核内核子独立运动的一面,而没有考虑大量核子的集体效应. 因此,对许多核现象仍不能解释,如对核磁矩的定量计算并不准确,对核四极矩的定量计算值与实验值的偏离更大.

3. 集体模型

为了克服液滴模型和壳层模型的局限性,1950 年,玻尔和莫特耳孙(Mottelson) 提出了原子核的集体模型(collective model),认为核子在核内既有单个粒子的运动,又因相互吸引,形成一些集团,因而有集体的振动和转动. 这样,每个核子不是处于静态势场中,而是处于随时间变化的势场中,并且每个核子的运动又反过来影响着集体的运动. 这种模型能够说明上述两种模型所不能说明的一些问题,如形变核的磁矩和电四极矩,预言一些核的能级以及 γ 跃迁概率等. 但这一模型还很不成熟,正在发展之中.

总之,只有继续对各种模型进行深入的研究,才能较全面地揭示出原子核内部的结构. 核结构问题仍是当今需要进一步探索的一个热点课题.

21.3 原子核的放射性衰变

目前,人们知道的两千多种核素中,绝大部分是不稳定的,它们都会自发地转变成另一种核,同时放出某种射线束. 这种现象称为放射性衰变(radioactive decay).

21.3.1 放射性衰变的一般特性

研究表明,放射性衰变是原子核的自发衰变过程. 衰变方式主要有 3 种:α 衰变、β 衰变和 γ 衰变.

1. α 衰变

母核放射 α 粒子而变成新子核的现象称为 α 衰变. 由于 α 射线是一束高速运动的氦核流,因此原子核发生 α 衰变后,生成物的质量数减少 4,质子数减少 2. 其反应式可表示为

$$^{A}_{Z}X \longrightarrow {}^{A-4}_{Z-2}Y + {}^{4}_{2}He. \tag{21.8}$$

α 衰变是一种量子隧道效应. 天然放射性元素所放出的 α 射线曾是早期研究原子和原子核结构的重要工具. 确定原子核式结构的重要实验和发现质子、中子的重要核反应都是利用这种 α 粒子作为"炮弹"来进行的.

2. β 衰变

母核放射 β 粒子而变成新子核的现象称为 β 衰变. 由于 β 粒子是负电子,因此原子核发生 β 衰变后,生成物的质子数增加 1,而质量数不变. 其反应式为

$$ {}_Z^AX \longrightarrow {}_{Z+1}^{A}Y + {}_{-1}^{0}e. \tag{21.9}$$

进一步研究发现,β 衰变又包括如下 3 种情况.

(1) 负 β(β^-) 衰变. 母核自发地放射出一个 β^- 粒子(普通电子${}_{-1}^{0}e$)和反中微子 $\tilde{\nu}_e$ 而转变为核电荷数增加 1、质量数不变的子核. 该过程反应式可表示为

$$ {}_Z^AX \longrightarrow {}_{Z+1}^{A}Y + {}_{-1}^{0}e + \tilde{\nu}_e. \tag{21.10a}$$

(2) 正 β(β^+) 衰变. 母核自发地放射出一个 β^+ 粒子(正电子${}_{+1}^{0}e$) 和中微子 ν_e 而转变为核电荷数减少 1、质量数不变的子核. 该过程的反应式为

$$ {}_Z^AX \longrightarrow {}_{Z-1}^{A}Y + {}_{+1}^{0}e + \nu_e. \tag{21.10b}$$

(3) 母核俘获一个核外的轨道电子,转变成核电荷数减少 1、质量数不变的子核,同时放出一个中微子 ν_e,这一过程的反应式为

$$ {}_Z^AX + {}_{-1}^{0}e \longrightarrow {}_{Z-1}^{A}Y + \nu_e. \tag{21.10c}$$

这种过程常用符号 EC 表示,由于原子核最容易俘获的是最内层的 K 电子,所以也常称为 K 俘获. 内层电子被俘获后,外层电子会立即填补这一空位,同时放出能量.

3. γ 衰变

γ 衰变是从原子核中发射出光子的现象. 在 α 衰变、β 衰变中所产生的新核一般都处在激发态,当原子核由激发态跃迁到较低能级时,多余的能量就分给了 γ 光子和反冲核,这样就产生了 γ 射线. 这个现象表明原子核也有能级跃迁. 这种跃迁与原子发光过程相似,然而由于核的能级间隔为 100 keV 到 1 MeV 的数量级,远比原子的能级间隔大,因此 γ 射线的光子能量非常大,其波长比 X 射线更短.

思考

1. 自由中子能够进行 β^- 衰变${}_0^1n \longrightarrow {}_1^1p + {}_{-1}^{0}e + \tilde{\nu}_e$,既然每种原子核里都有中子,那么,为什么不是每种原子核都进行 β^- 衰变?
2. 电子和正电子湮没可以产生 2 个或 3 个 γ 光子,但都不能只产生 1 个 γ 光子,为什么?

21.3.2 放射性衰变定律

由于放射性,单独存在的原子核的数量会不断减少. 原子核数目减少的速率因原子核的种类不同而不同. 设有某放射性同位素样品,在某时刻样品中有 N 个原子核,在 dt 时间内有 $-dN$ 个原子核发生衰变,由于 $-dN$ 正比于 N,也正比于 dt,因此有

$$-dN = \lambda N dt,$$

即

$$-\frac{dN}{N} = \lambda dt, \tag{21.11}$$

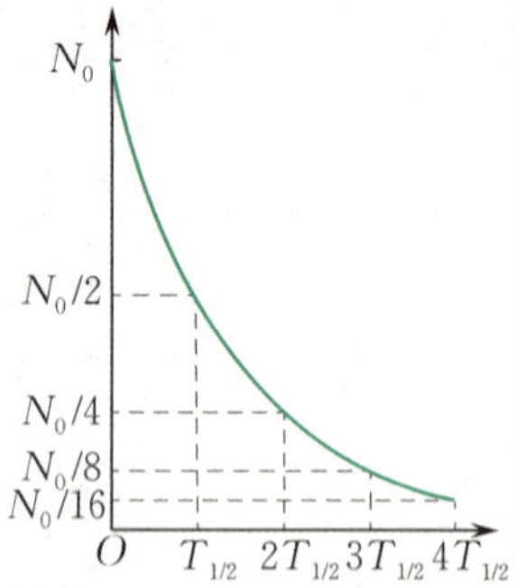

图 21.3 放射性指数衰变

式中 λ 为表征原子核衰变快慢的比例常量,称为**衰变常量**(decay constant). 不同的放射性同位素有不同的 λ 值,负号表示 N 随时间 t 的增加而减少. $-\frac{dN}{N}$ 为 dt 时间内所衰变的原子核数 $-dN$ 与原子核总数 N 之比,也表示一个原子核在 dt 时间内可能发生衰变的概率. 当然,λ 愈大,这个概率也愈大. 将式(21.11) 积分,并利用初始条件 $N(0)=N_0$,可得剩余的核数目

$$N = N_0 e^{-\lambda t}. \tag{21.12}$$

式(21.12) 称为**放射性衰变定律**. 图 21.3 显示了放射性元素原子核数目随时间指数衰变的规律. 习惯上常用**半衰期**(half-life period) 来表征放射性衰变的快慢. 半衰期是原有的原子核衰变一半所需的时间,用 $T_{1/2}$ 表示,即当 $t=T_{1/2}$ 时,$N=\frac{N_0}{2}$. 由式(21.12) 可得

$$\frac{1}{2}N_0 = N_0 e^{-\lambda T_{1/2}},$$

故

$$\frac{1}{2} = e^{-\lambda T_{1/2}},$$

两边取对数,得

$$T_{1/2} = \frac{\ln 2}{\lambda} \approx \frac{0.693}{\lambda}. \tag{21.13}$$

有时也用平均寿命 τ 表示衰变的快慢. 平均寿命是指每个原子核在发生衰变前存在的时间的平均值,经计算可推得 $\tau=\frac{1}{\lambda}$. 这样,平均寿命与半衰期的关系为

$$T_{1/2} = 0.693\tau. \tag{21.14}$$

显然,衰变常量 λ 愈小(或衰变概率愈小) 的原子核,其半衰期(或平均寿命 τ) 就愈长. 自然界中各种放射性元素的半衰期相差很大,有的长达几十亿年,如 $^{238}_{92}U$ 的半衰期为 4.5×10^9 年,有的则很短,如 $^{212}_{84}Po$ 的半衰期竟短到只有 3×10^{-7} s.

在研究同位素的放射性衰变时,经常用到**活度**(activity) 的概念. 一种放射性样品单位时间内衰变的次数就称为该样品的活度,用符号 $A(t)$ 来表示. 由式(21.11) 得 $A(t)=-\frac{dN}{dt}=\lambda N_0 e^{-\lambda t}$. 在国际单位制中,活度的单位是贝可[勒尔](Bq),$1\ \text{Bq}=1\ \text{s}^{-1}$. 活度的常用单位是居里(Ci),

$$1\ \text{Ci} = 3.7\times10^{10}\ \text{Bq}.$$

思考

1. 衰变常量 λ 是标志放射性原子核衰变快慢的物理量,且与时间无关,试问,这是否表明放射性原子核的衰变率 $-\frac{dN}{dt}$ 也是与时间无关的常量?

2. 放射性元素镭 $^{226}_{88}Ra$ 的半衰期是1 620年，比地球年龄 4.5×10^9 年要小得多，从地球形成到现在应该早已衰变完竭，为什么至今在地壳中还有 $^{226}_{88}Ra$ 存在？

3. 考古中"$^{14}_{6}C$ 测年"的原理是什么？

21.4 核反应与几种典型的核反应

21.4.1 核反应

当原子核受到其他核或粒子撞击时，可产生各种各样的结果，入射的粒子可能被散射，也可能被俘获，并伴随有 γ 射线的发射以及粒子的释放. 如果入射粒子的能量适当，还可能产生新的粒子. 除了弹性散射以外，其他过程都称为核反应.

对核反应的研究无论理论上还是实践上都有重要意义. 特别是在各种加速器出现后，核反应可以在较高能量下发生，这使得核反应的种类迅速增多，因此，利用核反应来研究原子核的能级结构以及其他方面的性质要比利用放射性衰变更为有效. 同时，核反应也是获得核能和放射性元素的重要途径.

21.4.2 几种典型的核反应

1. (α,p) 反应

历史上第一个核反应是1919年卢瑟福实现的. 卢瑟福用 $^{4}_{2}He$ 撞击 $^{14}_{7}N$，结果使 $^{14}_{7}N$ 转变为 $^{17}_{8}O$，其反应式为

$$^{4}_{2}He+{}^{14}_{7}N\longrightarrow{}^{17}_{8}O+{}^{1}_{1}H. \tag{21.15}$$

2. (α,n) 反应

1930年，博特(Bothe) 和贝克尔(Becker) 发现用 α 粒子轰击 $^{9}_{4}Be$ 产生中子的核反应，即(α,n) 反应，其反应式为

$$^{4}_{2}He+{}^{9}_{4}Be\longrightarrow{}^{12}_{6}C+{}^{1}_{0}n. \tag{21.16}$$

因为中子不带电荷，实际上不会和原子中的电子发生相互作用，也不会使原子电离，所以，当中子经过物质时，它的能量损失很少，因而穿透本领很强，能穿透几十厘米的铅层.

3. (D,p) 反应

用 $^{2}_{1}D$ 撞击 $^{12}_{6}C$ 产生质子的反应称为(D,p) 反应，其反应式为

$$^{2}_{1}D+{}^{12}_{6}C\longrightarrow{}^{13}_{6}C+{}^{1}_{1}H. \tag{21.17}$$

4. (n,α) 反应

实验室获得慢中子(速度约为 1×10^3 m/s) 的常用方法，通常是用水或石蜡块包围快中子流，当中子速度变缓慢时，就可以用它碰撞硼原子核而发射 α 粒子，这个反应过程为

$$^{1}_{0}n+{}^{10}_{5}B\longrightarrow{}^{7}_{3}Li+{}^{4}_{2}He. \tag{21.18}$$

发射出来的 α 粒子能产生电离作用.

思考

试判断下列各组原子核能否通过放射衰变从一种核转变为同组的另一种核，如果能，要通过多少次、什么类型的衰变？

(1) ${}^{238}_{92}U$ 和 ${}^{235}_{92}U$；

(2) ${}^{232}_{90}Th$ 和 ${}^{207}_{82}Pb$；

(3) ${}^{230}_{90}Th$ 和 ${}^{210}_{84}Po$；

(4) ${}^{241}_{94}Pu$ 和 ${}^{233}_{92}U$.

21.5 基本粒子谱系

与原子物理、原子核物理相比，粒子物理讨论的是更深层次的物质结构，它包括两个方面的内容：探索微观世界的物质结构和探索微观世界的物理规律.

人们探索自然的尺度，从微观方面已进入 1×10^{-16} m 以下的范围，目前已达到的最小尺度为 1×10^{-20} m，它是弱电统一的特征尺度. 根据量子力学不确定关系可知，距离的减小就意味着动量或能量的增加，人们已从百万电子伏(1×10^{6} eV) 进入到十亿电子伏(1×10^{9} eV) 以上的能量范围，也就是高能物理的领域. 研究基本粒子的方法与研究原子的方法相似. 通过 α 粒子撞击其他原子时的散射，我们可以认识原子的核结构. 用能量更高的粒子束(如电子束或质子束) 去撞击其他粒子，通过它们的相互作用，我们可以了解粒子的性质与结构. 目前，用于高能物理研究的加速器已可将粒子加速到1×10^{12} eV 以上.

对物质基本单元的认识是随着人们对自然认识的深入而发展起来的. 1932 年，查德威克发现中子，安德森发现了正电子. 人们曾将光子、电子、质子和中子看作是物质世界的基元，但后来又陆续发现了许多基本粒子，从原子核的 β 衰变过程中发现了中微子，从宇宙射线中发现了 μ 子、π 介子、K 介子和超子等. 这些粒子有的是稳定的，有的在一定条件下可以互相转化.

通常将已发现的基本粒子分为 4 类.

(1) 光子类. 包括各种频率的光子. 其静质量是零，自旋是 1. 光子的反粒子就是它本身.

(2) **轻子**类. 包括电子、μ 子、τ 子、μ 子中微子 ν_μ、τ 子中微子 ν_τ、电子中微子 ν_e 以及它们的反粒子. 它们的自旋都是 1/2.

(3) **介子**类. 包括 π 介子、K 介子、η 介子以及它们的反粒子. 它们的自旋量子数都是零. 处于基态的介子，其静质量都在电子质量与质子质量之间，它们都属于不稳定粒子.

(4) **重子**类. 包括质子、中子、各种超子以及它们的反粒子. 它们的自旋量子数是 1/2 或 3/2. 质子和中子是这类粒子中静质量最小的粒子. 自由中子和超子都是不稳定粒子. 介子和重子参与强相互作用，所以统称为**强子**.

由于基本粒子都具有自旋，因此按自旋状态我们又可将基本粒子分成两大类. 自旋量子数为整数的粒子称为**玻色子**. 玻色子不遵守泡利不相容原理，能以任意的数目处于同一状态，光子和介子都属于玻色子. 自旋量子数为半奇数(1/2 的奇数倍)的粒子称为**费米子**，费米子遵守泡利不相容原理，轻子、重子都属于费米子，这里所谓的轻子和重子是按粒子的质量特征来分的.

随着被发现的基本粒子的数目日益增多，物理学家已逐渐认识到许多所谓的基本粒子，其实并不“基本”，而是有内部结构的.

21.6 强子的夸克模型

从 20 世纪 60 年代至今，粒子物理学的重要进展之一就是肯定强子(介子和重子)具有结构. 1964 年，盖尔曼(Gell-Mann)和茨威格(Zweig)成功地提出了强子结构的夸克(quark)模型(这个模型与我国科学家于 1966 年提出的层子模型基本相同). 现对这一模型进行简要介绍.

(1) 所有介子都由 1 个夸克和 1 个反夸克组成，所有的重子都由 3 个夸克组成，夸克是费米子，带分数电荷.

早期的夸克理论提出，夸克有 3 种：上夸克(up quark)、下夸克(down quark)、奇夸克(strange quark)，分别用符号 u,d,s 表示. 相应的反夸克用 $\bar{u}$,$\bar{d}$,$\bar{s}$ 表示. 由于夸克理论假设质子、中子、π 介子和 K 介子等所有的强子都由夸克组成，而介子的自旋是零或正整数，重子的自旋是 1/2 的奇数倍，因此必须假设夸克是费米子，自旋为 1/2. 关于夸克携带分数电荷的假设十分引人注目，但至今尚无公认的实验事实能证明分数电荷存在.

(2) 根据新的实验结果和对称性理论，格拉肖(Glashow)又预言自然界中还有第 4 种夸克存在，称为粲夸克(charm quark)，用符号 c 表示. 物理学家认为这种夸克的电荷为 $\frac{2}{3}e$，并具有一个新量子数称为粲量子数，用 C 表示，对于粲夸克，$C=1$. 粲数不为零的粒子称为粲粒子. 1974 年，丁肇中和里希特(Richter)分别在美国东部的 Brook Haven 和西部的 SLAC(SLAC National Accelerator Laboratory)，几乎同时发现了证实粲夸克存在的 J/Ψ 粒子. 这种新粒子的自旋为 1，宇称为负，质量约为 3.1 GeV. 这种粒子的奇特之处在于它的寿命为 10^{-20} s 数量级. 此后，物理学家又陆续发现了一些与 J/Ψ 粒子有关的粒子，从而促使人们又引入了一种新的夸克. 现在人们相信有 6 种夸克存在，除上面已提到的 4 种外，还有底夸克(bottom quark)和顶夸克(top quark)，分别记作 b 和 t. 1977 年，物理学家发现了一个质量为 9 460 MeV 的介子，称为 Υ 介子

(Upsilon meson)，人们认为这个新粒子是由底夸克 b 和它的反粒子组成.

(3) 每一种夸克都有红、绿、蓝 3 种不同的色(color). 按照强子模型，像 Ω^- (sss)，Δ^{++}(uuu) 是由 3 个同类夸克组成，而夸克是自旋为 1/2 的费米子，必须满足泡利不相容原理，因此格林伯格(Greenberg) 在 1964 年提出：每一种夸克都有红、绿、蓝 3 种色，反夸克具有相应的反色，二者构成的强子都是无色的. 应当指出，这里所说的“色”仅仅是一种形象的比喻，实际是指夸克的一种内部自由度.

(4) 讨论强相互作用的量子场论取名为量子色动力学(quantum chromodynamics)，简记作 QCD. 按照 QCD，夸克与夸克之间的强相互作用是通过胶子(gluon) 来传递的. 胶子的自旋为零或正整数，也是带色的，胶子是否带电尚有争议. 由丁肇中领导的实验小组在 1979 年首先找到了有利于 QCD 和胶子理论的实验证据.

夸克模型的另一个突出的问题是究竟能否在实验上观察到单独存在的夸克. 从这个模型被提出之后 30 多年来，许多实验工作者付出了极大的努力试图找到夸克，但至今仍未成功. 为了解释这种情况，又有人提出了关于夸克如何构成强子的种种模型以及有关夸克之间相互作用的理论，但这些理论目前都处于探索阶段.

思考

二十世纪六十年代，英国物理学家彼得·希格斯(Peter Higgs) 在研究物质拥有质量的原因时，提出了希格斯场和希格斯粒子的理论. 2013 年，欧洲核子研究组织(CERN) 通过粒子对撞实验，初步确认已经发现了希格斯粒子，进而证明了希格斯场的存在，希格斯本人也终于于该年拿到了诺贝尔物理学奖. 试查阅相关资料了解相关理论.

21.7 穆斯堡尔效应

穆斯堡尔效应指的是 γ 射线的无反冲发射和共振吸收效应，是核物理学中的一种特殊现象. 1958 年，德国青年物理学家穆斯堡尔(Mössbauer) 发现，当 1 个光子打入 1 个原子或其他粒子时，光子被吸收，系统跃迁到一个激发态；之后这个系统又跃迁到一个能量较低的状态或跳回基态，同时再发射 1 个光子，这两个步骤的过程称为共振吸收. 由于穆斯堡尔在这一研究中做出了特殊的贡献，因此于 1961 年荣获诺贝尔物理学奖.

穆斯堡尔效应表明，当原子核处于激发态辐射 γ 光子或吸收 γ 光子时，由于动量守恒，原子核要向后反冲，如果能够消除这种反冲，则辐射时核的激发能将全部交给 γ 光子. 这种现象称为无反冲辐射.

科学家简介
穆斯堡尔

穆斯堡尔效应目前已发展成为穆斯堡尔谱学. 它的基本方法是用

特定的γ射线射向含有衰变后能产生这种γ射线的同类原子核的材料，例如以^{57}Fe衰变产生的γ光子射向含^{57}Fe的晶体，使γ光子被材料中的Fe原子核共振吸收，在吸收谱中反映出材料的信息．这种分析方法的一个重要特点是，通过吸收谱线的分析，可以获得被分析材料中有关原子核附近的信息．这是其他分析方法所无法比拟的．

当今，穆斯堡尔谱学在核物理、固体物理、生物学、医学、化学、冶金、地质、采矿、化工等许多领域已得到广泛的应用．由于这一效应可将能谱的测量精度提高到空前的高度，即可用这个手段来测量两体系间特别微小的能量差，因此这一方法具有特殊的意义，并开辟了可能运用的广阔领域．

本章小结

1．原子核的基本性质

(1) 原子核的半径：

$$R = r_0 A^{\frac{1}{3}}.$$

(2) 原子核由质子和中子组成，$A = Z + N$．

2．原子核的结合能

$$\Delta E = [Zm_p + (A - Z)m_n - M_{核}]c^2.$$

3．原子核的结构模型

液滴模型，壳层模型，集体模型．

4．原子核的衰变特性

(1) 放射性衰变定律：

$$N = N_0 e^{-\lambda t}.$$

(2) α衰变：

$${}^{A}_{Z}X \longrightarrow {}^{A-4}_{Z-2}Y + {}^{4}_{2}He.$$

(3) β衰变：

$${}^{A}_{Z}X \longrightarrow {}^{A}_{Z+1}Y + {}^{0}_{-1}e.$$

(4) γ衰变：

$${}^{A}_{Z}X^* \longrightarrow {}^{A}_{Z}X + \gamma,$$

其中${}^{A}_{Z}X^*$表示原子核的激发态．

5．核反应

当原子核受到其他核或其他粒子撞击时，可产生各种各样的结果，入射的粒子可能被散射，也可能被俘获，并伴随有γ射线的发射以及粒子的释放．如果入射粒子的能量适当，还可能产生新的粒子．除了弹性散射以外，其他过程都称为核反应．

6．粒子的基本谱系

光子类、轻子类、介子类、重子类．

拓展与探究

21.1 2011年3月11日日本福岛发生大地震，引起福岛县第一核电站第四机组爆炸，导致大量核泄漏，造成重大的二次灾害．谈谈核辐射会产生哪些严重伤害，人类可采取哪些可能的预防措施．

21.2 穆斯堡尔效应是核物理中一个重要的现象，它在化学、生物、地质、冶金、考古、材料等各个领域都具有广泛的应用．结合量子力学所学知识，阐述穆斯堡尔谱形成的基本原理．深入了解此方法在自己所学专业研究中的应用．

21.3 了解核物理中核磁共振技术的应用原理．

21.4 利用原子核衰变特性可以鉴定一种物体的年龄吗？试了解原子核衰变在考古学中的应用．

习题 21

21.1 一个能量为 6 MeV 的 α 粒子和静止的金核（^{197}Au）发生正碰，它能到达离金核的最近距离是多少？如果是氮核（^{14}N）呢？都可以忽略靶核的反冲吗？此 α 粒子可以到达氮核的核力范围之内吗？

21.2 $_1^1H$ 和 $_0^1n$ 的质量分别为 1.007 276 u 和 1.008 665 u，求 $_6^{12}C$ 中每个核子的平均结合能（$1\ u = 931.5\ MeV/c^2$）.

21.3 试从下列各粒子的质量数据中选用需要的数值，算出 $_{14}^{30}Si$ 中每个核子的平均结合能：

e：0.000 548 u；$_1^2H$：2.041 102 u；$_0^1n$：1.008 665 u；

$_{14}^{30}Si$：29.973 786 u；$_1^1H$：1.007 825 u.

21.4 利用极端高能量的 γ 射线和原子核的交互作用，使原子核进入受激态，然后立刻衰变成为两个或更多个子核的物理过程称为光致蜕变. 使一个氘核蜕变为一个质子和一个中子，所需 γ 射线的最长波长是多大？

21.5 一种放射性物质衰变的平均寿命为 τ. 试问这种放射性物质的寿命对平均寿命的方均根偏差是多少？最概然寿命多长？

21.6 在一次化学实验室的辐射泄漏事故中，活度为 500 μCi 的放射性同位素 ^{131}Ba 被泄露. 它的半衰期为 12 天. 你认为该实验室应该关闭多久才能再次使用（安全活度为 1.0 μCi）？

21.7 $_{90}^{232}Th$ 放出 α 射线成为 $_{88}^{228}Ra$，质量为 1 g 的 $_{90}^{232}Th$ 每秒放出 4 100 个 α 粒子，试证明 $_{90}^{232}Th$ 的半衰期为 1.4×10^{10} 年（1 年按 360 天计算）.

21.8 向一人静脉注射含放射性 ^{24}Na 的食盐水，其活度是 300 kBq，10 h 后他每立方厘米血液中的活度是 30 Bq. 已知 ^{24}Na 的半衰期是 14.97 h，则此人全身血液的总体积是多少？

21.9 我们可根据古生物遗骸中 ^{14}C 的含量推算古生物死亡时距离现在的时间 t. 设 P 是古生物遗骸中 ^{14}C 和 ^{12}C 存量之比，P_0 是空气中 ^{14}C 和 ^{12}C 存量之比，试推导出下列公式：

$$t = T_{1/2}\frac{\ln(P_0/P)}{\ln 2},$$

式中 $T_{1/2}$ 为 ^{12}C 的半衰期.

21.10 一年龄待测的古木片在纯氧中燃烧，事后收集到了 0.3 mol 的 CO_2. 该样品由于 ^{14}C 衰变而产生的总活度为每分钟 9 次计数. 已知 ^{14}C 的自然丰度约为 $1.3\times10^{-10}\%$，^{14}C 的半衰期为（5730±30）年. 试由此确定古木片的年龄.

21.11 1 g ^{235}U 裂变释放的能量等于多少煤在空气中燃烧所放出的热能（煤的热值为 33×10^6 J/kg）？

21.12 实验测得 $_2^4He$ 核的质量为 4.001 5 u，试计算两个质子与两个中子形成一个 $_2^4He$ 核时释放出的能量.

*__21.13__ 有些原子核可以看成是由几个 α 粒子这种“原子”组成的“分子”. 例如 ^{12}C 可看成是由 3 个 α 粒子在一个三角形 3 个顶点配置而成，而 ^{16}O 可看成是 4 个 α 粒子在一个四面体的 4 个顶点配置而成. 试通过计算证明，用这种模型计算得到的 ^{12}C 和 ^{16}O 的结合能和用质量亏损计算得到的结合能是相符的. 设每对 α 粒子的结合能为 2.42 MeV，并且计入每个 α 粒子本身的结合能. 下面是一些原子的质量：

^1H：1.007 825 u；^4He：4.002 603 u；

^{16}O：15.994 915 u；^{12}C：12.000 000 u.

习题参考答案

习题 13

13.1 $\pm 24\times10^{-21}e$, $\dfrac{f_e}{f_G}=2.8\times10^{-6}$,相吸

13.2 51.2 N

13.3 2.0 C,1.25×10^{19}

13.4 3.72 km

13.5 3.24×10^{4} V/m, 场强方向与 BC 边的夹角为$33.7°$

13.6 $\left(1-\dfrac{\sqrt{3}}{2}\right)\dfrac{\lambda}{2\pi\varepsilon_0 R}$

13.7 (1) 2.41×10^{3} N/C;
(2) 5.25×10^{3} N/C

13.8 $\dfrac{\pi}{4}$

13.9 (1) $\dfrac{\sigma}{2\pi\varepsilon_0}\ln\dfrac{a+b}{a}$,沿 x 轴正向;
(2) $\dfrac{\sigma}{\pi\varepsilon_0}\arctan\dfrac{b}{2d}$,沿 z 轴正向

13.10 (1) 3.22×10^{4} N/C; (2) 1.61×10^{9} m

13.11 (1) $\dfrac{q}{6\varepsilon_0}$; (2) $\dfrac{q}{24\varepsilon_0}$,0

13.12 0.977 N·m²/C,穿入

13.13 $\dfrac{\sigma\pi R^2}{2\varepsilon_0}$

13.14 (1) $r<R_1$,0; (2) $R_1<r<R_2$, $\dfrac{\lambda}{2\pi\varepsilon_0 r}$;
(3) $r>R_2$,0

13.15 $\dfrac{\rho x}{\varepsilon_0}$($x$ 为场点距中心对称面的距离),$\dfrac{\rho d}{2\varepsilon_0}$,方向皆垂直板面向外

13.16 (1) 2.41×10^{21} N/C; (2) 1.32×10^{13} N/C;
(3) 0

13.17 $\dfrac{e}{8\pi\varepsilon_0 b^2 r^2}[(-r^2-2br-2b^2)e^{-r/b}+2b^2]$

13.18 $\dfrac{r^3\rho}{3\varepsilon_0 a^2}$,方向由 O 指向 O_1,$\dfrac{\rho a}{3\varepsilon_0}$,方向由 O 指向 O_1

13.19 略

13.20 (1) $|y|\leqslant b$:$E=\dfrac{\rho y}{\varepsilon_0}$,$y>b$:$E=\dfrac{\rho b}{\varepsilon_0}$,
$y<-b$:$E=\dfrac{-\rho b}{\varepsilon_0}$;
(2) $|y|\leqslant b$:$U=\dfrac{\rho y^2}{2\varepsilon_0}$,
$|y|>b$:$U=-\dfrac{\rho b|y|}{\varepsilon_0}+\dfrac{\rho b^2}{2\varepsilon_0}$

13.21 (1) 1.49×10^{4} V; (2) 1.86×10^{4} V

13.22 $\dfrac{qq_0}{6\pi\varepsilon_0 R}$

13.23 (1) 3.0×10^{10} J; (2) 416 d

13.24 4.37×10^{-14} N

13.25 (1) 5.9×10^{-15} m; (2) 2.07×10^{-11} J;
(3) 1.06×10^{15} J,2.53×10^{8} kg

13.26 (1) $\dfrac{q}{8\pi\varepsilon_0 l}\ln\dfrac{r+l}{r-l}$;
(2) $\dfrac{q}{4\pi\varepsilon_0 l}\ln\dfrac{l+\sqrt{r^2+l^2}}{r}$;
(3) $\dfrac{q}{4\pi\varepsilon_0}\dfrac{1}{r^2-l^2}$,$\dfrac{q}{4\pi\varepsilon_0 r}\dfrac{1}{\sqrt{r^2+l^2}}$

13.27 (1) $U_A=\dfrac{\rho}{2\varepsilon_0}(R_2^2-R_1^2)$,
$U_B=\dfrac{\rho}{2\varepsilon_0}\left[R_2^2-\dfrac{1}{3r_B}(r_B^3+2R_1^3)\right]$;
(2) $E_A=0$,$E_B=\dfrac{\rho}{3\varepsilon_0}\left(r_B-\dfrac{R_1^3}{r_B^2}\right)$

13.28 (1) -9.02×10^{5} C;
(2) 1.14×10^{-12} C/m³

习题 14

14.1 $\frac{q}{4\pi\varepsilon_0 r^2}, \frac{q}{4\pi\varepsilon_0 r_C}$

14.2 $\frac{q}{4\pi\varepsilon_0 r}-\frac{q}{4\pi\varepsilon_0 a}+\frac{q+Q}{4\pi\varepsilon_0 b}$

14.3 (1) $q_B=-2\times10^{-8}$ C, $q_C=-1\times10^{-8}$ C;
(2) $U_A=452$ V

14.4 (1) $R\geqslant 9.15\times10^{-2}$ m； (2) 2.93×10^3 W

14.5 (1) 9.8×10^6 V/m，方向指向细胞外；
(2) 51 mV

14.6 $\lambda l, \frac{\lambda}{2\pi\varepsilon_0\varepsilon_r r}$

14.7 (1) $D_1=\frac{Q_0}{4\pi r^2}, E_1=\frac{Q_0}{4\pi\varepsilon_0\varepsilon_r r^2}$,

$P_1=\left(1-\frac{1}{\varepsilon_r}\right)\frac{Q}{4\pi r^2}$,

$D_2=\frac{Q_0}{4\pi r^2}, E_2=\frac{Q_0}{4\pi\varepsilon_0 r^2}, P_2=0$;

(2) $\sigma_1'=\left(\frac{1}{\varepsilon_r}-1\right)\frac{Q_0}{4\pi R_1^2}, \sigma_2'=\left(1-\frac{1}{\varepsilon_r}\right)\frac{Q_0}{4\pi R_2^2}$

14.8 (1) 外层； (2) $\varepsilon_{r2}RE_m\left(\frac{1}{\varepsilon_{r1}}\ln\frac{R}{R_1}+\frac{1}{\varepsilon_{r2}}\ln\frac{R_2}{R}\right)$

14.9 $C=\frac{\varepsilon_1\varepsilon_2 S}{\varepsilon_2 d_1+\varepsilon_1 d_2}$

14.10 (1) $k_{\text{eff}}=\frac{(\varepsilon_r-1)h}{L}+1$;
(2) 1.24, 1.48, 1.71;
(3) 9, 17, 25； (4) 甲醇

14.11 略

14.12 $C=\frac{2\pi(\varepsilon_r+1)\varepsilon_0 R_1 R_2}{R_2-R_1}$

14.13 (1) $\frac{\lambda}{2\pi\varepsilon}\ln\frac{R_2}{R_1}$;

(2) $\frac{\lambda}{2\pi\varepsilon r}, \frac{\lambda}{2\pi r}$ $(R_1<r<R_2)$;

(3) $\frac{\varepsilon}{\varepsilon_0}$

14.14 120 pF，C_1 和 C_2 会相继被击穿

14.15 (1) 429 J； (2) 0.055 F

14.16 (1) 0.065 F； (2) 2.3×10^4 C;
(3) 4.0×10^9 J

14.17 2∶1，1∶2

14.18 $\frac{\varepsilon_0(\varepsilon_r+1)S}{4d}U^2$

14.19 (1) $C=(\varepsilon_r+1)\frac{\varepsilon_0 S}{2d}$； (2) $W=\frac{\varepsilon_0 SU^2}{(\varepsilon_r+1)d}$;

(3) $\sigma_1=\frac{2\varepsilon_0 U}{(\varepsilon_r+1)d}, \sigma_2=\frac{2\varepsilon_0\varepsilon_r U}{(\varepsilon_r+1)d}$

14.20 (1) -3.2×10^{-5} J； (2) 1.59×10^{-4} J

14.21 略

14.22 (1) $\frac{Q^2}{8\pi^2 r^2 l^2\varepsilon}, \frac{Q^2}{4\pi r l\varepsilon}\mathrm{d}r$； (2) $\frac{Q^2}{4\pi l\varepsilon}\ln\frac{b}{a}$;

(3) $C=\frac{2\pi l\varepsilon}{\ln\frac{b}{a}}$

习题 15

15.1 (1) 2.61 A； (2) 2.35×10^{-4} m/s

15.2 −1.8 J，3 J

15.3 略

15.4 73 V

15.5 −0.015 7 Wb

15.6 $\frac{3\mu_0 I}{8a}+\frac{\sqrt{2}\mu_0 I}{4\pi b}$，方向垂直纸面向里

15.7 $-\frac{\mu_0 I}{4R}\boldsymbol{i}-\frac{\mu_0 I}{2\pi R}\boldsymbol{k}$

15.8 略

15.9 $\frac{\mu_0 ih}{2\pi R}$

15.10 6.4×10^{-5} T

15.11 $\frac{\mu_0 I}{2\pi a}\ln\left(1+\frac{a}{x}\right)$

15.12 $\frac{\mu_0 NI}{2(R_2-R_1)}\ln\frac{R_2}{R_1}$，方向垂直线圈平面

15.13 $\frac{\mu_0 NI}{4R}$

15.14 $\frac{n_1}{n_2}=\frac{R_4-R_3}{R_2-R_1}$

15.15 $\frac{\mu_0 I}{2\pi R^3}r^2$

15.16 $\frac{\mu_0\omega Q}{2\pi a}$，如果圆盘带正电，则磁场方向向上

15.17 2.77×10^{-4} Wb

15.18 2.14×10^{-9} Wb

15.19 (1) $\frac{\mu_0 Ir}{2\pi R_1^2}(0<r<R_1)$，$\frac{\mu_0 I}{2\pi r}(R_1<r<R_2)$，$0(r>R_2)$;

(2) $\frac{\mu_0 I}{2\pi}\ln\frac{R_2}{R_1}$

15.20 (1) $\frac{\mu_0 I}{2\pi(R+a)}$； (2) $\frac{1}{2\pi n}-R$

15.21 平板外：$B=\frac{\mu_0}{2}\cdot jd$；平板内：$B=\mu_0 jy$，$y$ 为平板内场点到平板的中心对称面的距离，磁场

方向沿水平方向且与平板表面平行

15.22 (1) $\dfrac{mg}{2nIl}$； (2) 0.860 T

15.23 $\dfrac{\mu_0 I_1 I_2}{2\pi}\left(\dfrac{a}{b}-\dfrac{2\sqrt{3}}{3}\ln\dfrac{b+\sqrt{3}a/2}{b}\right)$，方向向左

15.24 $\mu_0 I_1 I_2$，方向向右

15.25 5 A

15.26 (1) $\dfrac{\mu_0\omega\lambda}{4\pi}\ln\dfrac{a+b}{a}$； (2) $\dfrac{\omega\lambda}{6}[(a+b)^3-a^3]$；

(3) $\dfrac{\mu_0\omega\lambda}{4\pi}$，$\dfrac{\omega\lambda a^2 b}{2}$

15.27 (1) 0.18 N·m； (2) 30° 或 150°

15.28 略

15.29 (1) $B_x=-0.175$ T，$B_z=-0.256$ T；

(2) B_y； (3) 90°

15.30 略

15.31 (1) 略； (2) 338 A/m^2

15.32 (1) 7.75×10^6 m/s； (2) 68.3°

15.33 (1) 8.45×10^{-4} m/s； (2) 2.53×10^{-5} V

15.34 略

15.35 1.1 km，23 m

习题 16

16.1 12.5 T

16.2 3.26×10^8 A/m

16.3 6.37×10^7 A/m

16.4 0.3 A·m²，1.6×10^{-5} N·m

16.5 0.24 Hz

16.6 2.0×10^4 A/m，7.76×10^5 A/m，38.8，3.1×10^5 A，39.8

16.7 (1) 2.5×10^{-4} T，200 A/m；

(2) 1.056 T，200 A/m；

(3) 2.5×10^{-4} T，1.056 T

16.8 $$H=\begin{cases}\dfrac{Ir}{2\pi R_1^2} & (0\leqslant r<R_1),\\[2mm] \dfrac{I}{2\pi r} & (r\geqslant R_1),\end{cases}$$

$$B=\begin{cases}\dfrac{\mu_0 Ir}{2\pi R_1^2} & (0\leqslant r<R_1),\\[2mm] \dfrac{\mu_r\mu_0 I}{2\pi r} & (R_1\leqslant r<R_2),\\[2mm] \dfrac{\mu_0 I}{2\pi r} & (r\geqslant R_2)\end{cases}$$

16.9 $$H=\begin{cases}\dfrac{Ir}{2\pi R_1^2} & (0\leqslant r<R_1),\\[2mm] \dfrac{I}{2\pi r} & (R_1\leqslant r<R_2),\\[2mm] \dfrac{I(R_3^2-r^2)}{2\pi(R_3^2-R_2^2)r} & (R_2\leqslant r\leqslant R_3),\end{cases}$$

$$B=\begin{cases}\dfrac{\mu_{r1}\mu_0 Ir}{2\pi R_1^2} & (0\leqslant r<R_1),\\[2mm] \dfrac{\mu_{r2}\mu_0 I}{2\pi r} & (R_1\leqslant r<R_2),\\[2mm] \dfrac{\mu_{r1}\mu_0 I(R_3^2-r^2)}{2\pi(R_3^2-R_2^2)r} & (R_2\leqslant r\leqslant R_3),\end{cases}$$

$$j_m=\begin{cases}\dfrac{(\mu_{r2}-1)I}{2\pi R_1} & (r=R_1),\\[2mm] \dfrac{(\mu_{r2}-1)I}{2\pi R_2} & (r=R_2)\end{cases}$$

16.10 2.69×10^{-3} N/A^2，6.88×10^{-4} N/A^2

16.11 8 A

16.12 0.4 A

16.13 $\theta_2\approx85°$

16.14 $\dfrac{\mu_r-1}{\mu_0\mu_r}B\cos\theta\cdot\pi R^2$，$(1-\mu_r)Bl\sin\theta$

16.15 1.32×10^3

16.16 1.51×10^2 A，1.66×10^4 匝

习题 17

17.1 4.71×10^{-2} V，b 端的电势高

17.2 $\dfrac{\mu_0 Iv}{2\pi}\cot\theta\ln\dfrac{x_a+l\sin\theta}{x_a}$，$a$ 端的电势高

17.3 (1) $\dfrac{mv_0R}{(Bl)^2}$； (2) $\dfrac{mv_0^2}{2}$

17.4 $BLg(\sin2\theta)t/2$；

$\dfrac{mgR}{BL}\tan\theta\left\{1-\exp\left[-\dfrac{(BL\cos\theta)^2}{mR}t\right]\right\}$

17.5 略

17.6 (1) $Bv^2(\tan\theta)t$；

(2) $\dfrac{Kv^3\tan\theta}{3}t^2(\omega t\sin\omega t-3\cos\omega t)$

17.7 (1) 1.4×10^{-2} V；

(2) 从电阻的左边流向右边

17.8 $\dfrac{3\pi\mu_0 Ir^2v}{2N^4R^2}$，逆时针方向(俯视)

17.9 $lvkt$，顺时针方向(俯视)

17.10 $\dfrac{\mu_0 I_0 b}{2\pi}\left[\omega\ln\left(\dfrac{x+a}{x}\right)\sin\omega t+\dfrac{av\cos\omega t}{x(x+a)}\right]$

17.11 $v=v_0\cos\dfrac{aB_0}{\sqrt{mL}}t$，$x=v_0\dfrac{\sqrt{mL}}{aB_0}\sin\dfrac{aB_0}{\sqrt{mL}}t$

17.12 a 点：$E_k=5\times10^{-4}$ V/m，b 点：$E_k=0$，

c 点：$E_k=4.8\times10^{-4}$ V/m

17.13 $\dfrac{\mu_0 l}{2\pi}\ln\dfrac{r_2}{r_1}$

17.14 $\dfrac{\pi\mu_0 N_1 N_2 R^2 r^2}{2(L^2+R^2)^{3/2}}$

17.15 $\pi\mu_0 N_1 N_2 R_1^2/L$

17.16 (1) 3.14×10^{-6} H； (2) 1.57×10^{-4} V

17.17 $\dfrac{\mu_0 b}{2\pi}\left(\ln\dfrac{a+c}{c}\right)I_0\omega\cos\omega t$

17.18 (1) 0； (2) 0.04 H

17.19 (1) $L=L_1+L_2+2M$；

(2) $L=L_1+L_2-2M$

17.20 0.128 J

17.21 (1) $6.28\times10^4\ \mathrm{J/m^3}$； (2) 7.07 J

17.22 略

17.23 10^{12} V/s

17.24 1.26×10^{-4} A

17.25 (1) $\dfrac{q_m\omega}{S}\cos\omega t$； (2) $\dfrac{\mu_0 q_m\omega r}{2S}\cos\omega t$

17.26 $\dfrac{q}{2}\dfrac{a^2 v}{(x^2+a^2)^{3/2}}$

17.27 (1) 30 m，10^7 Hz；

(2) 电磁波的传播方向为 x 轴正向；

(3) $B_z=10^{-9}\cos\left[2\pi\times10^7\left(t-\dfrac{x}{c}\right)\right]$ T

17.28 (1) $-\dfrac{\mu_0 nr}{2}\dfrac{\mathrm{d}i}{\mathrm{d}t}$；

(2) $\dfrac{\mu_0 n^2 r}{2}i\dfrac{\mathrm{d}i}{\mathrm{d}t}$，沿径向指向轴线

17.29 1.55×10^3 V/m，5.16×10^{-6} T

17.30 略

17.31 略

17.32 (1) 略； (2) 37.79 Hz；

(3) 5×10^3 V； (4) 略

17.33 (1) 8.68×10^{-2} V/m，2.3×10^{-4} A/m；

(2) 12.56 kW

习题 18

18.1 1.898×10^5 s

18.2 $\theta'=\arctan\left[\left(1-\dfrac{v^2}{c^2}\right)^{-1/2}\tan\theta\right]$

18.3 9×10^8 m

18.4 $a^3\sqrt{1-\dfrac{u^2}{c^2}}$

18.5 $\tau=\dfrac{\tau_0}{\sqrt{1-\dfrac{v^2}{c^2}}}$

18.6 5.77×10^{-9} s

18.7 -4×10^9 m，16.67 s

18.8 3.783×10^{-5} s，天津的事件在前

18.9 6.67 s，-1.6×10^9 m

18.10 4 s

18.11 (1) $30c$； (2) $18c$

18.12 c，$\theta'=\arctan\dfrac{u}{\sqrt{c^2-u^2}}$

18.13 $\arctan\dfrac{c\sin\theta'\sqrt{1-v^2/c^2}}{c\cos\theta'+v}$

18.14 $0.786c$，$0.866c$

18.15 (1) 4.9 m/s； (2) 1.49×10^{-18} kg·m/s；

(3) 1.9×10^{-12} N，0.04 T

18.16 2.42×10^4 m

18.17 2.22 MeV，0.12%

18.18 略

18.19 略

18.20 0.435

18.21 0.168 MeV

18.22 7 000

习题 19

19.1 292 $\mathrm{W/m^2}$

19.2 5.3×10^3 K

19.3 (1) 9.66×10^{-4} m； (2) 2.36×10^9 W

19.4 (1) 2.0 eV； (2) 2.0 V； (3) 296 nm

19.5 (1) 9.52×10^{-17} J； (2) 7.24×10^{-11} m；

(3) 44°

19.6 λ_1：2.84×10^{-19} J，

9.47×10^{-28} kg·m/s，3.16×10^{-36} kg；

λ_2：7.96×10^{-15} J，

2.65×10^{-23} kg·m/s，8.84×10^{-32} kg.

19.7 4 个线系，10 条谱线，从 $n=5\rightarrow n=4$ 跃迁辐射的波长最长

19.8 3.4 eV

19.9 略

19.10 略

19.11 电子：3.32×10^{-24} kg·m/s，8.19×10^{-14} J；

光子：3.32×10^{-24} kg·m/s，9.95×10^{-16} J

19.12 0.158 nm

19.13 (1) 5.28×10^{-30} m； (2) 3.22×10^{-10} m

19.14 $\frac{R\hbar}{ap}$

19.15 1.2 nm,不会影响当前电视图像的清晰度

19.16 $\frac{\hbar^2}{8ma^2}$

19.17 0.391

19.18 略

19.19 $x=\pm\frac{1}{a}$

19.20 (1) $\psi(x)=\begin{cases}2\lambda^{3/2}xe^{-\lambda x} & (x\geqslant 0),\\ 0 & (x<0);\end{cases}$

(2) $\omega(x)=|\psi(x)|^2=\begin{cases}4\lambda^3x^2e^{-2\lambda x} & (x\geqslant 0),\\ 0 & (x<0);\end{cases}$

(3) $x=\frac{1}{\lambda}$

19.21 $3a_0/2$

19.22 -27.2 eV,13.6 eV,2.18×10^6 m/s

19.23 -3.4 eV,$\sqrt{3}\hbar$,0

19.24 (1) $\pm1.4\times10^{-20}$ N; (2) 0.21 mm

19.25 $\theta_1=54.7°$,$\theta_2=125.3°$,$\pm1.1\times10^{-23}$ J

19.26 $\sqrt{12}\hbar$,$L_z=0,\pm\hbar,\pm2\hbar,\pm3\hbar$

19.27 2,$2(2l+1)$,$2n^2$

19.28 B:$1s^22s^22p^1$;Ar:$1s^22s^22p^63s^23p^6$;
Cu:$1s^22s^22p^63s^23p^63d^{10}4s^1$

习题 20

20.1 略

20.2 略

20.3 略

20.4 1.8×10^{-20} J,即 0.117 eV

20.5 略

20.6 N,$10N$

20.7 0.67 MeV

20.8 124.3 μm

20.9 27.6 μm

20.10 513.7 nm,4.14 μm

20.11 略

20.12 略

20.13 6.25×10^{16} cm^{-3}

20.14 654 nm,红色

习题 21

21.1 3.8×10^{-14} m,4.32×10^{-15} m,^{14}N核不可忽略,不可以

21.2 7.17 MeV

21.3 8.52 MeV

21.4 0.557 5 pm

21.5 τ,0

21.6 107.6 d

21.7 略

21.8 6.29 L

21.9 略

21.10 1.5×10^4 a

21.11 2.5 t

21.12 28.30 MeV

21.13 略

图书在版编目(CIP)数据

大学物理学. 下/文双春,陈曙光主编. —2 版. —北京: 北京大学出版社, 2023.8
ISBN 978-7-301-34270-1

Ⅰ. ①大… Ⅱ. ①文… ②陈… Ⅲ. ①物理学—高等学校—教材 Ⅳ. ①O4

中国国家版本馆 CIP 数据核字(2023)第 143417 号

书　　名	大学物理学(第二版)(下) DAXUE WULIXUE (DI-ER BAN)(XIA)
著作责任者	文双春　陈曙光　主　编
责任编辑	顾卫宇
标准书号	ISBN 978-7-301-34270-1
出版发行	北京大学出版社
地　　址	北京市海淀区成府路 205 号　100871
网　　址	http://www.pup.cn
电子邮箱	zpup@pup.cn
新浪微博	@北京大学出版社
电　　话	邮购部 010-62752015　发行部 010-62750672　编辑部 010-62754271
印 刷 者	长沙雅佳印刷有限公司
经 销 者	新华书店
	787 毫米×1092 毫米　16 开本　16 印张　410 千字
	2019 年 5 月第 1 版
	2023 年 8 月第 2 版　2023 年 8 月第 1 次印刷
定　　价	58.00 元